水泥物理性能检验技术

中国建材检验认证集团股份有限公司
国家水泥质量监督检验中心　　　编著

中国建材工业出版社

图书在版编目(CIP)数据

水泥物理性能检验技术 / 中国建材检验认证集团股份有限公司，国家水泥质量监督检验中心编著.—北京：中国建材工业出版社，2017.11（2021.10重印）

ISBN 978-7-5160-2019-7

Ⅰ.①水… Ⅱ.①中… ②国… Ⅲ.①水泥-物理性能-检验-高等学校-教学参考资料 Ⅳ.①TQ172.1

中国版本图书馆 CIP 数据核字（2017）第 220517 号

内 容 简 介

本书以近年来国家颁布实施的有关水泥物理性能检验方法标准为依据，全面系统地介绍了水泥的分类和生产基本知识、水泥标准化与计量基础知识、水泥产品主要物理性能的定义及其检验方法。本书撰写者在总结多年实践经验的基础上，对水泥二十项重要的物理性能检验中的方法原理、检验设备、检验条件、检验步骤给出了详细的叙述和说明，对检验中的注意事项给出了全方位的提示，有较强的实用性和指导性。

本书适用于水泥科研单位、水泥质量监督管理部门以及水泥企业工艺人员、物理性能检验人员使用，可作为水泥物理性能检验人员培训教材和考工定级的参考资料，也可供高等院校相关专业师生参考。

水泥物理性能检验技术

中国建材检验认证集团股份有限公司
国 家 水 泥 质 量 监 督 检 验 中 心　编著

出版发行：中国建材工业出版社
地　　址：北京市海淀区三里河路 1 号
邮　　编：100044
经　　销：全国各地新华书店
印　　刷：北京雁林吉兆印刷有限公司
开　　本：787mm×1092mm　1/16
印　　张：19.75
字　　数：480 千字
版　　次：2017 年 11 月第 1 版
印　　次：2021 年 10 月第 6 次
定　　价：68.00 元

本社网址：www.jccbs.com　本社微信公众号：zgjcgycbs
本书如出现印装质量问题，由我社市场营销部负责调换。联系电话：(010) 88386906

本书编委会

主　　编　　王旭方　　朱连滨

副 主 编　　张庆华　　张晓明

参　　编　　王　涛　　王长安　　王伟智　　王瑞海　　孙月琴

　　　　　　杨鹏宇　　宋来申　　殷祥男　　郭　旭　　梁慧超

　　　　　　蔡京生　　颜小波

　　　　　　（排名不分姓氏笔画）

参编单位　　北京科学仪器装备协作服务中心

　　　　　　首都科技条件平台中国建材集团基地

　　　　　　国家标准物质资源共享平台

　　　　　　中国水泥协会质量专业委员会

前　言

水泥物理性能及其检验，在水泥生产、使用和科研工作中是不可缺少的基础知识和技术手段。我国众多的水泥企业和浩繁的建筑工程对水泥进行生产和使用，都需要了解和掌握水泥物理性能的知识和检验方法，以保证建筑物的质量，提高工作效率，降低成本；科研部门在开展水泥性能的研究中，也需要准确地检测和评价水泥的物理性能，进而找出其内在的规律，为水泥的生产和使用提供试验和理论依据。中国建材检验认证集团股份有限公司/国家水泥质量监督检验中心多年来从事水泥物理性能及其检验方法的研究工作，并且作为相关标准的主要起草单位之一，积极从事有关标准的制定和修订工作，在日常检验工作中积累了丰富的经验和体会。

国民经济建设第十三个五年计划期间，是我国水泥工业继续按照国家的产业政策进行战略性结构调整的重要时期。国家对水泥工业的节能降耗、清洁生产提出了更高的要求。水泥生产企业的质量控制和检验工作必须适应这一新形势的需要，大力提高检验人员的业务素质，努力改善检验工作的环境，不断增加新的检验内容，提高检验工作的水平。为此，我们编写了《水泥物理性能检验技术》一书。

本书依据近年来国家颁布实施的有关水泥产品物理性能和检验方法标准，以及检测仪器的现行标准等编写。本书凡是注明日期的引用标准，其随后的修订版不适用于本书；凡是不注日期的引用标准，其最新版本适用于本书。同时，本书列入了国家标准化法和计量法的内容，便于检验人员在工作中严格执行国家标准化法和计量法的有关规定。

本书撰写者均为国家水泥质量监督检验中心长期从事水泥物理性能检验一线工作的高级专业技术人员，具有坚实的理论知识基础，多年来积累了丰富的实践经验和心得体会。

本书共分三章。第一章，介绍水泥标准化及计量基本知识；第二章，介绍硅酸盐水泥生产基本知识；第三章，以较大的篇幅详细介绍了水泥企业质量控制过程中不可缺少的硅酸盐水泥二十项重要的物理性能的定义及其检验方法，包括水泥标准稠度用水量、凝结时间、安定性、流动度、强度、密度、比表面积、筛余细度、颗粒级配、水化热、氯离子扩散系数、抗硫酸盐侵蚀、干缩率、膨胀率、耐磨性、保水率、含气量，以及油井水泥游离液、稠化时间、强度等物理性能的测定方法，对各项水泥物理性能检验标准进行了全方位的解读，对检验条件、检验设备、检验步骤进行了详细的介绍，特别对保证检验结果精密度和准确度的各种注意事项进行了全方位的总结，给出了重点提示，因而具有很强的实用性和指导性。本书内容翔实，所介绍的经验和体会，对于提高水泥物理性能检验人员的业务素质会有所帮助。

本书列出的附录中包括国家产品质量法、计量法、标准化法、产品质量监督抽查管理办法、水泥产品生产许可证实施细则（节选）、水泥物理性能检验方法及设备标准、水泥物理性能检验设备技术要求与检定（校准）周期等重要资料，便于读者查找有关的法律法规和相关文件。

本书在编著过程中，参考了有关的专业书籍，汲取了水泥物理性能研究和检验专业资深专家的宝贵经验，得到了各章节编写人员和中国建材工业出版社编审校人员的合力支持，在此谨致以诚挚的谢意。

本书适合水泥科研单位、水泥质量监督管理部门以及水泥企业工艺人员、物理性能检验人员使用，可作为水泥物理性能检验人员培训教材和考工定级的参考资料，也可供高等院校相关专业师生参考。

限于水平，书中难免存在不妥之处，敬请广大读者斧正。

编著者
2017 年 7 月

目　　录

第一章 水泥标准化与计量基本知识

国家计量法和标准化法涉及国民经济各部门，关系到国防建设、科学研究、企业生产和文化教育各个领域，与每个人都息息相关。水泥物理性能检验工作，在为生产和工程质量提供可靠数据的过程中，也必须执行国家计量法和标准化法。

第一节 计量的定义和法定计量单位

一、计量的定义和分类

1. 计量的定义

计量是实现单位统一、量值准确可靠的活动。

该定义说明：（1）计量的目的就是为了实现单位统一、量值准确可靠，从而实现同一物体测量结果具有可比性和一致性；（2）其内容包括为实现这一目的所进行的各项活动。这一活动具有广泛性，它包括技术、管理和法制方面的有组织的活动。

2. 计量的分类

计量活动涉及到社会各个方面。根据计量的作用和地位，计量可分为科学计量、工程计量和法制计量三类，分别代表计量的基础性、应用性和公益性。

1）科学计量

是指基础性、探索性、先进性的计量科学研究，通常用最新的科技成果来精确定义与计量单位，并为最新的科技发展提供可靠的测量基础。科学计量包括计量单位与单位制的研究、计量基准与标准的研究、物理常数与精密测量技术的研究、量值传递和量值溯源方法及测量不确定度的研究。科学计量是实现单位统一、量值准确可靠的重要保证。

2）工程计量

也称为工业计量，是指各种工程、工业企业中的应用计量。随着产品技术含量的提高，工程计量涉及的领域越来越广泛。其内容包括建立校准、测试服务市场，建立企业计量测试体系；开展各种计量测试活动；发展仪器仪表产业等方面。工业计量为计量在国民经济中的实际应用开拓了广阔的前途和领域。

3）法制计量

法制计量的领域，即强制性检定项目在我国《计量法》中规定为：贸易结算、安全防护、医疗卫生、环境监测中的计量。法制计量的领域是随着经济的发展而变化的。法制计量的内容主要包括：计量立法，统一计量单位，对有关测量方法、计量器具和法定计量技术机构及测量实验室依法实施管理。这些工作必须由政府计量主管部门和法定计量机构或其授权的计量技术机构来执行。法制计量是政府行为，是政府的职责。

3. 计量的特点

计量的特点一般可概括为四个方面：准确性、一致性、溯源性及法制性。

1) 准确性

是指测量结果与被测量真值接近的程度。所谓量值的"准确",是指在一定的不确定度或允许误差范围内的准确。只有测量结果量值准确,计量才能实现一致性,测量结果才具有使用价值,才可能为社会提供计量保证。

2) 一致性

是指在统一计量单位的基础上量值的一致性。无论采用何种方法,使用何种计量器具,由何人测量,只要符合有关的要求,对同一被测的量其测量结果应在给定的区间内一致。也就是说,测量结果应是可重复、可再现、可比较的。计量的一致性不仅限于国内,也适用于国际。

3) 溯源性

是指任何一个测量结果或测量标准的值,都能通过一条具有规定不确定度的不间断的比较链,与测量基准联系起来。

4) 法制性

是指计量的法制保障方面的特性。由于计量涉及到社会的各个领域,量值的准确可靠不仅依赖于科学技术手段,还要有相应的法律、法规和行政保障。

二、量值溯源和量值传递、校准和检定

1. 量值溯源和量值传递

通过一条具有规定不确定度的不间断的比较链,使测量结果或测量标准的值能够与规定的参考标准(通常是国家计量标准或国际计量标准)联系起来的特性,称为量值溯源性。

这一比较链的表述,就是我国的计量检定系统表或国际上的溯源等级图。它表述了某一量从计量基准、计量标准到工作计量器具直到被测的量,它们之间的关系和程序,规定了不确定度或最大允许误差及其测量方法,这就是计量溯源性的比较链。在我国,计量检定系统表就相当于国际上所指的溯源等级图。

实施这一比较链有两种途径或形式,即量值传递和量值溯源。检定和校准是实施量值传递和量值溯源的重要环节、方法和手段。

1) 量值溯源

是一种自下而上的途径,从测量结果→工作计量器具→计量标准→计量基准,可以逐级或越级向上追溯,以使测量结果与计量基准联系起来,通过校准而构成溯源体系。

2) 量值传递

是一种自上而下的途径,从计量基准→计量标准→工作计量器具→测量结果,逐级传递下去,以确保测量结果单位量值的统一准确,通过逐级检定而构成检定系统。

实际上量值溯源就是量值传递的逆过程。

2. 校准

在规定的条件下,为确定测量仪器或测量系统所指示的量值,或实物量具、参考物质所代表的量值,与对应的由标准所复现的量值之间关系的一组操作,称为校准。校准的目的主要是确定计量器具的校准值及其不确定度,或者确定示值误差,得出标称值偏差,并调整测量仪器或对其示值加以修正。校准的依据是校准规范或校准方法,通常应对其作统一规定,特殊情况下也可自行制定。

3. 检定

检定是指查明和确认计量器具是否符合法定要求的程序，包括检查、加标记和（或）出具检定证书"。检定结果的形式是检定证书（合格）或检定结果通知书（不合格），属于法制性文件。

我国《计量法》规定，计量器具实施强制检定和非强制检定两类，均属依法管理。

强制检定是指由政府计量行政主管部门所属的法定计量检定机构或授权的计量检定机构，对某些测量仪器实行的一种定期的检定。属于国家强制检定的管理范围包括：社会公用计量标准，部门和企业、事业单位使用的最高计量标准，用于贸易结算、安全防护、医疗卫生、环境监测四个方面并且列入《中华人民共和国强制检定的工作计量器具明细目录》的工作计量器具。

非强制检定是指由计量器具使用单位自己或委托具有社会计量资格或授权的计量检定机构，对除了强制检定以外的其他计量器具依法进行的一种定期检定。其特点是使用单位依法自主管理，自由送检，自求溯源，可按照规定程序确定检定周期。

强制检定和非强制检定均属于法制检定，都要受到法律的约束。计量检定工作应按照经济合理的原则，就近就地进行。

4. 检定与校准的区别

检定和校准有着密切的联系，但二者又具有不同的概念和应用目的。按定义，检定是"查明和确认计量器具是否符合法定要求的程序，包括检查、加标记和（或）出具检定证书"。定义中的"检查"是指"为确定计量器具是否符合该器具有关法定要求所进行的操作"；而校准是"在规定的条件下，为确定测量仪器或测量系统所指示的量值，或实物量具或参考物质所代表的量值，与对应的由标准所复现的量值之间关系的一组操作"。

"检定"和"校准"都是为了确保计量单位的统一和量值的准确可靠，都是计量工作实施统一量值的重要手段和措施，它们是计量器具特性评定的两种不同形式。从具体的内容上讲，都需要用计量标准来确定被检（校）计量器具的示值，实际上检定工作从技术上包含了校准的内容，校准是检定内容中的一部分。

5. 计量器具

计量器具是指可单独地或与辅助设备一起，以直接或间接方法确定被测对象量值的量具和装置。在我国，计量器具是计量仪器（仪表）、量具以及计量装置的总称。

1）计量器具的分类

根据在量值传递中所处的位置和作用，可将计量器具分为三类：计量基准器具、计量标准器具和工作计量器具。

（1）计量基准器具

计量基准器具，简称计量基准，是指在特定计量领域内复现和保存计量单位，具有最高计量学特性，经国家鉴定、批准并作为统一全国量值最高依据的计量器具。

经国家鉴定或批准，具有当代或本国科学技术所能达到的最高计量特性的计量基准，称为国家计量基准，是一个国家统一量值的最高依据。

经国际协议公认，具有当代科学技术所能达到的最高计量学特性的计量基准，称为国际计量基准，是国际上统一量值的最高依据。

若要对计量基准作细的划分，通常将其划分为主基准、副基准和工作基准。

① 主基准

是指具有最高计量特性，并作为统一量值最高依据的计量器具。只用于对副基准、工作基准的定度（检定）或校准。

② 副基准

直接或间接由主基准定度或校准，可代替主基准使用，是为维护主基准而建立的。

③ 工作基准

是由主基准或副基准定度或校准，用于日常计量检定的计量基准。

（2）计量标准器具

计量标准器具，简称计量标准，是指在特定计量领域内复现和保存计量单位，具有较高计量特性、在相应范围内统一量值的依据。

计量标准的等级是按准确度来划分的，一般上一等级计量标准的误差是下一等级计量标准或工作计量器具的误差的 $1/3 \sim 1/10$。计量标准是量值传递的中间环节，起着承上启下的重要作用。可选用不确定度为受检计量器具不确定度的 $1/3 \sim 1/10$ 的计量标准进行检定。

（3）工作计量器具

工作计量器具是指不参与计量检定和校准，而用于现场测量的计量器具，它由相应等级的计量标准进行检定或校准，具有必须具备的计量性能，可以获得某给定量的测量结果。

2）计量器具的特性

计量器具的特性主要有以下几个方面：

（1）标称范围

计量器具的操纵器件调到特定位置时可得到的示值范围。标称范围通常用其上限和下限来表示。标称范围上下限之差的模，称为量程。例如，有一台天平的最大载荷为 220g，精度 0.1mg，则其量程为 220g。

（2）测量范围

计量器具的误差处于允许极限内的一组被测量的值的范围。测量范围亦称工作范围，其上下限可分别称为上限值、下限值。

（3）准确度等级

符合一定的计量要求，使误差保持在规定极限以内的计量器具的等别或级别。

（4）响应特性

在确定条件下，作用于计量仪器的激励与计量仪器所作出的对应响应之间的关系。

（5）灵敏度

计量仪器响应的变化与对应的激励变化之比。当激励和响应为同种量时，灵敏度也可称为放大比或放大倍数。

（6）指示装置分辨力

指示装置分辨力是指指示装置对紧密相邻量值有效辨别的能力。

一般认为模拟式指示装置的分辨力为标尺分度值的一半，数字式指示装置的分辨力为末位数的一个字码。

（7）稳定性

在规定条件下，计量仪器保持其计量特性随时间恒定不变的能力。通常稳定性是对时间而言，当对其他量考虑稳定时，则应明确说明。

（8）计量仪器的漂移

是指计量仪器的计量特性随时间的慢变化。在规定条件下，对一个恒定的激励在规定时间内的响应变化，称为点漂。标称范围最低值上的点漂称为零点漂移。简称零漂；当最低值不为零时称始点漂移。

3）计量标准的准确度等级

计量标准的准确度等级应符合一定的计量要求，并使误差保持在规定极限以内的计量标准等级或级别。

精密度和准确度是两个不同的概念。准确度是一个定性概念，因此不要定量使用。例如，可以说准确度高低，准确度为 0.25 级，准确度为 2 等及准确度符合 1 等标准；尽量不使用如下表达方式：准确度为 0.25%，10mg，$\leqslant$10mg 及 $\pm$10mg。

"等"和"级"是两个不同的概念，使用时应注意两者的区别。前者对应加修正值使用的情况，以计量标准所复现的标准值的不确定度大小划分；后者对应不加修正值使用的情况，数值前一般应带"$\pm$"号。例如可以写成"MPE：$\pm$0.05mm""MPE：$\pm$0.01mg"。

对工作器具进行校准后，可以加上修正值，以提高其精密度。修正值是指用代数方法与未修正测量结果相加，以补偿其系统误差的值。当计量器具的示值误差为已知时，可通过减去（当示值误差为正值时）或加上（当示值误差为负值时）该误差值，使测量值等于被测量的实际值。减去或加上的这个值即为修正值，它与示值误差在数值上相等，但符号相反，修正值等于负的系统误差。

$$真值＝测量结果＋修正值$$
$$＝测量结果－误差$$

在量值溯源和量值传递中，常常采用这种加修正值的直观办法。用高一个等级的计量标准来校准或检定测量仪器，其主要内容之一就是要获得准确的修正值。由于系统误差不能完全获知，因此这种补偿是不完全的，亦即修正值本身就含有不确定度。

例：用一根 $0℃\sim50℃$ 的温度计测量某一养护池中水的温度，其测量结果为 $19.8℃$，而用高一等级的温度计测得的该水温实际值为 $20.0℃$，则：

绝对误差 $\delta＝19.8－20.0＝－0.2$（℃），相对误差 $H＝（－0.2/20.0）\times100\%＝－1.0\%$。

引用误差 $q＝（－0.2/50）\times100\%＝－0.4\%$，修正值 $C＝－\delta＝20.0－19.8＝0.2$（℃）。

三、我国法定计量单位

我国法定计量单位是由国家法律承认，具有法定地位的计量单位。1984 年 2 月 27 日国务院颁布了《关于在我国统一实行法制计量单位的命令》（国发［1984］28 号），其中规定我国的计量单位一律采用《中华人民共和国法定计量单位》。1985 年 9 月 6 日由国家主席第 28 号令公布的《中华人民共和国计量法》，更进一步明确规定："国家采用国际单位制。国际单位制和国家选定的其他计量单位，为国家法定计量单位。"我国的法定计量单位是以国际单位制为基础，并根据我国的实际情况，选定了 16 个非国际单位制单位构成的，如图 1-1-1 所示。

1. 国际单位制

计量单位是指为定量表示同种量的大小而约定的定义和采用的特定量。

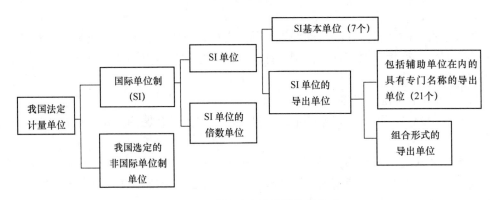

图 1-1-1　我国法定计量单位的构成

国际单位制的形成和发展，与科技的进步、经济和社会的发展密切相关。国际上为了统一计量单位，从 17 世纪起科学家们就开始寻找一个适用于国际的通用单位，以使各国都能接受。18 世纪末，法国采用了米制单位，随即开始向全世界普及。1875 年 5 月 20 日，由 17 个国家签署了"米制公约"并成立了国际计量局。我国也于 1977 年加入"米制公约"。

国际单位制（SI）是"由国际计量大会（CGPM）所采用和推荐的一贯单位制"。1960 年第 11 届国际计量大会通过决议，将以米、千克、秒、安培、开尔文、坎德拉 6 个单位为基础的实用单位制正式命名为国际单位制，并用国际符号"SI"表示。1971 年第 14 届国际计量大会决定再增加第 7 个基本单位"摩尔"。至此，国际单位制基本构成了现在的完整形式。SI 单位由 SI 基本单位、SI 导出单位及 SI 单位的倍数单位组成。

1）国际单位制（SI）的基本单位

目前国际计量大会采用和推荐使用的 SI 基本单位如表 1-1-1 所示，有 7 个基本量的基本单位，它是构成国际单位制的基础。其定义如下：

表 1-1-1　国际单位制的 SI 基本单位

基本量		SI 基本单位	
名称	符号	名称	符号
长度	l, L	米	m
质量	m	千克（公斤）	kg
时间	t	秒	s
电流	I	安［培］	A
热力学温度	T	开［尔文］	K
物质的量	n	摩［尔］	mol
发光强度	$I, (I_v)$	坎［德拉］	cd

注：1. 圆括号（　）中的名称是它前面的同义词。

　　2. 无方括号的量的名称与单位名称均为全称。方括号［　］中的字，在不致引起混淆的情况下，可省略。去掉方括号中的字即为其名称的简称。

　　3. 本表中使用的符号，除特殊指明外，均指我国法定计量单位的规定符号和国际符号。

　　4. 在日常生活和贸易中，习惯称质量为重量。

（1）米（m）是光在真空中 1/299792458s 时间间隔内所经路径的长度。

（2）千克（公斤）（kg）是质量单位，等于国际千克原器的质量。

（3）秒（s）是与铯－133原子基态的两个超精细能级间跃迁所对应的辐射的9192631770个周期的持续时间。

（4）安培（A）是电流的单位。在真空中，截面积可忽略的两根相距1m的无限长的平行圆直导线内通以等量恒定电流时，若导线间相互作用力在每米长度上为$2 \times 10^{-7}N$，则每根导线中的电流为1A。

（5）热力学温度单位开尔文（K），是水三相点热力学温度的1/273.16。

（6）摩尔（mol）是一系统的物质的量，该系统中所包含的基本单元数与0.012kg碳－12的原子数目相等。在使用摩尔时，基本单元应予指明，可以是原子、分子、离子、电子及其他粒子，或是这些粒子的特定组合。

（7）坎德拉（cd）是一光源在给定方向上的发光强度，该光源发出频率为$540 \times 1012Hz$的单色辐射，且在此方向上的辐射强度为（1/683）W/sr。

2）国际单位制导出单位

SI导出单位是用SI基本单位以代数形式表示的单位。SI导出单位由两部分组成：

（1）包括辅助单位在内的具有专门名称的SI导出单位，共21个，如表1-1-2所示。

表1-1-2 国际单位制中具有专门名称的导出单位

导出量		SI导出单位		
名称	符号	名称	符号	单位定义
平面角	α，β，γ，θ，φ，…	弧度	rad	rad是两条半径之间的平面角，这两条半径在圆上所截取的弧长与半径相等 1rad＝1m/m＝1
立体角	Ω	球面度	sr	sr是一个立体角，其顶点位于球心，而它在球面上所截取的面积等于以球半径为边长的正方形面积 1sr＝1m^2/m^2＝1
频率	f，ν	赫［兹］	Hz	Hz是周期为1s的周期现象的频率 1Hz＝1s^{-1}
力	F	牛［顿］	N	N是使质量为1kg的物体产生加速度为1m/s^2的力 1N＝1kg・m/s^2
压力，压强应力	p σ	帕［斯卡］	Pa	Pa是1N的力均匀而垂直地作用于1m^2的面积上所产生的压力 1Pa＝1N/m^2
能［量］[①] 功 热量	E W Q	焦［耳］	J	J是1N的力使其作用点在力的方向上移动1m所作的功 1J＝1N・m
功率 辐［射能］通量	P Φ，（Φ_e）	瓦（特）	W	W是1s内产生1J能量的功率 1W＝1J/s
电荷［量］	Q	库［仑］	C	C是1A恒定电流在1s内所传送的电荷量 1C＝1A・s

导出量		SI 导出单位		
名称	符号	名称	符号	单位定义
电压 电动势 电位	U, ΔV E V, φ	伏[特]	V	V 是两点间电位差，在载有 1A 恒定电流导线的这两点间，消耗 1W 的功率 $1V=1W/A$
电容	C	法[拉]	F	F 是当电容器充以 1C 电荷量时，电容器两极板间产生 1V 的电位差时，电容器的电容 $1F=1C/V$
电阻	R	欧[姆]	Ω	Ω 是导体两点间加上 1V 恒定电压时，在导体内产生 1A 电流，导体所具有的电阻 $1\Omega=1V/A$
电导	G	西[门子]	S	S 是 1 每欧姆的电导 $1S=1\Omega^{-1}$
磁通[量]	Φ	韦[伯]	Wb	Wb 是单匝回路的磁通量，当它在 1s 内均匀地减少到零时，环路内产生 1V 的电动势 $1Wb=1V \cdot s$
磁通[量]密度 磁感应强度	B	特[斯拉]	T	T 是 1Wb 的磁通量均匀而垂直地通过 $1m^2$ 面积的磁通量密度 $1T=1Wb/m^2$
电感②	M, L_{12}, L	亨[利]	H	H 是一闭合回路的电感，当此回路中流过的电流以 1A/s 的速率均匀变化时，回路中产生 1V 电动势 $1H=1V \cdot s/A$
摄氏温度	t, θ	摄氏度	℃	℃ 是开尔文用于表示摄氏温度的专门名称
光通量	Φ, (Φ_V)	流[明]	lm	1m 是发光强度为 1cd 均匀点光源在一球面立体角内发射的光通量 $1lm=1cd \cdot sr$
[光]照度	E, (E_V)	勒[克斯]	lx	lx 是 1lm 的光通量均匀分布在 $1m^2$ 表面上产生的照度 $1lx=1lm/m^2$
[放射性]活度	A	贝可[勒尔]	Bq	Bq 是每秒发生一次衰变的放射性活度 $1Bq=1s^{-1}$
吸收剂量 比授[予]能 比释动能	D z K	戈[瑞]	Gy	Gy 是这些量的 SI 单位焦[耳]每千克的专名 $1Gy=1J/kg$
剂量当量	H	希[沃特]	Sv	Sv 是剂量当量的 SI 单位焦[耳]每千克的专名 $1Sv=1J/kg$

注：①瓦特小时(W·h)，ISO 目前也承认是一个能量单位，但只能用于电能。

②电感是自感与互感的统称。自感符号为 L，互感符号为 M、L_{12}。

（2）组合形式 SI 导出单位

组合形式的单位，是指一个单位具有非"1"的指数，或是一个以上单位的幂的乘积。

在国际单位制中，除了上述的 7 个基本单位以外，在各学科领域实际应用的单位绝大多数都是组合形式 SI 导出单位。对其中 21 个组合形式 SI 导出单位给予专门名称，其原因是这些单位在科技中大量使用，若用 SI 基本单位表示会比较复杂。

组合形式 SI 导出单位的组合形式有以下几种类型：

①用 SI 基本单位组合而成的组合单位

如：面积的组合单位 m^2（平方米），速度的组合单位 m/s（米每秒），摩尔质量的单位 kg/mol（千克每摩尔）。

②用具有专门名称的 SI 导出单位组合而成的组合单位

如：电容的单位 C/V（库仑每伏特），即 F（法拉）。

③用基本单位、导出单位和具有专门名称的 SI 导出单位组合而成的组合形式的单位

如：摩尔体积的单位 m^3/mol（立方米每摩尔）。

3）SI 单位的倍数单位

倍数单位，是指按约定的比率，由给定单位形成的更大的计量单位。

比率，在国际单位制中是 10^n（n 为整数）。倍数单位一般是针对主单位而言。倍数单位一词也用于指比率小于 1 的单位。当比率小于 1 时，实际上形成了比给定单位更小的单位，也称之为"分数单位"。

SI 单位的倍数单位包括十进倍数单位和十进分数单位。它们是由 SI 词头加上 SI 单位构成的。

原则上讲，任何词头都可以与任何 SI 单位构成十进倍数和分数单位。但可与 SI 单位并用的摄氏温度单位摄氏度（℃），以及非十进制单位如平面角单位度（°）、分（′）、秒（″）、时间单位日（d）、时（h）、分（min）不能用 SI 词头构成倍数单位。

在使用词头时，应特别注意字母的大小写。大于 10^6 的词头，字母为大写；等于和小于 10^3 的词头，字母为小写。如 10^3（千）的词头为小写的"k"，不要写成大写的"K"。

SI 词头几经发展、补充，目前共有 20 个，如表 1-1-3 所示。

由于历史原因，质量 SI 基本单位名称"千克"中已包含 SI 词头"千（10^3）"，所以，质量的十进倍数单位由词头加在"克"前构成。例如，应该用"mg"表示千分之一克，而不能用 μkg 表示，虽然它们的量值是相等的。"不得重叠使用词头"是词头的使用规则之一。

表 1-1-3　SI 词头

因数	词头名称		词头符号
	英文	中文	
10^{24}	yotta	尧［它］	Y
10^{21}	zetta	泽［它］	Z
10^{18}	exa	艾［可萨］	E
10^{15}	peta	拍［它］	P
10^{12}	tera	太［拉］	T
10^9	giga	吉［咖］	G
10^6	mega	兆	M
10^3	kilo	千	k

因数	词头名称		词头符号
	英文	中文	
10^2	hecto	百	h
10^1	deca	十	da
10^{-1}	deci	分	d
10^{-2}	centi	厘	c
10^{-3}	milli	毫	m
10^{-6}	micro	微	μ
10^{-9}	nano	纳［诺］	n
10^{-12}	pico	皮［可］	p
10^{-15}	femto	飞［母托］	f
10^{-18}	atto	阿［托］	a
10^{-21}	zepto	仄［普托］	z
10^{-24}	yocto	幺［科托］	y

2. 我国选定的非国际单位制单位制

由于实用上的广泛性与重要性，我国选定了一些可与国际单位制并用的非国际单位制，共 16 个，如表 1-1-4 所示，作为我国的法定计量单位，具有同国际单位制同等的地位。

我国选定的非 SI 单位，包括国际计量局推荐的"可与国际单位制并用的单位"，共 10 个（表 1-1-4 中的前 10 个）；另外从国际计量局推荐的"暂时保留与国际单位制并用的单位"（共 12 个）中选用了 3 个（表 1-1-4 中的海里、节、公顷）。

在某些情况下，根据习惯，它们也可以与国际单位制构成组合形式的单位，如 mol/L、kg/h、kW·h、eV 等。

周、月、年（年的符号为 a）为一般常用的时间单位，它们既非 SI 的单位，也不属于我国法定计量单位，但仍可使用。

表 1-1-4　我国选定的非国际单位制单位

量		单位			与 SI 单位的换算关系和说明
名称	符号	名称	符号	定义	
时间	t	分	min	是 60s 的时间	$1min = 60s$
		［小］时	h	是 60min 的时间	$1h = 60min = 3600s$
		日，（天）	d	是 24h 的时间	$1d = 24h = 86400s$
平面角	α，β，γ，θ，φ，…	度	(°)	是 $(\pi/180)$rad 的平面角	$1° = 60' = (\pi/180)$rad
		［角］分	(′)	是 $(1/60)°$ 的平面角	$1' = 60'' = (\pi/10800)$rad
		［角］秒	(″)	是 $(1/60)'$ 的平面角	$1'' = (\pi/648000)$rad
体积	V	升	L，(l)	是 $1dm^3$ 的体积	$1L = 1dm^3 = 10^{-3}m^3$
质量	m	吨	t	是 1000 千克的质量	$1t = 10^3kg$
		原子质量单位	u	等于一个碳－12 核素原子质量的 1/12	$1u \approx 1.660540 \times 10^{-27}kg$

续表

量		单位			与 SI 单位的换算关系和说明
名称	符号	名称	符号	定义	
能	E	电子伏	eV	是一个电子在真空中通过 1V 电位差所获得的动能	$1eV \approx 1.602177 \times 10^{-19}J$
长度	l	海里	nmile	是 1852 米的长度	$1nmile = 1852m$（只用于航行）
速度	V，c，u，ω	节	kn	是 1 海里每小时的速度	$1kn = 1nmile/h = (1852/3600)$ m/s （只用于航行）
面积②	A	公顷	hm^2	是 1 平方百米的面积	$1hm^2 = 10^4\ m^2$ （只用于土地面积）
旋转速度	—	转每分	r/min	是 1min 的时间内旋转一周的转速	$1r/min = (1/60)s^{-1}$
级差	—	分贝	dB	是两个同类功率量或可与功率类比的量之比值的常用对数乘以 10 等于 1 时的级差	—
线密度	ρ_L	特[克斯]	tex	是 1km 长度上均匀分布 1g 质量的线密度	$1tex = 10^{-6}kg/m$ （用于纺织工业）

注：1. 周、月、年（年的符号为 a），为一般常用时间单位。

　　2. ［ ］内的字，是在不致混淆的情况下，可以省略的字。

　　3. （ ）内的字为前者的同义语。

　　4. 角度单位度、分、秒的符号不处于数字后时，用括弧。

　　5. 升有两个单位符号 L 和（l）。这在 SI 的构成规则中是一个例外。单位符号若非来自人名本应小写，但小写 l 的印刷体易与数字 1 混淆，故改为大写，把小写的置于圆括号中，仅作为备用符号。

　　6. r 为"转"的符号。

　　7. 人民生活的贸易中，质量习惯称为重量。

　　8. 公里为千米的俗称，符号为 km。

　　9. 10^4 称为万，10^8 称为亿，10^{12} 称为万亿，这类数词的使用不受词头名称的影响，但不应与词头混淆。

　　10. 面积单位"公顷"法定符号为"hm^2"（平方百米），1990 年经国务院批准列入国家法定计量单位。

　　11. 摄氏温度单位"摄氏度"与热力学温度单位"开尔文"相等，摄氏温度间隔或温差，既可以用摄氏度表示，又可以用开尔文表示。以摄氏度（℃）表示的摄氏温度（t）与以开尔文（K）表示的热力学温度（T）之间的数值关系是：$t/℃ = T/K - 273.15$。

　　12. 瓦特定义中的"产生"，按能量守恒原理，作"转化"理解。

　　13. 分贝定义中的"可与功率类比的量"，通常是指电流平方、电压平方、质点速度平方、声压平方、位移平方、速度平方、加速度平方、力平方、振幅平方、场强平方、声强和声能密度等。

　　我国法定计量单位完整地、系统地包含了国际单位制，并且照顾了目前国内的某些习惯（例如保留了"公斤""公里"两个单位的名称，将它们分别作为"千克"和"千米"的同义语和俗称），也为不同技术领域随着发展因特殊需要而使用某些非法定计量单位的情况留有余地。

　　3. 我国法定计量单位使用方法

　　1984 年 6 月 9 日国家计量局颁布了《中华人民共和国法定计量单位使用方法》。

1）总则

（1）中华人民共和国法定计量单位（简称法定单位）是以国际单位制单位为基础，同时选用了一些非国际单位制的单位构成的。

法定单位的使用方法以本文件为准。

（2）国际单位制是在米制基础上发展起来的单位制。其国际简称为 SI。国际单位制包括 SI 单位、SI 词头和 SI 单位的十进倍数与分数单位三部分。

按国际上的规定，国际单位制的基本单位、辅助单位、具有专门名称的导出单位以及直接由以上单位构成的组合形式的单位（系数为 1）都称之为 SI 单位。它们有主单位的含义，并构成一贯单位制。

（3）国际上规定的表示倍数和分数单位的 16 个（编者注：原文为 16 个，现已增至 20 个）词头，称为 SI 词头。它们用于构成 SI 单位的十进倍数和分数单位，但不得单独使用。质量的十进倍数和分数单位由 SI 词头加在"克"前构成。

（4）本文件涉及的法定单位符号（简称符号），是指国务院 1984 年 2 月 27 日命令中规定的符号，适用于我国各民族文字。

（5）把法定单位名称中方括号里的字省略即成为其简称。没有方括号的名称，全称与简称相同。简称可在不致引起混淆的场合下使用。

2）法定单位的名称

（6）组合单位的中文名称与其符号表示的顺序一致。符号中的乘号没有对应的名称，除号的对应名称为"每"字，无论分母中有几个单位，"每"字只出现一次。

例如：比热容单位的符号是 $J/(kg \cdot K)$，其单位名称是"焦耳每千克开尔文"而不是"每千克开尔文焦耳"或"焦耳每千克每开尔文"。

（7）乘方形式的单位名称，其顺序应是指数名称在前，单位名称在后。相应的指数名称由数字加"次方"二字而成。

例如：断面惯性矩的单位 m^4 的名称为"四次方米"。

（8）如果长度的 2 次和 3 次幂是表示面积和体积，则相应的指数名称为"平方"和"立方"，并置于长度单位之前，否则应称为"二次方"和"三次方"。

例如：体积单位 dm^3 的名称是"立方分米"，而断面系数单位 m^3 的名称是"三次方米"。

（9）书写单位名称时不加任何表示乘或除的符号或其他符号。

例如：电阻率单位 $\Omega \cdot m$ 的名称为"欧姆米"而不是"欧姆·米""欧姆—米""［欧姆］［米］"等。

例如：密度单位 kg/m^3 的名称为"千克每立方米"而不是"千克/立方米"。

3）法定单位和词头的符号

（10）在初中、小学课本和普通书刊中有必要时，可将单位的简称（包括带有词头的单位简称）作为符号使用，这样的符号称为"中文符号"。

（11）法定单位和词头的符号，不论拉丁字母或希腊字母，一律用正体，不附省略点，且无复数形式。

（12）单位符号的字母一般用小写体，若单位名称来源于人名，则其符号的第一个字母用大写体。

例如：时间单位"秒"的符号是 s。

例如：压力、压强的单位"帕斯卡"的符号是 Pa。

（13）词头符号的字母当其所表示的因数小于 10^6 时，一律用小写体，大于或等于 10^6 时用大写体。

（14）由两个以上单位相乘构成的组合单位，其符号有下列两种形式：

$$N \cdot m \qquad Nm$$

若组合单位符号中某单位的符号同时又是某词头的符号，并有可能发生混淆时，则应尽量将它置于右侧。

例如：力矩单位"牛顿米"的符号应写成 Nm，而不宜写成 mN，以免误解为"毫牛顿"。

（15）由两个以上单位相乘所构成的组合单位，其中文符号只用一种形式，即用居中圆点代表乘号。

例如：动力黏度单位"帕斯卡秒"的中文符号是"帕·秒"而不是"帕秒""［帕］［秒］""帕·［秒］""帕-秒""（帕）（秒）""帕斯卡·秒"等。

（16）由两个以上单位相除所构成的组合单位，其符号可用下列三种形式之一：

$$kg/m^3 \qquad kg \cdot m^{-3} \qquad kgm^{-3}$$

当可能发生误解时，应尽量用居中圆点或斜线（/）的形式。

例如：速度单位"米每秒"的法定符号用 $m \cdot s^{-1}$ 或 m/s，而不宜用 ms^{-1}，以免误解为"每毫秒"。

（17）由两个以上单位相除所构成的组合单位，其中文符号可采用以下两种形式之一：

$$千克/米^3 \qquad 千克 \cdot 米^{-3}$$

（18）在进行运算时，组合单位中的除号可用水平横线表示。

例如：速度单位可以写成 $\dfrac{m}{s}$ 或 $\dfrac{米}{秒}$。

（19）分子无量纲而分母有量纲的组合单位即分子为 1 的组合单位的符号，一般不用分式而用负数幂的形式。

例如：波数单位的符号是 m^{-1}，一般不用 1/m。

（20）在用斜线表示相除时，单位符号的分子和分母都与斜线处于同一行内。当分母中包含两个以上单位符号时，整个分母一般应加圆括号。在一个组合单位的符号中，除加括号避免混淆外，斜线不得多于一条。

例如：热导率单位的符号是 W/（K·m）而不是 W/K·m 或 W/K/m。

（21）词头的符号和单位的符号之间不得有间隙，也不加表示相乘的任何符号。

（22）单位和词头的符号应按其名称或者简称读音，而不得按字母读音。

（23）摄氏温度的单位"摄氏度"的符号℃，可作为中文符号使用，可与其他中文符号构成组合形式的单位。

（24）非物理量的单位（如：件、台、人、圆等）可用汉字与符号构成组合形式的单位。

4）法定单位和词头的使用规则

（25）单位与词头的名称，一般只宜在叙述性文字中使用。单位和词头的符号，在公式、数据表、曲线图、刻度盘和产品铭牌等需要简单明了表示的地方使用，也可用于叙述性文字中。

应优先采用符号。

（26）单位的名称或符号必须作为一个整体使用，不得拆开。

例如：摄氏温度单位"摄氏度"表示的量值应写成并读成"20 摄氏度"，不得写成并读成"摄氏 20 度"。

例如：30km/h 应读成"三十千米每小时"。

（27）选用 SI 单位的倍数单位或分数单位，一般应使量的数值处于 0.1～1000 范围内。

例如：1.2×10^4N 可以写成 12kN。

0.00394m 可以写成 3.94mm。

11401Pa 可以写成 11.401kPa。

3.1×10^{-8}s 可以写成 31ns。

某些场合习惯使用的单位可以不受上述限制。

例如：大部分机械制图使用的长度单位可以用"mm（毫米）"；导线截面积使用的面积单位可以用"mm^2（平方毫米）"。

在同一个量的数值表中或叙述同一个量的文章中，为对照方便而使用相同的单位时，数值不受限制。

词头 h，da，d，c（百、十、分、厘），一般用于某些长度、面积和体积的单位中，但根据习惯和方便程度也可用于其他场合。

（28）有些非法定单位，可以按习惯用 SI 词头构成倍数单位或分数单位。

例如：mCi，mGal，mR 等。

法定单位中的摄氏度以及非十进制的单位，如平面角单位"度""［角］分""［角］秒"与时间单位"分""时""日"等，不得用 SI 词头构成倍数单位或分数单位。

（29）不得使用重叠的词头。

例如：应该用 nm，不应该用 mμm；应该用 am，不应该用 $\mu\mu\mu$m，也不应该用 nnm。

（30）亿（10^8）、万（10^4）等是我国习惯用的数词，仍可使用，但不是词头。习惯使用的统计单位，如万公里可记为"万 km"或"10^4 km"；万吨公里可记为"万 t·km"或"10^4 t·km"。

（31）只是通过相乘构成的组合单位在加词头时，词头通常加在组合单位中的第一个单位之前。

例如：力矩的单位 kN·m，不宜写成 N·km。

（32）只通过相除构成的组合单位或通过乘和除构成的组合单位在加词头时，词头一般应加在分子中的第一个单位之前，分母中一般不用词头。但质量的 SI 单位 kg，这里不作为有词头的单位对待。

例如：摩尔内能单位 kJ/mol 不宜写成 J/mmol。

比能单位可以是 J/kg。

（33）当组合单位分母是长度、面积和体积单位时，按习惯与方便，分母中可以选用词头构成倍数单位或分数单位。

例如：密度的单位可以选用 g/cm^3。

（34）一般不在组合单位的分子分母中同时采用词头，但质量单位 kg 这里不作为有词头对待。

例如：电场强度的单位不宜用 kV/mm，而用 MV/m；质量摩尔浓度可用 mmol/kg。

（35）倍数单位和分数单位的指数，指包括词头在内的单位的幂。

例如：$1cm^2 = 1 \ (10^{-2} m)^2 = 1 \times 10^{-4} m^2$，而 $1cm^2 \neq 10^{-2} m^2$。$1\mu s^{-1} = 1 \ (10^{-6} s)^{-1} = 10^6 s^{-1}$。

（36）在计算中，建议所有量值都采用 SI 单位表示，词头应以相应的 10 的幂代替（kg 本身是 SI 单位，故不应换成 $10^3 g$）。

（37）将 SI 词头的部分中文名称置于单位名称的简称之前构成中文符号时，应注意避免与中文数词混淆，必要时应使用圆括号。

例如：旋转频率的量值不得写为 3 千秒$^{-1}$。

如表示"三每千秒"，则应写为"3（千秒）$^{-1}$"（此处"千"为词头）；

如表示"三千每秒"，则应写为"3 千（秒）$^{-1}$"（此处"千"为数词）。

例如：体积的量值不得写为"2 千米^3"。

如表示"二立方千米"，则应写为"2（千米）^{3}"（此处"千"为词头）；

如表示"二千立方米"，则应写为"2 千（米）^{3}"（此处"千"为数词）。

4. 在检验工作中贯彻执行国家计量法

1）停止使用不符合国家计量法的量及其单位

按照国家计量法及 GB3100～3102—1993 的规定，水泥化学分析及水泥物理性能检验中常见的一些不符合规定的量及其符号应予以废除，在水泥检测的标准、检验报告及论文中不应再采用，如表 1-1-5 所示。

表 1-1-5　水泥检验中常用标准化量名称与已废除名称举例

国家标准规定的量的名称和单位				应废除的量的名称和单位	
量的名称	量的符号	单位名称	单位符号	已废除的名称	与 SI 单位换算关系或说明
质量	m	千克	kg	重量 W	科技中应区分二者概念
相对原子质量	A_r	（无量纲）	1	原子量，相对原子量	—
相对分子质量	M_r	（无量纲）	1	分子量，当量，式量	—
物质的量	n	摩［尔］ 毫摩［尔］	mol mmol	摩尔数，克分子数，克原子数，克当量数，克式量数	在单位名称后加"数"，作为量的名称是错误的
摩尔质量	M	千克每摩［尔］ 克每摩［尔］	kg/mol g/mol	克分子量，克原子量，克当量，克式量，克离子量	
质量比	ξ	（无量纲）	1	重量比 $x_{w/w}$	—
体积比	ψ	（无量纲）	1	（体积比）$x_{V/V}$	—
物质 B 的浓度（物质 B 的物质的量浓度）	c_B	摩［尔］每立方米 摩［尔］每升	mol/m³ mol/L	摩尔浓度 M 克分子浓度 M 当量浓度 N 式量浓度 F	
物质 B 的质量浓度	ρ_B	克每升 克每毫升	g/L g/mL	质量/体积浓度（%），重量浓度，百分浓度	

续表

国家标准规定的量的名称和单位				应废除的量的名称和单位	
量的名称	量的符号	单位名称	单位符号	已废除的名称	与SI单位换算关系或说明
物质B的质量分数	w_B	（无量纲）	1	质量百分数 x_B，百分含量，质量百分浓度 [$\% (m/m)$]	1ppm＝10^{-6} 1pphm＝10^{-8} 1ppb＝10^{-9}
物质B的体积分数	φ_B	（无量纲）	1	体积百分数，体积百分浓度 [$\% (V/V)$]	—
［质量］密度	ρ	千克每立方米 克每立方厘米 克每毫升	kg/m³ g/cm³ g/mL	比重	—
相对［质量］密度	d	（无量纲）	1	比重	—
压力，压强	p	帕［斯卡］ 千帕 兆帕	Pa kPa MPa	巴 bar 标准大气压 atm 毫米汞柱 mmHg 千克力每平方米 kgf/cm² 托 torr	1bar＝1×10^{5}Pa 1atm＝1.01325×10^{5}Pa 1mmHg＝133.3224Pa 1kgf/cm²＝9.80665×10^{4}Pa 1torr＝133.3223684Pa
热力学温度 摄氏温度	T t	开［尔文］ 摄氏度	K ℃	绝对温度 K 华氏温度 F	—
热量	Q	焦耳	J kJ	卡	1cal₁₅＝4.1855J 1cal₂₀＝4.1816J
质量热容，比热容	c	焦耳每千克开尔文	J/(kg·K)	比热	—
电流	I	安培	A	电流强度	—
热力学能 质量热力学能 摩尔热力学能	U u U_m	—	—	内能 [U, (E)] 质量内能 摩尔内能 [U_m, (E_m)]	从名称将热力学定义的能量与力学、电学、磁学中的能量加以区分

2）规范量的名称及其单位以及数值的表示方法

（1）正确使用量的名称

①质量

质量为国际单位制（SI）七个基本量之一。质量的符号用英文小写斜体 m 表示。质量单位为千克（kg），等于国际千克原器的质量。在实际工作中，常用克（g）、毫克（mg）和微克（μg）。

"质量"和"重量"是两个已标准化的完全不同的物理量，其含义是根本不同的。"质量"是指物体中所含物质的多少，质量的符号是 m，单位是千克，单位符号为 kg。而"重量"是使物体在特定参考系中获得其加速度等于当地自由落体加速度时的力，符号是 W（或 P、G），单位是力的单位牛［顿］，单位符号为 N。在科技工作和科技书刊中，应力求将两者区分清楚。凡是用杠杆天平称出来的量，均应称作"质量"，不应再称之为"重量"。而"称重"宜改为"称量"，"恒重"宜改为"恒量"，"重量分析法"宜改为"称量分析法"。

每个量都有标准化的符号。例如"质量"，标准化的符号为 m，一般不宜再用其他符号，如 G、W 等。

②相对原子质量和相对分子质量

元素的相对原子质量是指元素的平均原子质量与核素^{12}C 原子质量的 1/12 之比，用符号 A_r 表示。此量是无量纲。物质的相对分子质量是指物质的分子或特定单元平均质量与核素^{12}C 原子质量的 1/12 之比。用符号 M_r 表示。此量是无量纲。

过去常将"相对原子质量"称为"原子量"或"相对原子量"，将"相对分子质量"称为"分子量"或"相对分子量"，都是不正确的，应予以纠正。

③密度

物质密度的定义是质量除以体积，符号用希腊字母小写斜体 ρ 表示，单位为千克/立方米（kg/m^3），常用单位为克/立方厘米（g/cm^3）或克/毫升（g/mL）。

相对密度是指物质的密度与参考物质的密度在对两种物质所规定条件下的比，其符号为 d。此量是无量纲。

过去常将相对密度称为"比重"，是不正确的，应予以纠正。

（2）正确使用量的符号

所有量的符号，不论大写还是小写，一律用斜体字母表示。有些书籍经常违背这一规定，往往使用正体表示物理量，这是不正确的。只有 pH 例外（p 在此处是数学上对某数取对数后再乘以负 1 的意思），用正体而不用斜体。

不应将化学元素符号作为量符号使用。如：混合熔剂的质量成分表示为：Na_2CO_3：$KNO_3 = 9:2$ 是不正确的，应该表示为：$m(Na_2CO_3):m(KNO_3) = 9:2$。

（3）正确使用量的单位符号

压强单位"帕"的符号为"Pa"，是来源于人名"帕斯卡"，第一个字母要大写，不要写成"pa"。同样，"兆帕"的符号是"MPa"，不要写成"Mpa"。

（4）正确使用 SI 词头

在一些科技书刊和科技论文中，有人常将 SI 单位中的词头"k"误写为"K"，例如，将质量单位千克（kg）的符号误写为"Kg"（甚至误写为"KG"）；将"千焦"的符号误写为"KJ"；将功率单位"千瓦"的符号误写为"KW"，这是不正确的。在 SI 单位制中，是以小写英文字母"k"表示"千"（10^3），而不是大写字母"K"。这是必须注意加以区别的。

（5）正确表示量的单位符号的组合与运算

一个量被另一个量除，其组合可用下列 3 种形式之一表示。如：$c = n/V = \dfrac{n}{V} = n \cdot V^{-1}$。

如果分子或分母本身都已是乘或除的组合，要加括号以免混淆，在同一行内表示除的斜线（/）之后不得再有乘号和除号。如：

$$\frac{ab}{c} = ab/c = abc^{-1}$$

$$\frac{a/b}{c} = (a/b)/c = ab^{-1}c^{-1}，不得写成 a/b/c$$

$$\frac{a}{bc} = a/(b \cdot c) = a/(bc)，不得写成 a/b \cdot c。如 t/kW \cdot h，应写成 t/(kW \cdot h)$$

$$\frac{a-b}{c-d} = (a-b)/(c-d)，不得写成 a-b/c-d$$

（6）正确执行量算法及有关规则

在表述量时，不允许包含或暗含特定的单位，即给量定义时绝不能涉及单位。

例如，说"摩尔质量的定义是 1mol 物质的质量"，或"摩尔质量（M）＝物质的质量（g）/物质的量（mol）"的表示是不正确的。正确的定义是："质量 m 除以物质的量 n_B，称为物质的摩尔质量"，用公式表示即为：$M_B = m/n_B$。式中，m 是物质的质量；n_B 是质量为 m 的该物质的物质的量。

又如，说"密度的定义是单位体积物质的质量"，或"密度（ρ）＝物质的质量（g）/物质的体积（cm^3）"的表示是不正确的。正确的定义是："质量除以体积，称为物质的密度"，用公式表示即为：$\rho = m/V$。式中，m 是物质的质量；V 是质量为 m 的该物质所占有的体积。

（7）正确表示数值

与单位相乘的数值，只有在指明所用的单位后才能确定。因为：量＝数值×单位，所以，

数值＝量/单位。即数值要用量除以单位来表示。

GB 3101—1993 规定，指明表示数值的单位有两种方式：

① 以下角标的方式，将单位符号置于花括号之外来表示数值。例如，$\{l\}_m$，$\{m\}_g$，$\{c_B\}_{mol/L}$。

② 以量除以单位的形式表示数值，即

$$\{Q\} = Q/[Q]$$

例如：$\qquad\qquad\qquad l/m，m/g，c_B/(mol/L)$

在用表格表示物理量或者在标注曲线图的坐标时，应按标准的规定，采用上述形式表示数值。从书写和排版方便的角度考虑，GB 3101—1993 推荐使用第二种方式。如：热力学温度 T/K，压强 p/MPa，摩尔质量 $M/(g/mol)$。所以，在表格或图的坐标中用"量（单位）"或"量，单位"等形式表示数值的方法，均不应再继续使用。例如：一根钢筋的长度为 10m，在表格或图的坐标中表示其数值时应为：$l/m = 10$。而类似于"长度（m）""长度，m"的表示方法均不符合要求。

在表示摄氏温度 t 和热力学温度 T 的换算关系时，如用数值方程式，应写为：

$$t = T/K - T_0/K = T/K - 273.15$$

而不应该写为 $t = T - 273.15$，因为量同数值之间不能直接进行数学运算，必须先将量除以单位得出数值后，才能同数值进行运算。

（8）正确表示计算公式

① 含量的符号

某物质在固体试样中的含量，标准规定使用的量的单位是"质量分数"，符号为 w_B，若物质 B 有具体名称，例如二氧化硅，则宜表示为 $w(SiO_2)$，其量纲为 1。不使用"质量百分数""百分含量""重量百分数"等名词，也不要用 W、X_{SiO_2} 或用化学符号 SiO_2 这类符号表示其质量分数。

②质量分数计算公式的表示

按照计量法的规定，计算"分数"或"率"的量的方程中，只能表示为某成分的量除以总体的量，不能乘以另外的系数。

例如，称量分析法测定水泥试样中二氧化硅的含量，试样中二氧化硅的质量分数按下式计算：

$$w(SiO_2) = \frac{m_1}{m} \tag{1-1-1}$$

式中：$w(SiO_2)$——试样中二氧化硅的质量分数；

　　　　m_1——灼烧后沉淀的质量；

　　　　m——试料的质量。

在计算公式的最后不能写上"$\times 100$"。如果质量均以克（g）表示，则计算结果得到的是小数，例如 0.2015，这时才可以化作百分数为 20.15%。

按照习惯，"分数""率"等往往以百分数表示，这时计算公式中可以写上"$\times 100\%$"，但不是"$\times 100$"。

（9）正确表示范围值

两量值之间要用波浪号"～"，不得用直线"—"，而且前一个量值后面不能省略单位的符号。例如：35%～50%，若表示为 35～50% 或 35%—50% 都是不正确的；又例如 2mL～3mL，若表示为 2～3mL、2—3mL 或 2mL—3mL，都是不正确的。

（10）正确表示两个数的和或差

应写成各个量值和或差，或将数值组合并加圆括号，将共同的单位符号置于全部数值之后。如 $l=12m-5m$ 或 $l=(12-5)m$ 的表示方法是正确的，不得写成 $l=12-5m$。

（11）正确表示带有公差的中心值

应将中心值及其公差写在圆括号内，将单位符号置于括号之后。例如，"室温为 20℃正负 1℃"，应表示为 $T=(20\pm1)$℃，而不应表示为 $T=20\pm1$℃或 $T=20$℃±1℃。

（12）正确表示试件尺寸

200mm×200mm×200mm 的表示方法是正确的。若表示为 （200×200×200）mm 或 200×200×200mm³，是不正确的。

第二节　有效数字与数值修约规则

在产品质量的检验中，记录各量度值或计算试验结果时，该用几位数字，必须有一个合乎实际的准则。不能认为，在记录某一量度值时小数点后面的位数愈多就愈精确，或在计算结果时保留的位数愈多精确度便愈高。因为小数点的位置不是决定精确度的标准，首先，它与所取量度单位大小有关，例如记质量为 0.0520g 与 52.0mg 的精确度完全相同；其次，在所有测定中，由于仪器精度和人的视觉的分辨能力所限，只能达到一定的精确度。尽管所记数值的位数再多，也决不可能把精确度提高到超越测定所及的允许范围。反之，如所记数值的位数过少，则不能客观地反映测定所能达到的实际精度，这同样是不正确的。在根据各量度值进行试验结果的运算时，保留几位小数或确定几位有效数字，应以能保持各量度值中的最低精度或相同的准确度为限。为了弄清上述问题，现就有效数字的确定及其运算规则讨论如下。

一、有效数字的概念

1. 有效数字位数的含义

有效数字的位数，是指在一个表示量值大小的数值中，含有的对表示量值大小起作用的数字位数。也就是试验中实际测定的数字，从最前面一个非零数字开始，到最后一位是可疑数字的数值的位数。例如：1.21g，三位有效数字；24.0403g，六位有效数字。

在试验工作中，记录量度值，如测定道路水泥干缩性试验中百分表的读数，滴定所消耗标准滴定溶液的毫升数，称量试料所得的克数或毫克数等，都是把可以准确读出的数值记下，并增加一位估计值。例如，在测定道路水泥干缩性时，当使用一块精度为 0.01mm 的百分表进行测定时，肯定可以精确读到小数点后第二位，而小数点后第三位数字则往往是估计得来的，通常把这一位数字叫做"不定数字"或"不准确数字"；再例如，容量滴定时所消耗的溶液体积为 35.25mL，滴定管的分度为 0.1mL，从滴定管刻度上看，我们可以精确读到十分位上的 2，而百分位上的 5 则为估计值。在读取如上数字时，有人可能读为 35.26，有人可能读为 35.24，即末位数字上下可能有一个单位的出入。在记录各种量度值时，一般均可估计到最小刻度的十分位，即只保留最后一位"不定数字"，其余数字均为准确知道的数字，我们称此时所记数字为有效数字。上述记录方法，已成为科学试验人员所共同遵守的准则。所以，有效数字是指试验中实际测定的数字，一般情况下是指只含有一位可疑数字的数值。

2. 有效数字的位数性质

有效数字的位数和小数点的位置无关，或者说与量值所选单位无关。例如，下述 3 个数值的有效位数均为两位：12g，0.012g，12×10^3mg。

3. 有效数字位数的作用

有效数字的位数标志着数值的可靠程度（实际可测得数值），反映了数值相对误差的大小，也反映了所使用的量具的精度。

例如，称量某样品得到 $m_1 = 0.5100$g，是四位有效数字，其相对误差 $E_r = (\pm 0.0001) / 0.5100 \approx \pm 0.02\%$，表示是用感量为 0.1mg 的分析天平称量得到的数值。

而称量某样品得到 $m_2 = 5.1$g，是两位有效数字，其相对误差 $E_r = (\pm 0.01) / 0.51 \approx \pm 2\%$，表示是用感量为 0.1g 的台秤称量得到的数值。

4. 有效数字位数的判断方法

1) 数字 1~9 不论处于数值中什么位置，都是有效数字，都计位数；

2) 数字 0：要根据具体情况予以判断。

(1) 在数值中间都计位数：如 12.01：四位有效数字；10804：五位有效数字。

(2) 在数值前面都不计位数：如 0.143：三位有效数字；0.024：两位有效数字。

(3) 在小数数值右侧都计位数：如 6.5000：五位有效数字；0.0240：三位有效数字。

(4) 在整数右侧，按规范化写法都应计位数，否则应以指数形式表示：

如 35000：五位有效数字；而 350×10^2（或 3.50×10^4）：三位有效数字；35×10^3（或 3.5×10^4）：两位有效数字。

二、数值修约规则

1. 定义

按照 GB/T8170—2008 标准，数值修约是指通过省略原数值的最后若干位数字，调整所保留的末位数字，使所得到的值最接近原数值的过程。

2. 数值修约规则

1）确定修约间隔

修约间隔是指修约值的最小数值单位。修约间隔的数值一经确定，修约值即应为该数值的整数倍。

（1）指定修约间隔为 10^{-n}（n 为正整数），或指明将数值修约到 n 位小数；

（2）指定修约间隔为 1，或指明将数值修约到"个"数位；

（3）指定修约间隔为 10^n（n 为正整数），或指明将数值修约到 10^n 数位，或指明将数值修约到"十""百""千"……数位。

2）进舍规则

（1）拟舍弃数字的最左一位数字小于 5 时，则舍去，保留其余各位数字不变。

例：将 12.1498 修约到个数位，得 12；

将 12.1498 修约到一位小数，得 12.1。

（2）拟舍弃数字的最左一位数字大于 5，则进一，即保留数字的末位数字加 1。

例：将 1268 修约到"百"数位，得 13×10^2（特定场合可写为 1300）。

将 1268 修约成三位有效位数，得 127×10（特定场合可写为 1270）。

注：本标准中，"特定场合"是指修约间隔明确时。

（3）拟舍弃数字的最左一位数字为 5，且其后有非 0 数字时进一，即保留数字的末位数字加 1。

例：将 10.5002 修约到"个"数位，得 11。

将 10.850001 修约到一位小数，得 10.9。

（4）拟舍弃数字的最左一位数字为 5，且其后无数值或皆为 0 时，若所保留的末位数字为奇数（1，3，5，7，9）则进一，即保留数字的末位数字加 1；若所保留的末位数字为偶数（0，2，4，6，8），则舍去。

例 1：修约间隔为 0.1（或 10^{-1}）

拟修约数值	修约值
1.050	10×10^{-1}（特定场合可写为 1.0）
0.35	4×10^{-1}（特定场合可写为 0.4）

例 2：修约隔为 1000（或 10^3）

拟修约数值	修约值
2500	2×10^3（特定场合可写为 2000）
3500	4×10^3（特定场合可写为 4000）

（5）负数修约时，先将它的绝对值按上述规定进行修约，然后在所得值前面加上负号。

例 1：将下列数字修约到"十"数位：

拟修约数值	修约值
-355	$-36×10$（特定场合可写为-360）
-325	$-32×10$（特定场合可写为-320）

例 2：将下列数字修约到三位小数，即修约间隔为 10^{-3}：

拟修约数值	修约值
-0.0365	$-36×10^{-3}$（特定场合可写为-0.036）

3）不允许连续修约

拟修约数字应在确定修约间隔或指定修约位数后一次修约获得结果，不得多次连续修约。

例 1：修约 97.46，修约间隔为 1。

正确的做法：97.46→97；

不正确的做法：97.46→97.5→98。

例 2：修约 15.4546，修约间隔为 1。

正确的做法：15.4546→15；

不正确的做法：15.4546→15.455→15.46→15.5→16。

4）0.5 单位修约与 0.2 单位修约

在对数值进行修约时，若有必要，也可常用 0.5 单位修约或 0.2 单位修约。

（1）0.5 单位修约（半个单位修约）

0.5 单位修约是指按指定修约间隔对拟修约的数值 0.5 单位进行的修约。

0.5 单位修约方法如下：将拟修约数值 X 乘以 2，按指定修约间隔对 $2X$ 按规定修约，所得数值（$2X$ 修约值）再除以 2。

例：将下列数字修约到"个"数位的 0.5 单位修约

拟修约数值 X	$2X$	$2X$ 修约值	X 修约值
60.25	120.50	120	60.0
60.38	120.76	121	60.5
60.28	120.56	121	60.5
-60.75	-121.50	-122	-61.0

（2）0.2 单位修约

0.2 单位修约是指按指定修约间隔对拟修约的数值 0.2 单位进行的修约。

0.2 单位修约的方法如下：将拟修约数值 X 乘以 5，按指定修约间隔对 $5X$ 按规定修约，所得数值（$5X$ 修约值）再除以 5。

例：将下列数字修约到"百"数位的 0.2 单位修约

拟修约数值 X	$5X$	$5X$ 修约值	X 修约值
830	4150	4200	840
842	4210	4200	840
832	4160	4200	840
-930	-4650	-4600	-920

三、近似数的运算规则

在处理数据时，常常会遇到一些精确度不同的数据（即有效数字位数不同的数据）。对于这些数据，要按照一定的法则进行数学运算，以避免计算过繁而引入错误，还可节约计算时间，使结果能真正反映实际测量的精确度。

1. 加减法

以小数位数最少的数为准（绝对误差最大），其余各数均修约成比该数多一位，运算结果的数值的位数与小数位数最少的数相同。例如：

$$60.4+2.02+0.212+0.0367=?$$

其中 60.4 小数位数最少，只 1 位，其最后一位数字有 ±1 的绝对误差，即绝对误差为 0.1，是四个数据中绝对误差最大者。以它为准，其余数字修约成小数点后两位，再进行运算。最后结果保留小数位数一位（运算式中下加横线的数字为不准确的数字）。

$$
\begin{array}{r}
60.\underline{4} \\
2.0\underline{2} \\
0.2\ 1 \\
+0.0\underline{4} \\
\hline
62.\underline{6}\ 7 \approx 62.7
\end{array}
$$

从计算式可以看出，结果中的 0.6 这一位已不准确，其后的 7 更无保留意义。

2. 乘除法

以有效数字位数最少的数为准（相对误差最大），其余各数均修约成比该数多一位，运算结果的数值的位数与有效数字位数最少的数相同。例如：

$$12.72 \times 0.045 = ?$$

12.72 的最后一位有 ±1 的绝对误差，即 0.01，其相对误差为 $E_r = 0.01/12.72 = 0.000786$。

0.045 的最后一位有 ±1 的绝对误差，即 0.001，其相对误差为 $E_r = 0.001/0.045 = 0.222$。

显然，有效数字位数为两位的 0.045 的相对误差最大。以它为准，将 12.72 修约成比两位多一位即三位，再进行运算。最后结果保留有效数字位数两位（运算式中下加横线的数字为不准确的数字）。

$$
\begin{array}{r}
12.7 \\
\times\ \ 0.04\underline{5} \\
\hline
0.0\underline{6}\ 3\ 5 \\
0.508 \\
\hline
0.5\underline{7}\ 1\ 5 \approx 0.57
\end{array}
$$

从计算式可以看出，结果中的 0.07 这一位已不准确，其后的 15 更无保留意义。

3. 乘方或开方

结果与原数字有效位数相同，而与小数点的位置无关。

例如：$\sqrt{95.8} = 9.79$；

$61.3^3 = 230 \times 10^3$（61.3 为三位，运算结果 230 也取三位）。

4. 对数运算

所取对数有效数字位数只算小数部分，与真数的有效位数相同（真数两位）。

例如：pH＝6.18（只算小数部分，两位）。

若 $[H^+]＝9.6\times10^{-12}$，则 $pH＝-lg[H^+]＝-lg(9.6\times10^{-12})＝11.\underline{02}$（真数 9.6 二位，其对数 11.02 中，11 是由方次决定，对数部分是 0.02，取两位）。

5. 其他情况

（1）常数、倍数、分数等非检测所得数字，有效位数可视需要取。

（2）如有 4 个以上的数值进行平均，则平均值的有效数字位数可以增加一位。

四、极限数值的表示和判定

按照 GB/T8170—2008 的规定，极限数值的表示和判定原则如下。

1. 书写极限数值的一般原则

（1）标准（或其他技术规范）中规定考核的以数量形式给出的指标或参数等，应当规定极限数值。极限数值表示符合该标准要求的数值范围的界限值，它通过给出最小极限值和（或）最大极限值，或给出基本数值与极限偏差等方式表达。

（2）标准中极限数值的表示形式及书写位数应适当，其有效数字应全部写出。书写位数表示的精确程度，应能保证产品或其他标准化对象应有的性能和质量。

2. 表示极限数值的用语

1）基本用语

（1）表达极限数值的基本用语及符号见如表 1-2-1 所示。

表 1-2-1　表达极限数值的基本用语及符号

基本用语	符号	特定情形下的基本用语			注
大于 A	$>A$		多于 A	高于 A	测定值或计算值恰好为 A 值时不符合要求
小于 A	$<A$		少于 A	低于 A	测定值或计算值恰好为 A 值时不符合要求
大于或等于 A	$\geqslant A$	不小于 A	不少于 A	不低于 A	测定值或计算值恰好为 A 值时符合要求
小于或等于 A	$\leqslant A$	不大于 A	不多于 A	不高于 A	测定值或计算值恰好为 A 值时符合要求

注：1. A 为极限数值。

2. 允许采用以下习惯用语表达极限数值：

（1）"超过 A"，指数值大于 A（$>A$）；

（2）"不足 A"，指数值小于 A（$<A$）；

（3）"A 及以上"或"至少 A"，指数值大于或等于 A（$\geqslant A$）；

（4）"A 及以下"或"至多 A"，指数值小于或等于 A（$\leqslant A$）。

例 1：普通硅酸盐水泥中三氧化硫的质量分数不大于 3.5%，$A＝3.5\%$。

例 2：水泥的抗压强度 $\geqslant52.5MPa$，$A＝52.5MPa$。

（2）基本用语可以组合使用，表示极限范围。

对特定的考核指标 X，允许采用下列用语和符号，如表 1-2-2 所示。同一标准中一般只应使用一种符号表示方式。

2）带有极限偏差值的数值

（1）基本数值 A 带有绝对极限上偏差值 $+b_1$ 和绝对极限下偏差值 $-b_2$，指从 $A-b_2$ 到 $A+b_1$ 符合要求，记为 $A_{-b_2}^{+b_1}$。

表 1-2-2　极限数值用语和符号

组合基本用语	组合允许用语	符号		
		表示方式 I	表示方式 II	表示方式 III
大于或等于 A 且小于或等于 B	从 A 到 B	$A \leqslant X \leqslant B$	$A \leqslant \cdot \leqslant B$	$A \sim B$
大于 A 且小于或等于 B	超过 A 到 B	$A < X \leqslant B$	$A < \cdot \leqslant B$	$> A \sim B$
大于或等于 A 且小于 B	至少 A 不足 B	$A \leqslant X < B$	$A \leqslant \cdot < B$	$A \sim < B$
大于 A 且小于 B	超过 A 不足 B	$A < X < B$	$A < \cdot < B$	—

注：当 $b_1 = b_2 = b$ 时，$A^{+b_1}_{-b_2}$ 可简记为 $A \pm b$。

例：80^{+2}_{-1}mm 指从 79mm 到 82mm 符合要求。

（2）基本数值 A 带有相对极限上偏差值 $+b_1\%$ 和相对极限下偏差值 $-b_2\%$，指实测值或其计算值 R 对于 A 的相对偏差值 $[(R-A)/A]$ 从 $-b_2\%$ 到 $+b_1\%$ 符合要求，记为 $A^{+b_1}_{-b_2}\%$。

注：当 $b_1 = b_2 = b$ 时，$A^{+b_1}_{-b_2}\%$ 可简记为 $A(1 \pm b\%)$。

例：$510\Omega(1+5\%)$，指实测值或其计算值 R（Ω）对于 510Ω 的相对偏差 $[(R-510)/510]$ 从 -5% 到 $+5\%$ 符合要求。

（3）对基本数值 A，若极限上偏差值 $+b_1$ 和（或）极限下偏差值 $-b_2$ 使得 $A+b_1$ 和（或）$A-b_2$ 不符合要求，则应附加括号，写成 $A^{+b_1}_{-b_2}$（不含 b_1 和 b_2）或 $A^{+b_1}_{-b_2}$（不含 b_1）、$A^{+b_1}_{-b_2}$（不含 b_2）。

例1：80^{+2}_{-1}（不含 2）mm，指从 79mm 到接近但不足 82mm 符合要求。

例2：$510\Omega(1+5\%)$（不含 5%），指实测值或其计算值 R（Ω）对于 510Ω 的相对偏差 $[(R-510)/510]$ 超过 -5% 到接近但不足 $+5\%$ 符合要求。

（4）若下（或上）极限偏差为零，零前不要加正负号。例如应写作 80^{+2}_{0}mm，不应写作 80^{+2}_{-0}mm 或 $80^{\pm2}_{0}$mm。

五、测定值或其计算值与标准规定的极限数值作比较的方法

在判定测定值或计算值是否符合产品标准要求时，应将测试所得的测定值或计算值与标准规定的极限数值作比较，执行国家标准 GB/T 8170—2008《数值修约规则与极限数值的表示和判定》。比较的方法有全数值比较法和修约值比较法两种。

当标准和有关文件中，若对与极限数值的比较方法（包括带有极限偏差的数值）无特殊规定时，均应使用全数值比较法。如规定采用修约值比较法，应在标准中加以说明。

若标准或有关文件规定了使用其中一种比较方法时，一经确定，不得改动。

1. 全数值比较法

将测试所得的测定值或计算值不经修约处理（或虽经修约处理，但应标明它是经舍、进或未进未舍而得），用该数值与规定的极限数值作比较，只要超出极限数值规定的范围（不论超出程度大小），都判定为不符合要求。

2. 修约值比较法

将测定值或其计算值进行修约，修约数位应与规定的极限数值数位一致。

当测试或计算精度允许时，应先将获得的数值按指定的修约数位多一位或几位报出，然后按修约规则修约至规定的数位。

将修约后的数值与规定的极限数值进行比较，只要超出极限数值规定的范围（不论超出程度大小），都判定为不符合要求。

对测定值或计算值与规定的极限数值用全数值比较法和修约值比较法的比较结果如表1-2-3所示。

表 1-2-3 全数值比较法和修约值比较法的实例与比较

项　　目	标准规定的极限数值	测定值或其计算值	按全数值比较法是否符合要求	修约值	按修约值比较法是否符合要求
P·O42.5普通水泥28d 的抗压强度/MPa	≥42.5	42.46	不符合	42.5	符合
		42.39	不符合	42.4	不符合
		42.50	符合	42.5	符合
		42.52	符合	42.5	符合
P·O42.5普通水泥28d 的抗折强度/MPa	≥6.5	6.51	符合	6.5	符合
		6.50	符合	6.5	符合
		6.47	不符合	6.5	符合
		6.42	不符合	6.4	不符合
水泥中氯离子的质量分数/%	≤0.06	0.055	符合	0.06	符合
		0.060	符合	0.06	符合
		0.065	不符合	0.06	符合
		0.066	不符合	0.07	不符合
中碳钢中锰的质量分数/%	1.2~1.6	1.151	不符合	1.2	符合
		1.200	符合	1.2	符合
		1.649	不符合	1.6	符合
		1.651	不符合	1.7	不符合
盘条直径/mm	10.0±0.1	9.89	不符合	9.9	符合
		9.85	不符合	9.8	不符合
		10.10	符合	10.1	符合
		10.16	不符合	10.2	不符合
	10.0±0.1（不含 0.1）	9.94	符合	9.9	不符合
		9.96	符合	10.0	符合
		10.06	符合	10.1	不符合
		10.05	符合	10.0	符合
	10.0±0.1（不含+0.1）	9.94	符合	9.9	符合
		9.86	不符合	9.9	符合
		10.06	符合	10.1	不符合
		10.05	符合	10.0	符合
	10.0±0.1（不含-0.1）	9.94	符合	9.9	不符合
		9.86	不符合	9.9	不符合
		10.06	符合	10.1	符合
		10.05	符合	10.0	符合

由表 1-2-3 可见，对同样的极限数值，全数值比较法比修约值比较法更严格。

第三节　常用数理统计方法

建材生产中的质量控制和分析都是以数据为基础进行的技术活动。如果没有对数据的收集、统计和定量分析，就无法形成明确的质量概念。因此，检测人员只有掌握对数据的整理、统计和分析技术，才能发现事物的规律性和生产、检测中存在的问题，进而作出正确的判断并提出解决问题的办法，不断提高工作质量。

一、总体和样本

1. 总体

研究或统计分析的对象的全体元素组成的集合称为总体。总体具有完整性的内涵，是由某一相同性质的许多个别单位（元素或个体）组成的集合体。当总体内所含个体个数有限时，称为有限总体；当总体内所含个体个数无限时，称为无限总体。在统计工作中，可以根据产品的质量管理规程或实际工作需要，选定总体的范围，例如每个月出厂的建材产品，某一批进厂煤或原材料，都可视为一个总体。

总体的性质取决于其中各个个体的性质，要了解总体的性质，理论上必须对全部个体的性质进行测定，但在实际中往往是不可能的。一是在多数情况下总体中的个体数目特别多，可以说接近于无穷多，例如出厂的水泥，即使按袋计数，也不可能对所有的袋进行测定；二是组成总体的个体数是无限的，例如对一种新分析方法的评价分析，每次测定结果即为一个个体，可以一直测定下去永无终止；三是有些产品质量的检测是破坏性的，不允许对其总体全部都进行检测。基于总体的这种种情况，在实际工作中只能从总体中抽取一定数量的、有代表性的个体组成样本，通过对样本的测量求出其分布中心和标准偏差，借助数理统计手段，对总体的均值 μ 和标准偏差 σ 进行推断，从而掌握总体的性质。

2. 样本

来自总体的部分个体的集合，称为样本。从总体获得样本的过程称为抽样。样本中的每个个体称为样品。样本中所含样品的个数，称为样本容量或样本大小。若样本容量适当地大，并且抽样的代表性强，则通过样本检测得到的分布特征值，就能很好地代表总体的分布特征值。总体和样本的关系如图 1-3-1 所示。

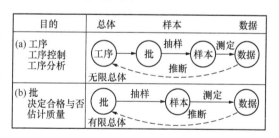

图 1-3-1　总体和样本的关系

例如，在水泥生料配制过程中，为控制生料的质量，每小时从生料生产线上采取一个样品，进行硅、铁、铝、钙含量的测定。每天共采取 24 个样品，构成该日配制的生料总体的一个样本。对该样本中的 24 个样品的化学成分进行测定，可计算出该日配制的生料三率值的平均值。还可推广到整个生料库，将该生料库容纳的全部生料作为一个总体，其中每小时采取的样品之和作为样本，根据样本中所有样品的分析结果，计算该生料库中全部生料的三率值。

二、样本分布的特征值

总体的分布特征值一般是很难得到的，数理统计中往往通过样本的分布特征值来推断总体的分布特征值。在实际应用中，为了对总体情况有一个概括的全面了解，需要用几个数字表达出总体的情况。这少数几个数字在数理统计中称为特征值。因此，在进行统计推断前确定样本分布的特征值，具有重要的实用价值。

常用的样本分布特征值分为两类：一是位置特征值；二是离散特征值。

位置特征值一般是指平均值，它是分析计量数据的基本指标。在测量中所获得的检测数据都是分散的，必须通过平均值将它们集中起来，反映其共同趋向的平均水平，也就是说平均值表达了数据的集中位置，所以，对一组测定值而言，平均值具有代表性和典型性。位置特征值一般包括算术平均值、几何平均值、加权平均值、中位数、众数等。

离散特征值用以表示一组测定数据波动程度或离散性质，是表示一组测定值中各测定值相对于某一确定的数值而言的偏差程度。一般是把各测定值相对于平均值的差异作为出发点进行分析。常用的离散特征值有平均差、极差、方差、标准（偏）差、变异系数等。

1. 表示样本分布位置的特征值（样本分布中心）

1）算术平均值 $\bar{x}$

算术平均值的计算十分简单。它利用了全部数据的信息，具有优良的数学性质，是实际中应用最为广泛的反映样本集中趋势的度量值。在水泥物理性能检验中，取得两次或多次平行测量结果后，常常取其算术平均值，作为最终结果。其前提是这些测量结果应符合重复性限或规定的精密度的要求。

将一组测定值相加和，除以该组样本的容量（测定所得到的测定数据的个数），所得的商即为算术平均值。设有一组测定数据，以 x_1、x_2、$\cdots\cdots x_n$ 表示。这组数据共由 n 个数据组成，其算术平均值按式（1-3-1）计算：

$$\bar{x} = (x_1 + x_2 + \cdots\cdots + x_n)/n$$

或表示为

$$\bar{x} = \sum_{i=1}^{n} x_i/n \qquad (1\text{-}3\text{-}1)$$

式中　n——测定数据的个数；

$\displaystyle\sum_{i=1}^{n}$——在数理统计中，大写希腊字母 Σ 表示加和。Σ 下方的 $i=1$，表示从第一个数据开始加和，一直加和到 Σ 上方所表示的第 n 个数据（在所指明确时，为了简化，有时只用 Σ 表示，而不注出下方的 $i=1$ 和上方的 n）。

2）加权平均值

加权平均值是考虑了每个测量值的相应权的算术平均值。将各测量值乘以与其相应的权，将各乘积相加后，除以权数之和，即为加权平均值，按式（1-3-2）计算：

$$\bar{x}_w = \frac{W_1 x_1 + W_2 x_2 + \cdots\cdots + W_n x_n}{W_1 + W_2 + \cdots\cdots + W_n} = \frac{\sum W_i x_i}{\sum W_i} \qquad (1\text{-}3\text{-}2)$$

式中：x_1、x_2、$\cdots\cdots x_n$——各测量值；

$\bar{x}_w$——加权平均值；

W_1、W_2、$\cdots\cdots W_n$——各测量值相应的权；

$\sum W_i$——各相应权的总和；

$\sum W_i x_i$——各测量值与相应权乘积之和。

根据实际情况，加权平均值有以下几种计算方法。

（1）数量上的加权平均值

例：水泥企业计算某一时期内熟料的综合抗压强度时，应采用加权平均值。某水泥厂有三台煅烧窑。其中 1 号窑年产 50 万 t 熟料，抗压强度为 58.5MPa；2 号窑年产 60 万 t 熟料，抗压强度为 57.8MPa；3 号窑年产 80 万 t 熟料，抗压强度为 59.2MPa。

则该厂全年水泥熟料综合抗压强度的加权平均值为：

$(50 \times 58.5 + 60 \times 57.8 + 80 \times 59.2)/(50 + 60 + 80) = 11129/190 = 58.57$（MPa）

（2）"重要程度"的加权平均值

对于重要程度较高的特性，可以赋予较高的权；对于一般的特性，可以赋予较低的权。

（3）不同精度的加权平均值

不等精度测量时，由于获得各个测量结果的条件有所不同，各个测量结果的可靠性不一样，因而不能简单地取各测量结果的算术平均值作为最后的测量结果，应让可靠程度高的测量结果在最后的结果中占的比率大一些，可靠性低的测量结果占的比率小一些。

3）中位数 $\tilde{x}$

中位数也是表示数值分布集中位置的一种特征值。其意义是将一批测量数据按大小顺序排列，居于中间位置的测量值，称为这批测量值的中位数。当测量值的个数 n 为奇数时，第 $(n+1)/2$ 项为中位数；当测量值的个数 n 为偶数时，位居中央的两数之算术平均值即为中位数。

例：对出磨水泥每 2 小时测定一次三氧化硫质量分数，某日共得 12 个测量值（%）：2.86、2.91、2.65、2.70、2.82、2.73、2.88、2.92、2.75、2.84、2.77、2.85。求这组测量值的中位数。

解：将 12 个测量值从小到大（或从大到小）依次排列为：

2.65、2.70、2.73、2.75、2.77、2.82、2.84、2.85、2.86、2.88、2.91、2.92

测量值个数 12 为偶数，中位数是居于中间位置的两个测量值的算术平均值，中位数为：

$$\tilde{x} = \frac{2.82 + 2.84}{2} = 2.83$$

中位数不受极端测量值的影响，计算方法比较简便，但准确度不高，多在数理统计和生产过程控制图中使用。有时几次平行测定的最后结果也用中位数报出。

4）众数

众数是指在一组测量数据中出现次数最多的测量值。

例：某水泥企业控制出磨水泥的细度（筛余）范围为（7.0±1.0）%。每小时测定一次，某日早班的测量数据如下（%）：7.4、7.1、7.8、7.4、7.5、7.4、7.6、7.5。

在这组数据中 7.4 共出现三次，多于其他任何数，故 7.4 即为这组测量数据的众数。

众数不受检测数据中所出现的极大值或极小值的影响，因此在检测值数列两端的数值不太明确时，宜于用众数表示检测结果的位置特征。特别是在社会学的统计工作中，众数可以反映大多数统计对象的实际情况。但其缺点是当数据未呈现明显的集中趋势时，其数列不一定存在众数；众数没有明显的数学特征，一般不能用数学方法进行处理。

5）均方根平均值

均方根平均值是各测量值平方之和除以测量值个数所得商值的平方根。按式（1-3-3）计算：

$$u = \sqrt{\frac{x_1^2 + x_2^2 + \cdots\cdots + x_n^2}{n}} = \sqrt{\frac{\sum x_i^2}{n}} \qquad (1\text{-}3\text{-}3)$$

式中：x_1、x_2、$\cdots\cdots x_n$——各测量值；

n——测量值的个数；

$\sum x_i^2$——各测量值的平方之和。

均方根平均值能较为灵敏地反映测量值的波动。

例：某班对出磨水泥细度的测量值（筛余%）为：7.2、7.3、7.4、8.8、7.9、7.6、7.4、7.5。求该班出磨水泥的平均细度。

解：用均方根平均值计算平均细度为：

$$u = \sqrt{\frac{7.2^2 + 7.3^2 + 7.4^2 + 8.8^2 + 7.9^2 + 7.6^2 + 7.4^2 + 7.5^2}{8}} = \sqrt{\frac{468.5}{8}} = 7.7(\%)$$

如用算术平均值计算，平均细度为7.6%，均方根平均值大于算术平均值，反映出该班测量值中出现了一个波动较大的值，即8.8%。

2. 表示测量值离散性质的特征值

1）极差

极差是最简单最易了解的表示测量值离散性质的一个特征值。极差又称全距，即在一组测量数据中最大值 x_{max} 与最小值 x_{min} 之差，按式（1-3-4）计算：

$$R = x_{max} - x_{min} \qquad (1\text{-}3\text{-}4)$$

例：测得六块试体的抗压强度为58.7、57.8、59.2、59.8、58.4、58.8（MPa），求此组试体抗压强度值的极差。

解：极差为：

$$R = x_{max} - x_{min} = 59.8 - 57.8 = 2.0(MPa)$$

极差是位置特征值，极易受到数列两端异常值的影响。测量次数 n 越多，其中出现异常值的可能性越大，极差就可能越大，因而极差对样本容量的大小具有敏感性。另外，极差只能表示数列两端的差异，不能反映数列内部数值的分布状况，不能充分利用数列内的所有数据。尽管如此，极差在不少场合还是用来表示数列的离散程度。在正常情况下，只希望得知产品品质的波动情况时，经常使用极差；在对称型分布中，使用极差表示数列的离散程度更为便捷，这时两极端的平均值非常接近于整个数列的平均值。

2）平均绝对偏差

一组测量数据中各测量值与该组数据平均值之偏差的绝对值的平均数，称为平均绝对偏差，按式（1-3-5）计算：

$$\overline{d} = \frac{\sum |x_i - \overline{x}|}{n} = \frac{\sum |d_i|}{n} \qquad (1\text{-}3\text{-}5)$$

式中：$\overline{d}$——平均绝对偏差；

d_i——某一测量值 x_i 与平均值 $\overline{x}$ 之差，$d_i = x_i - \overline{x}$。

例：某水泥熟料样品中二氧化硅的质量分数（%）的测定结果为：21.50、21.53、

21.48、21.57、21.52。计算该组测量结果的平均绝对偏差。

解：该组测量值的平均值为：

$$\overline{x} = (21.50 + 21.53 + 21.48 + 21.57 + 21.52)/5 = 21.52$$

平均绝对偏差为：

$$\overline{d} = (0.02 + 0.01 + 0.04 + 0.05 + 0)/5 = 0.024$$

平均绝对偏差是衡量数列离散程度大小的特征值之一，比较适合处理小样本，且不需精密分析的情况。与极差相比，平均绝对偏差比较充分地利用了数列提供的信息，但因其计算比较繁琐，在大样本中很少应用。与标准偏差相比，平均绝对偏差反映测量数据离散性的灵敏度不如标准偏差高。

3）方差

方差是指各测量值与平均值的偏差平方和除以测量值个数而得的结果。采用平方的方法可以消除正负号对差值的影响。

总体方差按式（1-3-6）计算：

$$\sigma^2 = \sum(x_i - \mu)^2/N \tag{1-3-6}$$

式中：x_i——每个测量值（变量）；

　　　μ——总体平均值；

　　　N——总体所有变量的个数。

在实际工作中，总体方差很难得到，往往用样本的方差 s^2 来估计总体的方差。s^2 按式（1-3-7）计算：

$$s^2 = \frac{\sum(x_i - \overline{x})^2}{n-1} \tag{1-3-7}$$

式中：x_i——样本中每个测量值（变量）；

　　　$\overline{x}$——样本平均值；

　　　n——测定值的个数。

利用方差这一特征值可以比较平均值大致相同而离散度不同的几组测量值的离散情况。

例：某厂有两台水泥磨，在同一班里各自测定了出磨水泥的细度（筛余％），数据如下。计算各自的平均值和方差。

　　　　1号磨：7.4、7.5、7.6、8.0、7.9、7.6、7.6、7.5
　　　　2号磨：6.0、6.4、6.8、7.8、8.0、8.2、8.9、9.0

解：1号磨：平均值：$\overline{x}_1 = \dfrac{1}{8} \times (7.4 + 7.5 + 7.6 + 8.0 + 7.9 + 7.6 + 7.6 + 7.5) =$ 7.64

各次测量值与平均值之差依次为：

　　　　−0.24、−0.14、−0.04、0.36、0.26、−0.04、−0.04、−0.14

方差：$s_1^2 = \dfrac{1}{8-1}(0.24^2 + 2 \times 0.14^2 + 3 \times 0.04^2 + 0.36^2 + 0.26^2) = \dfrac{1}{7} \times 0.2988 = 0.043$

2号磨：平均值：$\overline{x}_2 = \dfrac{1}{8} \times (6.0 + 6.4 + 6.8 + 7.8 + 8.0 + 8.2 + 8.9 + 9.0) = 7.64$

各次测量值与平均值之差依次为：

　　　　−1.64、−1.24、−0.84、0.16、0.36、0.56、1.26、1.36

方差：$s_2^2 = \dfrac{1}{8-1}(1.64^2 + 1.24^2 + 0.84^2 + 0.16^2 + 0.36^2 + 0.56^2 + 1.26^2 + 1.36^2)$

$\qquad = \dfrac{1}{7} \times 8.84 = 1.26$

两台磨出磨水泥的细度平均值相等，$\overline{x}_1 = \overline{x}_2$，但方差却相差很大，$s_1^2 = 0.043$，$s_2^2 = 1.26$，显然，1 号磨出磨水泥的细度质量指标要优于 2 号磨。

4）标准偏差

标准偏差又称"标准偏差"或"均方根差"。在描述测量值离散程度的各特征值中，标准偏差是一项最重要的特征值，一般将平均值和标准偏差二者结合起来，即能全面地表明一组测量值的分布情况。

（1）总体的标准偏差 σ 按式（1-3-8）计算：

$$\sigma = \sqrt{\dfrac{\sum(x_i - \mu)^2}{N}} \qquad (1\text{-}3\text{-}8)$$

式中：x_i——单个变量（测量值）；

$\qquad \mu$——总体平均值；

$\qquad \sigma$——总体标准偏差；

$\qquad N$——总体变量数。N 应趋向于无穷大（$N \to \infty$），至少要 $\geqslant 20$。

（2）样本的标准偏差 s

一般情况下是难以得到总体标准偏差 σ 的，通常用样本的标准偏差 s 来估计总体的标准偏差 σ。样本的标准偏差 s 又称为"实验标准偏差"。

① 样本的标准偏差 s 常用式（1-3-9）（贝塞尔公式）计算：

$$s = \sqrt{\dfrac{\sum(x_i - \overline{x})^2}{n-1}} \qquad (1\text{-}3\text{-}9)$$

式中：s——样本标准偏差；

$\qquad x_i$——单个变量（测量值）；

$\qquad \overline{x}$——样本平均值；

$n-1$——样本自由度（记为英文字母 f，有时记为希腊字母 ν），n 为样本容量（测定所得到的测定数据的个数）。

注：1."样本标准偏差"又称为"实验标准偏差"，有时可以简称为"标准偏差"，用英文字母小写、斜体 s 表示。不要用正体，也不要用大写。

2. 在贝塞尔公式中，样本自由度为 f，自由度等于样本容量减去 1，$f = n-1$，这是与总体标准偏差计算公式的不同之处。所谓自由度，从物理意义出发可以理解为在有限的样本中，自由度等于样本总数减去处理这些样本时所外加的限制条件的数目。此处样本总数为 n，外加的限制条件是算术平均值 $\overline{x}$。如果已知 $n-1$ 个样本值，再求出算术平均值 $\overline{x}$，则第 n 个样本值也就可以确定下来，因此，在 n 个样本中真正独立的只有 $n-1$ 个。

标准偏差对数据分布的离散程度反映得灵敏而客观，在统计推断、显著性检验、统计抽样检验、离群值的判断等数理统计工作中起着重要作用。标准偏差恒取正值，不取负值。标准偏差是有度量单位的特征值，例如，标准偏差的单位可以是兆帕（MPa）。标准偏差只与各测量值同平均值的离差大小有关，而与测量值本身大小无关。

例：水泥熟料中二氧化硅质量分数的 10 次测定结果（%）为：21.50、21.53、21.48、

21.57、21.52、21.56、21.52、21.53、21.46、21.48。计算该组数据的标准偏差。

解：以前用列表法将该组数据列表进行计算，比较繁琐。利用袖珍式计算器或 PC 计算机中的 OfficeExcel 程序中的函数计算功能计算标准偏差，十分方便。经过计算，得到该组数据的标准偏差为 0.0354%。

② 利用样本的极差 R 估计样本的标准偏差 s

当样本量 n 足够大时，可以按式（1-3-10）通过极差近似求得符合正态分布规律的一组数据的标准偏差 s：

$$s = R/d_2 \qquad (1\text{-}3\text{-}10)$$

例：10 次测定结果 21.50、21.53、21.48、21.57、21.52、21.56、21.52、21.53、21.46、21.48 的极差为 $R = 21.57\% - 21.46\% = 0.11\%$，测定次数 $n = 10$。查表 1-3-1 可得 $1/d_2 = 0.3249$，则标准偏差 $s = R/d_2 = 0.11\% \times 0.3249 = 0.0357\%$。与用贝塞尔公式计算得到的结果 0.0354% 非常接近。

表 1-3-1　由极差 R 求标准偏差的换算系数 $1/d_2$

n	2	3	4	5	6	7	8	9	10	11	12	13
$1/d_2$	0.8865	0.5907	0.4857	0.4299	0.3946	0.3698	0.3512	0.3367	0.3249	0.3152	0.3069	0.2998
n	14	15	16	17	18	19	20	21	22	23	24	25
$1/d_2$	0.2935	0.2880	0.2831	0.2787	0.2747	0.2711	0.2677	0.2647	0.2618	0.2592	0.2567	0.2544

JC/T 578—2009《评定水泥强度匀质性试验方法》中的式（4）：$s_e = 0.886 \bar{R}$，即是根据式（1-3-10）得来。首先计算各组重复试验和试验结果之间的极差 R，然后计算 10 组极差的平均值 $\bar{R}$。因为每组数据为 $n = 2$，由表 1-3-1 查得 $1/d_2 = 0.886$，所以 $s = \bar{R}/d_2 = 0.886 \bar{R}$。

不过这样近似计算的条件是样本量 n 足够大，而该标准中 n 仅等于 2，计算得到的结果只能是近似的。

数据比较多时，可将数据分组，先计算各组内的极差，然后求其平均极差，利用式（1-3-10）近似计算标准偏差。

例：某水泥厂每 2h 测定一次出磨生料 $80\mu m$ 筛余，某月共有 360 个检测数据。以每班检测数据进行分组，每组 4 个数据，不够 4 个的班次合并，最后不够 4 个的舍弃。360 个数据可以分成 90 组，其测定数据之一部分如表 1-3-2 所示。

表 1-3-2　出磨生料 $80\mu m$ 筛余测定数据

组号	每 2h 的检测数据/%				组内极差 R/%
1	5.60	5.90	5.42	5.24	0.66
2	5.81	5.64	6.15	6.01	0.51
3	5.46	5.87	6.03	5.97	0.57
…	…	…	…	…	…
90	5.87	6.00	6.16	5.84	0.32
合计	—	—	—	—	46.9

样本平均极差： $\overline{R} = 46.9/90 = 0.52$ （％）

查表 1-3-1，得 $n=4$ 时， $1/d_2 = 0.4857$ 。所以，该厂该月出磨生料 $80\mu m$ 筛余测定值的标准偏差为： $s = 0.4857 \times 0.52 = 0.25$ （％）。

5）相对标准偏差（变异系数）

当两个或两个以上测量值数列平均值相同而且单位也相同时，直接用标准偏差比较其离散程度是非常适宜的，但如果平均值不同，或单位不同，仅用标准偏差就不能比较其离散程度。为了将平均值的因素考虑进去进行定量比较，引入"相对标准偏差"的概念，即相对于平均值的标准偏差，又称为"变异系数"，按式（1-3-11）计算：

$$C_V = \frac{s}{\overline{x}} \times 100\% \tag{1-3-11}$$

例：A 组水泥抗压强度测量值（MPa）为：58.8、58.7、58.6、58.5、58.4、58.3；B 组水泥抗压强度测量值（MPa）为 48.8、48.7、48.6、48.5、48.4、48.3。试求两组的平均值、标准偏差和变异系数。

解：A 组平均值 $\overline{x}_A = 58.6$ MPa，标准偏差 $s_A = 0.187$ MPa；B 组平均值 $\overline{x}_B = 48.6$ MPa，标准偏差 $s_B = 0.187$ MPa。

A 组的变异系数 $\quad C_V = \dfrac{0.187}{58.6} = 0.32\%$

B 组的变异系数 $\quad C_V = \dfrac{0.187}{48.6} = 0.38\%$

两组测量值各自的平均值不同，但标准偏差 s 却相等。但从变异系数看，显然 A 组的离散程度小于 B 组，其抗压强度的波动较小。

变异系数不受平均值不同的影响，可用来比较平均值不同的几组测定值数列的离散情况。变异系数没有单位，可用于比较不同度量单位的测定值数列的离散情况。在检查某计量检测方法或产品质量的稳定性时，常用变异系数表示重复测定结果的变异程度。例如，《水泥产品生产许可证实施细则》（2016 年 10 月 30 日起实施）中对出厂水泥的质量要求之一是，28d 抗压强度月（或一统计期）平均变异系数（ C_V ）目标值，根据产品的质量等级，分别不大于 4.5%（强度等级 32.5）、3.5%（强度等级 42.5）和 3.0%（强度等级 52.5 及以上）；均匀性试验的 28d 抗压强度变异系数（ C_V ）目标值不大于 3.0%。

综上所述，在统计技术中最为有用的特征值，是算术平均值 $\overline{x}$ 和实验标准偏差 s ，以及变异系数 C_V 。有时用到极差 R 和方差 s^2 。在报出平行测定结果或制作控制图时，还经常用到中位数 $\tilde{x}$ 。

3. 用计算机计算样本的特征值

假如一组数据共 10 个。例如：13.5、13.8、13.6、13.4、14.5、14.3、14.4、14.8、14.2、14.7。其基本程序如下。

① 进入 Excel 程序，在 A 栏（或 B 栏、C 栏……）中自上而下输入该组数据。输入完毕后将光标移至输入数据的下部的某一空格内（一般与输入的数据隔开一或两格）。

② 单击表顶部 fx 按钮，弹出"插入函数"对话框。

在"或选择类别"下拉列表中选择"统计"。在"选择函数"一栏中选择所用的函数，单击"确定"按钮。

③按照所显示图表的要求，将数据输入到函数参数的有关栏目中。

④ 单击"确定"按钮，则在事先选定的空格内显示该"计算结果"。

1）计算一组数据的平均值 $\bar{x}$

在"插入函数"对话框"选择函数"栏中选择"AVERAGE"，并双击鼠标左键，弹出"函数参数"对话框。

将光标移至"Number1"中。用鼠标框起 A1～A10 数据，在"函数参数"对话框的左下部显示"计算结果＝14.12"，即为该组数据的平均值 $\bar{x}$。单击"确定"按钮，则在事先选定的空格内显示该平均值。

2）求一组数据的最大值

在"插入函数"对话框"选择函数"栏中选择"MAX"，并双击鼠标左键，弹出"函数参数"对话框。

将光标移至"Number1"中。用鼠标框起 A1～A10 数据，则对话框的左下部显示"计算结果＝14.8"，即为该组数据的最大值。

3）求一组数据的最小值

在"插入函数"对话框"选择函数"栏中选择"MIN"，并双击鼠标左键，弹出"函数参数"对话框。

将光标移至"Number1"中，用鼠标框起 A1～A10 数据，则对话框的左下部显示"计算结果＝13.4"，即为该组数据的最小值。

4）求一组数据的中位数

在"插入函数"对话框"选择函数"栏中选择"MEDIN"，并双击鼠标左键，弹出"函数参数"对话框。

将光标移至"Number1"中，用鼠标框起 A1～A10 数据，则对话框的左下部显示"计算结果＝14.25"，即为该组数据的中位数 $\tilde{x}$。

5）求一组数据的平均绝对偏差

在"插入函数"对话框"选择函数"栏中选择"AVEDEV"，并双击鼠标左键，弹出"函数参数"对话框。

将光标移至"Number1"中，用鼠标框起 A1～A10 数据，则对话框的左下部显示"计算结果＝0.436"，即为该组数据的平均绝对偏差 $\bar{d}$。

6）求一组数据的众数

在"插入函数"对话框"选择函数"栏中选择"MODE"，并双击鼠标左键，弹出"函数参数"对话框。

将光标移至"Number1"中，用鼠标框起 A1～A10 数据，则对话框的左下部显示"计算结果＝♯N/A"，即该组数据无众数。

7）求一组数据的偏差平方和

在"插入函数"对话框"选择函数"栏中选择"DEVSQ"，并双击鼠标左键，弹出"函数参数"对话框。

将光标移至"Number1"中，用鼠标框起 A1～A10 数据，则对话框的左下部显示"计算结果＝2.336"，即为该组数据与平均值偏差的平方和 $\left[\Sigma\ (x-\bar{x})^2\right]$。

8）求一组数据的方差

在"插入函数"对话框"选择函数"栏中选择"VAR",并双击鼠标左键,弹出"函数参数"对话框。

将光标移至"Number1"中,用鼠标框起 A1～A10 数据,则对话框的左下部显示"计算结果＝0.26",即为该组数据的方差 s^2。

9)求一组数据的实验标准偏差 s

在"插入函数"对话框"选择函数"栏中选择"STDEV",并双击鼠标左键,弹出"函数参数"对话框。

将光标移至"Number1"中,用鼠标框起 A1～A10 数据,则对话框的左下部显示"计算结果＝0.51",即为该组数据的实验标准偏差 s。

计算一组数据的参数所对应的函数符号及名称汇总于表 1-3-3 中。

表 1-3-3　计算一组数据的参数所用函数

参数名称	平均值	最大值	最小值	中位数	平均绝对偏差	众数	偏差平方和	方差	实验标准偏差
符号	$\tilde{x}$	x_{max}	x_{min}	$\tilde{x}$	$\bar{d}$	—	$\Sigma(x-\bar{x})^2$	s^2	s
函数名称	AVERGE	MAX	MIN	MEDIN	AVEDEV	MODE	DEVSQ	VAR	STDEV

三、一元线性回归方程的建立

在实际工作中,变量与变量之间的关系是复杂的,除了如同圆面积 $S＝\pi R^2$ 中 S 与 R 这类确定关系之外,还有一类"相关"关系,不能由一个量的值得到另一个量的确定值,但是二者之间存在一定的规律性。像这种自变量取值一定时,因变量的取值带有一定的随机性,但二者之间互相联系、互相制约的两个变量之间的关系,称为"相关关系"。对不存在确定性函数关系的相关变量进行处理,揭示其客观规律的统计分析方法称为"回归分析"。其中最简单的是一元线性回归分析,又称作最小二乘法,其原理是使各测量值与统计得到的相关直线间的差的平方和为最小,其得到的线性回归方程式为:$\hat{y}＝a＋bx$,其中 x 为自变量,$\hat{y}$ 为变量 y 的估计值或回归值,a 为直线的截距,b 为直线斜率。这种相关关系确定之后,可以根据一个变量的值预测或控制另一个变量的取值,并能知道这种预测或控制可达到何种精确度。

在处理水泥物理性能试验数据时,经常遇到两个相关变量,例如水泥的抗压强度与抗折强度,快速强度与标准强度,混凝土强度与水泥强度,标准稠度与下沉深度等。现以水泥 28d 抗压强度与早期(3d)抗压强度之间关系的对比试验为例,得到如表 1-3-4 中所列相关结果(表中为部分结果)。如果画图,可得到如图 1-3-2 所示之散点图。观察图中散点分布的趋势可以看出,它们大致都落在一条直线附近,可认为二者之间具有一定的线性相关关系。

实际工作中的问题是如何合理选择两个参数 a 和 b,使得这个线性函数式近似表示变量 y 和 x 之间的相关关系。以前必须用手工通过复杂的公式进行计算,费事费时,现在用计算机可以很方便地求得相关的参数。其操作步骤

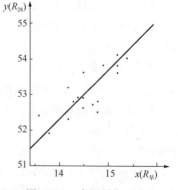

图 1-3-2　水泥早期强度与 28d 强度之间的关系

如下。

表 1-3-4 水泥早期抗压强度与标准抗压强度之间的一组相关数据

试验号	x ($R_早$) /MPa A栏	y (R_{28}) /MPa B栏	试验号	x ($R_早$) /MPa A栏	y (R_{28}) /MPa B栏
1	13.5	51.6	11	14.2	53.2
2	13.8	51.9	12	14.9	53.8
3	13.6	52.4	13	14.5	52.6
4	13.4	51.4	14	15.2	53.8
5	14.5	53.6	15	15.4	54.0
6	14.3	52.8	16	15.2	53.6
7	14.4	52.9	17	15.4	54.2
8	14.8	52.8	18	15.2	54.1
9	14.2	52.3	19	14.5	52.9
10	14.7	52.7	20	14.8	52.5

进入 Excel 程序，在栏目中将表 1-3-1 中的 20 对数据分别输入 Excel 表中的 A 栏和 B 栏（或其他栏目）。A 栏为自变量 x ($R_早$)，B 栏为因变量 y (R_{28})。

输入完毕后将光标移至输入数据下方某一空格内。

单击 fx 按钮，弹出"插入函数"对话框。在"或选择类别"下拉列表中选择"统计"。在"选择函数"一栏中选择所用的函数。

1. 求一元线性回归方程的斜率

在"插入函数"对话框"选择函数"栏中选择"SLOPE"（斜率），并双击鼠标左键，弹出"函数参数"对话框。

将光标移至"Known _ y's"栏中，用鼠标框起 B1～B20 数据（因变量数据）；选定（用虚线框起）；将光标移至"Known _ x's"栏中，用鼠标框起 A1～A20 数据（自变量数据）。则在对话框的左下方显示"计算结果=1.18"，即为该线性方程的斜率 b。

单击"确定"按钮，则在数据下方的空格内显示该值。

2. 求一元线性回归方程的截距

在"插入函数"对话框"选择函数"栏中选择"INTERCEPT"（截距），并双击鼠标左键，弹出"函数参数"对话框。

与上相同，分别在 Known _ y's 栏和 Known _ x's 栏中输入 B 组和 A 组数据。

则在对话框的左下方显示"计算结果=35.9"，即为该线性方程的截距 a。

单击"确定"按钮，则在数据下方的空格内显示该值。

3. 求一元线性回归方程的相关系数

在"插入函数"对话框"选择函数"栏中选择"CORREL"（相关系数），并双击鼠标左键，弹出"函数参数"对话框。

分别在 Array1 栏（自变量）和 Array2 栏（因变量）中输入 A 组和 B 组数据。则在对话框的左下方显示"计算结果=0.88"，即为该线性方程的 r。单击"确定"按钮，则在数据下方的空格内显示该值。

综上所得结果，可得如式（1-3-12）所示的方程：

$$y = 35.9 + 1.18x \tag{1-3-12}$$

4. 求回归后对 y 的预期值

在"插入函数"对话框"选择函数"栏中选择"FORECAST"（预期值），并双击鼠标左键，弹出"函数参数"对话框。

在 X 栏中：输入检验值（x_1）＝13.6；

在 Known _ y's 栏中输入 B1～B20 数据（因变量数据）；

在 Known _ x's 栏中输入 A1～A20 数据（自变量数据）。

则在表的左下方显示计算结果："51.9"，即为与检验值 x_1 相对应的预期的 y_1 值。

依次输入 x_2、x_3……值，可依次得出与其相对应的预期的 y_2、y_3……值。

5. 回归方程相关性的判断

1）用相关系数 r 判断

求得的相关系数 r 的绝对值越接近 1，表明二者之间的相关关系越好。通常要求相关系数至少为 0.8 至 0.9。r 值为正，则二者为正相关；r 值为负，则二者之间为负相关。

2）用预测值同实测值进行比较

以式（1-3-12）所得结果为例，对比结果列于表 1-3-5 中。将通过回归方程计算得到的预测值和试验的实测值进行对比，相对误差小于 5% 的数据占 95% 以上者较为理想。

表 1-3-5　预测值与实测值对比结果　　　　　　　　　　　MPa

n	输入	$R_{28预测}$	$R_{28实测}$	$R_{28预测}-$ $R_{28实测}$	相对误差 /%	n	输入	$R_{28预测}$	$R_{28实测}$	$R_{28预测}-$ $R_{28实测}$	相对误差 /%
1	13.5	51.7	51.6	+0.1	+0.19	11	14.2	52.6	53.2	−0.6	−1.13
2	13.8	52.1	51.9	+0.2	+0.39	12	14.9	53.4	53.8	−0.4	−0.74
3	13.6	51.8	52.4	−0.6	−1.15	13	14.5	52.9	52.6	+0.3	+0.56
4	13.4	51.6	51.4	+0.2	+0.39	14	15.2	53.7	53.8	−0.1	−0.19
5	14.5	52.9	53.6	−0.7	−1.31	15	15.4	54.0	54.0	0	0
6	14.3	52.7	52.8	−0.1	−0.19	16	15.2	53.7	53.6	+0.1	+0.19
7	14.4	52.8	52.9	−0.1	−0.19	17	15.4	54.0	54.2	−0.2	−0.37
8	14.8	53.3	52.8	+0.5	+0.95	18	15.2	53.7	54.1	−0.4	−0.74
9	14.2	52.6	52.3	+0.3	+0.57	19	14.5	52.9	52.9	0	0
10	14.7	53.1	52.7	+0.4	+0.76	20	14.8	53.3	52.5	+0.8	+1.52

注：相对误差＝［（$R_{28预测}-R_{28实测}$）/$R_{28实测}$］×100%。

本例中各相对误差绝对值均小于 5%，表明推导出的回归方程相关性较好。

回归线一般只适用于原来的试验范围，不能随意把范围扩大。如需扩大使用范围，应有充分的理论根据或有进一步的试验数据做支撑。

第四节　测量误差与偏差

一、误差与偏差的概念

通常一个物理量的真值是不知道的，需要采用适当的方法测定它。检测值并不是被检测对象的真值，只是真值的近似结果。真值虽然通常是不知道的，但是可以通过恰当的方法估计检测值与真值相差的程度。通常将检测值与真值之间的差异称为检测值的观测误差，简称为误差。

误差（error）和偏差（deviation）是两个不同的概念。偏差是测量值相对于平均值的差异（绝对偏差，标准偏差等），或两个测量值彼此之间的差异（极差等）；而误差是测量值与真值之间的差异。由于实际中真值往往是不知道的，习惯上常将平均值作为真值看待，因此有些人常将误差与偏差两个不同的概念相混淆。在把平均值当作真值时，实际上是包含了一个假设条件，即在测量过程中不存在系统误差。如果实际情况并非如此，即在测量过程中存在较大系统误差时，其算术平均值则不能代表真值，因此，在数理统计和测量过程中，要注意误差和偏差这两个概念之间的区别。

二、测量误差的分类

通常把误差分为系统误差和随机误差两种类型。

在检测试样的操作过程中，由于工作上的粗枝大叶或某种意外事故所造成的差错属于"过失误差"或称"粗大误差"，不包括在此处所讨论的误差范围之内。

1. 系统误差

在一定试验条件下，系统误差是一种有规律的、重复出现的误差。在每次测定中，此种误差总是偏向于某一个方向，或总是偏高，或总是偏低，其大小几乎是一个恒定的数值，所以系统误差也叫做恒定误差。在检测过程中产生这种误差的主要原因，大体有如下几个方面：

（1）由于分析方法本身所造成的系统误差。例如，用氯化铵称量法测定普通水泥熟料中的二氧化硅时，由于沉淀中吸附了铁、铝、钛等杂质和混有不溶物而使测定结果偏高，并且当试样中不溶物的含量增高时，偏高的幅度亦随之相应增大。如采用通常酸溶样的方法，将给测定结果造成可观的正误差。另一方面，用氟硅酸钾容量法测定二氧化硅时，当样品中不溶物的含量高时，用酸溶解试样会使测定结果产生较大的负误差。此外，在各类试样成分的配位滴定中，溶液的 pH 值、温度、指示剂等的选择若不恰当，都将使测定结果产生一定的系统误差。

（2）由于使用的仪器不合乎规格而引起的系统误差。例如，一些要求准确刻度的量器，如移液管与容量瓶彼此之间的体积比不准确；滴定管本身刻度不准确或不均匀；天平的灵敏度不能满足称量精确度的需要，或砝码的质量不够准确等，都会给测定结果带来一定的正的或负的系统误差。

（3）由于试剂或蒸馏水中含有杂质所引起的系统误差。例如，用以标定 EDTA 标准滴定溶液浓度的基准试剂的纯度不够或未烘去吸附水，使所标定的标准滴定溶液浓度值偏高，以致引起分析结果的系统偏高；在蒸馏水中含有某些杂质，也常常使测定结果产生一定的系统误差。

（4）由于检测人员个人的习惯与偏向所引起的系统误差。例如，读取滴定管的读数时有的人习惯于偏高或偏低；判断滴定终点时有的人习惯于颜色深一些或浅一些，等等。在实际工作中，应根据具体的操作条件进行具体的分析，以便找出产生系统误差的根本原因，并采取相应的措施避免或减小系统误差。

2. 随机误差

随机误差是在检测过程中由一些不定的、偶然的外因（如实验室温度、湿度的微小变化，电压的微小波动，外界对仪器设备的扰动等）所引起的误差。它与系统误差不同，反映在几次同样的测定结果中，误差的数值有时大、有时小，有时正、有时负。

如果测定的次数不是太多，看上去这种不定的可大可小、可正可负的误差，好像没有什么规律性。但如果在同样条件下，对同一个样品中的某一组分进行足够多次的测定时，就不难看出随机误差的出现具有如下规律：

（1）正误差和负误差出现的概率大体相同，也就是产生同样大小的正误差和负误差的概率大体相等；

（2）较小误差出现的概率大，较大误差出现的概率小；

（3）很大的误差出现的概率极小。

经过长期的科学试验和理论分析，证明上述随机误差的规律性完全服从统计规律，因此可用数理统计方法来处理随机误差的问题。

三、误差的表示方法

1. 真误差

真误差为测量值与真值之差。

单次测定值误差用式（1-4-1）表示：

$$E = x - \mu_0 \tag{1-4-1}$$

多次测定值误差用式（1-4-2）表示：

$$E = \bar{x} - \mu_0 \tag{1-4-2}$$

式中：x——单次测定值；

$\bar{x}$——多次测定值的算术平均值；

μ_0——真值（标准值）。

相对误差 H 用式（1-4-3）表示：

$$H = \frac{E}{\mu_0} \times 100\% \tag{1-4-3}$$

由于真值一般难以求得，故可以认为误差只在理论上是存在的，常在数理统计推导中使用。

2. 残余误差

残余误差 d 又称为"残差""剩余误差"。某一测量值与用有限次测量得出的算术平均值之差称为残差，用式（1-4-4）表示：

$$d = x_i - \bar{x} \tag{1-4-4}$$

残差可以通过一组测量值计算得出，因而在误差计算中经常使用。例如标准样品的证书给出的标准值或参考值、质检机构的测量值、某一参数的目标值，经常被当作标准值来估计测量值的残差。

在水泥物理性能检验中，常用残差与平均值 $\bar{x}$ 的一定百分数进行比较，决定对该测定值是否应该舍弃进行检验。

3. 引用误差

引用误差为仪器的示值绝对误差与仪器的量程或标称范围的上限之比值，用式（1-4-5）表示：

$$\gamma = \Delta Y / YN \tag{1-4-5}$$

式中：ΔY——绝对误差；

YN——特定值，一般称之为引用值，它可以是计量器具的量程、标称范围的最高值或中间值，也可以是其他某个明确规定的值。

引用误差一般用百分数表示，有正负号。

对于同样的绝对误差，随着被测量 Y 的增大，相对误差会减小。被测量越接近于特定值，测量的准确度越高。所以，使用以引用误差确定准确度级别的仪表时，应尽可能使被测量的示值落在量程的 2/3 以上。

引用误差是一种简便实用的相对误差，一般只在评定多档和连续分度的计量器具的误差时使用。电学计量仪表的级就是用引用误差来确定的，分别规定为 0.1，0.2，0.5，1.0，1.5，2.5，5.0 七级，例如仪表为 1.0 级，则说明该仪表最大引用误差不会超过 1.0%。

很多书籍中经常使用平均误差、标准偏差、极差等方式表示误差。实际上按照严格的定义，这几种方法均为"偏差"的表示方法，使用时应注意其与"误差"的区别。当真值未知，或不与真值（标准值）进行比较时，其所得各次测量值之间的差别均应称为"偏差"，而非"误差"。

四、误差的正态分布

人们经过长期的生产实践和科学实验，发现产品的质量具有变异性（不一致性），这是因为影响产品质量的因素（人员、机械、原料、方法、环境）无时无刻不在变化着，所以，产品的质量（或实验结果）都是在一定程度上波动的。例如，水泥企业欲控制出磨生料中氧化钙的质量分数为 38.0%。但不管采取何种措施，所有测定值不可能都恰好为 38.0%，而是在一定范围内波动。这种波动不是漫无边际的，而是在一定范围内服从一定的规律。例如，水泥企业对出磨生料中氧化钙的质量分数进行定时检测，则会发现测定数据的分布是有一定规律的，在设定值 38.0% 附近出现的数据最多，远离 38.0% 的数据出现得少，大大远离 38.0% 的数据出现得极少，其分布情况如图 1-4-1 所示。

同样，对一组平行测定而言，由于存在随机误差，某一测定值的出现次数（频数）与测定值总数之比——频率，随该测定值的大小也呈现一定的规律，一般都符合或近似符合于一种叫作"正态分布"的规律。按照这种分布，可以很方便地处理很多问题，所以在测定结果的处理中，正态分布的概念起着十分重要的作用。

1. 正态分布的图形

正态分布曲线的形状如图 1-4-2 所示。

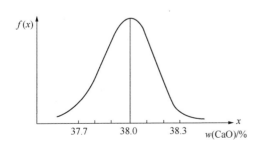

图 1-4-1　出磨生料中氧化钙含量的分布图

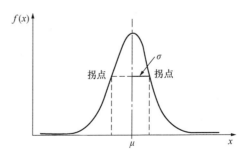

图 1-4-2　正态分布曲线图

从图可见:

(1) 正态分布曲线如同扣放的一口钟,所以又称为钟形曲线;

(2) 正态分布曲线以 x 轴为渐近线,向两个方向无限延伸,在 $x=\mu$ 处有对称轴,μ 称为分布中心;

(3) 频数 $f(x)$ 永远为正值;频数 $f(x)$ 在 $x=\mu$ 处有最大值(最大频数);

(4) 正态分布曲线的拐点(凸曲线与凹曲线交点)到对称轴的距离为 σ。σ 称为标准差。

在正态分布中,μ 和 σ 为变量,会影响频数与随机变量之间的关系。这种影响反映在正态分布曲线的形状及其在平面直角坐标系中的位置上。

分布中心 μ 的影响如图 1-4-3 所示。分布中心 μ 表征了质量特性分布中心的位置。标准差 σ 的影响如图 1-4-4 所示。标准差 σ 表征了质量特性值的离散程度。标准差越小,曲线越窄,表明数据的集中程度越高;反之,标准差越大,曲线越宽,表明数据的分散程度越高。

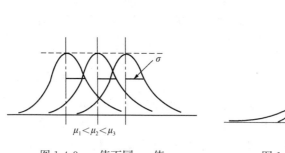

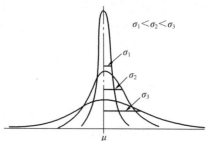

图 1-4-3　μ 值不同、σ 值
相同时的正态分布曲线

图 1-4-4　μ 值相同、σ 值
不同时的正态分布曲线

2. 正态分布的标准变换

正态分布曲线随分布中心 μ 和标准差 σ 的不同而不同,对于不同的产品质量或测试工作,所能遇到的正态分布会有千千万万个,甚至无穷多个。面对无穷多个正态分布是难以一一计算的。为了研究的方便,需要对正态分布进行标准变换,把千千万万个正态分布转换为一个正态分布——标准正态分布。

若随机变量 X 服从正态分布,其分布中心为 μ,标准差为 σ,可记为 $X \sim N(\mu, \sigma^2)$。

对随机变量 X 的每一个数值 x_i 按式(1-4-6)进行变换:

$$u = \frac{x_i - \mu}{\sigma} \tag{1-4-6}$$

则随机变量 u 服从正态分布,可记为 $u \sim N(0, 1)$。标准正态分布的分布中心为"0",标准差为"1",其分布曲线图形如图 1-4-5 所示。

对于标准正态分布的概率,数学家们已经通过计算机将其制成数学用表——正态分布表,使用时可以直接查正态分布表,求得 x 落在某一区间内的概率,而不必再进行具体的计算,大大简化了计算过程。

通过计算和测量,可以得到如图 1-4-6 所示的重要结论,即测定数据落在 $(\mu - \sigma, \mu + \sigma)$ 中的概率为 68.26%;数据落在 $(\mu - 2\sigma, \mu + 2\sigma)$ 中的概率为

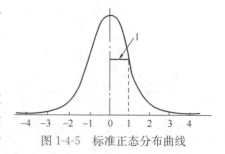

图 1-4-5　标准正态分布曲线

95.45%；数据落在（$\mu-3\sigma$，$\mu+3\sigma$）中的概率为 99.73%；数据落在（$\mu-4\sigma$，$\mu+4\sigma$）中的概率为 99.99%。按照这一重要结论，可以很方便地处理检测中或检测完毕后整理数据时所遇到的很多问题，所以，在建筑材料的检测中多以此为依据处理有关误差的问题。

3. 随机误差的正态分布

正态分布曲线中的分布中心 μ 是无限多次测定值的平均值（理论值），如果以 ε 表示单次测定值与平均值之间的随机误差，则随机误差 ε 亦呈正态分布，其标准正态分布曲线如图 1-4-7 所示。

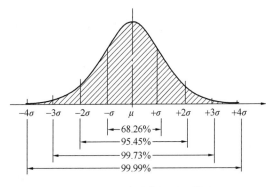
图 1-4-6　正态分布的重要结论

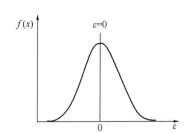
图 1-4-7　随机误差的标准正态分布曲线

从图 1-4-7 可以看出，当误差 $\varepsilon=0$ 时，纵坐标 $f(x)$ 达到最大值，也就是说误差为 0 的测定值出现的概率最大。当 $\varepsilon\neq0$ 时，出现的概率 $f(x)$ 则按指数函数下降，其下降的幅度取决于 σ 的大小。σ 越小，概率曲线下降的幅度越大，曲线就越窄，表明数据越集中在平均值的附近，误差小，测定的精度越高；相反，σ 越大，概率曲线下降的幅度越小，曲线就越宽，表明数据越分散，误差大，测定的精度越低。在实际检验工作中，力求一组平行测定数据的标准偏差越小越好。

五、准确度与精密度

准确度与精密度在误差理论中是完全不同的两个概念。

1. 准确度

准确度（accuracy）是指"测试结果与接受参照值间的一致程度"。

根据系统误差的概念，可以用系统误差度量测定结果的准确度。系统误差大，准确度就低；反之，系统误差小，准确度就高。另外，随机误差的大小也影响准确度，因此，测量结果的准确度是反映系统误差和随机误差合成值大小的程度，用测量结果的最大可能误差来表示。

为了定义和认识准确度，国家标准 GB/T 6379.1—2004 引入"接受参照值"的概念。接受参照值是指"用作比较的经协商同意的标准值"，它来自于：

（1）基于科学原理的理论值或确定值。

（2）基于一些国家或国际组织的实验工作的指定值或认证值，例如，由科学家们准确测定的物理量，如光在真空中的传播速度，元素的相对原子质量。

（3）基于科学或工程组织赞助下合作实验工作中的同意值或认证值，例如，化学成分分析中使用的国家级标准样品的证书值。

（4）当（1）、（2）、（3）不能获得时，则用（可测）量的期望值，即规定测量总体的均值。

另外，回收实验中准确加入的某物质的质量等，也可视为"参照值"。这样，如果"接受参照值"能够准确地知道，就可以对测量值的准确度进行定量描述。

2. 精密度

精密度（precision）是指"在规定条件下，独立测试结果间的一致程度"。

精密度仅仅依赖于随机误差的分布，而与真值或规定值无关。

精密度的度量通常以不精密度表达。在不同的场合，可以用不同的偏差形式表示精密度。常用的有：绝对偏差、相对偏差、算术平均偏差、相对平均偏差、实验标准偏差 s、变异系数（相对标准偏差）C_v、极差 R 或置信区间。其中，能更好地表示精密度的是实验标准偏差 s，标准偏差越大，表明精密度越低。在对平行结果进行评定时，常用通过标准偏差引申出来的重复性标准偏差和再现性标准偏差，判断平行测量结果的精密度是否符合要求。

1）重复性（repeatability）

重复性是指"在重复性条件下的精密度"。

（1）重复性条件：是指"在同一实验室，由同一操作员使用相同的设备，按相同的测试方法，在短时间内对同一被测对象相互独立进行的测试条件"。

（2）重复性标准偏差：是指"在重复性条件下所得测试结果的标准偏差"，用 σ_r 表示。重复性标准偏差是重复性条件下测试结果分布的分散性的度量。

2）再现性（reproducibility）

再现性是指"在再现性条件下的精密度"。

（1）再现性条件，是指"在不同的实验室，由不同的操作员使用不同的设备，按相同的测试方法，对同一被测对象相互独立进行的测试条件"。

（2）再现性标准偏差，是指"在再现性条件下所得测试结果的标准偏差"，用 σ_R 表示。再现性标准偏差是再现性条件下测试结果分布的分散性的度量。

3. 准确度与精密度的关系

精密度高是准确度高的必要前提。如果在一组测量值中，不存在系统误差，但每次测量时的随机误差却很大，因为测量次数有限，所得测量值的算术平均值会与真值相差较大，这时测量结果的精密度不高，准确度也是不高的。

精密度的高低取决于随机误差的大小，与系统误差的大小无关；而准确度的高低既取决于系统误差的大小，也与随机误差的大小有关。

可以用打靶的例子说明精密度与准确度的关系，如图 1-4-8 所示。

图 1-4-8 中 A、B、C 表示三个射击手的射击成绩。网纹处表示靶眼，是每个射击者的射击目标。由图可见，图 A 的精密度与准确度都很好；图 B 只射中一边，精密度很好，但准确度不高；图 C 则各点分散，准确度与精密度都不好。在科学测量中，没有靶眼，只有设想的"真值"。平时进行测量，就是想测得此真值。

4. 各种测量参数之间的关系

图 1-4-9 比较直观地表示出总体真值、总体均值、测得值、误差、系统误差、随机误差、残差等测量参数之间的关系。

 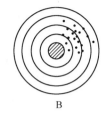 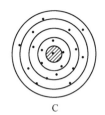

A　　　　　　　　B　　　　　　　　C

图 1-4-8　打靶图

六、测定结果精密度的判断

1. 对一组测定结果中的离群值进行检验

在测试工作中，由于测试方法、仪器、操作及环境等方面的原因，测试结果总是带有误差。如何正确表达这种带有误差的测试结果，对测试数据进行分析和处理非常重要。通过数理统计，将确实离群的非正常值舍弃，是保证测试结果精密度和准确度的重要措施之一。

在相同条件下进行多次重复分析测试，可以得出一组平行数据。在这组数据中有时

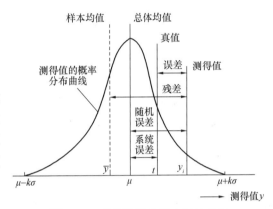

图 1-4-9　各种测量参数之间的关系

会发现个别的数据明显偏离其他大多数数据，但又找不到产生偏差的确切原因，这类个别数据就称为离群值（Outlier 或 Exceptional Data），离群值往往是由于过失误差造成的。

对离群值的取舍一定要慎重，因为该离群值如不属于统计离群值，若将它舍去，则表观上提高了精密度，而实质上降低了平均值的准确度；如该离群值是统计离群值，但没有将它舍去，则会降低测量的精密度，同时所求得的结果也不可靠。

从误差理论的角度考虑，所谓离群值只有在下述两种情况下才能考虑予以剔除：一是在测试过程中确实是由于粗枝大叶或某种意外事故造成差错所出现的结果，应该立即停止试验，并将这种结果舍去；二是试验已经结束，在归纳整理试验结果时发现异常值，而又不能清楚地判定原因时，可以借助一些统计方法进行检验后再决定取舍。

常用的检验规则很多，有 $4d$ 检验法、Q 检验法、t 检验法，F 检验法、肖维勒检验法、拉依达检验法、格拉布斯检验法、狄克逊检验法等。这些检验法，各有各的特点，例如，拉依达检验法不能检验样本量较小（显著性水平 α 为 0.1 时，数据个数 n 必须大于 10）的情况，而格拉布斯检验法可以检验较少的数据。国际上，多推荐格拉布斯检验法和狄克逊检验法。

1）拉依达检验法（3σ 准则）

设对被测量进行等精度测量，独立得到 x_1，x_2，……x_n，计算出其算术平均值 $\bar{x}$ 及残差 d：

$$d = x_i - \bar{x}\ (i = 1,\ 2,\ \cdots\cdots,\ n)$$

并按贝塞尔公式算出单个计量值标准偏差 σ。若某个测量值 x_i 的残差 d（$1 \leqslant i \leqslant n$）满足式（1-4-7）：

$$|d| = |x_i - \overline{x}| > 3\sigma \qquad (1\text{-}4\text{-}7)$$

则认为 x_i 是含有粗大误差值的异常值，应予剔除。

3σ 准则的依据为随机误差的正态分布规律。按照正态分布的统计规律，正常情况下，x 的取值应该几乎全部集中在 $(\mu - 3\sigma, \mu + 3\sigma)$ 区间内，其概率为 99.73%，如图 1-4-6 所示，测量值超出这个范围的可能性仅占不到 0.3%，纯属小概率事件，因此，认为超出此区间的数值应属离群值。

对于异常数据一定要慎重，不能任意抛弃和修改。通过对异常数据的观察和分析，往往可以发现引起系统误差的原因，进而改进试验过程或操作方法。

2）格拉布斯检验法

此检验法为 GB/T 4883—2008《数据的统计处理和解释 正态样本离群值的判断和处理》推荐的规范性方法之一。此方法单侧检验步骤如下。

（1）将测定值由小到大排列：$x_{(1)} \leqslant x_{(2)} \leqslant \cdots\cdots \leqslant x_{(n-1)} \leqslant x_{(n)}$，计算平均值 $\overline{x}$ 和标准偏差 s。

（2）按式（1-4-8）计算出统计量 G_n 或 G_n' 的值：

上侧情形： $\qquad\qquad G_n = (x_{(n)} - \overline{x})/s$

下侧情形： $\qquad\qquad G_n' = (\overline{x} - x_{(1)})/s \qquad\qquad (1\text{-}4\text{-}8)$

3）确定检出水平 α（一般为 0.05），在表 1-4-1 格拉布斯检验的临界值表中查出临界值 $G_{1-\alpha}(n)$。

（4）当上侧情形 $G_n > G_{1-\alpha}(n)$ 或下侧情形 $G_n' > G_{1-\alpha}(n)$ 时，判定 $x_{(n)}$ 或 $x_{(1)}$ 是离群值；否则判未发现 $x_{(n)}$ 或 $x_{(1)}$ 是离群值。

（5）对于检出的离群值 $x_{(n)}$ 或 $x_{(1)}$，确定剔除水平 α^*（一般为 0.01），在表 1-4-1 格拉布斯检验的临界值表中查出临界值 $G_{1-\alpha^*}(n)$；当上侧情形 $G_n > G_{1-\alpha^*}(n)$ 或下侧情形 $G_n' > G_{1-\alpha^*}(n)$ 时，判定 $x_{(n)}$ 或 $x_{(1)}$ 是统计离群值，否则判未发现 $x_{(n)}$ 或 $x_{(1)}$ 是统计离群值（即 $x_{(n)}$ 或 $x_{(1)}$ 为歧离值）。

例：对某样品中的锰的质量分数的 8 次测定数据，从小到大依次排列为：0.1029，0.1033，0.1038，0.1040，0.1043，0.1046，0.1056，0.1082。检验这些数据中是否存在上侧离群值。

解：经计算，上述 8 个数据的平均值 $\overline{x} = 0.1046$，标准偏差 $s = 0.001675$。

上侧情形：$G_8 = (x_{(8)} - \overline{x})/s = (0.1082 - 0.1046)/0.001675 = 2.149$。

确定检出水平 α（一般为 0.05），在表 1-4-1 格拉布斯检验的临界值简表中查出临界值 $G_{1-\alpha}(n) = G_{0.95}(8) = 2.032$。

因为 $G_8 = 2.149 > 2.032 = G_{0.95}(8)$，判定 $x_{(8)}$ 为离群值。

对于检出的离群值 $x_{(8)}$ 确定剔除水平 $\alpha^* = 0.01$，在表 1-4-1 格拉布斯检验的临界值表中查出临界值 $G_{0.99}(8) = 2.221$，因 $G_8 = 2.149 < 2.221 = G_{0.99}(8)$，故判定未发现 $x_{(8)}$ 是统计离群值（即 $x_{(8)}$ 是歧离值）。

3）狄克逊检验法

此检验法亦为 GB/T 4883—2008《数据的统计处理和解释 正态样本离群值的判断和处理》推荐的规范性方法之一。若样本量 $3 \leqslant n \leqslant 30$，其临界值如表 1-4-2 狄克逊检验临界值表所示。

表 1-4-1　格拉布斯检验临界值表

n	$G_{1-\alpha}(n)$		n	$G_{1-\alpha}(n)$	
	$\alpha=0.01$	$\alpha=0.05$		$\alpha=0.01$	$\alpha=0.05$
3	1.155	1.153	52	3.353	2.971
4	1.492	1.463	53	3.361	2.978
5	1.749	1.672	54	3.368	2.986
6	1.944	1.822	55	3.376	2.992
7	2.097	1.938	56	3.383	3.000
8	2.221	2.032	57	3.391	3.006
9	2.323	2.110	58	3.397	3.013
10	2.410	2.176	59	3.405	3.019
11	2.485	2.234	60	3.411	3.025
12	2.550	2.285	61	3.418	3.032
13	2.607	2.331	62	3.424	3.037
14	2.659	2.371	63	3.430	3.044
15	2.705	2.409	64	3.437	3.049
16	2.747	2.443	65	3.442	3.055
17	2.785	2.475	66	3.449	3.061
18	2.821	2.504	67	3.454	3.066
19	2.854	2.532	68	3.460	3.071
20	2.884	2.557	69	3.466	3.076
21	2.912	2.580	70	3.471	3.082
22	2.939	2.603	71	3.476	3.087
23	2.963	2.624	72	3.482	3.092
24	2.987	2.644	73	3.487	3.098
25	3.009	2.663	74	3.492	3.102
26	3.029	2.681	75	3.496	3.107
27	3.049	2.698	76	3.502	3.111
28	3.068	2.714	77	3.507	3.117
29	3.085	2.730	78	3.511	3.121
30	3.103	2.745	79	3.516	3.125
31	3.119	2.759	80	3.521	3.130
32	3.135	2.773	81	3.525	3.134
33	3.150	2.786	82	3.529	3.139
34	3.164	2.799	83	3.534	3.143
35	3.178	2.811	84	3.539	3.147
36	3.191	2.823	85	3.543	3.151
37	3.204	2.835	86	3.547	3.155
38	3.216	2.846	87	3.551	3.160
39	3.228	2.857	88	3.555	3.163
40	3.240	2.866	89	3.559	3.167
41	3.251	2.877	90	3.563	3.171
42	3.261	2.887	91	3.567	3.174
43	3.271	2.896	92	3.570	3.179
44	3.282	2.905	93	3.575	3.182
45	3.292	2.914	94	3.579	3.186
46	3.302	2.923	95	3.582	3.189
47	3.310	2.931	96	3.586	3.193
48	3.319	2.940	97	3.589	3.196
49	3.329	2.948	98	3.593	3.201
50	3.336	2.956	99	3.597	3.204
51	3.345	2.964	100	3.600	3.207

单侧情形的检验步骤如下。

（1）根据样本量 n，选择 f_0 计算公式，计算相关统计量 D_n 或 D_n' 值，如表 1-4-2 所示。

表 1-4-2　狄克逊检验法的计算公式及临界值

样本量	$D_{1-a}(n)$		f_0 计算公式	
n	$\alpha=0.01$	$\alpha=0.05$	高端 $x_{(n)}$ 可疑时	低端 $x_{(1)}$ 可疑时
3	0.988	0.941		
4	0.889	0.765		
5	0.782	0.642	$D_n = r_{10} = \dfrac{x_{(n)} - x_{(n-1)}}{x_{(n)} - x_{(1)}}$	$D_n' = r_{10}' = \dfrac{x_{(2)} - x_{(1)}}{x_{(n)} - x_{(1)}}$
6	0.698	0.562		
7	0.637	0.507		
8	0.681	0.554		
9	0.635	0.512	$D_n = r_{11} = \dfrac{x_{(n)} - x_{(n-1)}}{x_{(n)} - x_{(2)}}$	$D_n' = r_{11}' = \dfrac{x_{(2)} - x_{(1)}}{x_{(n-1)} - x_{(1)}}$
10	0.597	0.477		
11	0.674	0.575		
12	0.642	0.546	$D_n = r_{21} = \dfrac{x_{(n)} - x_{(n-2)}}{x_{(n)} - x_{(2)}}$	$D_n' = r_{21}' = \dfrac{x_{(3)} - x_{(1)}}{x_{(n-1)} - x_{(1)}}$
13	0.617	0.521		
14	0.640	0.546		
15	0.618	0.524		
16	0.597	0.505		
17	0.580	0.489		
18	0.564	0.475		
19	0.550	0.462		
20	0.538	0.450		
21	0.526	0.440		
22	0.516	0.431	$D_n = r_{22} = \dfrac{x_{(n)} - x_{(n-2)}}{x_{(n)} - x_{(3)}}$	$D_n' = r_{22}' = \dfrac{x_{(3)} - x_{(1)}}{x_{(n-2)} - x_{(1)}}$
23	0.507	0.422		
24	0.497	0.413		
25	0.489	0.406		
26	0.482	0.399		
27	0.474	0.393		
28	0.468	0.387		
29	0.462	0.381		
30	0.456	0.376		

（2）确定检出水平 α，在表 1-4-2 中查出临界值 $D_{1-\alpha}(n)$。

（3）检验高端值，当 $D_n > D_{1-\alpha}(n)$ 时，判定 $x_{(n)}$ 为离群值；检验低端值，当 $D_n' > D_{1-\alpha}(n)$ 时，判定 $x_{(1)}$ 为离群值；否则判未发现离群值。

（4）对于检出的离群值 $x_{(1)}$ 或 $x_{(n)}$，确定剔除水平 α^*，在表 1-4-2 中查出临界值 $D_{1-\alpha^*}(n)$。检验高端值，当 $D_n > D_{1-\alpha^*}(n)$ 时，判定 $x_{(n)}$ 为统计离群值，否则判未发现 $x_{(n)}$ 是统计离群值（即 $x_{(n)}$ 为歧离值）；检验低端值，当 $D_n' > D_{1-\alpha^*}(n)$ 时，判定 $x_{(1)}$ 为统计离群值，否则判未发现 $x_{(1)}$ 是统计离群值（即 $x_{(1)}$ 为歧离值）。

例：测定某石材胶粘剂的压剪强度，五次测定结果（MPa）为：6.0，8.9，9.5，9.8，10.1。其中 $x_{(1)}=6.0$ 明显偏低。检验其是否为离群值。

解：样本量 $n=5$，用下述公式计算 D'_n：

$$D'_n = r'_{10} = \frac{x_{(2)} - x_{(1)}}{x_{(5)} - x_{(1)}} = \frac{8.9 - 6.0}{10.1 - 6.0} = \frac{2.9}{4.1} = 0.707$$

选定检出水平 $\alpha=0.05$，在表 1-4-2 中查出临界值 $D_{0.95}$（5）$=0.642$。因为 $D'_n > D_{0.95}$（5），判定 $x_{(1)}$ 为离群值。

确定剔除水平 $\alpha^*=0.01$，在表 1-4-2 中查出临界值 $D_{0.99}$（5）$=0.782$。因为 $D'_n < D_{0.99}$（5），判定未发现 $x_{(1)}$ 为统计离群值，即 $x_{(1)}$ 为歧离值。

注意事项：

① 离群值每次只能剔除一个，然后按剩下的数据重新计算，做第二次判断。不允许一次同时剔除多个测量值。

② 检验方法不同，结论有时不同。

2. 对两个测试结果可接收性的检查方法

在一般的检验工作中，通常会得到两个平行结果，这时不能简单地取其平均值作为最后结果报出。为发现意外差错以保证分析结果的可靠性，在报出最后的结果前，应根据测试方法标准中规定的方法，对同一实验室两个平行测试结果（或不同实验室间所得两个分析结果）之间是否有显著差别进行判断。

GB/T 6379.6—2009《测量方法与结果的准确度（正确度与精密度）第 6 部分：准确度值的实际应用》中 5.2.2.2 节，对于测量难度高的检验，对两个平行结果的可接收性推荐采用重复性限进行判断：如果两个测试结果之差不大于重复性限 r，这两个测试结果可以接受，最终报告结果为两个测试结果的算术平均值；如果两测试结果之差的绝对值大于重复性限 r，应再取一个测试结果。若 3 个测试结果的极差等于或小于重复性限的 1.2 倍（即 1.2r），则取三个测试结果的平均值作为最终结果。若 3 个测试结果的极差大于 1.2r，有下述两种情况：

（1）若因测试难度很高，不可能取得第 4 个测试结果，则取 3 个测试结果的中位数作为最终报告结果。

（2）若测试难度不很高，能取得第 4 个结果，若 4 个结果之极差等于或小于 1.3r，则取 4 个测试结果的平均值作为最终结果；若 4 个测试结果的极差大于 1.3r，则取 3 个测试结果的中位数作为最终报告结果。

所谓重复性限是一个数值，在重复性条件下，两个测试结果的绝对差小于或等于此数的概率为 95%。重复性限用 r 表示。在同一实验室得到的两个平行测定结果的可接收性应采用重复性限 r 进行判断。这里采用的统计概率为 95%，意即在通常正确的操作中，所得出的两个测试结果之差出现大于重复性限 r 的情况，平均在 20 次测试中不会超过一次。

采用重复性限进行判断时，所依据的测试方法标准中应该给出重复性限 r。重复性限是制定检验方法标准时经过若干协同部门对同一样品各自进行重复性测量所得结果进行统计处理得出的，其数值既能保证测试结果的精密度符合要求，又反映了全国大多数检验单位所能达到的实际检验水平。

3. 水泥物理性能检验标准方法中对平行结果可接收性的检查方法

水泥物理性能的检验工作大都比较费时、费事，除抗压强度可以得到六个结果、抗硫酸盐侵蚀检验可以得到九个抗折强度结果外，一般物理性能的检验得到的结果仅有两三个，因此，在相关性能的测定方法标准中，采用了比较简便的方法对所得结果的可接收性进行检验，确保最终结果的精密度符合要求，如表1-4-3所示。所采用的方法归纳起来大致有以下几种。

1）用重复性限和再现性限进行判断

例如，在水泥水化热的测定中，每个热量计的散热常数至少须测定两次，两次结果之差若不超过4.18J/（h·℃），则取其平均值，作为最终报告结果。这里的4.18J/（h·℃）即为重复性限。

2）用极差进行判断

极差是表征数个测试结果之间精密度的一种参数。有的检验标准中规定，若极差大于规定的数值，则弃去离群的数值，用余下的数值的平均值作为最终结果。

例如，JC/T 313《膨胀水泥膨胀率的试验方法》：以三条试体膨胀率的平均值作为试样膨胀率的结果。如三条试体膨胀率之间的极差大于0.010%，取相接近的两条试体膨胀率的平均值作为试样的膨胀率结果。

3）剔除两端极值

例如，水泥抗硫酸盐侵蚀试验方法中，用抗折强度表示抗侵蚀性，剔除9条试体中测得的破坏荷载的最大值和最小值，以其余7块的平均值作为试体的抗折强度。

4）用合格区间进行判断

合格区间是以平均值 $\bar{x}$ 为中心，以其正负一定百分数 a 为上下界限确定的，即合格区间为 $[(1-a\%)\bar{x}, (1+a\%)\bar{x}]$（含边界值），将超出此区间的结果舍弃，以余下数值的平均值为最终结果。

例如，水泥抗压强度的测定方法标准中规定：以一组三个棱柱体上得到的六个抗压强度测定值的算术平均值为试验结果。如六个测定值中有一个超过六个平均值的±10%，则剔除这个结果，而以剩下的五个值的平均值为结果。如果五个测定值中再有超过它们平均值±10%的，则此组结果作废。这里置信区间为 $[(1-10\%)\bar{x}, (1+10\%)\bar{x}]$，即 $[0.9\bar{x}, 1.1\bar{x}]$。

现有一组水泥抗压强度的六个测定值（MPa）分别为：52.4，57.6，55.4，53.8，54.6，58.1。其平均值为55.3，其10%为5.5。其合格区间为 $[(1-10\%)\times55.3, (1+10\%)\times55.3]$，即 $[49.8, 60.8]$，其中最大值为58.1和最小值52.4均落在这一合格区间内，因此，六个测试结果均符合要求，取六个结果的算术平均值55.3MPa为最终结果。

表1-4-3　水泥物理性能最终检验结果的确定

序号	测定项目	最终结果的确定
1	热量计的散热常数 （GB/T 12959—2008）	每个热量计的散热常数至少须测定两次，两次结果之差不得超过4.18J/(h·℃)，取其平均值
2	水化热 （GB/T 12959—2008）	每个水泥样品水化热用两套热量计进行平行试验，两次试验结果相差小于12J/g时，取平均值作为此水泥样品的水化热结果；两次试验结果相差大于12J/g时，应重做试验
3	膨胀水泥膨胀率 （JC/T 313—2009）	以三条试体膨胀率的平均值作为试样膨胀率的结果。如三条试体膨胀率之间的极差大于0.010%，取相接近的两条试体膨胀率的平均值作为试样的膨胀率结果

续表

序号	测定项目	最终结果的确定
4	水泥抗硫酸盐侵蚀：膨胀率 （GB/T 749—2009）	通常一个样品成型一组 3 条试体，3 条试体膨胀率中最大值与最小值之差不得大于 0.010%
5	水泥抗硫酸盐侵蚀：抗折强度 （GB/T 749—2008）	剔除九条试体中破坏荷载的最大值和最小值，以其余七块的平均值作为试体的抗折强度
6	氯离子扩散系数 （JC/T 1086—2008）	以每块测试点上的检测数据的平均值作为试体的氯离子扩散系数结果。如果某个测试点上氯离子扩散系数与平均值的偏差大于 5%，应予以剔除，剔除后取其余测试点结果的平均值（测定仪会自动取舍）； 以三块平行试体中所得氯离子扩散系数的平均值为试样的氯离子扩散系数结果。其中氯离子扩散系数超过平均值 15% 的试块的数据应予以剔除，剔除 1 块时，取余下两块试体结果的平均值；剔除两块时，应重新进行检测
7	抗折强度 （GB/T 17671—1999）	以一组棱柱体抗折强度结果的平均值作为试验结果； 当三个强度值中有超出平均值±10% 的，应将其剔除后，再取其余数值的平均值，作为抗折强度试验结果
8	抗压强度 （GB/T 17671—1999）	以一组三个棱柱体上得到的六个抗压强度测定值的算术平均值为试验结果； 如六个测定值中有一个超过六个平均值的±10%，则剔除这个结果，而以剩下的五个值的平均值为结果。如果五个测定值中再有超过它们平均值±10% 的，则此组结果作废
9	氯离子扩散系数 （JC/T 1086—2008）	以三块平行试体中所得氯离子扩散系数的平均值作为试样的氯离子扩散系数结果。其中氯离子扩散系数超过平均值 15% 的试块的数据应予以剔除，剔除一块时，取余下两块试体结果的平均值；剔除两块时，应重新进行检测
10	水泥胶砂干缩率 （JC/T 603—2004）	以三条试体的干缩率的平均值作为试样的干缩率结果。如有一条试体干缩率超过中间值的 15%，取中间值作为试样的干缩结果；若有两条试体的干缩率超过中间值的 15%，重新进行试验
11	水泥耐磨性 （JC/T 421—2004）	以三块试件所得磨损量的平均值作为试样的磨损结果。其中磨损量超过平均值 15% 应予以剔除。剔除一块时，取余下两块试件结果的平均值；剔除两块时，应重新进行试验
12	砌筑水泥保水率 （GB/T 3183—2003）	计算两次试验的保水率的平均值，精确至整数。如果两次试验值与平均值的偏差＞2%，重复试验，再用一批新拌的胶砂做两组试验
13	水泥比表面积自动仪器常数 K 的测定（GB/T 8074—2008）	称取两份标准样品，每份样品在被标定的自动仪上进行测定，当两次试验结果常数之相对误差超过 0.2% 时，要称量第三份标准样进行测定。取两次不超差的常数的平均值作为自动仪的标准常数
14	水泥比表面积 （GB/T 8074—2008）	水泥比表面积应由两次独立透气试验结果的平均值确定，如两次试验结果相差 2% 以上，应重新再测定一次，取两次不超差结果的平均值为该试样的比表面积值

51

第五节　标准化工作

一、标准化的概念和目的

标准化是指在经济、技术、科学及管理等社会实践中，对重复性事物和概念通过制定和实施标准，达到统一，以获得最佳秩序和社会效益。

通过标准化的过程，可以达到以下四个目的：

1. 得到综合的经济效益。通过标准化可以对产品、原材料、工艺制品、零部件等的规格进行合理简化，将给社会带来巨大的经济效益。

2. 保护消费者利益。这是标准化的另一重要目的。国家颁布了许多法律、法规，对商品和服务质量、食品卫生、医药卫生、人身安全、物价、计量、环境、商标、广告等做出规定，有效地保护了消费者利益。

国家制定了各类产品的标准，包括质量标准、卫生标准、安全标准等，强制执行这些标准并通过各个环节，包括商标、广告、物价计量、销售方式等进行监督，以保障消费者利益。

3. 标准化能促进保障人类的生命、安全与健康。国家建立了大量的法律、法规与标准，如《民法通则》中规定，因产品质量不合格，造成他人财产、人身伤害的，产品制造者、销售者依法承担民事责任，有关责任人要承担侵权赔偿责任。

4. 通过标准化工程的技术规范、编码和符号、代号、业务规程、术语等，可促进国际国内各部门、各单位的技术交流。

我国于1988年12月29日以中华人民共和国主席令第11号发布《中华人民共和国标准化法》，作为全国标准化工作的基本法律，是实施标准化工作的最高准则。

二、标准化的形式

标准化的主要形式有简化、统一化、系列化、通用化、组合化和模块化6种。

1. 简化——在一定范围内缩减对象事物的类型数目，使之在既定时间内足以满足一般性需要的标准化形式。

2. 统一化——把同类事物两种以上的表现形态归并为一种或限定在一定范围内的标准化形式。

3. 系列化——对同一类产品中的一组产品同时进行标准化的一种形式，是使某一类产品系统的结构优化、功能最佳的标准化形式。

4. 通用化——在互相独立的系统中，选择和确定具有功能互换性或尺寸互换性子系统或功能单元的标准化形式。

5. 组合化——按照标准化原则，设计并制造出若干组通用性较强的单元，根据需要拼合成不同用途的物品的标准化形式。

6. 模块化——以模块为基础，综合了通用化、系列化、组合化的特点，解决复杂系统类型多样化、功能多变的一种标准化形式。

三、标准的概念

标准是一切检验工作的依据和准绳。在一定范围内获得最佳秩序，对活动或其结果规定的共同的和重复使用的规则、导则或特性的文件，被称之为"标准"。该文件需经协商一致并经公认机构批准。标准的制定和应用已遍及生产和工作的各个领域，诸如工业、农业、矿业、建筑、能源、信息、交通、水利、科研、教育、贸易、国防、社会安全、医疗卫生、环境保护等等，尤其是在各个领域的质量检验方面。

技术进步离不开科学研究，而产品、贸易的发展离不开标准。目前世界标准的发展如火如荼，从世界范围看，技术标准过去只以解决产品零部件的通用和互换问题为主要目的，但目前更多地发展成为一个国家实行贸易保护的重要措施，成为非关税贸易壁垒的重要手段，对保护民族工业的发展至关重要。在当今知识经济时代，标准已经成为产业特别是高新技术产业竞争的制高点，谁掌握了标准的制定权，谁的技术成为标准，谁就掌握了市场的主动权。

四、标准的分类

按照标准发生作用的范围、标准的性质、标准的属性和标准化对象，通常有以下 4 种分类方法。

1. 按照标准发生作用的范围或审批权限进行分类

按照这种分类，常把标准分为以下 7 种：国际标准、区域标准、国家标准、团体标准、行业标准、地方标准、企业标准。

1）国际标准

国际标准已被很多国家广泛采用，为制造厂家、贸易组织、采购者、消费者、测试实验室、政府机构和其他各个方面所应用。

我国也鼓励积极采用国际标准，把国际标准和国外先进标准的内容不同程度地转化为我国的各类标准，同时必须使这些标准得以实施，用以组织和指导生产。

国际标准是国际标准化工作的成果。主要包括国际标准化组织（ISO）、国际电工委员会（IEC）和国际电信联盟（ITU）所指定的标准，以及 ISO 确认并收录在《国际标准题内关键词索引》（KWIC Index）中的其他 39 个国际组织制定的标准。

我国以国家标准化管理委员会的名义参加国际标准化组织 ISO。

国际标准的编号方式如下：

$$ISO \quad \times\times\times\times： \quad \times\times\times\times \quad 《\times\times\times\times\times\times》$$

标准代号　标准顺序号　标准发布年份　标准名称

例：　　　　ISO　　3856：　　　　1984　　　《儿童玩具安全标准》

2）区域标准

区域标准是指世界某一区域标准化团体颁发的标准或采用的技术规范。区域标准的主要目的是促进区域标准化组织成员国之间的贸易，便于该地区的技术合作和交流，协调该地区与国际标准化组织的关系。国际上较有影响的、具有一定权威的区域标准组织，有欧洲标准化委员会 EN、欧洲电气标准协调委员会 ENEL、阿拉伯标准化与计量组织 ASMO、泛美技术标准化委员会 COPANT、太平洋地区标准会议 PASC 等。

3）国家标准

国家标准是指对全国经济、技术发展具有重大意义的，必须在全国范围内统一的标准。

国家质量监督检验检疫总局是主管全国标准化、计量、质量监督和质量管理的国务院职能部门，负责提出标准化工作的方针、政策，组织制定和执行全国标准化工作规划、计划，管理全国标准化工作。我国国家标准简称 GB（国标），主要包括重要的工农业产品标准；

原材料标准；通用的零件、部件、原件、器件、构件、配件和工具、刀具、量具标准；通用的试验和检验方法标准；广泛使用的基础标准；以及有关安全、卫生、健康、无线电干扰和环境保护标准等。

国外先进的国家标准有美国国家标准 ANSI、英国国家标准 BS、德国国家标准 DIN、日本工业标准 JIS、法国国家标准 NF 等。

国家标准 GB/T 20000.2—2009《标准化工作指南　第 2 部分：采用国际标准》规定，根据我国标准与被采用的国际标准之间编写方法差异的大小，国家标准与国际标准的一致性程度分为：

（1）等同。国家标准与相应国际标准的一致性程度为"等同"时，国家标准与国际标准的技术内容和文本结构相同，但可以包含最小限度的编辑性修改。一致性程度代号为"IDT"。

（2）修改。国家标准与相应国际标准的一致性程度为"修改"时，存在下述情况之一或二者兼有：

——技术性差异，并且这些差异及其产生的原因被清楚地说明；

——文本结构变化，但同时有清楚的比较。

一致性程度为"修改"时，国家标准还可以包含编辑性修改。一致性程度代号为"MOD"。

（3）非等效。国家标准与相应国际标准的一致性程度为"非等效"时，存在下述情况：国家标准与国际标准的技术内容和文件结构不同，同时这种差异在国家标准中没有被清楚地说明。"非等效"还包括在国家标准中只保留了少量或不重要的国际标准条款的情况。与国际标准一致性程度为"非等效"的国家标准，不属于采用国际标准。一致性程度代号为"NEQ"。

国家标准采用以下方法表示：标准代号、编号、批准年份、标准名称。例如：

GB 175—2007　通用硅酸盐水泥

GB/T 1.1—2009　标准化工作导则　第 1 部分：标准的结构和编写

4）行业标准

对没有国家标准而又需要在全国某个行业范围内统一的技术要求，可以制定行业标准。行业标准由国务院有关行政主管部门制定，并报国务院标准化行政主管部门备案，批准后发布实施。在公布国家标准之后，该项行业标准即行废止。

行业标准是指经有关部门批准发布的，在行业范围内统一执行的标准。主要包括行业范围内的产品标准；通用零部件、配套件标准；设备标准；工具、卡具、量具、刀具和辅助工具标准；特殊的原材料标准；典型工艺标准和工艺规程；有关通用的术语、符号、规则、方法等基础标准。部分行业标准的分类及代号如表 1-5-1 所示。

表 1-5-1　部分行业标准分类及代号

行业名称	代号	行业名称	代号
农业	NY	教育	JY
林业	LY	黑色冶金	YB
轻工	QB	有色金属	YS
医药	YY	化工	HG

续表

行业名称	代号	行业名称	代号
建材	JC	城镇建设	CJ
地质矿产	DZ	物资	WB
建筑工程	JGJ	环境保护	HJ
工程建设标准化协会	CECS	煤炭	MT
电子	SJ	商业	SB
核工业	EJ	建筑工业	JG
海洋	HY	建设行业	CJJ
商检	SN	计量鉴定	JJG，JJF

行业标准采用以下方法表示：行业标准代号、编号、批准年份、标准名称。例如：

JC/T 721—2006 水泥颗粒级配测定方法　激光法

JGJ 55—2011 普通混凝土配合比设计规程

5）地方标准

地方标准是指没有国家标准和行业标准而又需要在省、自治区、直辖市范围内统一的工业产品的安全、卫生要求的标准，由省、自治区、直辖市标准化行政主管部门制定。

地方标准代号为"DB"。地方标准表示方法为："DB＋省、自治区、直辖市行政区域代码/标准顺序号＋发布年代号"。例如："DB 21/193—87"为辽宁省强制性地方标准；"DB 21/T 198—87"为辽宁省推荐性地方标准。

6）团体标准

由团体按照团体确立的标准制定程序自主制定发布，由社会自愿采用的标准。

团体是指具有法人资格，且具备相应专业技术能力、标准化工作能力和组织管理能力的学会、协会、商会、联合会和产业技术联盟等社会团体。

根据国务院印发的《深化标准化工作改革方案》（国发〔2015〕13 号）改革措施，政府主导制定的标准由 6 类整合精简为 4 类，分别是强制性国家标准和推荐性国家标准、推荐性行业标准、推荐性地方标准；市场自主制定的标准分为团体标准和企业标准。政府主导制定的标准侧重于保基本，市场自主制定的标准侧重于提高竞争力。同时建立完善与新型标准体系配套的标准化管理体制。

7）企业标准

企业生产的产品如没有国家标准和行业标准，均应制定企业标准；对已有国家标准或行业标准的，国家鼓励企业制定严于国家标准或行业标准的企业标准，由企业组织制定。

企业标准代号用"Q/"。企业标准表示方法为："省、自治区、直辖市简称汉字＋Q/企业代号＋标准顺序号＋发布年代号"。例如："津 Q/YQ 27—89"为天津市一轻系统企业标准。

2. 按照标准的性质进行分类

按照这种分类，常把标准分为强制性标准和推荐性标准。推荐性标准的代号中加"T"字，如 GB/T 8170—2008《数值修约规则与极限数值的表示和判定》。

3. 按照标准的属性进行分类

按照这种分类，常把标准分为技术标准、管理标准和工作标准 3 种。

（1）技术标准——对标准化领域中需要协调统一的技术事项所制定的标准。主要包括基础技术标准、产品标准、检验方法标准、工艺标准以及安全、卫生、环境保护标准等。

（2）管理标准——对标准化领域中需要协调统一的管理事项所制定的标准。主要包括基础管理标准、技术管理标准、经济管理标准、经营管理标准、行政管理标准等。

（3）工作标准——对工作的责任、权利、范围、质量要求、程序、效果、考核或检查办法所制定的标准。一般包括部门工作标准和岗位（个人）工作标准，诸如作业方法、设计程序、工艺流程等。

4. 按照标准化对象进行分类

按照这种分类，常把标准分为基础标准、产品标准、方法标准、安全标准、卫生标准和环境保护标准等。

1）基础标准

基础标准是指在一定范围内作为其他标准的基础并普遍使用，具有广泛指导意义的共性标准。在社会实践中，它成为各方面共同遵守的准则，是制定产品标准或其他标准的依据。常用的基础标准包括：

（1）通用科学技术语言标准，如名词、术语、符号、代号、讯号、旗号、标志、标记、图样、信息编码和程序语言等。

（2）实现产品系列化和保证配套关系的标准，如优先数与优先数系、标准长度、标准直径、标准锥度、额定电压等标准。

（3）保证精度和互换性方面的标准，如公差配合、形位公差、表面粗糙度等标准。

（4）零部件结构要素标准，如滚花、中心孔、退刀槽、螺纹收尾和倒角等。

（5）环保、安全、卫生标准，如安全守则、包装规范、噪声、震动和冲击等标准。

（6）质量控制标准，如抽样方案，可靠性和质量保证等标准。

（7）标准化和技术工作的管理标准，如标准化工作导则，编写标准的一般规定，技术管理规范，技术文件的格式、内容和要求。

2）产品标准

产品标准是指为保证产品的实用性，对产品必须达到的某些或全部要求所制定的标准。例如，对产品的结构、尺寸、品种、规格、技术性能、试验方法、检验规则、包装、贮藏、运输所做的技术规定。例如：GB 175—2007《通用硅酸盐水泥》，GB 10238—2015《油井水泥》。

产品标准是设计、生产、制造、质量检验、使用维护和贸易洽谈的技术依据。

产品标准的主要内容有：产品的适用范围；产品的分类、品种、规格和结构形式；产品技术要求、技术性能和指标；产品的试验与检验方法和验收规则；产品的包装、运输、标志和贮存等方面的要求。

3）方法标准

方法标准是指以试验、检验、分析、抽样、统计、计算、测定、作业或操作步骤、注意事项等为对象而制定的标准。通常分为三类：

（1）与产品质量鉴定有关的方法标准，如抽样标准、分析方法和分类方法标准。这类方法标准要求具有可比性、重复性和准确性。例如：GB/T 176—2008《水泥化学分析方法》，GB/T 12573—2008《水泥取样方法》。在测试方法标准中，应给出重复性限和再现性限。

（2）作业方法标准，主要有工艺规程、操作方法（步骤）、施工方法、焊接方法、涂漆方法、维修方法等。

（3）管理方法标准，主要包括对科研、设计、工艺、技术文件、原材料、设备、产品等的管理方法，如图样管理方法标准、设备管理方法标准等。其他如计划、组织、经济核算和经济效果分析计算等方面的标准。

4）安全、卫生和环境保护标准

（1）安全标准是指以保护人和物的安全为目的而制定的标准。如锅炉及压力容器安全标准、电气安全标准、儿童玩具安全标准等。

（2）卫生标准是指为保护人的健康，对食品、医药及其他方面的卫生要求制定的标准。如大气卫生标准、食品卫生标准等。

（3）环境保护标准是指为保护人身健康和社会物质财富、保护环境和维持生态平衡而制定的标准。如环境质量标准、污染物排放标准等。

现行的关于水泥物理性能检验的国家标准和行业标准见附录 K。

五、标准的性质

标准的性质即是我国法律、法规所赋予标准的法律属性。根据我国标准化法的规定，标准的法律属性可分为强制性和推荐性。它是从法律的角度，对采用标准即贯彻实施标准的自由度的限制，并不以标准本身所具有的技术水平来划分。划分强制性标准和推荐性标准的依据为是否涉及保障人体健康和人身、财产安全的问题。

1. 强制性标准

强制性标准是国家要求必须强制执行的标准，对其所规定的各项技术内容不允许以任何理由或方式加以变更、违反。对于违反强制性标准的行为，国家将依法追究当事人的法律责任。

国家标准、行业标准中涉及人体健康、人身、财产安全的标准及法律、行政法规规定强制执行的标准，是强制性标准。省、自治区、直辖市制定的关于工业产品的安全、卫生要求的地方标准，在本行政区域内是强制性标准。根据我国标准化法及其实施条例规定，强制性标准的范围包括：

（1）药品标准、食品卫生标准、兽药标准。

（2）产品及产品生产、储运和使用中的安全、卫生标准，劳动安全、卫生标准，运输安全标准。

（3）工程建设的质量、安全、卫生标准及国家需要控制的其他工程建设标准。

（4）环境保护的污染物排放标准和环境质量的标准。

（5）重要的通用技术术语、符号、代号和制图方法。

（6）通用的试验、检验方法标准。

（7）互换配合标准。

（8）国家需要控制的重要产品质量标准。例如 GB 175—2007《通用硅酸盐水泥》。

2. 推荐性标准

推荐性标准是国家鼓励自愿采用的，具有指导作用而又不宜强制执行的标准，即标准规定的内容具有普遍的指导作用，允许使用单位结合自己的实际情况，灵活地加以选用。以自愿采用为原则，不要求强制执行。但是，推荐性标准一旦经法律、法规或经济合同采纳，被引用的推荐性标准则在规定的相应范围内强制执行。例如，GB/T 17671—1999 水泥胶砂强度检验方法（ISO 法）。

根据我国标准化法的规定，推荐性标准仅存在于国家标准和行业标准之中，对于有关工业产品的安全、卫生方面的地方标准，均是强制性标准，没有推荐性地方标准。当然，其他法律、行政法规对地方标准的推荐性有规定的，可按其他法律、行政法规规定执行。对于企业标准来说，也不存在推荐性，企业标准作为企业组织生产的依据，企业必然要保证其得以严格的贯彻实施。

六、标准样品/标准物质

1. 标准样品/标准物质

标准样品/标准物质是指已确定其一种或几种特性，用于校准测量仪器、评价测量方法或确定材料特性量值的物质。标准物质要材料均匀、性能稳定、批量生产、定值准确、有标准物质证书（标明标准值及定值的准确度等内容）。

标准样品/标准物质是校准测量仪器、评价和验证测试方法、统一测试量值的标准，是物理或化学计量值溯源的技术基础，是一种计量标准。

随着我国标准化和计量工作的发展，标准样品和标准物质的研究与应用受到各方面广泛的关注和重视。在建材行业，为了保证标准样品的研制工作严格符合 GB/T 15000 系列标准的导则和《标准样品管理办法》的要求，规范标准样品的研制和发行工作，全国标准样品技术委员会批准成立"建筑材料国家标准样品研制中心"。该中心所研制的国家标准样品（GSB）和国家一级标准物质（GBW）已基本涵盖了水泥企业用的原料、燃料、半成品及成品的种类和范围（详见附录 M）。

2. 标准样品/标准物质的应用

1）用于校准分析仪器

理化测试仪器及成分分析仪器如酸度计、电导仪、量热计、X 射线荧光分析仪等都属于相对测量仪器，在制造或使用时需要用标准物质的特定值来决定仪表的显示值。如 pH 计，需用 pH 标准缓冲物质配制 pH 标准缓冲溶液来定位，然后测定未知样品的 pH 值；电导仪需用已知电导率的标准氯化钾溶液来校准电导率常数；成分分析仪器要用已知浓度的标准物质校准仪器。

2）用于评价分析方法

采用与被测试样组成相似的标准物质以同样的分析方法进行处理，测定标准物质的回收率，比加入简单的纯化学试剂测定回收率的方法更加简便可靠。其操作是：选择浓度水平、化学组成和物理形态合适的标准物质与试样作平行测定，如果标准物质的分析结果（$\bar{x} \pm t \cdot s/\sqrt{n}$）与证书上所给的保证值（$A \pm U$，标准值 ± 总不确定度）一致，则表明分析测定过程不存在明显的系统误差，试样的分析结果也是可靠的。

注：测定值 $\bar{x}$ 与保证值 A 一致，是指 $|\bar{x} - A| \leqslant [(t \cdot s/\sqrt{n})^2 + U^2]^{1/2}$。

3）用作工作标准

（1）制作工作曲线。仪器分析大多是通过工作曲线来建立被测物质的含量和某物理量的线性关系来求得测定结果的。如果采用自己配制的标准溶液制作工作曲线，由于各实验室使用的试剂纯度、称量和容量仪器的可靠性、操作者技术熟练程度等的不同，会影响测定结果的可比性。而采用标准物质制作工作曲线，使分析结果建立在一个共同的基础上，使数据更为可靠。

（2）给物料定值。在测量仪器、测量条件都正常的情况下，用与被测试样基体和含量接近的标准物质与试样交替进行测定，可以比较准确地测出被测试样的结果。

（3）提高实验室间的测定精密度。在多个实验室进行合作实验时，由于各实验室条件不同，合作实验的数据往往发散性较大。比如，各实验室制作的工作曲线的截距和斜率的数值不同。如果采用同一标准物质，用标准物质的保证值和实际测定值求得该实验室的修正值，以此校正各自的数据，可改善实验室间测定结果的再现性。

（4）用于分析化学的质量保证。分析质量保证负责人可以用标准物质考核、评价分析人员和实验室的工作质量，制作质量控制图，使测量结果处于质量控制之中。

（5）用于制定标准方法、产品质量监督检验和技术仲裁。在拟定测试方法时，需要对各种方法进行比较试验。采用标准物质可以评价方法的优劣。在制定标准方法和产品标准时，为了求得可靠的数据，常常使用标准物质作为工作标准。

产品质量监督检验机构为确保其出具数据的公正性与权威性，应采用标准物质评价其测定结果的准确度，对其检验能力进行监视。

在商品质量检验、分析仪器质量评定、污染源分析等工作中，当发生争议时，需要用标准物质作为仲裁的依据。

第二章　硅酸盐水泥的基本知识

第一节　硅酸盐水泥的分类及有关术语

水泥是一种细磨材料，加入适量水后，成为塑性浆体，既能在空气中硬化，又能在水中硬化，并能把砂、石等材料牢固地胶结在一起。

一、水泥的分类

1. 按其用途及性能分类

1) 通用水泥，一般土木建筑工程通常采用的水泥。

通用水泥主要是指国家标准 GB 175—2007《通用硅酸盐水泥》中规定的六大类水泥，即硅酸盐水泥、普通硅酸盐水泥、矿渣硅酸盐水泥、火山灰质硅酸盐水泥、粉煤灰硅酸盐水泥和复合硅酸盐水泥。

2) 特种水泥，具有特殊性能或用途的水泥。

2. 按其水硬性矿物名称分类

1) 硅酸盐水泥：主要水硬性矿物为硅酸三钙、硅酸二钙、铝酸三钙和铁铝酸四钙。

2) 铝酸盐水泥：主要水硬性矿物为铝酸钙。

3) 硫铝酸盐水泥：主要水硬性矿物为无水硫铝酸钙和硅酸二钙。

4) 铁铝酸盐水泥：主要水硬性矿物为无水硫铝酸钙、铁铝酸钙和硅酸二钙。

5) 氟铝酸盐水泥：主要水硬性矿物为氟铝酸钙和硅酸二钙。

二、水泥命名的一般原则

GB/T 4131—2014《水泥的命名原则和术语》的主要内容如下：

（1）水泥可按不同类别分别以水泥的主要水硬性矿物、混合材料、用途和主要特性进行命名。

（2）通用水泥以水泥的硅酸盐矿物名称命名，并可冠以混合材料名称或其他适当名称命名。例如：普通硅酸盐水泥、矿渣硅酸盐水泥等。

（3）特种水泥以水泥的主要矿物名称、特性或用途命名，并可冠以不同型号或混合材料名称，例如：铝酸盐水泥、硫铝酸盐水泥、快硬硅酸盐水泥、低热矿渣硅酸盐水泥、G级油井水泥等。

三、主要水泥产品的定义

1. 水泥

一种细磨材料，与水混合形成塑性浆体后，能在空气中水化硬化，并能在水中继续硬化保持强度和体积稳定性的无机水硬性胶凝材料。

2. 硅酸盐水泥

以硅酸盐水泥熟料和适量石膏磨细制成的水硬性胶凝材料，其中允许掺加 $0\%\sim5\%$ 的混合材料。

3. 普通硅酸盐水泥

以硅酸盐水泥熟料和不超过水泥总质量 20％的混合材料为主要成分，掺加适量的石膏磨细制成的水硬性胶凝材料。

4. 矿渣硅酸盐水泥

以硅酸盐水泥熟料和粒化高炉矿渣为主要成分，掺加适量的石膏磨细制成的水硬性胶凝材料。

5. 火山灰质硅酸盐水泥

以硅酸盐水泥熟料和火山灰质混合材料为主要成分，掺加适量的石膏磨细制成的水硬性胶凝材料。

6. 粉煤灰硅酸盐水泥

以硅酸盐水泥熟料和粉煤灰为主要成分，掺加掺加适量的石膏磨细制成的水硬性胶凝材料。

7. 复合硅酸盐水泥

以硅酸盐水泥熟料和两种或两种以上混合材料为主要成分，掺加适量的石膏磨细制成的水硬性胶凝材料。

8. 磷渣硅酸盐水泥

以硅酸盐水泥熟料和粒化电炉磷渣为主要成分，掺加适量的石膏磨细制成的水硬性胶凝材料。

9. 镁渣硅酸盐水泥

以硅酸盐水泥熟料和镁渣为主要成分，掺加适量的石膏磨细制成的水硬性胶凝材料。

10. 石灰石硅酸盐水泥

以硅酸盐水泥熟料和石灰石为主要成分，掺加适量的石膏磨细制成的水硬性胶凝材料。

11. 钢渣硅酸盐水泥

以硅酸盐水泥熟料、转炉或电炉钢渣和粒化高炉矿渣为主要成分，掺加适量石膏磨细制成的水硬性胶凝材料。

12. 道路硅酸盐水泥

以铝酸三钙含量不超过 5.0％、铁铝酸四钙含量不低于 16.0％的硅酸盐水泥熟料和少量混合材料为主要成分，掺加适量的石膏磨细制成的水硬性胶凝材料。

13. 钢渣道路硅酸盐水泥

以铝酸三钙含量不超过 5.0％、铁铝酸四钙含量不超过 16.0％的硅酸盐水泥熟料、转炉或电炉钢渣和粒化高炉矿渣为主要成分，掺加适量石膏磨细制成的水硬性胶凝材料。

14. 砌筑水泥

以混合材料为主要成分，掺加适量的硅酸盐水泥熟料和石膏磨细制成的水硬性胶凝材料。

15. 油井水泥

以适当成分的硅酸盐水泥熟料为主要成分，掺加适量石膏的磨细制成的、具有固井性能的水硬性胶凝材料。

16. 抗硫酸盐硅酸盐水泥

以适当成分的硅酸盐水泥熟料为主要成分，掺加适量的石膏磨细制成的、具有较高抗硫酸盐侵蚀性能的水硬性胶凝材料。

17. 白色硅酸盐水泥

以适当成分的生料煅烧至部分熔融，所得以硅酸钙为主、且氧化铁含量少的硅酸盐水泥熟料为主要成分，掺加适量的混合材料和石膏磨细制成的、具有一定白度的水硬性胶凝材料。

18. 彩色硅酸盐水泥

以白色硅酸盐水泥熟料为主要成分，掺加适量石膏和颜料磨细制成的水硬性胶凝材料；或在生料中掺加少量着色剂，煅烧成彩色熟料，再掺加适量的石膏磨细制成的水硬性胶凝材料。

19. 中、低热硅酸盐水泥

以 C_3A 含量较低的硅酸盐水泥熟料为主要成分，掺加适量的石膏磨细制成的、具有中等或较低的水化热的水硬性胶凝材料。

20. 铝酸盐水泥

以铝酸盐水泥熟料为主要成分，经磨细制成的水硬性胶凝材料。

21. 硫铝酸盐水泥

以硫铝酸盐水泥熟料为主要成分，掺加或不掺加适量的石膏和混合材料磨细制成的水硬性胶凝材料。

22. 铁铝酸盐水泥

以铁铝酸盐水泥熟料为主要成分，不掺加或掺加适量的石膏和混合材料磨细制成的水硬性胶凝材料。

四、与水泥物理性能有关的术语

1. 硅酸盐水泥熟料

以适当成分的生料煅烧至部分熔融，所得以硅酸钙为主要成分的产物。

2. 铝酸盐水泥熟料

适当成分的生料，煅烧至完全或部分熔融，所得以铝酸钙为主要成分的产物。

3. 硫铝酸盐水泥熟料

适当成分的生料，煅烧至完全或部分熔融所得以无水硫铝酸钙和硅酸二钙为主要成分的产物。

4. 铁铝酸盐水泥熟料

以适当成分的生料，煅烧至完全或部分熔融所得以铁相、无水硫铝酸钙和硅酸二钙为主要成分的产物。

5. 氟铝酸盐水泥熟料

适当成分的生料，煅烧至完全或部分熔融所得以氟铝酸钙和硅酸钙为主要成分的产物。

6. 水硬性

一种材料磨成细粉和水拌合成浆后，能在潮湿空气和水中硬化并形成稳定化合物的性能。

7. 火山灰性

一种材料磨成细粉，单独不具有水硬性，但在常温下与石灰一起和水后能形成具有水硬性的化合物的性能。

8. 水泥混合材料

在水泥生产过程中，为改善水泥性能，调节水泥标号而加到水泥中的矿物质材料。

9. 活性混合材料

具有火山灰性或潜在水硬性，或兼有火山灰性和水硬性的矿物质材料。

10. 非活性混合材料

在水泥中主要起填充作用而又不损害水泥性能的矿物质材料。

11. 火山灰质混合材料

具有火山灰性的天然的或人工的矿物质材料。

12. 粒化高炉矿渣

高炉冶炼生铁所得以硅酸钙与铝硅酸钙为主要成分的熔融物，经淬冷成粒后的产品。

13. 粉煤灰

从煤粉炉烟道气体中收集的粉末，以氧化硅和氧化铝为主要成分，含少量氧化钙，具有火山灰性。

14. 高钙粉煤灰

某些褐煤燃烧而得的粉煤灰，除氧化硅和氧化铝外一般含 10％以上氧化钙，本身具有一定的水硬性。

15. 窑灰

从水泥回转窑窑尾废气中收集的粉尘。

16. 石膏缓凝剂

在水泥生产过程中，主要为调节水泥的凝结时间而加入的石膏（$CaSO_4 \cdot 2H_2O$）、半水石膏（$CaSO_4 \cdot 1/2H_2O$）、硬石膏（$CaSO_4$）以及它们的混合物或工业副产石膏。

17. 助磨剂

在水泥粉磨时加入的起助磨作用而又不损害水泥性能的外加剂，其加入量应不超过水泥质量的 1％。

18. 快硬

以 3d 抗压强度表示水泥的等级。

19. 特快硬

以若干小时（不大于 24h）抗压强度表示水泥等级。

20. 中热

水泥水化热 3d 不大于 251kJ/kg，7d 不大于 293kJ/kg。

21. 低热

水泥水化热 3d 不大于 197kJ/kg，7d 不大于 230kJ/kg。

22. 中抗硫酸盐

要求硅酸盐水泥熟料中铝酸三钙含量不大于 5.0％，硅酸三钙含量不大于 55％。

23. 高抗硫酸盐

要求硅酸盐水泥熟料中铝酸三钙含量不大于 3.0％，硅酸三钙含量不大于 50％。

24. 膨胀

表示水泥水化硬化过程中体积膨胀在实用上具有补偿收缩的性能。

25. 自应力

表示水泥水化硬化后体积膨胀能使砂浆或混凝土在受约束条件下产生可资应用的化学预应力的性能。自应力水泥砂浆或混凝土膨胀变形稳定后的自应力值不小于 2.0MPa。

第二节　硅酸盐水泥生产方法及工艺流程

水泥窑目前主要是回转窑（也称旋窑），窑筒体卧置（略带斜度），并能作回转运动。

由石灰石、黏土、铁粉为主要原料配制成的水泥生料在水泥窑内受热，经过一系列的物理、化学变化，便成为熟料，因此水泥窑是一个反应器。为了使生料能充分反应，窑内烧成温度要求达到 1450℃，使整个物料处于部分熔融状态，因此水泥窑又是一个熔炉。窑内高温是由燃料在窑内燃烧产生的，燃烧产生的热量通过辐射、对流和传导三种基本传热方式，将热量传给物料，所以水泥窑也是燃烧设备和传热设备。在回转窑内，物料从窑尾部加入，由于窑筒体是倾斜安装的，当窑转动时，物料不断地由窑尾向窑头运动，由窑头卸出，因此水泥窑也是个输送设备。

为使燃料在水泥窑内能进行正常燃烧，必须送入助燃的空气；燃烧产生的烟气和物料反应产生的水汽及二氧化碳等所组成的废气，需要从窑内排出，因此必须要有气体输送设备向窑内鼓进空气，并排出废气。由此可见，水泥窑的工作是由气体流动、燃料燃烧、热量传递和物料运动等过程所组成的。水泥窑的工作就是如何使燃料能充分燃烧，燃烧产生的热量能有效地传给物料，物料接受热量后发生一系列物理、化学变化，最后形成熟料。

目前最为实用的是带分解炉和预热器的窑。在带预热器的窑上再加设一个分解炉，在分解炉内通过加热，使经过分解炉的生料粉中的碳酸钙绝大部分分解为氧化钙，体积大为缩小，窑内可装有效物料增加，因此可大幅度提高窑的单位时间产量。

回转窑生产的典型工艺流程如图 2-2-1 所示。

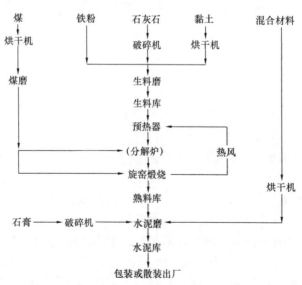

图 2-2-1　干法生产的工艺流程示意图

第三节　硅酸盐水泥熟料的化学成分

水泥的质量主要决定于熟料的质量。优质熟料应该具有合适的矿物组成和岩相结构。因此，控制熟料的化学成分，是水泥生产的中心环节之一。

硅酸盐水泥熟料中的主要成分是氧化钙（CaO）、二氧化硅（SiO_2）、三氧化二铝（Al_2O_3）、三氧化二铁（Fe_2O_3）等四种氧化物。它们在熟料中的总量占 95％ 以上。另外还有其他少量氧化物，如氧化镁（MgO）、三氧化硫（SO_3）、二氧化钛（TiO_2）、五氧化二磷（P_2O_5）、氧化钾（K_2O）、氧化钠（Na_2O）等，总量占熟料的 5％ 以下。

用萤石或各种金属矿石的尾矿作矿化剂的硅酸盐水泥熟料中，还含有少量的氟化钙（CaF_2）和其他微量金属元素。

据统计，硅酸盐水泥熟料中，四种主要氧化物质量分数的波动范围一般是：

CaO：62％ ～ 67％

SiO_2：20％ ～ 24％

Al_2O_3：4％ ～ 7％

Fe_2O_3：2.5％ ～ 6％

在某些情况下，由于水泥品种、原料成分以及工艺过程的差异，各主要氧化物的含量，也可以不在上述范围内，例如白色硅酸盐水泥熟料中 Fe_2O_3 的质量分数必须小于 0.5％。

第四节　硅酸盐水泥熟料的矿物组成

在硅酸盐水泥熟料中，CaO、SiO_2、Al_2O_3、Fe_2O_3 等并不是以单独的氧化物存在，而是以两种或两种以上的氧化物反应组合成各种不同的氧化物的集合体，即以多种熟料矿物的形态存在。这些熟料矿物结晶细小。因此，可以说硅酸盐水泥熟料是一种多矿物组成的、结晶细小的人造岩石。

硅酸盐水泥熟料中的主要矿物有以下四种：

硅酸三钙：$3CaO \cdot SiO_2$，可简写为 C_3S；

硅酸二钙：$2CaO \cdot SiO_2$，可简写为 C_2S；

铝酸三钙：$3CaO \cdot Al_2O_3$，可简写为 C_3A；

铁铝酸四钙：$4CaO \cdot Al_2O_3 \cdot Fe_2O_3$，可简写为 C_4AF。

另外，还有少量的游离氧化钙（$f\text{-}CaO$）、方镁石（即结晶氧化镁 $f\text{-}MgO$）、含碱矿物、玻璃体等。

通常，熟料中硅酸三钙和硅酸二钙的含量占 75％ 左右，称为硅酸盐矿物；铝酸三钙和铁铝酸四钙占 22％ 左右。在煅烧过程中，后两种矿物与氧化镁、碱等，在 1250℃～1280℃ 时会逐渐熔融成液相以促进硅酸三钙的顺利形成，故称为熔剂矿物。

使用萤石或萤石＋石膏作复合矿化剂的硅酸盐水泥熟料中，还有氟铝酸钙（$C_{11}A_7 \cdot CaF_2$）、硫铝酸钙（$3CA \cdot CaSO_4$，简写为 $C_4A_3\bar{S}$）等。

同样都属硅酸盐水泥熟料，但主要矿物的含量却会有较大的差别。这是因为生产熟料的工艺条件不同或对熟料性能要求的不同，所选用的配料方案也不同。硅酸盐水泥熟料四种主要矿物的一般波动范围如下：

C_3S	$42\% \sim 60\%$
C_2S	$15\% \sim 32\%$
C_3A	$4\% \sim 11\%$
C_4AF	$10\% \sim 18\%$
C_3S+C_2S	$72\% \sim 78\%$
C_3A+C_4AF	$20\% \sim 24\%$

一、硅酸三钙

硅酸三钙(C_3S)主要由硅酸二钙和氧化钙反应生成。是硅酸盐水泥熟料的主要矿物，其含量通常占熟料的 50% 以上。在硅酸盐水泥熟料中，硅酸三钙并不以纯的形式存在，晶体中常含有少量氧化镁和三氧化二铝等氧化物，形成固溶体，称为阿利特(Alite)，简称 A 矿。

硅酸三钙加水调和后，凝结时间正常，水化较快，早期强度高，强度增进率较大，其 28d 强度和一年强度是四种矿物中最高的。它的体积干缩性也较小，抗冻性较好，因此，一般希望熟料中有较多的硅酸三钙。但它的水化热较高，抗水性较差，抗硫酸盐浸蚀能力也较差。另外，由于在煅烧过程中，硅酸三钙的形成需要较高的烧成温度和较长的烧成时间，这给熟料的煅烧操作带来了困难。因此，在实际生产中不能不切实际地追求硅酸三钙的数量，否则将导致有害成分游离氧化钙增多，反而会降低熟料的质量。

二、硅酸二钙

硅酸二钙(C_2S)由氧化钙和二氧化硅反应生成。在熟料中的含量一般为 20% 左右，是硅酸盐水泥熟料的主要矿物之一。

硅酸二钙水化速度较慢，凝结硬化缓慢，早期强度较低，但 28d 以后，强度仍能较快地增长，在一年后其强度可接近硅酸三钙。

增大水泥粉磨后的比表面积，可以明显提高硅酸二钙的早期强度。

硅酸二钙的水化热低，体积干缩性小，抗水性和抗硫酸盐侵蚀能力较强。

纯硅酸二钙在 1450℃ 以下易发生多种晶型转变，尤其在低于 500℃ 时，由于 $\beta\text{-}C_2S$ 转变为密度更小、活性很低的 $\gamma\text{-}C_2S$ 时，体积膨胀 10%，导致熟料粉化，且使熟料强度大大降低。这种现象在通风不良、液相量较少，还原气氛较浓、冷却较慢的生产工艺中较为多见。在烧成温度较高、冷却较快的熟料中，由于硅酸二钙中固溶进少量的三氧化二铝、三氧化二铁、氧化镁等，通常都可保留 β 型。这种 $\beta\text{-}C_2S$ 被称为贝利特(Belite)，简称 B 矿。

三、铝酸三钙

铝酸三钙(C_3A)水化速度和凝结硬化速度很快，放热多，如不掺加石膏等缓凝剂，易使水泥急凝。铝酸三钙硬化也很快，它的强度 3d 内就大部分发挥出来，故早期强度较高，但绝对值并不高，以后几乎不再增长，甚至倒缩。铝酸三钙的干缩变形大，抗硫酸盐侵蚀性能差，脆性大，耐磨性差。

四、铁铝酸四钙

铁铝酸四钙(C_4AF)称为才利特(Celite)或 C 矿。它的水化速度在早期介于铝酸三钙与硅酸三钙之间，但随后的发展不如硅酸三钙。它的早期强度类似于铝酸三钙，而后期强度还能不断增高，类似于硅酸二钙。它的水化热低、干缩变形小、耐磨、抗冲击、抗硫酸盐侵蚀能力强。

铁铝酸四钙和铝酸三钙在煅烧过程中熔融成液相，可以促进硅酸三钙的形成，这是它们的一个重要作用。如果物料中熔剂矿物过少，水泥生料易生烧，氧化钙不易被吸收完全，导致熟料中游离氧化钙增加，影响熟料的质量，降低窑的产量，增加燃料的消耗；相反，如果熔剂矿物过多，在回转窑内易结大块，甚至结圈等。液相的黏度随 $w(C_3A)/w(C_4AF)$ 的值而变化，铁铝酸四钙含量多，则液相的黏度低，有利于液相中离子的扩散，促进硅酸三钙的形成。但若铁铝酸钙含量过高，易使烧结范围变窄，不利于窑的操作。对于一般工艺条件的水泥熟料窑而言，熟料中含有一定量的铝酸三钙对于旋窑形成窑皮是必要的。

五、游离氧化钙和方镁石

当配料方案不当、生料过粗或煅烧不良时，熟料中就会出现没有被吸收的以游离状态存在的氧化钙，称为游离氧化钙，又称游离石灰（free lime 或 $f\text{-}CaO$）。

在烧成温度下，死烧的游离氧化钙结构比较致密，水化很慢，通常要在加水 3 d 以后反应才比较明显。游离氧化钙水化生成氢氧化钙时，体积膨胀 97.9%，在硬化水泥石内部造成局部膨胀应力，因此，随着游离氧化钙含量的增多，首先是抗拉强度和抗折强度降低，进而是 3 d 以后强度倒缩，严重时甚至引起安定性不良，使水泥制品变形或开裂，导致水泥浆体破坏。为此，应严格控制游离氧化钙的含量，一般回转窑熟料将其控制在 1.0% 以下。

方镁石是游离状态的氧化镁晶体，熟料煅烧时，氧化镁有一部分可和熟料矿物结合成固溶体而溶于液相中。因此，当熟料含有少量氧化镁时，能降低熟料液相的生成温度，增加液相数量，降低液相黏度，有利于熟料形成，还能改善熟料色泽。但方镁石的水化速度比游离氧化钙更为缓慢，要几个月甚至几年才明显起来。水化生成氢氧化镁时，体积膨胀 148%，也会导致水泥安定性不良。为此，国家标准对水泥或熟料中氧化镁的含量作了严格规定。

第五节　硅酸盐水泥的物理性能

硅酸盐水泥本身的状态和加水拌和后凝结硬化过程的特点与硬化体的力学特征，通称为该水泥的物理性能，它主要取决于水泥生产的工艺过程和水化的条件。因此，在进行水泥物理性能检验的同时，应对水泥水化的基本知识有所了解，以便用物理性能的检验结果去指导生产。

一、水泥熟料矿物的水化

1. 硅酸盐水泥熟料矿物水化的类型

硅酸盐水泥熟料通常含有硅酸三钙（C_3S）、硅酸二钙（C_2S）、铝酸三钙（C_3A）、铁铝酸四钙（C_4AF）和游离氧化钙（$f\text{-}CaO$）、方镁石（MgO）等矿物相，它们遇水后将逐步由无水状态变成含水状态，这个过程称为水化过程，熟料矿物的这种作用称为水化作用。它包含遇水化合与遇水分解两种反应，反应的生成物中都有含水化合物存在，如：

（1）原物质不含水，与水作用后变成含水化合物：

$$3CaO \cdot Al_2O_3 + 6H_2O == 3CaO \cdot Al_2O_3 \cdot 6H_2O$$

（2）原物质本身含有一定量的水，与水化合后变成含水多的物质：

$$CaSO_4 \cdot \frac{1}{2}H_2O + 1\frac{1}{2}H_2O == CaSO_4 \cdot 2H_2O$$

（3）水解反应，即加水分解的作用：

$$3CaO \cdot SiO_2 + aq \Longrightarrow xCaO \cdot SiO_2 \cdot aq + yCa(OH)_2$$

式中：aq——水量。

2. 熟料中各种矿物的水化

硅酸盐水泥熟料中各矿物的水化速度和水化产物不尽相同，而且随条件变动所产生的变化也非常复杂，差异很大，但目前一般用以下的式子来描述它们的反应。

1）硅酸钙的水化

硅酸钙与无限量水作用时完全水解，生成各自相应的水化产物：

$$3CaO \cdot SiO_2 + nH_2O \Longrightarrow 3Ca(OH)_2 + SiO_2 \cdot (n-3)H_2O$$
$$2CaO \cdot SiO_2 + nH_2O \Longrightarrow 2Ca(OH)_2 + SiO_2 \cdot (n-2)H_2O$$

硅酸钙和少量水作用时，生成的水化产物是氢氧化钙和碱度比自身低的水化硅酸钙：

$$3CaO \cdot SiO_2 + nH_2O \Longrightarrow 2CaO \cdot SiO_2 \cdot (n-1)H_2O + Ca(OH)_2$$
$$2CaO \cdot SiO_2 + nH_2O \Longrightarrow 2CaO \cdot SiO_2 \cdot nH_2O$$

水化硅酸钙中质量分数 $w(CaO)/w(SiO_2)$ 的真实比例和结合水量与水化条件（水化温度、水灰比、周围介质中石灰的浓度等）有关。

2）铝酸三钙的水化

铝酸三钙水化过程的特征是水化快、放热快以及强度增长快。

（1）在无限量水中，铝酸三钙完全水解，生成氧化铝的水合物和氢氧化钙：

$$3CaO \cdot Al_2O_3 + 6H_2O \longrightarrow 3Ca(OH)_2 + Al_2O_3 \cdot 3H_2O$$

（2）当液相中氧化钙浓度高于 $0.33g/L$ 时，铝酸三钙的水化可简略表示为：

$$3CaO \cdot Al_2O_3 + 6H_2O \Longrightarrow 3CaO \cdot Al_2O_3 \cdot 6H_2O$$

（3）当液相中氧化钙浓度超过 $1.08g/L$，即达到饱和石灰浓度时，可形成更高碱度的水化铝酸四钙（$C_4A \cdot 19H_2O$），此时，水化速度减慢，因为生成的 C_4AH_{10} 覆盖在铝酸三钙颗粒表面，形成薄膜，阻碍进一步水化。

（4）当水化温度低于 $20℃ \sim 25℃$ 时，铝酸三钙的水化产物主要是六方片状水化铝酸钙 $C_3A \cdot (11 \sim 12)H_2O$；当温度升高到 $25℃$ 以上时，六方片状水化铝酸钙逐步转化为较稳定的立方晶系的 $C_3A \cdot 6H_2O$；当水化温度高于 $30℃ \sim 35℃$ 时，水化产物主要是立方晶系的 $C_3A \cdot 6H_2O$；温度在 $50℃$ 以上，C_3A 水化直接形成 $C_3A \cdot 6H_2O$。

3）铁铝酸四钙的水化

水泥熟料中的铁铝酸钙主是铁铝酸四钙（C_4AF），它的水化不仅受外界条件的影响，而且受矿物中氧化铝和氧化铁质量比例的影响。在无限量水中水化，铁铝酸四钙完全分解为氢氧化钙、$Al_2O_3 \cdot aq$ 和 $Fe_2O_3 \cdot aq$；在饱和石灰水中铁铝酸四钙水化较慢，在温度高于 $15℃$ 时，铁铝酸四钙水化生成含水铝酸三钙和含水铁酸钙：

$$4CaO \cdot Al_2O_3 \cdot Fe_2O_3 + 7H_2O \Longrightarrow 3CaO \cdot Al_2O_3 \cdot 6H_2O + CaO \cdot Fe_2O_3 \cdot H_2O$$

其中水化铁酸钙为胶体状态，促使铁酸盐相周围保护薄膜的增长，从而降低了水化速度，使水化过程随着铁铝酸盐含量的增加，放热速度和机械强度的增长而变慢。

4）游离氧化钙和方镁石的水化

$$CaO + H_2O \longrightarrow Ca(OH)_2$$
$$MgO + H_2O \longrightarrow Mg(OH)_2$$

水泥熟料中的游离氧化钙与一般的石灰不一样，它的水化速度比较慢。方镁石的水化速度比游离氧化钙更慢，所以往往发生在水泥浆凝结硬化以后。

由于它们水化时体积发生不均匀的膨胀，会使已硬化的水泥石强度降低，甚至开裂，尤其是它们含量较高、结晶粗大、局部富集时对水泥石的破坏作用更为严重。

二、硅酸盐水泥的水化

硅酸盐水泥加水拌和后，除熟料矿物与水发生水化作用，生成各种水化产物外，水化产物又会同水泥中的其他组分发生作用，形成新的水化物，因此水泥的水化作用比各熟料矿物单独水化时更为复杂。

硅酸盐水泥在实际使用中的水化作用是在少量水中进行的，一般加水量约为 $30\% \sim 60\%$，当硅酸三钙水解时，将析出大量氢氧化钙，使溶液达到饱和或过饱和状态。另外，水泥中所掺加的石膏也同时发生溶解。因此水泥的水化作用实质上是在石灰和石膏的溶液中进行的。其水化后生成的主要产物有：氢氧化钙、C-S-H 凝胶、水化硫铝酸钙和水化硫铁铝酸钙及它们的固溶体、水化铝酸钙、水化铁酸钙等，这些水化产物中，C-S-H 凝胶为纤维状薄片，从各熟料颗粒上向外伸展出去，逐渐形成一连续的网状结构，与水化硫铝（铁）酸钙、氢氧化钙等晶体互相穿插，填充于水泥颗粒的空间，增强它们之间的粘结，使水泥强度不断提高。

三、水泥的凝结和硬化

水泥加水拌和后，随着熟料矿物水化作用的进行，水化物增多，游离水减少，水化物溶胶逐渐凝聚，浆体逐渐失去可塑性，这一过程叫做凝结过程。凝结过程的终了，就是硬化作用的开始，因此硬化作用实际上就是水化和凝结过程的继续。广义的硬化过程，常常包括水化和凝结过程。

水泥凝结以后，水化作用仍在继续进行，由于空隙里的水仍进一步被熟料干核吸收，水溶液浓度更加提高，水化硅酸钙以更细小的纤维晶体从熟料颗粒上长出，并且数量显著增加。这些纤维晶体，好像链条一样把固体颗粒牢固地连结成整体，使原来没有显著机械强度的水泥凝聚体逐渐产生高的机械强度，或者说硬化成岩石般坚硬的物体，结构也就固定下来，这个过程叫做硬化过程。

水泥的凝结、硬化速度与下列因素有关：

（1）水泥的矿物组成：铝酸三钙 C_3A 和硅酸三钙 C_3S 含量高时，凝结硬化快。矿物水化速度由高至低的次序为：

$$C_3A > C_4AF > C_3S > C_2S$$

（2）水泥的细度：水泥颗粒越细，总表面积越大，与水的接触面积越大，水化速度越快，凝结硬化也越快。

（3）硬化时的温度和湿度：二者是水泥硬化的必要条件，温度和湿度越高，水化速度越快，则凝结硬化也越快；反之则慢。

（4）拌和水：水灰比越大则硬化越慢。

（5）外加剂的加入：不同的外加剂对水泥的凝结硬化有不同的影响。

第六节 硅酸盐水泥熟料的率值及计算

熟料中的各种氧化物并不是单独存在，而是在高温下通过固相反应、固液相反应后以矿物的形式存在，因此在生产控制中，不仅要控制熟料中各氧化物的含量，还应控制各氧化物之间的比例（即率值），这样可以比较方便地表示化学成分和矿物组成之间的关系，明确地表示对水泥的性能及对熟料煅烧的影响，因此，在生产中，用率值作为生产控制的一种指标。

一、水硬率

水硬率(HM)是表示水泥熟料中碱性氧化物(CaO)的质量分数与酸性氧化物(SiO_2、Al_2O_3、Fe_2O_3)的质量分数之比。若以 HM 表示水硬率，则数学式为：

$$HM = \frac{CaO}{SiO_2 + Al_2O_3 + Fe_2O_3} \tag{2-6-1}$$

为简化起见，式中以氯化物的分子式代表该氧化物的质量分数（下同）。

19 世纪末，德国科学家米契阿利斯在实践中分析优良水泥时，发现 HM 值在 $1.8 \sim 2.4$（平均为 2.0）。因此，可以用 HM 值来评价水泥质量的好坏。

但是水硬率有它一定的局限性。因为 HM 只表示碱性氧化物与酸性氧化物之间的比例，可能会出现 HM 相同而各种氧化物含量不同的情况，因此又提出了硅酸率和铁率两个率值。

二、石灰饱和系数

一般简称为饱和比，常用符号 KH 表示。它表示水泥熟料中的氧化钙总量减去饱和酸性氧化物(Al_2O_3、Fe_2O_3、SO_3)所需的氧化钙后，剩下的与二氧化硅化合的氧化钙的含量与理论上二氧化硅与氧化钙化合全部生成硅酸三钙所需要的氧化钙含量的比值。简言之，饱和比 KH 表示熟料中氧化硅被氧化钙饱和生成硅酸三钙的程度。

多年水泥生产实践和研究结果表明：水泥生料在煅烧过程中，CaO 首先为酸性氧化物 Al_2O_3、Fe_2O_3、SO_3 所饱和而生成 C_3A、C_4AF 等熔剂矿物，剩下的再与 SiO_2 结合生成硅酸盐矿物。SiO_2 虽然也是酸性氧化物，但不完全被 CaO 所饱和而生成 C_3S，而是还生成部分 C_2S。生成的 C_3S 和 C_2S 的比例，与生产工艺条件（包括煅烧条件）紧密相连。饱和比的表达式如下：

$$KH = \frac{(CaO - f\text{-}CaO) - 1.65Al_2O_3 - 0.35Fe_2O_3 - 0.7SO_3}{2.8(SiO_2 - f\text{-}SiO_2)} \tag{2-6-2}$$

从理论上讲，当 $KH=1.00$ 时，熟料矿物只有 C_3S、C_3A、C_4AF，而无 C_2S；当 $KH>1.00$ 时，无论生产工艺条件多完善，总有游离氧化钙存在；当 $KH=0.67$ 时，熟料矿物只有 C_3A、C_4AF、C_2S 而无 C_3S。因此，KH 应控制在 $0.67 \sim 1.00$ 之间，这样，应无 $f\text{-}CaO$ 存在。但在实际生产中，由于被煅烧物料的性质、煅烧温度、液相量、液相黏度等因素的限制，理论计算和实际情况并不完全一致。因此，KH 一般控制在 $0.87 \sim 0.96$ 之间。KH 过高，工艺条件难以满足需要，$f\text{-}CaO$ 会明显增加，熟料质量反而下降；KH 过低，C_3S 过少，熟料质量也会很差。

当 $f\text{-}CaO$、$f\text{-}SiO_2$ 和 SO_3 含量很低时，石灰饱和系数表示式可简写为：

$$KH = \frac{CaO - 1.65Al_2O_3 - 0.35Fe_2O_3}{2.8SiO_2} \tag{2-6-3}$$

或

$$KH = \frac{C - 1.65A - 0.35F}{2.8S}$$

式中以 C、S、A、F 分别代表 CaO、SiO_2、Al_2O_3、Fe_2O_3 的质量分数（下同）。

当熟料中 Al_2O_3 含量较少，而 Fe_2O_3 含量较多，即 $Al_2O_3/Fe_2O_3 < 0.64$ 时，熟料矿物组成为 C_3S、C_2S、C_4AF 和 C_2F，则：

$$KH = \frac{C - 1.10A - 0.7F}{2.8S} \tag{2-6-4}$$

三、硅酸率

硅酸率又称硅率，用 n 表示，欧美以 SM 表示，是水泥熟料中 SiO_2 与 Al_2O_3 加 Fe_2O_3 质量之比，代表熟料中的硅酸盐矿物和熔剂矿物之间质量的比值。

$$n = \frac{SiO_2}{Al_2O_3 + Fe_2O_3} \tag{2-6-5}$$

n 值一般控制在 $2.0 \sim 2.9$ 之间。

n 值过高，表示硅酸盐矿物多，对水泥熟料的强度有利，但意味着熔剂矿物较少，液相量少，将给煅烧造成困难。n 值过低，则对熟料强度不利，且熔剂矿物过多，易结大块、炉瘤、结圈等，也不利于煅烧。

四、铝氧率

铝氧率又称铝率或铁率，以 p 表示，欧美以 IM 表示，是水泥熟料中 Al_2O_3 和 Fe_2O_3 的质量之比，也能反映熟料中的 C_3A 和 C_4AF 的相对含量。

$$p(IM) = \frac{Al_2O_3}{Fe_2O_3} \tag{2-6-6}$$

熟料中 $p(IM)$ 值一般控制在 $0.8 \sim 1.7$ 之间。白色硅酸盐水泥熟料的 p 值可达 10，抗硫酸盐水泥熟料和低热硅酸盐水泥熟料的 p 值则低至 0.7。白水泥的 p 值高，是为了避免 Fe_2O_3 对白色的污染；后两种水泥熟料的 p 值低，是为了减少 C_3A 造成的耐硫酸盐能力低和水化热高。

$p(IM)$ 值的选择，也应视具体情况而定。在熔剂矿物 $C_3A + C_4AF$ 含量一定时，$p(IM)$ 值高，意味着 C_3A 量多，C_4AF 量少，液相黏度增加，C_3S 形成较困难，且熟料的后期强度、抗干缩性、耐磨性等均受影响；相反，如果 $p(IM)$ 值过低，则 C_3A 量少，C_4AF 量多，液相黏度降低，这对保护好旋窑的窑皮和立窑的底火不利。

第七节　熟料的化学成分、矿物组成和率值之间的换算关系

以 C、S、A、F 分别代表 CaO、SiO_2、Al_2O_3、Fe_2O_3 的质量分数，忽略 $f\text{-}CaO$、$f\text{-}SiO_2$。

一、由化学成分计算率值

$$KH = \frac{C - 1.65A - 0.35F - 0.7SO_3}{2.8S} \quad (p \geqslant 0.64) \tag{2-7-1}$$

$$KH = \frac{C - 1.1A - 0.7F - 0.7SO_3}{2.8S} \quad (p < 0.64) \tag{2-7-2}$$

$$n = \frac{S}{A + F} \tag{2-7-3}$$

$$p = \frac{A}{F} \tag{2-7-4}$$

二、由化学成分计算矿物组成

1. 当 $p \geqslant 0.64$ 时

$C_2S = 4.07C - 7.60S - 6.72A - 1.43F - 2.86SO_3$

$C_2S = 8.60S + 5.07A + 1.07F + 2.15SO_3 - 3.07C = 2.87S - 0.754C_3S$

$C_3A = 2.65A - 1.69F = 2.65(A - 0.64F)$

$C_4AF = 3.04F$

$CaSO_4 = 1.70SO_3$

2. 当 $p < 0.64$ 时

$C_3S = 4.07C - 7.60S - 4.47A - 2.86F - 2.86SO_3$

$C_2S = 8.60S + 3.38A + 2.15F + 2.15SO_3 - 3.07C = 2.87S - 0.754C_3S$

$C_2F = 1.70(F - 1.57A)$

$C_4AF = 4.77A$

$CaSO_4 = 1.70SO_3$

三、由矿物组成计算化学成分

$SiO_2 = 0.2631C_3S + 0.3488C_2S$

$Al_2O_3 = 0.3773C_3A + 0.2098C_4AF$

$Fe_2O_3 = 0.3286C_4AF$

$CaO = 0.7369C_3S + 0.6512C_2S + 0.6227C_3A + 0.4616C_4AF + 0.4119CaSO_4$

$SO_3 = 0.5881CaSO_4$

四、由矿物组成计算率值

$$KH = \frac{C_3S + 0.8838C_2S}{C_3S + 1.3256C_2S} \tag{2-7-5}$$

$$n = \frac{C_3S + 1.3256C_2S}{1.4341C_3A + 2.0464C_4AF} \tag{2-7-6}$$

$$p = \frac{1.1501C_3A}{C_4AF} + 0.6383 \tag{2-7-7}$$

五、由率值计算化学成分

$$Fe_2O_3 = \frac{SiO_2 + Al_2O_3 + Fe_2O_3 + CaO}{(2.8KH+1)(p+1)n + 2.65p + 1.35} \tag{2-7-8}$$

$Al_2O_3 = p \cdot Fe_2O_3$

$SiO_2 = n(Al_2O_3 + Fe_2O_3)$

$CaO = \Sigma - (SiO_2 + Al_2O_3 + Fe_2O_3)$

式中：$\Sigma = SiO_2 + Al_2O_3 + Fe_2O_3 + CaO$

六、由化学成分及率值计算矿物组成

$$C_3S = 3.80SiO_2 \cdot (3KH - 2)$$

$$C_2S = 8.16SiO_2 \cdot (1 - KH)$$

当 $p \geqslant 0.64$ 时：

$$C_3A = 2.65(Al_2O_3 - 0.64Fe_2O_3) = 2.65Fe_2O_3(p - 0.64)$$

$$C_4AF = 3.0Fe_2O_3$$

当 $p < 0.64$ 时：

$$C_4AF = 4.77Al_2O_3$$

$$C_2F = 1.70(Fe_2O_3 - 1.57Al_2O_3) = 1.70Fe_2O_3 \cdot (1 - 1.57p)$$

第三章　水泥物理性能的定义和检验方法

　　水泥的物理性能是水泥产品质量的重要特征，其性能的好坏，直接关系到建筑工程的质量。通过对水泥物理性能的检验，对水泥产品的质量做出全面的评价，对水泥生产企业和使用单位都是极其重要的。水泥的物理性能很多，随着我国水泥工业的技术进步和现代化建筑工程需求的变化，对水泥的物理性能的要求趋于高性能化和多元化，其检验方法标准也在不断地制定、修订和完善，并逐步达到国际先进水平。本章重点介绍硅酸盐水泥最重要的若干物理性能的定义及其检验方法，对所用仪器设备、检验条件、检验步骤、检验中的注意事项给出详细的介绍，包括水泥标准稠度用水量、凝结时间、安定性、流动度、强度、密度、比表面积、筛余细度、颗粒级配、水化热、氯离子扩散系数、抗硫酸盐侵蚀、干缩率、膨胀率、耐磨性、保水率、含气量，以及油井水泥物理性能的测定方法。

第一节　水泥样品的制备

　　水泥样品从水泥产品到制备成具有一定代表性的待检水泥试样需要经过取样、过筛、混匀、再分取试样的过程。

一、取样

　　负责抽取样品的人员携带取样器、无杂质的容器、取样单（包括水泥出厂编号、品种等级、取样日期以及取样人签字等信息）到水泥成品库取样。

　　确定抽取某一编号水泥之后，袋装水泥随机选择 20 袋以上，将取样器从水泥袋灌装口沿对角线方向插入水泥适当深度，用手指按住灌装孔边缘，小心抽出取样器；散装水泥随机取样，在适当的位置将打开开关的取样器插入水泥一定深度，关闭开关后小心抽出取样器；将所取样品放入洁净、干燥、不易受污染的容器中。每次抽取的单样量应尽量一致。取样量以满足水泥的检验要求以及备份或封存的要求为宜。填写好取样单。

二、样品的处理

　　将所取样品通过 0.9mm 方孔筛后充分混匀（未过筛的粗颗粒倒掉不要），再将样品缩分。取出待检样、备份或封存样以及准备送检验机构的对比样（需要时）。

三、试样的包装与贮存

　　待检、备份或封存的试样应贮存于洁净、干燥、防潮、密闭、不易破损且不影响水泥性能的容器中。存放封样样的容器应密封贮存并加贴封条，封条上至少包括：出厂编号、取样时间、取样地点、取样人以及封样人信息。封存样应贮存于干燥、通风并且由专人管理的独立房间，其贮存期要长于相应水泥标准要求的时间。需要寄送的对比样或抽检试样需用两层聚乙烯塑料袋包装，送样单放于两层中间，外层再用复膜袋包装。待检样、备份试样亦应妥善贮存和保管。

第二节 养护设备及养护条件的控制

一、概述

影响水泥物理性能检验结果的因素很多，包括环境条件、仪器设备、人员操作等。环境条件对试验结果准确性的影响非常大，温度和湿度的高低直接影响水泥的水化硬化速度。温度越高，水泥水化凝结、硬化速率也越快。为了使水泥物理性能检验结果具有可比性，世界各国都规定了检验时的标准温度。美国标准 ASTM 规定试验标准温度为 23 ℃，国际标准 ISO 679 和我国的 GB/T 17671、GB/T 1346 等都规定标准温度为 20℃。在试验过程中温度偏高会使水泥强度尤其是早期强度偏高，使凝结时间缩短。

除温度外，水泥的水化、凝结、硬化与浆体中的含水量也有着密切的关系。含水量高时，凝结时间延长、强度发展放缓；相反，则水泥凝结时间缩短、早期强度提高。因此，各国都对试体养护过程中的湿度进行了规定，即相对湿度高于 90%，以避免试体内的水分过分蒸发，影响水泥水化需要的用水量。另外，在试验过程中，试验室的湿度也会影响试验结果。若湿度过高，会使水泥试样受潮，在试验前部分发生水化，使强度偏低，凝结时间延长；若湿度过低，则试验过程中浆体中的水分蒸发，浆体的水灰比发生变化，使强度尤其是早期强度偏高，凝结时间缩短。所以我国标准、美国 ASTM、ISO 679 等中都规定试验室相对湿度高于 50%。

二、水泥胶砂试体标准养护箱

水泥胶砂试体标准养护箱主要由箱体、加热系统、制冷系统、加湿系统和控制系统 5 部分组成。目前我国在用的水泥胶砂试体标准养护箱主要有两类。

一类养护箱是自行砌筑的养护箱，加热系统由控制仪表和电加热管组成。电加热管置于养护箱底部水槽中，在加热的同时提供水蒸汽以满足对湿度的要求。制冷系统由制冷机、风机、管路构成，通过冷凝器、微风循环控制养护箱内的温度。对箱体外的室温也应进行相应的控制，便于箱体内的温度稳定。加湿系统由加湿器、控制系统及管路构成，控制系统按时间间隔启动和关闭计时器，保证既不会滴水砸坏试体，又能满足对湿度的要求。这种自行砌筑的养护箱的优点是结构比较稳固，箱体内部箅板不容易变形，成型后的带模砂浆放入后，不会因为箅板的变形而变形。而且箅板及箱体材料采用混凝土结构，有利于水分的吸附，扩大水分的蒸发面积，保证养护箱的湿度满足规定的要求。

另一类养护箱如图 3-2-1 所示，是通过电子设备控制温度和湿度，符合 JC/T 959—2005《水泥胶砂试体养护箱》标准的要求，其主要技术指标如下。

1. 结构

1）隔热效能

箱体的结构应保证在取放试体时，能有效防止箱体外温度和湿度的影响。箱体内壁由耐腐蚀材料或经防锈处理的材料制作。箱壁应有隔热层。启动养护箱，待温度稳定后，其隔热效果应达到如下之一：

图 3-2-1 水泥胶砂试体
湿气养护箱

（1）环境温度为 0℃～35℃时，控制温度（20±1）℃空载运行率不超过 70%。

（2）环境温度为（20±2）℃时，控制温度（20±1）℃空载运行率不超过 50%。

2）箱内篦板应呈水平放置。在额定试验容量内篦板最大挠度不超过篦板长度的 1%。

3）空载运行 24h 后养护空间内无滴水现象。

2. 电器性能

（1）整机绝缘电阻大于 2 MΩ。

（2）养护箱工作时，制冷机和相关运转设备的工作噪声声压级应≤65dB，并且无明显震动。

3. 使用性能

（1）在 0℃～35℃的环境下，养护空间的温度能自动控制在（20±1）℃，相对湿度≥90%。

（2）在一个控温工作周期内，同一层左右两侧距内壁 50mm 处的温度相差小于 0.5℃；最上层和最下层的温度极差应小于 0.8℃。

（3）温度显示值可通过人工校正，温控仪显示值与温度传感器固定位置的实测温度值相差应小于 0.5℃。

（4）具备相对湿度显示器的，其显示值与箱内实测湿度值的误差应在 -3%～5% 范围内。

三、养护池

由于水泥水化是化学反应，因此环境温度对水泥水化、凝结、硬化的影响很大，温度越高，水泥水化、凝结、硬化的速率也越快。按照 GB/T 17671—1999《水泥胶砂强度试验方法（ISO 法）》进行的试验结果表明，室温在 18℃～22℃范围内，温度越高，则早期强度越明显偏高，而 28d 强度的偏高不很明显。GB/T 17671—1999 规定试体养护水的温度为（20±1）℃。如房间的密闭性和隔热性较好，可以通过控制房间温度来控制水温。但是应注意白天和夜间以及不同季节变化时，房间内布置在不同位置的养护水温度的差异，若变化比较大，虽然温度控制在（20±1）℃范围内，也会使胶砂强度产生较大的差异，所以养护水温度的控制要相对稳定。

为解决这个难题，国家水泥质量监督检验中心成功研制出 YHSC 型不锈钢水泥胶砂强度试体养护水槽，如图 3-2-2 所示，该水槽可任意设定养护水温度，在基本控制室温的前提

图 3-2-2 YHSC 型不锈钢水泥胶砂强度试体养护水槽

下，通过小功率加热和制冷功能，借助离心水泵使养护水循环，达到水温更加稳定的效果，避免了由于大量试体水化放热造成局部水温升高的缺点，减少了水温波动对水泥试体强度测定结果的影响。

第三节　水泥标准稠度用水量的测定

一、概述

水泥标准稠度用水量是指水泥净浆在某一用水量和特定测定方法下达到的稠度，称为水泥的标准稠度，这一用水量称为水泥标准稠度用水量，以占水泥质量的百分比表示。

水泥的凝结时间和安定性是水泥国家标准中的两项重要品质指标，凝结时间和安定性都必须按水泥标准稠度用水量加水拌制水泥净浆，并分别在统一规定的测试条件下进行检验。所以水泥标准稠度用水量是水泥物理检验的基本检验项目。

水泥净浆拌和水量增多时，凝结时间会延长，试饼安定性容易合格；若净浆拌和水量减少，则凝结时间会缩短，试饼安定性不易合格。因此，必须用标准稠度用水量拌制水泥净浆，用以检验凝结时间和安定性，结果才可靠、可比。

影响水泥标准稠度用水量的主要因素有熟料矿物组成、水泥粉磨细度、混合材料种类及掺加量等。熟料矿物中硅酸三钙（C_3S）的需水量最多，硅酸二钙（C_2S）的需水量最少，所以，熟料中硅酸三钙含量增加，或者硅酸二钙含量减少时，将使水泥的标准稠度用水量增多；反之用水量减少。当熟料中含碱量（K_2O、Na_2O）及游离氧化钙含量增加时，也会使用水量增多。水泥粉磨细度越细，用水量越多。水泥中，若掺加页岩、烧黏石、沸石、煤矸石等吸水性比较强的混合材料，水泥标准稠度用水量将显著增多。

水泥标准稠度用水量的范围大致如下：

硅酸盐水泥	21%～28%
普通硅酸盐水泥	23%～28%
矿渣硅酸盐水泥	24%～30%
火山灰质硅酸盐水泥	26%～32%
粉煤灰硅酸盐水泥	28%～33%
复合硅酸盐水泥	26%～33%
其他无熟料硅酸盐水泥	28%～60%

二、水泥标准稠度用水量测定方法

1. 方法概述

国家标准 GB/T 1346—2011《水泥标准稠度用水量、凝结时间、安定性检验方法》规定，水泥标准稠度用水量的测定采用标准法和代用法两种方法。标准法以试杆沉入净浆并距底板（6±1）mm 的水泥净浆为标准稠度净浆；代用法采用试锥下沉深度的方法测定，测定时又分调整水量和不变水量两种方法。

2. 范围

本标准规定了水泥标准稠度用水量测定方法的原理、仪器设备、材料、试验条件和测定方法。

本标准适用于硅酸盐水泥、普通硅酸盐水泥、矿渣硅酸盐水泥、粉煤灰硅酸盐水泥、火山灰质硅酸盐水泥、复合硅酸盐水泥以及指定采用本方法的其他品种水泥。

3. 规范性引用文件

JC/T 727 水泥净浆标准稠度与凝结时间测定仪

JC/T 729 水泥净浆搅拌机

4. 方法原理

水泥标准稠度净浆对标准试杆（试锥）的沉入具有一定阻力。通过试验不同含水量水泥净浆的穿透性，以确定水泥标准稠度净浆中所需加入的水量。

5. 仪器设备

（1）净浆搅拌机

符合 JC/T 729 的要求。搅拌叶与搅拌锅间隙在(2±1)mm 范围内；自转转速：快速在(285±10)r/min 范围，慢速在(140±5)r/min 范围；公转转速：快速在(125±10)r/min 范围，慢速在(62±5)r/min 范围；控制器系统控制各程序：慢速(120±3)s，停拌(15±1)s，快速(120±3)s。

注意事项：搅拌叶片与搅拌锅之间的间隙，是指搅拌叶片与锅壁垂直时（最近点）的距离，此项目应每月核查一次（自查项目，做好记录）。

（2）标准法维卡仪

标准法维卡仪示意图如图 3-3-1 所示，其配件标准稠度试杆示意图如图 3-3-2所示，由有效长度为(50.0±1.0)mm、直径为(10.0±0.05)mm 的圆柱形耐腐蚀金属制成。滑动部分的总质量为(300±1)g。与试杆连结的滑动杆表面应光滑，能靠重力自由下落，不得有紧涩和旷动现象。

盛装水泥净浆的试模由耐腐蚀的、

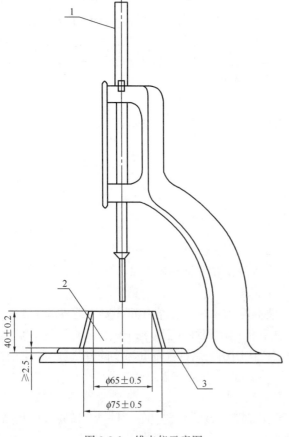

图 3-3-1　维卡仪示意图

1—滑动杆；2—试模；3—玻璃板

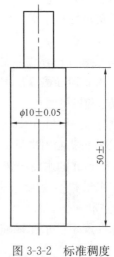

图 3-3-2　标准稠度

试杆示意图

有足够硬度的金属制成，试模深(40±0.2)mm，小口内径ϕ(65±0.5)mm，大口内径ϕ(75±0.5)mm，整体呈截顶圆锥体。每个试模应配备一个边长或直径约100mm、厚度为4 mm～5mm的平板玻璃底板或金属底板。

（3）代用法维卡仪

符合JC/T 727的要求。标准稠度试锥高度为(50.0±1.0)mm、锥角为43°36′±2′的圆锥体，由铜质材料制成。滑动部分的总质量为(300±1)g。与试锥连结的滑动杆表面应光滑，能靠重力自由下落，不得有紧涩和旷动现象。

（4）量筒或滴定管（量水器）

精度±0.5 mL。

（5）天平

最大称量值不小于1000g，分度值不大于1g。

6. 试验材料

（1）水泥试样应通过0.9mm方孔筛并充分混合均匀。

（2）试验用水应是洁净的饮用水，如有争议时应以蒸馏水为准。

（3）试验前，水泥、试验用水应在(20±2)℃、相对湿度不低于50％的环境下恒温24 h。

7. 试验条件

试验室温度为(20±2)℃，相对湿度不低于50％。试验设备(仪器)用具和材料(水泥试样、拌和水)温度应与试验室温度一致。

湿气养护箱的温度为(20±1)℃，相对湿度不低于90％。

环境条件控制系统应调整至控制要求的中值。

8. 试验步骤

1）试验前准备

（1）检查维卡仪滑动杆，确保其依靠重力能自由滑动。

（2）试模和玻璃底板或锥模（代用法）用湿布擦拭，将试模放在底板上。

（3）标准法调整零点：将试杆放到玻璃底板上，调整指针对准零点。

（4）代用法调整零点：将试锥放到锥模边壁顶面上，调整指针对准零点。

（5）净浆搅拌机空载运转整个程序。

2）标准稠度用水量的测定（标准法）

（1）称取500g水泥试样，并根据水泥的品种、混合材料掺加量、细度等信息，估计该试样达到标准稠度时所需大约拌和水量，并量取好。

（2）搅拌锅和搅拌叶片先用湿布擦拭、润湿将拌和水倒入搅拌锅内，然后在5s～10s内小心地将称好的水泥加入水中，防止水和水泥溅出。

（3）拌和时，先将锅放在搅拌机的锅座上，升至搅拌位置，启动搅拌机，低速搅拌120s，停15s，同时将叶片和锅壁上的水泥浆刮入锅中间，接着高速搅拌120s，停机。

（4）拌和完毕，立即将搅拌锅中的浆体充分搅拌、翻捣几次，使之成为一整体，立即用直边刀切取柱状适量净浆一次性装入已置于玻璃板上的试模中，浆体超过试模上端，稍加修正成柱状，用宽约25mm的直边刀轻轻拍打超出试模部分的浆体5次，以排除浆体中的孔隙。

（5）在试模上表面约 1/3 处，略倾斜于试模向外轻轻锯掉约 2/3 面积的多余浆体。调整位置，用相同手法锯掉剩余的 1/3 浆体，再从试模边沿轻抹顶部一次，使净浆表面光滑。

（6）抹平后迅速将试模和底板移到维卡仪上，并将其中心对准在试杆正下方，降低试杆直至与水泥净浆表面轻微接触，拧紧螺丝 1s～2s 后，突然放松，使试杆垂直自由地沉入水泥净浆中。在试杆停止沉入或释放试杆 30s 时记录试杆距底板之间的距离，升起试杆后立即擦净。整个操作应在搅拌后 1.5min 内完成。

（7）以试杆沉入净浆并距底板（6±1）mm 的水泥净浆为标准稠度净浆。其拌和水量为该水泥的标准稠度用水量（P），按水泥质量的百分比计。

注意事项：

（1）在锯掉多余净浆和抹平的操作过程中，注意不要压实净浆。

（2）玻璃底板厚度应统一，可以交互使用。

（3）拌和水应一次加入，不允许二次补水。

（4）动作要迅速，减少时间间隔，整个操作应在搅拌后 1.5min 内完成。

（5）每次测定前用湿布擦拭标准杆。

（6）释放试杆的手法（迅速移动，突然放松，自由沉入）要得当，不要振动维卡仪。

3）标准稠度用水量的测定（代用法）

采用代用法测定水泥标准稠度用水量可用调整水量和不变水量两种方法的任一种方法：采用调整水量方法时拌和水量按经验找水；采用不变水量时拌和水量为 142.5 mL。

（1）用调整水量法测定水泥标准稠度用水量

① 称取 500g 水泥试样，并根据水泥的品种、混合材料掺加量、细度等信息，估计该试样达到标准稠度时所需大约拌和水量，并量取好。

② 搅拌锅和搅拌叶片先用湿布擦试、润湿，将拌和水倒入搅拌锅内，然后在 5s～10s 内小心地将称好的水泥加入水中，并防止水和水泥溅出。

③ 拌和时，先将锅放在搅拌机的锅座上至搅拌位置，开动搅拌机，低速拌和 120s，停 15s，同时将叶片和锅壁上的水泥浆刮入锅中间，接着高速拌和 120s，停机。

④ 拌和完毕，立即将搅拌锅中的浆体充分搅拌、翻捣几次，使之成为一整体，立即用直边刀切取柱状适量净浆一次性装入锥模中，用宽约 25mm 的直边刀在浆体表面轻轻插捣 5次，再轻振 5 次，分两部分向外轻轻锯掉多余净浆。抹平后迅速放到试锥下方固定的位置上。

⑤ 将试锥降至与净浆表面轻微接触，拧紧螺丝 1s～2s 后突然放松，让试锥自由沉入净浆中，到试锥停止下沉或释放试锥 30s 时记录下沉深度。整个操作在搅拌后 1.5min 内完成。

⑥ 以试锥下沉深度为（30±1）mm 的水泥净浆为标准稠度净浆，其拌和水量为该水泥的标准稠度用水量。如下沉深度不在此范围内，应另称样，增加或减少水量重新拌制净浆，直到试锥下沉深度至（30±1）mm 时为止。

（2）用不变水量法测定水泥标准稠度用水量

① 水泥净浆的搅拌和测试与调整水量法相同，所不同的是：拌和用水量不区分水泥品种，一律固定为 142.5mL。

② 观察试锥下沉深度时，指针在标尺（P%）的指示数，即为该水泥试样的标准稠度用水量，或根据下沉深度 S（mm），按式（3-3-1）计算标准稠度用水量 P（%）：

$$P = 33.4 - 0.185S \tag{3-3-1}$$

式中：P——标准稠度用水量，单位为%；

　　　S——试锥下沉深度，单位为毫米（mm）。

③ 当试锥下沉深度小于 13mm 时，应改用调整水量法测定。

注意事项

与标准法相同。

第四节　水泥凝结时间的测定

一、概述

水泥加水拌和后，随着时间的推移，浆体逐渐失去流动性、可塑性，进而凝结成具有一定强度的硬化体，这段过程称为水泥的凝结。水泥的凝结时间分为初凝时间和终凝时间。初凝时间是从水泥加水拌和时起到水泥浆开始失去流动性、可塑性之间的时间；终凝时间为从水泥加水拌和时起到水泥浆完全失去可塑性并开始产生强度之间的时间。

水泥凝结时间是水泥的重要技术指标之一，我国国家标准对每一种水泥的凝结时间都有规定。水泥使用时如果凝结时间过短，拌制的水泥浆和混凝土还未输送和浇注即失去流动性，使浇捣不能顺利进行，或因浇捣而破坏已初步形成的水泥石结构，最终降低水泥和混凝土的强度；如果水泥凝结时间过长，势必延长混凝土的脱模时间，影响施工进度。所以水泥加水拌和后既不能凝结过快，也不能凝结太慢。另外，不同地域的水泥生产企业和水泥用户，会根据当地的使用环境状况选择适宜的水泥凝结时间范围。对于大多数硅酸盐类水泥，初凝阶段和终凝阶段的区分还是很明显的，初凝时间一般会超过 1h，终凝时间在初凝时间后 1h 左右。因此，对水泥凝结的影响因素进行研究并确定适宜的凝结时间，是水泥生产过程中一项重要的技术性工作。

影响水泥凝结时间的因素是多方面的，凡是影响水泥水化速度的因素，例如环境的温度和湿度、熟料中游离氧化钙的含量、氧化钾及氧化钠的含量、熟料的矿物组成、混合材料的掺加量、粉磨细度、水泥用水量、贮存时间、石膏的形态和用量以及外加剂等，都会影响水泥的凝结时间。

水泥的凝结速度既与熟料矿物水化的难易程度有关，又与各矿物的含量有关。决定凝结速度的主要矿物为铝酸三钙（C_3A）和硅酸三钙（C_3S）。事实上，水泥的凝结速度还与熟料矿物和水化产物的形态结构有关。

需要注意的是瞬凝和假凝两种不正常的凝结现象。瞬凝俗称急凝，它发生时的特征是水泥加水调和后，水泥净浆很快地凝结成一种粗糙的、和易性差的非塑性混合物，并在大量放热的情况下很快凝固，再搅拌也不会恢复塑性，从而使施工困难，并显著降低强度。发生瞬凝的原因主要是：①水泥中未掺石膏或石膏掺加量不足；②低温煅烧和慢冷熟料所制成的水泥可能产生瞬凝；③熟料中铝酸三钙（C_3A）含量比较高的水泥也容易发生瞬凝。假凝也称黏凝，是水泥加水后在很短几分钟内就发生凝固的现象，但不像瞬凝那样放出一定的热量。出现假凝的水泥浆不需再加水而重新搅拌可恢复可塑性，仍可浇注施工，并以正常方式凝结，强度降低也不太明显。发生假凝的原因一般认为是在粉磨水泥时，由于磨内温度过高，部分二水石膏脱水成半水石膏所致。此外，熟料的生烧、过烧和慢冷也容易引起水泥的假凝。

　　我国对水泥初凝时间和终凝时间的检测有专门的检测方法，它是规定在相同环境条件下，使用相同的检测设备和操作方法步骤测得水泥的凝结时间。凝结时间长短符合国家标准规定范围的水泥是合格的，但为了满足用户和市场的需求，水泥凝结时间需要根据客户实际使用要求，进行合理调配。

二、水泥凝结时间的测定方法

1. 方法概述

　　目前，测定水泥凝结时间的方法有维卡法和吉尔摩法两种，世界上大多数国家都采用维卡法，各国只是在设备尺寸和养护条件上有所不同，其基本原理相同，即使一定质量的试针自由沉入水泥标准稠度净浆中至一定深度，水泥水化凝结至此状态所需的时间，即为水泥的凝结时间。由于试体随着时间的延长，凝结固化的状态不同，致使试针进入试体的深度不同，以此测定水泥的初凝时间和终凝时间。我国现行的国家标准 GB/T 1346—2011《水泥标准稠度用水量、凝结时间、安定性检验方法》也是采用维卡法。

2. 范围

　　本标准规定了水泥凝结时间检验方法的原理、仪器设备、材料、试验条件和测定方法。

　　本标准适用于硅酸盐水泥、普通硅酸盐水泥、矿渣硅酸盐水泥、粉煤灰硅酸盐水泥、火山灰质硅酸盐水泥、复合硅酸盐水泥以及指定采用本方法的其他品种水泥。

3. 规范性引用文件

JC/T 727 水泥净浆标准稠度与凝结时间测定仪

JC/T 729 水泥净浆搅拌机

4. 方法原理

　　试针沉入水泥标准稠度净浆至一定深度所需时间为水泥的凝结时间。

5. 仪器设备

1）水泥净浆搅拌机

　　符合 JC/T 729 的要求。搅拌叶与搅拌锅间隙在(2±1)mm 范围内；自转转速：快速在(285±10)r/min 范围，慢速在(140±5)r/min 范围；公转转速：快速在(125±10)r/min 范围，慢速在(62±5)r/min 范围；控制器系统控制各程序：慢速(120±3)s，停转(15±1)s，快速(120±3)s。

　　注意事项：搅拌叶片与搅拌锅之间的间隙，是指搅拌叶片与锅壁垂直时（最近点）的距离，此项目应每月核查一次（自查项目，做好记录）。

2）标准法维卡仪

　　维卡仪示意图如图 3-3-1 所示，其配件试针示意图如图 3-4-1 所示。初凝用试针由钢制成，其有效长度：初凝针为(50±1)mm，终凝针为(30±1)mm，直径为(1.13±0.05)mm。滑动部分的总质量为(300±1)g。与试针连结的滑动杆表面应光滑，能靠重力自由下落，不得有紧涩和旷动现象。

　　盛装水泥净浆的试模由耐腐蚀的、有足够硬度的金属制成，试模深(40±0.2)mm，小口内径 ϕ(65±0.5)mm，大口内径 ϕ(75±0.5)mm，整体呈截顶圆锥体。每个试模应配备一个边长或直径约 100mm、厚度为 4mm～5mm 的平板玻璃底板或金属底板。

3）量筒或滴定管

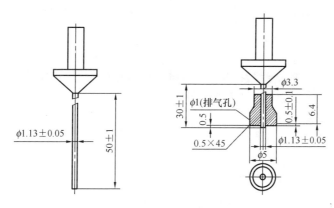

图 3-4-1　初凝试针、终凝试针示意图

精度±0.5 mL。

4）天平

最大称量值不小于 1000g，分度值不大于 1g。

6．试验材料

（1）水泥试样应通过 0.9mm 方孔筛并充分混合均匀。

（2）试验用水应是洁净的饮用水，如有争议时应以蒸馏水为准。

（3）试验前，水泥、试验用水应在(20±2)℃、相对湿度不低于 50%的环境中恒温 24h。

7．试验条件

试验室温度为(20±2)℃，相对湿度不低于 50%。试验设备(仪器)用具和材料(水泥试样、拌和水)温度应与试验室温度一致。

湿气养护箱的温度为(20±1)℃，相对湿度不低于 90%。

环境条件控制系统应调整至控制要求的中值。

8．试验步骤

1）试验前准备

（1）检查维卡仪滑动杆依靠重力能否自由滑动。

（2）凝结时间测定仪调整零点：将凝结时间测定仪金属滑动杆下移至试针与玻璃板接触，调整凝结时间测定仪指针对准标尺零点，紧固指针固定螺丝。

（3）试模和玻璃底板用湿布擦拭，将试模放在底板上。

（4）净浆搅拌机空载运转整个程序。

2）凝结时间试体的制备

（1）称取 500g 水泥试样，并根据水泥的品种、混合材料掺加量、细度等信息，估计该试样达到标准稠度时所需大约拌和水量，并量取好。

（2）搅拌锅和搅拌叶片先用湿布擦拭、润湿将拌和水倒入搅拌锅内，然后在 5s～10s 内小心地将称好的水泥加入水中，防止水和水泥溅出。

（3）拌和时，先将锅放在搅拌机的锅座上，升至搅拌位置，启动搅拌机，低速搅拌 120s，停 15s，同时将叶片和锅壁上的水泥浆刮入锅中间，接着高速搅拌 120s，停机。

（4）拌和完毕，立即将搅拌锅中的浆体充分搅拌、翻捣几次，使之成为一整体，立即用直边刀切取柱状适量净浆一次性装入已置于玻璃板上的试模中，浆体超过试模上端，稍加修正成柱状，用宽约 25mm 的直边刀轻轻拍打超出试模部分的浆体 5 次，以排除浆体中的孔隙。

（5）在试模上表面约 1/3 处，略倾斜于试模向外轻轻锯掉约 2/3 面积的多余浆体。调整位置，用相同手法锯掉剩余 1/3 浆体，再从试模边沿轻抹顶部一次，使净浆表面光滑。

（6）抹平后迅速将试模和底板移到维卡仪上，并将其中心对准在试杆正下方，降低试杆直至与水泥净浆表面轻微接触，拧紧螺丝 1s～2s 后，突然放松，使试杆垂直自由地沉入水泥净浆中。在试杆停止沉入或释放试杆 30s 时记录试杆距底板之间的距离，升起试杆后立即擦净。整个操作应在搅拌后 1.5 min 内完成。

（7）以试杆沉入净浆并距底板(6 ± 1)mm 的水泥净浆为标准稠度净浆。其拌和水量为该水泥的标准稠度用水量(P)，按占水泥质量的百分比计。

（8）以测得的标准稠度用水量拌和水泥净浆，按以上（2）～（5）步制备凝结时间试体，在试模外编号后立即放入湿气养护箱中。记录水泥全部加入水中的时间作为凝结时间的起始时间。

注意事项：

① 在锯掉多余净浆和抹平的操作过程中，注意不要压实净浆。

② 玻璃底板应厚度统一，可以交互使用。

③ 拌和水应一次加入，不允许二次补水。

④ 动作应迅速，减少时间间隔，整个操作应在搅拌后 1.5min 内完成。

⑤ 每次测定前用湿布擦拭标准杆。

⑥ 释放试杆的手法（迅速移动，突然放松，自由沉入）应得当，不要振动维卡仪。

3）初凝时间的测定

（1）在湿气养护箱中养护至加水后 30min（或用手指轻触试模壁附近水泥浆体，根据手感经验判断水泥浆体是否处于可以进行测定的状态），从养护箱内取出试体进行第一次测定。

（2）测定时，将试体放到试针下，拧松螺丝、降低滑动杆使试针与净浆表面接触，拧紧螺丝 1s～2s 后，突然放松，让试针垂直自由地沉入水泥净浆中。观察试针停止下沉或释放试针 30s 时指针的读数。

（3）当试针沉至距底板(4 ± 1)mm 时，为水泥达到初凝状态；由水泥全部加入水中至初凝状态之间的时间间隔为水泥的初凝时间，用分(min)表示。

4）终凝时间的测定

（1）为了准确观测试针沉入水泥浆体的状况，在终凝时间测定针（终凝针）上安装了一个环形附件。

（2）在完成初凝时间测定后，立即将试模连同浆体以平移的方法从玻璃板上取下，翻转180°，直径大端向上、小端向下放在玻璃板上，再放入湿气养护箱中继续养护。

（3）临近终凝时间时每隔 15min（或更短时间）测定一次。

（4）使用终凝针测定终凝时间，测定方式及步骤与测定初凝时间相同。当试针沉入试体0.5mm 时，即环形附件开始不能在试体上留下痕迹时，为水泥达到终凝状态；由水泥全部加入水中至终凝状态之间的时间间隔为水泥的终凝时间，用分（min）表示。

注意事项：

① 在最初测定初凝时间时，应轻扶维卡仪的金属滑动杆，使其徐徐下降，以防试针撞弯，但最后仍以自由下落测得结果为准。

② 在整个测试过程中试针沉入的位置至少要距试模内壁 10mm。

③ 临近初凝时每隔 5 min（或更短时间）测定一次，临近终凝时每隔 15 min（或更短时间）测定一次。到达初凝时，应立即重测一次，两次结论相同时才能认定已达到初凝状态。到达终凝时，需要在试体另外两个不同点测试，确认结论相同时才能确定达到终凝状态。测定次数不宜太多，尽量不要破坏试体原始状态。

④ 整个测定过程中应防止圆模受到振动。

⑤ 测定时不同操作人员主观判断可能不同，测得的结果存在差异。

⑥ 保持、监测养护箱的温度和湿度，防止水滴滴落，损坏试体。

⑦ 每次测定时避免试针落入原针孔，测量点应从中心向四周呈放射状分布。初凝测定针孔的形状，小而圆，说明试针完好。到达终凝时间前每次测定后须将试针擦净，并尽快将试模放回湿气养护箱内。

第五节　水泥安定性的检验

一、概述

水泥体积安定性是指水泥在凝结硬化过程中体积变化的均匀性。如果水泥硬化后水泥石产生剧烈的、不均匀的体积变化，即为体积安定性不良。安定性不良会在水泥制品或混凝土结构中产生破坏应力，出现膨胀性裂缝，导致水泥石强度降低。若破坏应力大于水泥石强度，会引起建筑物开裂、崩塌等严重质量事故。水泥体积安定性是反映水泥质量的重要指标之一，世界各国在控制水泥质量时对体积安定性都十分重视。

引起水泥体积安定性不良的原因有很多，主要有以下三种：熟料中游离氧化钙（$f\text{-}CaO$）含量高、熟料中方镁石（MgO）含量高或掺入的石膏中三氧化硫（SO_3）含量高。

熟料中形成的游离氧化钙的类型及其原因如下。

（1）低温游离氧化钙或称欠烧游离氧化钙。这是由于熟料欠烧漏生形成的，形成温度一般在 1100℃～1200℃，这与建筑石灰的烧成温度基本相同。这种游离氧化钙结构疏松多孔，遇水反应较快，在水泥水化初期使水泥体积变化明显，在水泥终凝后试体表面会出现膨胀裂缝或爆裂现象。

（2）高温未化合游离氧化钙，或称一次游离氧化钙。这种游离氧化钙是由于生料的石灰饱和比过高、熔剂矿物少、生料太粗或混合不均匀、熟料在烧成带停留时间不足等原因生成的。这种游离氧化钙经 1400℃～1450℃的高温煅烧，且包裹在熟料矿物中，结构也比较致密，不易水化，对水泥安定性的危害很大。

（3）熟料高温分解产生的游离氧化钙，或称二次游离氧化钙。当熟料冷却速度很慢或有水汽作用时，熟料中硅酸三钙（C_3S）在 1260℃以下会分解为硅酸二钙（C_2S）和氧化钙（CaO），尤其在 1150℃时分解速度最快，分解出的氧化钙（CaO）称为二次游离氧化钙。二次游离氧化钙水化很快，对水泥石的体积安定性影响较小，但熟料强度下降明显。国家标准 GB 175—2007 中规定的安定性指标是指由游离氧化钙含量过高引起的安定性问题，它是采用试饼法或雷氏法进行检验，当有争议时以雷氏法为准。

熟料中所含的方镁石主要是由原材料带入的。在硅酸盐水泥熟料煅烧过程中，由于氧化镁（MgO）同二氧化硅（SiO_2）、三氧化二铁（Fe_2O_3）的化学亲和力很小，因此，一般氧化镁（MgO）不参与熟料矿物形成过程中的化学反应。熟料中氧化镁（MgO）的存在形式主要有以下 3 种：

① 溶解于 C_3S 等矿物中形成固溶体；

② 部分溶于玻璃体中；

③ 以方镁石形式存在。

以①和②两种形式存在的氧化镁（MgO）对硬化水泥浆体基本无破坏作用，而以方镁石形式存在时，氧化镁（MgO）的水化速度非常慢，且水化后生成的氢氧化镁[$Mg(OH)_2$]体积膨胀 148％，当方镁石含量达到一定数值时会导致水泥浆体安定性不良。国家标准 GB 175—2007 中规定，硅酸盐水泥和普通硅酸盐水泥中氧化镁含量不得超过 5.0％。如果水泥经压蒸安定性试验合格，则水泥中氧化镁的含量允许放宽到 6.0％。由于方镁石引起的水泥体积安定性使用 GB/T 750—1992《水泥压蒸安定性试验方法》进行检验。

水泥中的三氧化硫（SO_3）主要由掺入的石膏带入。水泥中三氧化硫含量过高时，在水泥硬化后，它还会继续与固态的水化铝酸钙发生反应，生成高硫型水化硫铝酸钙，体积膨胀 150％，也会引起水泥石开裂。国家标准 GB 175—2007 规定，硅酸盐水泥和普通硅酸盐水泥中三氧化硫（SO_3）的含量不得超过 3.5％。由于三氧化硫（SO_3）引起的水泥体积安定性使用净浆试饼冷水浸泡法进行检验。

二、水泥安定性检验方法——沸煮法

1. 方法概述

GB 175—2007 中规定的安定性指标是指由游离氧化钙（f-CaO）含量过高引起的安定性问题，国家标准 GB/T 1346—2011《水泥标准稠度用水量、凝结时间、安定性检验方法》中规定采用沸煮法检验水泥的这种体积安定性。标准内有两种检验方法：一种是标准法（雷氏法），另一种是代用法（试饼法），当有争议时以雷氏法为准。雷氏法成型操作较复杂，使用的设备及检验器具繁多，每次使用时须核定雷氏夹弹性是否符合规定，但测定精度高，体积膨胀程度可通过一定的量化数值进行判断，一般用于有争议或处于边缘状态的安定性检测。试饼法制作试饼简单易行，不用过多的设备和器具，通过检验人员的视、听、触等主观感觉判断安定性结果，只是定性判别，没有数据支持，一般用于常规检验。

2. 范围

GB/T 1346—2011 规定了水泥标准稠度用水量和由游离氧化钙造成的体积安定性检验方法的原理、仪器设备、材料、试验条件和测定方法。

本标准适用于硅酸盐水泥、普通硅酸盐水泥、矿渣硅酸盐水泥、粉煤灰硅酸盐水泥、火山灰质硅酸盐水泥、复合硅酸盐水泥以及指定采用本方法的其他品种水泥。

3. 规范性引用文件

JC/T 727 水泥净浆标准稠度与凝结时间测定仪

JC/T 729 水泥净浆搅拌机

JC/T 954 水泥安定性试验用雷氏夹

JC/T 955 水泥安定性试验用沸煮箱

JC/T 962 雷氏夹膨胀测定仪

4. 方法原理

（1）雷氏法是通过水泥标准稠度净浆在雷氏夹中沸煮后试针的相对位移表征其体积膨胀的程度。

（2）试饼法是通过观测水泥标准稠度净浆试饼沸煮后的外形变化情况表征其体积安

定性。

5. 仪器设备

1）水泥净浆搅拌机

符合 JC/T 729 的要求。搅拌叶与搅拌锅间隙在（2±1）mm 范围内；自转转速：快速在（285±10）r/min 范围，慢速在（140±5）r/min 范围；公转转速：快速在（125±10）r/min 范围，慢速在（62±5）r/min 范围；控制器系统控制各程序：慢速（120±3）s，停拌（15±1）s，快速（120±3）s。

注意事项：搅拌叶片与搅拌锅之间的间隙，是指搅拌叶片与锅壁垂直时（最近点）的距离，此项目应每月核查一次（自查项目，做好记录）。

2）雷氏夹

符合 JC/T 954 的要求，如图 3-5-1 所示。所用雷氏夹弹性必须合格。弹性检查是在雷氏夹膨胀测定仪上进行，将雷氏夹的一根指针根部悬挂在雷氏夹膨胀测定仪的悬丝上，在另一根指针根部再挂上质量为 300g 的砝码，两根指针针尖的距离相对未挂砝码前的距离的增加应在（17.5±2.5）mm 范围内，当去掉砝码后指针能恢复到未挂砝码前的距离。

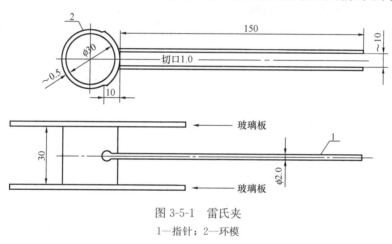

图 3-5-1 雷氏夹
1—指针；2—环模

3）玻璃板

每个雷氏夹需配备两个边长或直径约 80mm、厚度 4 mm～5 mm 的玻璃板。试验前应薄涂机油。

4）沸煮箱

符合 JC/T 955 的要求，其结构如图 3-5-2 所示。要求能在（30±5）min 内将箱内水加热至沸腾，并能维持沸腾 3h 以上不再添水，保持箱中水位一直没过试体。

5）雷氏夹膨胀测定仪

符合 JC/T 962 的要求，如图 3-5-3 所示。弹性标尺和膨胀值标尺的有效尺寸范围不小于 50mm，最小刻度为 0.5mm。标尺刻度相对误差不超过±2%。

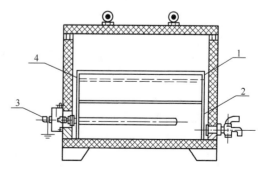

图 3-5-2 安定性用沸煮箱结构示意图
1—试体架；2—箱体；3—电热管；4—加水线

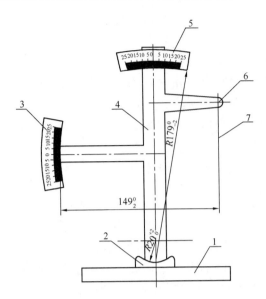

图 3-5-3 雷氏夹膨胀测定仪示意图

1—底座；2—模座；3—弹性标尺；

4—立柱；5—膨胀值标尺；

6—悬臂；7—悬丝

6）量筒或滴定管

精度±0.5mL。

7）天平

最大称量值不小于 1000g，分度值不大于 1g。

6. 试验材料

（1）水泥试样应通过 0.9 mm 方孔筛并充分混合均匀。

（2）试验用水应是洁净的饮用水，如有争议时应以蒸馏水为准。

（3）试验前，水泥、试验用水应在（20±2）℃、相对湿度不低于 50% 的环境下恒温 24h。

7. 试验条件

试验室温度为（20±2）℃，相对湿度不低于 50%。试验设备（仪器）、用具和材料（水泥试样、拌和水）温度应与试验室温度一致。

湿气养护箱的温度为（20±1）℃，相对湿度不低于 90%。

环境条件控制系统应调整至控制要求的中值。

沸煮设备应单独存放于通风良好，且有上水、排水设施的空间内，切记不能安放在成型室中，以免影响成型室的环境。

8. 试验步骤

1）试验前准备

（1）标准法每个试样需准备两个雷氏夹，雷氏夹弹性检验合格。每个雷氏夹须配备两个边长或直径约 80mm、厚度 4mm～5mm 的玻璃板。试验前，雷氏夹内环表面及玻璃板与水泥浆接触部位应稍稍薄涂一层机油。

（2）代用法每个试样准备两块边长为 100mm×100mm 的玻璃板。试验前，玻璃板上表面与水泥浆接触部位应稍稍薄涂一层机油。

注意事项：有些油会影响水泥的凝结，矿物油比较适宜。

2）雷氏法（标准法）

（1）将两个雷氏夹分别放在两块已稍擦油的玻璃板上，立即将拌好的标准稠度净浆一次性装满雷氏夹。装浆时一只手轻轻扶持雷氏夹，另一只手用宽约 25mm 的直边刀在浆体表面轻轻插捣 3 次，然后抹平。盖上稍涂油的玻璃板。

（2）立即将成型好的试体放入湿气养护箱内，养护（24±2）h。

（3）脱去玻璃板，取下试体，在膨胀测定仪上测量每个雷氏夹两指针尖端距离（A），记录精确至 0.5mm。

（4）将试体放入沸煮箱水中的试体架上，指针朝上，互不交叉，调整沸煮箱的水位高度，使其保证在整个煮沸过程中水面始终高于试体，中途不能添补沸煮用水。同时还要保证在(30±5)min 内将水加热至沸腾，并在恒沸状态下维持(180±5)min。

（5）沸煮结束后，立即放掉沸煮箱内的沸水，打开箱盖，让箱体及试体自然冷却至室温。

（6）取出试体，在雷氏夹膨胀测定仪上测量雷氏夹两指针尖端距离(C)，记录精确至 0.5mm。

（7）当两个试体沸煮后增加的距离($C-A$)的平均值不大于 5.0mm 时，判定安定性合格；当两个试体沸煮后增加距离($C-A$)的平均值大于 5.0mm 时，应用同一试样立即重做一次试验。以复检结果为准。

注意事项：

① 由于结构特点，雷氏夹材质较薄，环模直径小，指示指针长，且对弹性有严格要求，因此在操作过程中应小心谨慎，勿施大力，以免造成雷氏夹损坏变形。

② 雷氏夹使用前需自检核查弹性，在雷氏夹根部施加质量为 300g 的砝码，增大值在(17.5±2.5)mm 范围内为合格。

③ 标准稠度净浆应一次装满雷氏夹，在浆体表面轻轻插捣 3 次，缺口大小尽量保持原状，避免撑开的尺寸过大，导致膨胀后超出雷氏夹所能承受的弹性范围，破坏雷氏夹的弹性。

④ 沸煮时，水位高度应保证整个过程全浸试体，中途不能添补沸煮用水。

⑤ 沸煮后应将试体冷却到和初测时温度一致，不允许加冷水急速冷却。

3）试饼法（代用法）

（1）取一部分制备好的标准稠度净浆，将其分成两等份，近似成球形，分别置于已涂油的尺寸为 100mm×100mm 的两块玻璃板上。用直边刀稍微修整水泥浆使其成球状，轻轻振动玻璃板使水泥浆体流动、摊开，并用湿布擦拭过的直边刀由浆体边缘向中央抹动，做成直径 70mm～80mm、中心厚约 10mm、边缘渐薄、表面光滑的试饼。

（2）将成型好的试饼立即放入湿气养护箱内，养护(24±2)h。

（3）在橡胶垫上轻轻磕振玻璃板，从玻璃板上取下试饼，检查有无裂缝，如发现裂缝应查找原因。

（4）将经检查无裂缝的试饼放入沸煮箱水中箅板上，调整沸煮箱的水位高度，保证在整个煮沸过程中水面始终高于试饼，中途不能添补沸煮用水。同时还要保证在(30±5)min 内将水加热至沸腾，并在恒沸状态下维持(180±5)min。

（5）沸煮结束后，立即放掉沸煮箱内的沸水，打开箱盖，让箱体及试饼自然冷却至室温。

（6）取出试饼，目测观察无裂缝，用钢直尺检查底面也无弯曲（使钢直尺窄边和试饼底部紧密靠在一起，目测两者之间不透光为不弯曲），则判定试饼安定性合格；反之为不合格。当两块试饼判别结果互相矛盾时（一块合格另一块不合格），则判定该水泥安定性为不合格。

注意事项：

① 耳听辅助判定：将两块试饼对敲，若声音清脆则合格；如声音沉闷，则应怀疑其安定性是否合格，仔细检查。如难以判断，可用雷氏夹法进行检验。

② 试饼制备形状、尺寸必须规范，直径过大过小、边缘钝厚都会影响对试验结果的判断。

③ 火山灰质硅酸盐水泥可能产生干缩裂缝，矿渣硅酸盐水泥可能发生起皮现象。

④ 沸煮时，水位高度应保证整个过程全浸试体，中途不能添补沸煮用水。

三、水泥安定性检验方法——压蒸法

1. 概述

水泥熟料中的氧化镁(MgO)主要由与白云石共生的石灰石原料带入。水泥原料经过高温煅烧形成熟料时，熟料中的氧化镁大多以方镁石的状态存在，在高温煅烧过程中，方镁石晶粒发展长大，呈死烧状态，结构致密，被包裹在矿物中间，极难水化，水化反应速率极慢，学者们通常认为死烧状态氧化镁（方镁石）经过 10 年～20 年或更长时间都不会水化完全，在适宜条件下仍在继续水化，其水化反应式为：

$$MgO + H_2O \longrightarrow Mg(OH)_2$$

方镁石的水化往往发生在水泥浆凝结硬化以后。方镁石水化生成氢氧化镁时，体积增大到原来的 2.48 倍，局部的体积膨胀在已经硬化的水泥石内部产生很大的破坏应力。由于它水化时体积发生不均匀的膨胀，往往使已硬化的水泥石强度降低，尤其是当它含量较高、结晶粗大、局部富集时对水泥石的破坏作用更为严重，以至于会造成建筑物的开裂和崩溃，这就是氧化镁（方镁石）引起的水泥石安定性不良的原因。水泥熟料中死烧氧化镁（方镁石）比游离氧化钙更难水化，用试饼法在 100℃下沸煮 3 h 仍不能使氧化镁（方镁石）大量水化，所以用沸煮法无法检验方镁石造成的安定性问题，只能通过施加高温高压，才能加速熟料中方镁石的水化。所以我国引入了压蒸法来检验氧化镁（方镁石）引起的水泥石安定性问题。国家标准 GB 175—2007 规定：硅酸盐水泥、普通硅酸盐水泥，氧化镁的含量（质量分数）不得高于 5.0%，如果水泥压蒸试验合格，则水泥中氧化镁的含量（质量分数）允许放宽至 6.0%；而矿渣硅酸盐水泥（P·S·A）、火山灰质硅酸盐水泥、粉煤灰硅酸盐水泥、复合硅酸盐水泥，氧化镁的含量（质量分数）不得高于 6.0%，如果水泥中氧化镁的含量（质量分数）大于 6.0%时，需进行水泥压蒸安定性试验并合格。

2. 水泥压蒸安定性检验方法

1）方法概述

压蒸是指在温度高于 100℃的饱和水蒸汽条件下的处理工艺。为了使水泥中的方镁石在短时间内水化，用 215.7℃的饱和水蒸汽处理 3h，其对应压力为 2.0MPa。

GB/T 750—1992《水泥压蒸安定性试验方法》采用标准稠度净浆经过人工捣实成型制成 25 mm×25 mm×280mm 的试体，经过湿气养护 24h、脱模，测量初始长度，沸煮 3h 后测量长度，计算沸煮膨胀率后，再将试体置于压力为(2.0±0.05)MPa、温度为(215.7±1.3)℃的条件下压蒸 3h 后冷却至室温，测量长度，计算压蒸后的膨胀率。为了减少工作量，本标准规定允许使用 25mm×25mm×146mm 的试体进行检验，成型方法采用水泥胶砂振动台成型，其他处理方式与上述过程一样，只有计算时有效长度为 120mm。GB/T 750—1992《水泥压蒸安定性试验方法》规定硅酸盐水泥、普通硅酸盐水泥压蒸膨胀率不超过 0.8%，矿渣硅酸盐水泥、火山灰质硅酸盐水泥、粉煤灰硅酸盐水泥、复合硅酸盐水泥、石灰石硅酸盐水泥压蒸膨胀率不超过 0.5%，为压蒸安定性试验合格。

2）范围

GB/T 750—1992 规定了水泥压蒸安定性试验方法的仪器、操作方法和结果评定等。

本标准适用于测定硅酸盐水泥、普通硅酸盐水泥、矿渣硅酸盐水泥、火山灰质硅酸盐水泥、粉煤灰硅酸盐水泥、复合硅酸盐水泥、石灰石硅酸盐水泥等，主要因方镁石水化可能造

成的水泥体积不均匀变化，也适用于指定采用本标准的其他水泥产品。

3）规范性引用文件

GB/T 1346 水泥标准稠度用水量、凝结时间、安定性检验方法

GB/T 6682 分析试验室用水规格和试验方法

GB/T 17671 水泥胶砂强度检验方法（ISO 法）

JC/T 603 水泥胶砂干缩试验方法

JC/T 729 水泥净浆搅拌机

JC/T 955 水泥安定性试验用沸煮箱

4）方法原理

在饱和水蒸汽条件下提高温度和压力使水泥中的方镁石在较短时间内绝大部分水化，用试体形变来判断水泥浆体积的安定性。

5）仪器设备

（1）25mm×25mm×280mm 试模、钉头、捣棒和比长仪，符合 JC/T 603 要求。如使用 25mm×25mm×146mm 的试体进行检验，有争议时以 25mm×25mm×280mm 的试体检验结果为准。

（2）水泥净浆搅拌机，符合 JC/T 729—2005 的要求。应通过检验或计量。

搅拌锅与搅拌叶间隙：（2±1）mm；时间控制系统：±1s；

自转转速：快速（285±10）r/min；慢速（140±5）r/min；

公转转速：快速（125±10）r/min；慢速（62±5）r/min。

注意事项：

① 叶片与锅之间的间隙，是指叶片与锅壁最近的距离，每月检查一次（自查项目，做好记录）。

② 锅、叶应配对使用。使用多锅时，检查每对锅、叶的间隙。

（3）沸煮箱：符合 JC/T 955—2005 的要求。

（4）压蒸釜

压蒸釜如图 3-5-4 所示。为高压水蒸汽容器，装有压力自动控制装置、压力表、安全阀、放汽阀和电热器。电热器应能在最大试验荷载条件下，在 45min～75min 内使锅内蒸汽压升至表压 2.0MPa，恒压时不能有蒸汽排出。压力自动控制器应能使釜内压力控制在（2.0±0.05）MPa 范围内，并保持 3h 以上。压蒸釜在停止加热后 90min 内能使压力从 2.0MPa 降至 0.1MPa 以下。放汽阀用于加热初期排出釜内空气和在冷却期终了放出釜内剩余的水蒸汽。压力表的最大量程为 4.0MPa，最小分度值不得大于 0.05MPa。压蒸釜盖上备有温度测量孔，插入温度计测量釜内的温度。

图 3-5-4 压蒸釜

6）试验材料

（1）水泥试样应通过 0.9mm 方孔筛，以除去杂质，并充分混合均匀。试样沸煮安定性必须合格。为减少游离氧化钙对压蒸试验结果的影响，允许将水泥试样摊开在试验室中不超过一周时间，之后再进行压蒸试验。

（2）搅拌用水应是洁净的饮用水，有争议时以蒸馏水为准。压蒸釜内应添加蒸馏水，蒸

馏水符合 GB/T 6682 中Ⅲ级以上试验用水的要求。由于全国地域广阔，水质差异较大，发生争议用符合质量要求的Ⅲ级以上试验用水。

（3）试验用水泥、拌和水在试验室中恒温 24 h 以上，保证试验材料的温度恒定。

7）试验条件

成型试验室温度应保持在(20±2)℃范围内，相对湿度不低于 50%。

湿气养护箱温度应保持在(20±1)℃范围内，相对湿度不低于 90%。

成型试体前，试样、拌和水应在试验室中恒温至与试验室温度一致。

压蒸试验室不能与其他试验共用，并应备有通风设施和自来水源。

试体长度测量应在成型试验室或温度恒定的试验室里进行，比长仪和校正杆的温度都应与试验室的温度一致。

（8）试验步骤

（1）试体的成型

① 试模的准备：将试模擦净并装配好，内壁均匀地刷一层薄薄的机油。然后将钉头的圆弧头方向插入试模端板上的小孔中，用捣器轻轻敲击，以保证钉头插入到小孔的底部，松紧程度以用手指可以松动钉头为宜。

注意事项：

a. 涂刷机油的量不能太多，以免影响水泥浆体的硬化。

b. 外露的钉头部分应保持干燥清洁，不能沾抹油污，否则钉头容易脱落。

c. 安装前检查钉头的圆弧头，应保证圆滑无损伤。

② 材料配比：每个水泥试样应成型两条试体，需称取 800g 水泥，精确至 1g；搅拌用水量按 GB/T 1346 标准稠度用水量计算，即拌和水量＝800g×标准稠度%。用最小刻度为 1mL 的量筒量取拌和水，精确至 1mL。

③ 净浆搅拌：搅拌锅和搅拌叶片预先用湿布擦拭。先将量好的拌和水加入搅拌锅内，再将水泥试样倒入搅拌锅内，安放好搅拌锅，提升至搅拌位置，开动净浆搅拌机，按 GB/T 1346 搅拌程序进行，慢速搅拌 120s，停拌 15s，接着快速搅拌 120s 后停机。静停 15s 时，用小刀刮下粘在锅壁和叶片上的水泥浆使之落入锅中，用搅拌勺充分搅起锅底水泥浆，防止糊底现象。搅拌程序结束后，落下搅拌锅，刮净搅拌叶上的水泥浆，取出搅拌锅。

注意事项：

a. 加入的拌和水和水泥试样不能有损失。

b. 静停期间刮锅、刮叶，保证水泥浆搅拌均匀。

④ 试体成型：将已拌和均匀的水泥浆分别均匀地分装到试模的两个模腔内，每一个模腔分两层装入水泥浆。第一层浆体装入试模高度约 3/5 处，先用小刀插划模腔内的水泥浆，使其填满试模的边角空间，再用小刀以 45°角由试模的一端向另一端压实水泥浆，然后再反方向返回压实水泥浆，用小刀在钉头两侧插捣 3 次～5 次，然后用 23mm×23mm 平头捣棒从钉头内侧开始，从一端向另一端顺序地捣压 10 次，往返共捣压 20 次，再用缺口捣棒在钉头位置各捣压两次。然后装入第二层浆体，浆体装满并高于试模高度，用小刀划匀，刀划的深度应透过第一层浆体表面，使两层浆体融合为一体。再用 23mm×23mm 平头捣棒从一端开始顺序地捣压 12 次，往返捣压 24 次。每一模腔内的试体都重复以上操作。捣压完毕后，将试模外部多余的浆体铺装到试模上，用小刀近似水平横向逐步压平，然后再调整小刀与试

模的角度，以横向割锯刮去多余的浆体，最后纵向抹平，然后用毛笔直接在试体上标注试样编号、试体的序号编码、成型日期等信息，放入温度为（20±1）℃、相对湿度为90％以上的养护箱内养护24h后脱模。

注意事项：

a. 每次捣压时，先将捣棒接触浆体表面再用力捣压。捣压应均匀，不得打击。

b. 水泥浆全部装到试模上，抹平后的浆体应与试模高度平齐。

c. 钉头两侧必须插捣，保证钉头周围各个部位都填充到水泥浆。

d. 及时清理试模外框、边壁、固定螺钉孔上的水泥浆，便于脱模后清理。

e. 使用25mm×25mm×146mm的试体进行检验，有争议时以25mm×25mm×280mm的试体检验结果为准。

（2）试体脱模、测量与沸煮

① 试体脱模：试体自加水时算起，试体湿气养护（24±2）h后脱模。取出试模，拧松紧固螺栓，从两侧向外平行轻敲端板，使端板左右平行移动，直至完全与试体分离。另一侧端板同样处理。然后观察试体上的钉头是否完好，采用振动方式，使试体连同隔板一起脱离底板，再敲击隔板分离试体。对于凝结硬化较慢的水泥，可以适当延长养护时间，以脱模时试体完整无缺为限，延长的时间应记录。

注意事项：脱模时，一定要小心仔细，保证脱出的试体完整无损。

② 测量试体初始长度：用湿布或棉纱将脱模后的试体两端的钉头擦拭干净，并立即测量试体的初始长度值 L_0。每次测量时，规定试体按一定方向（例如编号一端向上）放到比长仪上测量数据。读数前和读数时用手指向左或向右旋转试体，使钉头和比长仪正确紧密接触，转动时指针摆动不得大于0.02mm。若表针摆动，则取摆动范围内的平均值。读数应记录至0.001mm，估读小数点后第三位数值。比长仪每次使用前，要用校正杆进行校准，确认其零点状态正常，才能测量试体（零点值是一个基准数，不一定是零）。测完初始长度后，再用校正杆重新检查零点，零点变动不得超过±0.01mm范围，如超出此范围，整批试体应重新测量。

注意事项：

a. 比长仪使用前应在试验室中恒温放置24h。

b. 测量前钉头必须擦拭干净，以免直接影响初始长度值。

c. 初始长度测量记录后，一定要核实记录数值的准确性，初始长度值是计算的基准值。

③ 试体的沸煮：沸煮前调整好沸煮箱内的水位，使之能保证在整个沸煮过程中水面超过试体，不需中途添补试验用水，同时又能保证在（30±5）min内将水加热至沸腾，并恒沸（180±5）min。将测完初始长度的试体，水平放入沸煮箱中的隔板支架上，按GB/T 1346—2011标准中规定的沸煮方案进行。沸煮3h后，关闭沸煮箱，放掉沸煮水，将试体自然冷却至室温，测量沸煮后的试体长度，沸煮后试体长度测量方法同初始长度的测量。

注意事项：

a. 测量沸煮后试体长度的注意事项与测量初始长度相同。

b. 沸煮箱不能放到成型试验室中，因大量水蒸汽影响成型室环境条件。

c. 沸煮后的试体一定要冷却至和室温一致，才能测定沸煮后的试体长度。

（3）试体的压蒸

① 压蒸试验前的准备工作

a. 检查电源、压蒸釜的安全阀、放汽阀、压力表、温度计是否正常;

b. 量取 850mL 试验所用蒸馏水;

c. 准备好试体支架。

② 压蒸

a. 压蒸前将试体放在试体支架上,试体间应留有间隙。往釜体内加入已量取的约 850mL(占釜体容积的 7%～10%)蒸馏水,把支架放入压蒸釜体内,盖上釜盖,戴上螺母,并按釜盖左右、前后对称的位置逐步加力旋紧螺母,每个螺母用力相同,最后逐个检查,确保每个螺母均已上紧。插入温度计,打开放汽阀。

b. 打开所有加热开关,约 10min～20min 后,待釜内的凉空气从放气阀排除,直至水蒸汽从放汽阀喷出后关闭放汽阀,提高釜内温度。从开始加热经过 45min～75min 使压力表压力达到(2.0±0.05)MPa,在该压力下保持 3h 后切断电源,让压蒸釜在 90min 内冷却至釜内压力低于 0.1MPa。然后戴上隔热手套,取出温度计,慢慢打开放汽阀,排除剩余蒸汽(注意放汽口不要对准自己和他人)。

c. 按一一对称的位置逐步旋松螺母,去掉釜盖(注意防止热蒸汽灼伤手部或面部),打开压蒸釜取出支架及试体,放入 90℃ 以上的热水中,然后再均匀地往热水中注入冷水,在 15min 内冷却至室温,注水时不要直接冲击试体表面。再经过 15min 以上恒温,取出试体擦净,用比长仪测量压蒸后的试体长度 L_1。如发现试体弯曲、龟裂、过长等现象应记录。待釜体冷却至室温时,将釜内剩余水分擦拭干净。

注意事项:

a. 试验过程中压力增高和温度上升要符合一定规律,压力表达到 2.0MPa 时温度计应显示(216±2)℃。

b. 如发现温度上升而压力指示不变或突然下降或升高时,或温度计指示不变(温度压力不正常),都要立即切断电源,停止试验。

c. 安全阀释放压力值要控制在高于正常压力的 10%,即 2.2MPa。

d. 试验过程中,操作者不能擅自离开工作岗位,发现任何不正常的现象,都应及时查明原因,排除故障,以确保试验的顺利进行。

e. 压蒸釜在切断电源 90min 后或压力降到 0.1MPa 以下时,方可放汽和开盖。

f. 压蒸釜放汽时,操作者应站在背离放汽阀的方向,打开釜盖时,应戴上隔热手套,以免烫伤。

g. 沸煮后的试体应在 4 d 内完成压蒸试验,试体在沸煮后压蒸前这段时间应放到(20±1)℃ 的水中养护。

9) 结果计算与评定

(1) 试体压蒸膨胀率按式(3-5-1)计算,结果保留至 0.01%:

$$L_A = \frac{L_1 - L_0}{L} \times 100\% \tag{3-5-1}$$

式中: L_A——水泥试体压蒸膨胀率,单位为%;

L——试体有效长度,单位为毫米(mm),$L=250mm$;

L_1——试体压蒸后的长度,单位为毫米(mm);

L_0——试体脱模后初始长度,单位为毫米(mm)。

(2) 水泥净浆试体的压蒸膨胀率以百分数% 表示,取两条试体的平均值作为试样的压蒸膨胀率,当试体的膨胀率值与平均值相差超过±10% 时应重做试验。

（3）普通硅酸盐水泥、矿渣硅酸盐水泥、火山灰质硅酸盐水泥、粉煤灰硅酸盐水泥、复合硅酸盐水泥、石灰石硅酸盐水泥的压蒸膨胀率不大于 0.50%，硅酸盐水泥的压蒸膨胀率不大于 0.80%，判定为压蒸安定性合格。

10）影响测定结果的因素

（1）试样的保存：因压蒸膨胀率反映的是由游离氧化钙和氧化镁水化共同叠加造成的结果，如果试样在空气中摊放一段时间，部分游离氧化钙水化分解，消解了游离氧化钙对压蒸膨胀率的作用，使压蒸膨胀率偏小。

（2）成型时的致密程度：如果试体留有孔洞较多，体积膨胀首先填充孔洞，使压蒸膨胀率偏小。

（3）试体冷却的温度：冷却后若试体温度高，试体在热胀冷缩的作用下，压蒸后试体的测量读数较正常状态下偏大，造成压蒸膨胀率结果偏大。

（4）压蒸的温度：若压蒸试验的温度低，氧化镁水化较少，体积膨胀不显著，试体压蒸后试体长度的测量读数较正常状态下偏小，造成压蒸膨胀率偏小。

（5）压蒸的时间：若压蒸试验的时间短，氧化镁水化不完全，体积膨胀不显著，试体压蒸后试体长度的测量读数较正常状态下偏小，造成压蒸膨胀率偏小。

（6）初始读数：初始读数是试验的计算基准，测量必须准确，此数值受养护箱的温度和湿度的影响，若温度低，或湿度低，都会造成试体初始读数偏小。

（7）比长仪的百分表零点的校准：比长仪是否处于正常状态是通过校正杆校准的，校正杆是金属材质，校正杆应带有隔热护套，避免由于手与校正杆接触引起热胀冷缩现象，使校正杆的长度产生偏差。

（8）测量试体的方向：每条试体各个阶段测量时，要保证试体在比长仪上的相对位置统一，避免每次变换位置，由于钉头与比长仪测触点的接触状态不同而导致结果产生偏差。

（9）钉头的接触面：试体的钉头上不能有任何污物，包括油污、硬化的水泥浆，以及氧化杂质等，这些杂质影响试体长度的测量。另外，比长仪的测触点不能锈蚀，以免影响接触状态。

（10）比长仪的温度：比长仪使用前应在试验室中恒温放置 24h，保证每次测量时比长仪自身的温度一致，这是基准长度不变的前提。

11）安全注意事项

（1）在压蒸试验过程中应将温度计与压力表同时使用，因为温度和饱和蒸汽压力具有一定的关系，同时使用可及时发现压力表发生的故障，以及试验过程中由于压蒸釜内水分损失而造成的不正常状况。

（2）安全阀应调节至高于压蒸试验工作压力的 10%，即约为 2.2MPa。安全阀每年至少检验两次，检验时可以用压力表检验设备，也可以调节压力自动控制器，使压蒸釜达到 2.2MPa，此时安全阀应立即被顶开。注意安全阀放汽方向应背向操作者。

（3）在实际操作中，有可能同时发生以下故障：自动控制器失灵；安全阀不灵敏；压力指针骤然指示为零，实际上已超过最大刻度从反方向返至零点。如发现这些情况，不管釜内压力有多高，应立即切断电源，并采取安全措施。

（4）压蒸试验结束放汽时，操作者应站在背离放汽阀的方向，打开釜盖时，应戴上石棉隔热手套,以免烫伤。

(5) 在使用中的压蒸釜,有可能发生压力表指针折回试验的初始位置或开始点,此时未必表示压力为零,釜内可能仍然保持有一定的压力,应找出原因后采取相应措施。

第六节 胶砂流动度的测定

一、概述

水泥胶砂流动度反映水泥胶砂的流动性。拌制水泥净浆、砂浆和混凝土时需加入一定量的拌和水。加入拌和水有两方面作用:一是与水泥颗粒起水化反应,使水泥净浆、砂浆或混凝土凝结硬化,产生强度;二是使水泥砂浆或混凝土具有一定的可塑性和流动性,便于试验成型和施工操作。试验证明:水泥颗粒水化硬化所需的水量比较少,只需水泥质量的 20% 左右,而为了满足试验成型和施工操作,使水泥净浆、砂浆或混凝土具有一定的可塑性和流动性,所需的水量就要多得多。例如,通用水泥净浆标准稠度用水量一般为水泥质量的 22%~32%,水泥胶砂成型用水量为水泥质量的 50%~52%,一般流动性混凝土的拌和水量则为水泥质量的 50%~60%。这些拌和水对水泥水化硬化来讲是过多的,大量的游离水分最终将蒸发和散失掉,在硬化体中留下无数的细微空隙,不仅降低了砂浆、混凝土的强度,而且水分蒸发时会使砂浆、混凝土的体积产生收缩,严重时建(构)筑物会产生收缩裂缝,大大降低建(构)筑物的耐久性。因此,在保证砂浆、混凝土施工操作所必须的可塑性和流动性的前提下,要求砂浆、混凝土的拌和水量越少越好。我国自 1999 年实施 ISO 强度检验方法以来,水泥强度以 0.50 固定的水灰比进行检验。但火山灰质硅酸盐水泥除外,这是由于随着水泥行业的工艺水平和水泥熟料强度的不断提高,掺入水泥中的混合材料的品种不断增多,掺加量也不断增大。为了避免掺加火山灰质混合材料的掺加量过大,引起水泥的需水量过多,在固定水灰比的条件下水泥强度容易虚高,因此,采取控制水泥胶砂流动度的方法来控制水泥混合材料的掺加量。水泥胶砂流动度是人为规定的水泥砂浆一种特定的和易性状态。目前我国以水灰比 0.50、流动度大于 180mm 为标准,确定所需要的拌和水量,这样既能满足水泥水化反应的需要,又能使水泥砂浆达到一定的可塑性。试验证明,通过水泥胶砂流动度确定的加水量所测得的水泥强度与混凝土强度有较好的相关性,同时能使胶砂其他的物理性能的测试建立在准确可靠的基础上。有些用户还通过胶砂流动度的数据作为配制混凝土的参考依据。按照 GB 175—2007《通用硅酸盐水泥》的规定,火山灰质硅酸盐水泥、粉煤灰硅酸盐水泥、复合硅酸盐水泥和掺火山灰质混合材料的普通硅酸盐水泥在进行胶砂强度检验时,首先按 0.50 水灰比测定胶砂流动度,如果流动度值≥180mm,可以使用 0.50 的水灰比成型检验,否则应以 0.01 的倍数递增的方法将水灰比调整至胶砂流动度值 ≥180mm。其他品种的水泥,如铝酸盐水泥、硫铝酸盐水泥、铁铝酸盐水泥,也需要在成型试体之前测定流动度。另外,GB/T 1596—2017《用于水泥和混凝土中的粉煤灰》、GB/T 2847—2005《用于水泥中的火山灰质混合材料》、GB/T 18046—2008《用于水泥和混凝土中的粒化高炉矿渣粉》、GB/T 26751—2011《用于水泥和混凝土中的粒化电炉磷渣粉》、GB/T 26748—2011《水泥助磨剂》等产品标准中对需水量比及流动度变化等指标都引用 GB/T 2419—2005《水泥胶砂流动度测定方法》。因此流动度测定的准确性直接影响水泥强度及需水量比的试验结果。

二、水泥胶砂流动度测定方法

1. 范围

GB/T 2419—2005《水泥胶砂流动度测定方法》规定了水泥胶砂流动度测定方法的原理、仪器和设备、试验条件及材料、结果与计算。

2. 规范性引用文件

GB/T 17671 水泥胶砂强度检验方法（ISO 法）

JC/T 681 行星式水泥胶砂搅拌机

3. 方法原理

通过测量一定配比的水泥胶砂在规定振动状态下的扩展范围来衡量其流动性。

4. 仪器和设备

1）水泥胶砂流动度测定仪（简称跳桌）

符合 JC/T 958—2005 的要求，如图 3-6-1、图 3-6-2 所示。

（1）跳桌主要由铸铁机架和跳动部分组成。

（2）机架是由铸铁铸造的坚固整体，

图 3-6-1 水泥胶砂流动度测定仪

有三根相隔 120°分布的增强筋延伸整个机架高度。机架孔周围环状精磨。机架孔的轴线与圆盘上表面垂直。当圆盘下落和机架接触时，接触面保持光滑，并与圆盘上表面成平行状态，同时在 360°范围内完全接触。

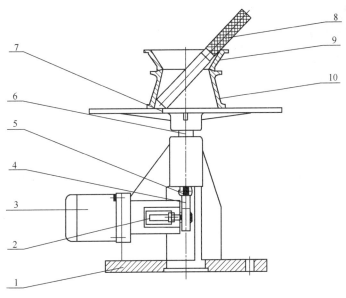

图 3-6-2 水泥胶砂流动度测定仪结构示意图

1—机架；2—接近开关；3—电机；4—凸轮；5—滑轮；

6—推杆；7—圆盘桌面；8—捣棒；9—模套；10—截锥圆模

97

（3）跳动部分主要由圆盘桌面和推杆组成，总质量为(4.35±0.15)kg，且以推杆为中心均匀分布。圆盘桌面为布氏硬度不低于200HB的铸钢，直径为(300±1)mm，边缘厚约5mm。其上表面应光滑平整，并镀硬铬。其表面粗糙度 Ra 在 $0.8\mu m\sim1.6\mu m$ 之间。桌面中心有直径为125mm的刻圆，用以确定锥形试模的位置。从圆盘外缘指向中心有8条线，相隔45°分布。桌面下有6根辐射状筋，相隔60°均匀分布。圆盘表面的平面度不超过0.10mm。跳动部分下落瞬间，托轮不应与凸轮接触。跳桌落距为(10.0±0.2)mm。推杆与机架孔的公差间隙为0.05mm～0.10mm。

（4）凸轮由钢制成，其外表面轮廓符合等速螺旋线，表面硬度不低于洛氏55HRC。当推杆和凸轮接触时不应察觉出有跳动，上升过程中保持圆盘桌面平稳，不抖动。

（5）转动轴与转速为60r/min的同步电机，其转动机构能保证胶砂流动度测定仪在(25±1)s内完成25次跳动。

（6）跳桌底座有三个直径为12mm的孔，以便于与混凝土基座连接，三个孔均匀分布在直径200mm的圆上。

（7）跳桌宜通过膨胀螺栓安装在已硬化的水平混凝土基座上。基座由密度至少为2240kg/m³的重混凝土浇筑而成，基部约为400mm×400mm见方，高约690mm。

2）水泥胶砂搅拌机

符合JC/T 681—2005的要求，如图3-7-1所示。

3）试模和捣棒（如图3-6-3所示）

图3-6-3　试模和捣棒

（1）试模由截锥圆模和模套组成，由金属材料制成，内表面加工光滑。圆模尺寸为：

高度：(60±0.5)mm；

上口内径：(70±0.5)mm；

下口内径：(100±0.5)mm；

下口外径：120mm；

模壁厚：大于5mm。

（2）捣棒由金属材料制成，直径为(20±0.5)mm，长度约为200mm。捣棒底面与侧面成直角，其下部光滑，上部手柄滚花。

4）卡尺（如图3-6-4所示）

量程不小于300mm，分度值不大于0.5mm。

5）小刀

刀口平直，长度大于80mm。

6）天平

量程不小于1000g，分度值不大于1g。

5. 试验条件及材料

（1）试验室温度应保持在(20±2)℃，相对湿度不低于50%。

图3-6-4　游标卡尺

（2）胶砂材料用量按相应标准要求或试验设计确定。

（3）基准材料：JBW 01-1-1水泥胶砂流动度标准样品。

6. 试验方法

（1）胶砂的搅拌按 GB/T 17671—1999 中第 6.3 条进行。把水加入锅里，再加入水泥，把锅固定在固定架上，上升至固定位置。然后立即开动机器，低速搅拌 30s 后，在第二个 30s 开始的同时均匀地将砂子加入。如果各级砂是分装的，从最粗粒级开始，依次将所需的每级砂加完。把机器转至高速再拌 30s，停 90s，在第一个 15s 内用胶皮刮具将叶片和锅壁上的胶砂刮入锅中间。在高速下继续搅拌 60s。各个搅拌阶段的时间误差应在±1s 以内。

（2）在搅拌胶砂的同时，将圆锥模及模套、捣棒、跳桌台面用潮湿毛巾擦拭，然后放在台面中心上，用潮湿毛巾盖好。

（3）将已拌和好的胶砂迅速地分两层装入圆锥模内。第一层装至圆模高度约 2/3 处，用小刀在相互垂直的两个方向各划实 5 次，再用圆柱捣棒自边缘至中心均匀捣压 15 次，如图 3-6-5 所示（沿圆锥模内径边缘捣压 10 次，往里第二圈捣压 4 次、中心 1 次）。接着装第二层胶砂，装至高出圆锥模约 20mm，同样用小刀在相互垂直的两个方向各划实 5 次，再用圆柱捣棒自边缘至中心均匀捣压 10 次，如图 3-6-6 所示（外圈 7 次，内圈 3 次）。捣压后胶砂应略高于试模。捣压深度，第一层捣至胶砂高度的二分之一，第二层捣实不超过已捣实底层表面。装胶砂和捣压时，要用手扶压圆锥模，切勿使其移动。

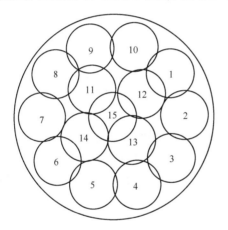 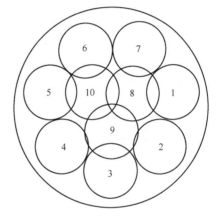

图 3-6-5　第一层捣压位置示意图　　　　图 3-6-6　第二层捣压位置示意图

（4）捣压完毕，取下模套，用小刀将模顶部分胶砂压实将小刀倾斜，从中间向边缘分两次以近水平的角度抹去高出截锥圆模的胶砂，并擦去落在桌面上的胶砂。抹平后将圆锥模垂直向上徐徐提起，然后启动跳桌开关，以 1r/s 的速度，在(25±1)s 内完成 25 次跳动。

（5）跳动完毕，用卡尺按跳桌台面上相互垂直的"十"字方向测量水泥胶砂底部扩散直径，取相互垂直的两直径的平均值作为该加水量的水泥胶砂流动度结果。

（6）水泥胶砂流动度的检验从加水拌和时算起，全过程应在 6 min 内完成。

7. 跳桌检查和润滑制度

（1）新购跳桌在使用前，全面检查各参数，应符合 GB/T 2419—2005《水泥胶砂流动度测定方法》中的规定，安装后用流动度标准样品检查合格，否则应按标准中规定的参数进行调整。

（2）跳桌推杆、轴套、凸轮、滚轮和圆盘底部与机架接触面，应保持清洁。

（3）凸轮、推杆、轴套和滚轮表面应涂上干净机油以促进润滑，减少操作时的磨损。圆盘底部与机架接触面不应接触机油，以免影响试验结果。

（4）跳桌在使用后每半年应进行全面检查，如不符合要求应及时调整。

（5）跳桌如有较长时间不用，在使用前应让其空跳一个周期 25 次。如果发现有不正常现象，应检查原因。

8.影响测定结果的因素

（1）跳桌跳动部分的总质量，其中包括圆盘、推杆总质量为(4.35±0.15)kg，在使用中应严格控制。

（2）跳桌可跳动部分的落距为(10±0.2)mm。推杆与支承孔之间能自由滑动，推杆在上下滑动时，应处于垂直状态。落距不符合规定要求时，可调整推杆上端螺纹与圆盘底部连接处的螺纹距离。

（3）跳桌安装基座为整体结构，由混凝土浇筑而成，基部约为 400mm×400mm 见方，高约 690mm。跳桌应用 M10 螺栓固定在混凝土基座上，桌面应呈水平状态，跳桌底座下面不允许加任何衬垫。

（4）胶砂装模前，须将跳桌台面及试验设备润湿。拌好的水泥砂浆应迅速装模，如果拌后放置数分钟或操作过程中拖延时间，都会使流动度减小。因此，从胶砂加水开始到测量数据结束，应在 6 min 内完成。

（5）捣压第一层时捣棒需沿试模壁方向略微倾斜。

（6）捣压第二层物料时用力要均匀，大小要适当。如果捣压用力不均匀，试验后的胶砂试体形状不易规则，互相垂直方向的直径值相差很大。如果用力偏小，捣压松散，则流动度值会比正常用力时小。

（7）测量胶砂扩散后底部直径时，需从有胶砂的边缘量起。

（8）跳桌跳动完毕后，用卡尺及时测量胶砂范围。流动性较大的胶砂体，停止试验后胶砂有可能仍在继续扩散，所以要及时测出数据，以保证水泥胶砂流动度的检验数据可靠、准确。

第七节　水泥胶砂强度的测定

一、概述

水泥胶砂强度是指水泥试体单位面积所能承受的外力，是评价水泥质量的重要指标，也是划分水泥强度等级的依据。水泥作为混凝土的主要胶结材料，是混凝土强度的根本来源。水泥强度是设计水泥混凝土配合比及砂浆配合比的重要依据。因此，水泥胶砂强度测定结果的准确与否将直接关系到水泥质量的评定及其在建设工程中的合理使用。

根据受力形式的不同，水泥胶砂强度通常分为抗压强度、抗折强度和抗拉强度三种。水泥胶砂硬化试体承受压缩破坏时单位面积的最大应力，称为水泥的抗压强度；水泥胶砂硬化试体承受弯曲破坏时单位面积的最大应力，称为水泥的抗折强度；水泥胶砂硬化试体承受拉伸破坏时单位面积的最大应力，称为水泥的抗拉强度。这些强度之间既有内在联系，又有很大区别，通常，水泥抗压强度是抗拉强度的 10～20 倍，是抗折强度的 5～10 倍。所以，水泥混凝土的主要功能是承受压力，而结构中的拉力主要是由钢筋来承受的。

由于水泥在硬化过程中强度是逐渐增长的，所以在提到强度时必须同时说明该强度的养护龄期，才能加以比较。水泥硬化过程的长短和速率与水泥品种有关，如通用水泥在水化 28d 以前强度增长速度很快，28d 以后增长逐渐变慢。一般 28d 强度值可以达到水泥最高强度值的80％以上。所以，国内外都采用 28d 抗压强度来表示水泥和混凝土的强度水平，并把 28d 龄期作为它们达到强度基本稳定的龄期。而快硬水泥、特快硬水泥的等级则是以 3d 或 24h 以内达到的最低抗压强度来表示。当然，水泥等级还有其他含义，例如有时为满足施工工程的需要，要求水泥具有一定的早期抗压强度和抗折强度，但它们与 28d 抗压强度相比是辅助性的指标。

目前，水泥强度的测定是在标准给定条件下进行的，所得强度值是个相对值。如果试验条件发生变化，所得强度值也会相应发生改变。过去不同国家的强度试验方法所规定的条件大都存在差异，因此同一种水泥用不同的方法所测得的强度值有所不同，不能直接进行比较。随着全球化进程的发展，大多数国家开始采用国际标准化组织提出的强度试验方法标准ISO 679：1989，这给工程设计、技术交流、贸易往来带来了极大的方便和好处。我国现行水泥强度试验方法 GB/T 17671—1999 就是根据 ISO 679：1989 制定的，主要内容与其完全一致，对某些部分根据我国的情况作了修订，其抗压强度测定结果与 ISO 679：1989 等同。

二、水泥胶砂强度测定方法

到目前为止所有水泥产品标准和用于水泥及混凝土中的混合材料标准均已采用GB/T 17671—1999 的强度检验方法。

本文根据 GB/T 17671—1999 标准中的规定和影响胶砂强度检验结果准确性的诸多因素，提出试验操作过程中的注意事项，以便试验人员正确掌握检验操作方法，重点关注影响试验结果偏差的控制点，最终获得准确可靠的结果。

1. 范围

该标准规定了水泥胶砂强度检验基准方法的仪器、材料、胶砂组成、试验条件、操作步骤和计算结果等，其抗压强度测定结果与 ISO 679：1989 结果等同。同时该标准也列入了可代用的标准砂和振实台，如果对代用结果有异议，以基准方法为准。

该标准适用于硅酸盐水泥、普通硅酸盐水泥、矿渣硅酸盐水泥、粉煤灰硅酸盐水泥、火山灰质硅酸盐水泥、复合硅酸盐水泥、石灰石硅酸盐水泥的抗折与抗压强度的检验。其他水泥采用该标准时必须研究该标准规定的适用性。

2. 规范性引用文件

GB/T 6003.1　试验筛　技术要求和检验　第 1 部分：金属丝编织网试验筛

JC/T 681　行星式水泥胶砂搅拌机

JC/T 682　水泥胶砂试体成型振实台

JC/T 683　40mm×40mm 水泥抗压夹具

JC/T 723　水泥胶砂振动台

JC/T 724　水泥胶砂电动抗折试验机

JC/T 726　水泥胶砂试模

3. 方法概要

该标准为 40mm×40mm×160mm 棱柱试体的水泥抗压强度和抗折强度测定方法。

试体由按质量计的一份水泥、三份我国 ISO 标准砂，用 0.5 的水灰比拌制的一组塑性胶砂制成。我国 ISO 标准砂的水泥抗压强度结果必须与 ISO 基准砂相一致。

胶砂用行星式搅拌机搅拌，在振实台上成型。也可用频率 2800 次/min～3000 次/min、振幅 0.75mm 的振动台成型。

试体连试模一起在湿气中养护 24h，然后脱模，在水中养护至强度试验。

到达试验龄期时将试体从水中取出，先进行抗折强度试验，折断后每截再进行抗压强度试验。

4. 试验室条件

试体成型试验室的温度应保持在（20±2）℃，相对湿度应不低于 50%。

试体带模养护的养护箱或雾室温度应保持在（20±1）℃，相对湿度应不低于 90%。

试体养护水温度应在（20±1）℃范围内。

试验室空气温度和相对湿度及养护池水温在工作期间应每天至少记录一次。

养护箱或雾室的温度和相对湿度至少每 4h 记录一次，在自动控制的情况下记录次数可以酌减至每天记录两次。在温度给定范围内，控制所设定的温度应为此范围的中值。

5. 仪器设备

1）行星式水泥胶砂搅拌机

行星式水泥胶砂搅拌机应符合 JC/T 681—2005 的要求，其外形图和基本构造如图 3-7-1 和图 3-7-2 所示。

行星式水泥胶砂搅拌机的主要技术指标如下。

图 3-7-1　行星式水泥胶砂搅拌机

（1）搅拌叶片高速与低速时的自转和公转速度应符合表 3-7-1 的要求。

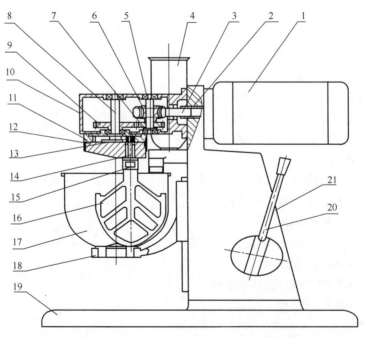

图 3-7-2　行星式水泥胶砂搅拌机基本构造

1—电机；2—联轴器；3—蜗杆；4—砂罐；5—传动箱盖；6—蜗轮；7—齿轮Ⅰ；8—主轴；9—齿轮Ⅱ；
10—传动箱；11—内齿轮；12—偏心座；13—行星齿轮；14—搅拌叶轴；15—调节螺母；16—搅拌叶；
17—搅拌锅；18—支座；19—底座；20—手柄；21—立柱

表 3-7-1　搅拌叶片高速与低速时的自转和公转速度　　　　单位为 r/min

搅拌速度	自转速度	公转速度
低	140±5	62±5
高	285±10	125±10

此处规定的搅拌叶转速为空载转速。当搅拌机负载运行时，搅拌叶的转速会因负载的大小不同而有一定程度的降低。如果电机的性能符合要求，在正常的胶砂配比范围内，转速的降低不会太大，应在 1r/min～2r/min 范围内。

（2）胶砂搅拌机的工作程序分自动控制和手动控制两种。

自动控制程序为：低速（30±1）s，再低速（30±1）s，同时自动开始加砂并在 20s～30s 内全部加完，高速（30±1）s，停（90±1）s，高速（60±1）s。

手动控制具有高、停、低三档速度及加砂功能控制钮，并与自动控制程序互锁。

（3）搅拌锅应由耐腐蚀性钢材制造。搅拌锅的形状和基本尺寸如图 3-7-3 所示。

搅拌锅深度：（180±2）mm。

搅拌锅内径：（202±1）mm。

搅拌锅壁厚：（1.5±0.1）mm。

（4）搅拌叶片由铸钢或不锈钢制造，搅拌叶片的形状和基本尺寸如图 3-7-4 所示。

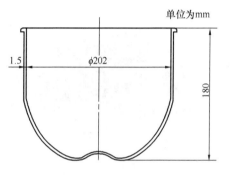

图 3-7-3　搅拌锅的形状和基本尺寸

搅拌叶片轴外径为 ϕ（27.0±0.5）mm；与搅拌叶片传动轴联结的螺纹为 $M18 \times 1.5 \sim 6H$；定位孔径直径 $\phi 15_0^{+0.027}$ mm，深度≥18mm。

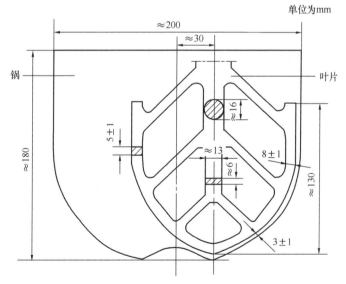

图 3-7-4　搅拌叶片的形状和基本尺寸

搅拌叶片总长：（198±1）mm；搅拌有效长度：（130±2）mm；搅拌叶片总宽：135.0mm～135.5mm；搅拌叶片翅宽：（8±1）mm；搅拌叶片翅厚：（5±1）mm。

2）试模

试模由三个水平的模槽组成，如图 3-7-5 所示，其基本尺寸如图 3-7-6 所示，可同时成型三条截面为 40mm×40mm×160mm 的棱形试体。

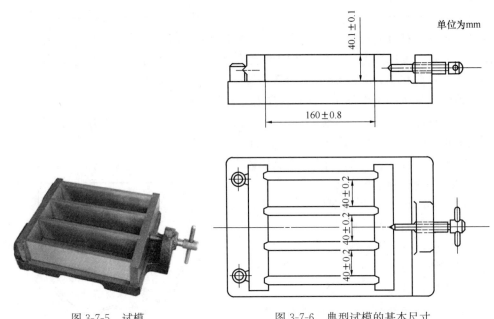

图 3-7-5　试模　　　　　　　　图 3-7-6　典型试模的基本尺寸

当试模的任何一个公差超过规定的要求时，应及时更换。在组装备用的干净模型时，应用黄干油等密封材料涂覆试模的外接缝。试模的内表面应涂上一薄层模型油或机油。

成型操作时，应在试模上面加一个壁高 20mm 的金属模套，当从上面往下看时，模套壁与试模内壁应该重叠，超出内壁不应大于 1mm。

3）播料器和刮平尺

播料器和金属刮平尺如图 3-7-7 所示。

4）振实台

振实台应符合 JC/T 682 的要求，如图 3-7-8 所示，其基本构造如图 3-7-9 所示。

振实台的基本技术指标如下：

（1）振实台应安装在高度约为 400mm 的混凝土基座上。混凝土体积约为 $0.25m^3$，质量约 600kg。当需要防止外部振动影响振实效果时，可在整个混凝土基座下放一层厚约 5mm 的天然橡胶弹性衬垫。将仪器用地脚螺栓固定在基座上，安装后设备呈水平状态。仪器底座与基座之间要铺一层砂浆以保证它们的完全接触。

（2）振实台的振幅：（15.0±0.3）mm。振动 60 次时间：（60±2）s。台盘（包括臂杆、模套和卡具）的总质量：（13.75±0.25）kg，并将实测数据标识在台盘的侧面。两根臂杆及其十字拉肋的总质量：（2.25±0.25）kg。

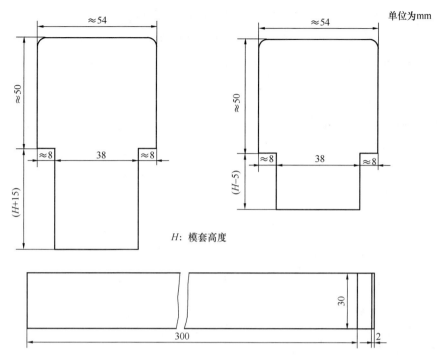

图 3-7-7　典型的播料器和金属刮平尺

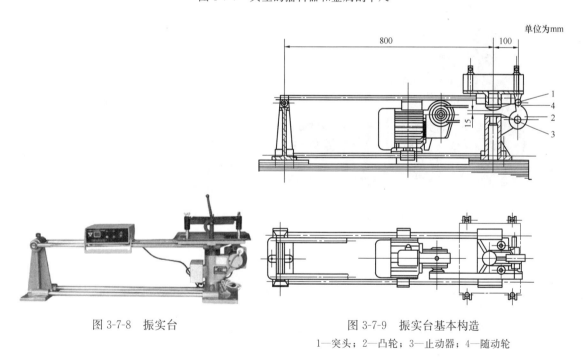

图 3-7-8　振实台

图 3-7-9　振实台基本构造
1—突头；2—凸轮；3—止动器；4—随动轮

（3）台盘中心到臂杆轴中心的距离：（800±1）mm。

（4）当突头落在止动器上时，台盘表面应是水平的，四个角中任一角的高度与其平均高度之差不应大于 1mm。

（5）突头的工作面为球面，其与止动器的接触为点接触。突头和止动器由洛氏硬度

≥55HRC 的全硬化钢制造。凸轮由洛氏硬度≥40HRC 的钢制造。

（6）卡具与模套连成一体，卡紧时模套能压紧试模并与试模内壁对齐。

（7）控制器和计数器灵敏可靠，能控制振实台振动 60 次后自动停止。

（8）整机绝缘电阻≥2.5MΩ。

（9）臂杆轴只能转动，不允许有旷动。振实台启动后，其台盘在上升过程中和撞击瞬间无摆动现象，传动部分运转正常。

（10）振实台底座地脚螺栓孔中心距如图 3-7-10 所示。

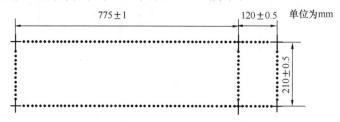

图 3-7-10　振实台底座地脚螺栓孔中心距

5）振实台代用设备

振实台代用设备应符合 JC/T 723—2005 的要求，如图 3-7-11 所示，其结构示意图及下料漏斗如图 3-7-12 和图 3-7-13 所示。

图 3-7-11　振实台代用设备

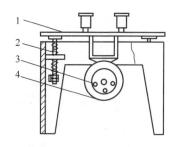

图 3-7-12　振实台代用设备结构示意图
1—台板；2—弹簧；3—偏重轮；4—电机

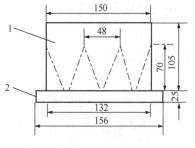

图 3-7-13　下料漏斗
1—漏斗；2—模套

振实台代用设备的技术指标如下。

（1）振动台台面中心放上空试模和漏斗时的全波振幅为（0.75±0.02）mm，振动频率为 46.7Hz～50.0Hz。

（2）可振动部分总质量（台面、卡具、电机、拉杆、下弹簧、螺母、垫圈）：（32.0±0.5）kg。

（3）台面两卡具间有效距离为 166mm～168mm。

（4）振实台振动时间为（120±2）s，刹车时间小于 5s。

（5）整机绝缘电阻不低于 2MΩ。

（6）振实台声响正常，启动后 5s 内达到稳定状态。

6）抗折强度试验机

抗折强度试验机应符合 JC/T 724 的要求，如图 3-7-14 所示，其结构示意图如图 3-7-15 所示。

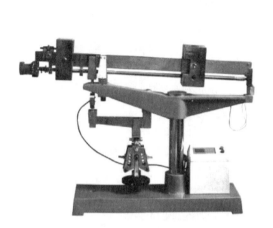

图 3-7-14　抗折强度试验机

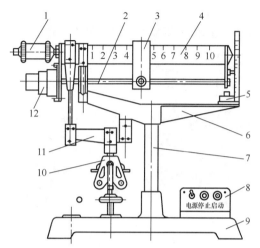

图 3-7-15　抗折强度试验机结构示意图

1—平衡锤；2—传动丝杆；3—游砝；4—主杠杆；5—微动开关；6—机架；7—立柱；8—电器控制箱；9—底座；10—抗折夹具；11—下杠杆；12—可逆电机

抗折强度试验机的主要技术指标如下：

（1）示值

示值相对误差不超过±1%。

示值相对变动度不超过±1%。

示值千牛（kN）和兆帕（MPa）的对应关系：1kN 对应 2.34MPa。

（2）灵敏度

杠杆端点加 1g 砝码时，端点下降距离大于支点到端点距离的 2%。杠杆调整平衡后，再失去平衡能自动恢复至平衡位置。

（3）加荷速度

以 kN/s 为单位时，加荷速度为（0.050±0.005）kN/s；以 MPa/s 为单位时，加荷速度为（0.1170±0.0117）MPa/s。

（4）加荷圆柱和支撑圆柱

加荷圆柱和支撑圆柱的直径：（10.0±0.1）mm。

加荷圆柱和支撑圆柱的有效长度：≥46.0mm。

两支撑圆柱的中心距：（100.0±0.1）mm。

两支撑圆柱的平行度（分水平方向和竖直方向）：≤0.1mm。

圆柱的间隙：加荷圆柱和支撑圆柱都能自由转动，但不旷动，其配合间隙：≤0.05mm。

（5）传动丝杆和游砝的轴向间隙

传动丝杆和游砣的轴向间隙：≤0.5mm。

（6）刀刃、刀承硬度

刀刃硬度：HRC60～HRC62。

刀承硬度：HRC62～HRC64。

（7）夹具工作面的粗糙度

夹具工作面的粗糙度：$Ra \leqslant 0.8\mu$m。

图 3-7-16　抗压强度试验机

（8）绝缘性能

整机绝缘性能良好，整机绝缘电阻大于 2MΩ。

（9）抗折机加荷时应平稳，无颤动冲击现象。

7）抗压强度试验机

抗压强度试验机应符合 JC/T 960 的要求，如图 3-7-16 所示。

抗压强度试验机的主要技术指标如下。

（1）抗压强度试验机的等级与示值准确度

水泥自动压力试验机的等级为 1 级，其各项误差应符合表 3-7-2 的要求。

表 3-7-2　自动压力试验机的示值精确度

水泥自动压力机级别	最大允许值/%			
	相对误差			相对分辨率 a
	示值 q	示值重复性 b	回零 f_0	
1	±1.0	1.0	±0.1	0.5

注：示值精确度最低从 12kN 开始进行检测。

（2）加荷速度

自动压力机的加荷速度：（2.4±0.2）kN/s。

从 10kN 起到峰值范围内，加荷速度合格率不低于 98%。

自动压力机加荷速度的稳定起始点应不大于 10kN。

峰值瞬间的加荷速度应在 1.5kN/s～2.6kN/s 范围内。

自动压力机除具备 GB/T 17671—1999 规定的加荷速度外，还应具有根据不同水泥强度试验方法的要求调整加荷速度的功能。

（3）加载压力

自动压力机加载压力应平稳，无冲击和脉动现象。

（4）机架

自动压力机上下压板中心线的不重合度小于 1mm。

自动压力机上下压板之间应有足够的空间，并保证在放置夹具或测试仪器时不松动框架结构。

下压板表面应与水泥自动压力机的轴线相垂直并在加荷过程中保持不变。

上压板如带球座，则球座应能保持灵活并且在加荷过程中上下压板的位置固定不变。球座的中心应在水泥自动压力机轴线与上压板下表面的交点上，偏差不大于1mm。

压板工作面的表面粗糙度 Ra 值应小于 $0.8\mu m$。

上下压板硬度应不低于55HRC。

下压板应具有直径 $\phi 8mm$、高 $5mm\sim 7mm$ 的可拆卸的定位销和刻度线清晰的直径 $\phi 100mm$ 的定位圆环。

（5）压力的测量、显示和操作装置

压力的测量、显示和操作装置应布置在便于操作和监控且不受试验影响的安全位置上。

压力的测量和显示装置应具有调零功能，显示装置的零点示值在15min内的最大漂移量应不超过满量程的 $\pm 0.2\%$。

压力的测量和显示装置应能清晰、连续、准确地显示试体所受的总压力值。

压力的显示装置上的峰值应能保持到下一个试验开始。

压力的显示装置应能自动按照所设定的强度试验方法处理同一组试体的强度并显示结果。

操作装置应标识明显，防止误操作。

（6）安全防护装置

安全防护装置应灵敏可靠，当压力超过最大量程的 $2\%\sim 5\%$ 时，超载保护装置应能立即动作，自动停止施加压力。

自动压力机的控制系统应能保证在试体破坏后立即停止向试体继续施加压力。

自动压力机上应有压板行程超限保护功能。

（7）绝缘电阻应不小于 $2M\Omega$。工作时音响应正常，噪声声压级不大于75dB（A）。

8）抗压强度试验用夹具

抗压强度试验用夹具应符合 JC/T 683 的要求，如图3-7-17所示，其结构示意图如图3-7-18所示。当需要使用夹具时，应把它放在压力机的上下压板之间并与压力机处于同一轴线上，以便将压力机的荷载传递至胶砂试样的表面。

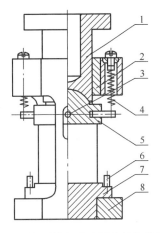

图 3-7-17　抗压强度试验用　　　图 3-7-18　抗压强度试验用夹具结构示意图
夹具外形图　　　　　　　　1—传压柱；2—铜套；3—定位销；4—吊簧；5—上压板
和球座；6—定位销；7—下压板；8—框架

抗压强度试验用夹具的主要技术指标如下。

（1）上下压板宽度：（40.0±0.1）mm；长度：大于40mm；厚度：大于10mm。上、下压板的平面度为0.01mm，表面粗糙度（Ra）应在0.1μm～0.8μm之间，上、下压板材料应采用洛氏硬度高于58HRC的硬质钢。传压柱材料应采用洛氏硬度高于55HRC的硬质钢。上、下压板自由距离大于45mm。上、下压板长度方向的两端面边应互相重合，不重合边最大偏差不大于0.2mm。

（2）上压板上的球座的中心应在夹具中心轴线与上压板下表面的交点上，偏差不大于1mm。

（3）球座应为环带接触，环带的位置大约在球座的2/3高处，宽4mm～5mm。

（4）传压柱中心轴线与上压板中心及下压板中心的同轴度公差不大于0.2mm。

（5）上压板随着试体的接触应能自动找平，但在加荷过程中上、下压板的相对位置应保持固定。下压板的表面对夹具的轴线应是垂直的，并且在加荷过程中应保持垂直。

（6）定位销的材料硬度应大于55HRC。定位销高度不高于压板表面5mm，间距为41mm～55mm。两定位销内侧连线与下压板中心线的垂直度小于0.06mm。定位销内侧到下压板中心的垂直距离为（20.0±0.1）mm。

（7）框架底部中心定位孔直径为ϕ（8.0±0.1）mm，深度为8mm～10mm。

（8）传压柱进行导向运动时垂直滑动而不发生摩擦和晃动，上端中心工艺直径为ϕ(8.0±0.1)mm，深度为8mm～10mm。导向销与导向槽配合光滑，无阻涩和旷动现象。

（9）当抗压强度试验用夹具上放置2300g砝码时，上、下压板间的距离应在37mm～42mm之间。

（10）外表面应平整光洁，无碰伤和划伤。底座平齐，无凸出或凹进。下压板与框架接触紧密。

6．试验材料

（1）水泥试样应通过0.9mm方孔筛并充分混合均匀，贮存在由材质不与水泥起反应且气密性良好的容器里，试样的封装量宜达到基本装满程度。

（2）试验用水应是洁净的饮用水。仲裁试验或其他重要试验用蒸馏水。

（3）试验前，水泥、试验用水应在（20±2）℃、相对湿度不低于50%的环境下恒温24h。

（4）标准砂：各国生产的ISO标准砂都可以用于本标准测定水泥强度。我国ISO标准砂应符合ISO 679：1989中的要求。

7．试体制备

1）称量

水泥、砂、水和试验用具的温度与试验室相同。称量前应注意天平带容器要清零。称量过程要仔细认真，每成型一块试模需称450g水泥，精确至±2g；需一袋标准砂，其质量为（1350±5）g；需水225g，精确至±1g。

2）搅拌

（1）搅拌机在试验前先运行一次，检查是否符合规定程序，其程序为：慢转30s，再慢转30s并加砂，快转30s，停90s，快转60s。各个搅拌程序的时间误差应在±1s内。

（2）将标准砂倒入加砂筒内，把水加入锅里，再加入水泥。然后把锅固定在搅拌位置。

提升搅拌锅，启动搅拌机，搅拌机开始按程序工作。在中间停机 90s 的第一个 15s 内，应迅速将搅拌叶和锅壁上的砂浆刮入锅内，其余时间应静置；再高速继续搅拌 60s；搅拌结束后取下搅拌锅，用勺子将胶砂搅拌翻动几次。

（3）成型前或更换水泥品种时，应用湿布将叶片和锅壁擦干净。试验后应将粘在叶片和锅壁上的胶砂擦干净。

3）成型

（1）试模

① 定期检查试模的模腔的有效尺寸是否在标准规定范围内，如超出此范围应停止使用，更换新试模。

② 试模擦洗干净组装时，边缘两块隔板和端板与底座的接触面应均匀涂上一薄层黄油，并按编号组装。当组装好用固紧螺丝固紧时，一边固紧，一面用木锤锤击端板和隔板结合处，不仅使内壁各接触面互相垂直，而且要顶部平齐，然后用小平铲刀刮去三个模腔内被挤出来的黄油，以免成型试体的底侧面上留下孔洞。最后均匀地刷上一薄层机油。

（2）用振实台成型

① 振实台在试验前先振动一个周期，确认无问题后将试模沿臂长方向卡紧在台盘上。

② 将搅拌好的胶砂用小勺分两层装入试模。装第一层时，每个模腔里约放 300g 胶砂，用大播料器垂直架在模腔顶部沿每个模腔来回一次将料层播平，启动振实台振 60 次。接着再装入第二层胶砂，用小播料器播平，再振 60 次。

③ 移开模套，从振实台上取下试模放在平台上。用一金属直尺以近似 90°的角度架在试模模顶的一端，然后沿试模长度方向以横向锯割动作适宜的速度向另一端移动，一次将超过试模部分的胶砂刮去，并用同一直尺以几乎水平的角度一次将试体表面抹平。

④ 去掉留在试模四周的胶砂，在试模上作标记或加字条标明试体编号。

（3）用振动台成型

① 应选用下料口宽度为 5mm～7mm 的下料漏斗，三条下料口的宽度要基本一致。

② 振动台使用前先开空车，观察振动是否正常，自开动机器起振动 120s 后电机停车，并由制动器自动控制电动机在 5s 内停止转动。当发现运转不正常时，如启动不了、转动的声音不正常、碰擦等，应进行检查直至振动正常后方可使用。

③ 在搅拌胶砂的同时，将试模和下料漏斗卡紧在振动台面固定位置上，将搅拌好的全部胶砂均匀地装入下料漏斗中，并将表面拨平，开动振动台，使胶砂通过下料漏斗流入试模。振动（120±5）s 后停车。

④ 振动完毕，放松卡具，顺台面拉出试模，并将下料漏斗垂直提起放在振动台上，试模放在工作台上。振动成型后的试体刮平、抹平和标记与振实台要求相同。

⑤ 成型前或更换水泥品种时，应用湿布将下料漏斗内壁擦干净。试验后应将漏斗冲洗干净。

8. 试体的养护

1）脱模前的处理和养护

将成型好的胶砂试模立即放入养护箱或养护室的水平架子上养护，湿空气应能与试模各边充分接触。养护时不应将试模放在其他试模上。一直养护到规定的脱模时间取出脱模。脱模前，用耐碱性的防水墨汁或颜料笔或者红色玻璃陶瓷铅笔对试体编号和做其他标记。两个龄期以上的试体，在编号时应将同一试模中三条试体分在两个以上龄期内。

2）脱模

（1）对于24h龄期的，应在破型前20min内脱模。对于24h以上龄期的，应在成型的20h～24h之间脱模。硬化较慢的水泥允许延期脱模，但在试验报告中应予说明。

（2）脱模时松开固紧螺丝，将试体连同隔板、端板推离模底到工作台上，用小木锤先轻轻侧击两块端板头，脱下端板，然后用脱模器脱去隔板。若没有脱模器，也可用小木锤轻轻侧击隔板端处，脱下隔板，此时必须细心，防止试体损伤，不能锤击试体。

3）水中养护

（1）将脱模后的试体分龄期立即水平或竖直放入（20±1）℃的水槽中养护，水平放置时刮平面应朝上。

（2）将试体放在不易腐烂的箅子上，并且彼此间保持一定间距，以让水与试体的六个面接触。养护期间各试体之间的间隔或试体上表面的水深不得小于5mm。

（3）每个养护池只能养护同类型的水泥试体。

（4）最初用自来水装满养护池（或容器），随后随时加水保持适当的恒定水位。试体在养护期间不允许全部换水。

4）龄期

试体龄期是从水泥加水搅拌开始试验时算起。不同龄期强度的试验在下列时间里进行：

① 24h±15min；

② 48h±30min；

③ 72h±45min；

④ 7d±2h；

⑤ ≥28d±8h。

9. 强度试验

1）试验前的准备工作

（1）抗折试验机和抗折夹具

① 抗折试验机一般采用双杠杆式，也可采用性能符合要求的其他试验机，设备要保持水平安放，定期检查设备的灵敏度。

② 定期检查抗折夹具的尺寸是否符合标准的规定。

③ 电动抗折试验机加荷速度为（50±10）N/s。

（2）抗压试验机和抗压夹具

① 试验机的吨位为200kN～300kN，定期检查试验机荷载示值，误差不得超过±1.0%。

② 应使用带有球座的抗压夹具，球座应保持润滑、清洁、灵敏，夹具上、下压板的尺寸和要求必须符合标准的规定。

2）强度检验的操作

按编号和龄期将试体从水中取出后，必须与原始记录上的编号、日期一致，在强度试验前应用湿布覆盖，并在规定时间内进行强度试验。

（1）抗折强度的测定

① 每龄期取出三条试体先进行抗折强度试验。试验前抹去试体表面附着的水分和砂粒，检查试体两侧面气孔情况。试体放入夹具时，将气孔多的一面向上，作为受荷面（尽量避免大气孔在加荷圆柱下）；气孔少的一面向下，作为受拉面。将试体一个侧面放在试验机支撑圆柱上，试体长轴垂直于支撑圆柱，通过加荷圆柱以（50±10）N/s的速度均匀地将荷载垂直地施加在棱柱体相对侧面上，直至试体折断。

② 采用杠杆式抗折强度试验机时，试体放入前应使杠杆在不受荷载的情况下成平衡状态，然后将试体放在夹具中间，两端与定位板对齐，并根据试体龄期和水泥等级，将杠杆调整到一定角度，使其在试体折断时杠杆尽可能接近平衡位置。如果第一块试体折断时，杠杆的位置高于或低于平衡位置，那么第二、三块试验时，可将杠杆角度再调小或调大一些。

③ 应按照标准规定严格控制加荷速度。

④ 试体折断后，取出两断块，照原来整条试体的形状放置。清除夹具圆柱表面粘着的杂物，保持两个半截棱柱体处于潮湿状态直至进行抗压强度试验。

⑤ 试体抗折强度的计算

a. 当采用试验机显示的荷载数值时，试体抗折强度 R_f 按式（3-7-1）计算，以牛每平方毫米（MPa）表示：

$$R_f = \frac{1.5 F_f L}{b^3} \tag{3-7-1}$$

式中：R_f——试体的抗折强度，单位为兆帕（MPa）；

　　　F_f——试体折断时施加于棱柱体中部的荷载，单位为牛（N）；

　　　L——抗折夹具两支撑圆柱的中心之距离，单位为毫米（mm）；

　　　b——棱柱体正方形截面的边长，单位为毫米（mm）。

b. 当采用电动抗折强度试验机时，直接从标尺上读出每条试体的抗折强度值。

c. 抗折强度以一组棱柱体抗折强度结果的平均值作为试验结果。当三个强度值中有超出平均值±10％的，应将其剔除后，再取其余数值的平均值，作为抗折强度试验结果。

d. 各试体的抗折强度记录至0.1MPa，平均值计算精确至0.1MPa，对后面的数字用修约法则决定取舍。

（2）抗压强度的测定

在折断后的棱柱体上进行抗压强度的检验，受压面是成型时的两个侧面，面积为40mm×40mm。

① 试验时将抗压夹具摆置在试验和压板中心，清除试体受压面与上下压板间的砂粒或杂物，以试体侧面为受压面。试体放入夹具时，长度两端超出加压板的距离大致相等，约有10mm。成型时的底面靠紧下压板的两定位销钉，以保证受压面的宽度为40mm。半截棱柱体中心与压力机压板受压中心之差应在±0.5mm内。

② 以（2.4±0.2）kN/s的速度均匀地加荷直至试体破坏。在试体刚开始受力时，应小于规定的速度，以使球座有调整的余地，使加压板均匀压在试体面上。在试体接近破坏时，加荷速度应严格控制在规定的范围内，不能突然冲击加压或停顿加荷。

③ 取出受压破坏后的试体，清除压板上粘着的杂物，继续下一次试验。

④ 试体抗压强度的计算。

a. 抗压强度的计算

试体抗压强度 R_c 用式（3-7-2）计算，以牛每平方毫米（MPa）表示：

$$R_c = \frac{F_c}{A} \qquad (3-7-2)$$

式中：R_c——试体的抗压强度，单位为兆帕（MPa）；

F_c——对试体施加的破坏荷载，单位为牛（N）；

A——试体的承压面积，单位为平方毫米（mm²）。$A = 40mm \times 40mm = 1600mm^2$。

需要指出的是，我国压力机表盘显示的力值单位是千牛（kN），在计算抗压强度 R_c 时，F_c 要乘以 1000 将千牛（kN）化成牛（N），然后再除以 1600mm²，或者用表盘读数直接除以 1.6。

b. 试体抗压强度结果

抗压强度以一组三个棱柱体上得到的六个抗压强度测定值的算术平均值为试验结果。

如六个测定值中有一个超过六个平均值的±10%，则剔除这个结果，而以剩下的五个值的平均值为结果。如果五个测定值中再有超过它们平均值±10%的，则此组结果作废，重新试验。

荷载读数精确至 0.1kN。各个半棱柱体得到的单个抗压数据结果计算至 0.1MPa，平均值计算精确至 0.1MPa，对后面的数值，按数字修约法则决定取舍。

10. 试验报告

试验报告应包括所有各单个强度检验数据（包括按规定舍去的试验数据）、计算出的平均值以及最终结果。

11. 影响测定结果的因素

在实际操作过程中影响水泥强度检验结果的因素有很多，主要有以下几个方面。

1) 试验室温度和湿度

试验室的温度和湿度会直接影响水泥胶砂强度的检验结果。在一定范围内，温度越高，水泥强度增长越快；湿度越高，样品在贮存过程中吸潮导致强度降低。所以在实际工作中，要采取有效的温度、湿度控制和监控措施，严格执行 GB/T 17671—1999 对试验室温度和湿度的要求。

2) 配料过程

(1) 水泥应贮存在基本装满和气密的容器中，以防止与空气中的水分发生水化反应，导致水泥强度降低。贮存容器应不与水泥发生反应。

(2) 水泥、标准砂、水的温度应与成型室的温度相同。

(3) 水灰比对水泥强度有直接影响。水灰比高，则强度偏低；水灰比低，则强度偏高。为了尽量减小误差，在称量过程中要认真仔细，保证称量的准确性。

3) 搅拌成型过程

(1) 搅拌叶与锅壁之间的间隙应保持在 2mm～4mm 之间。若间隙过小，则搅拌叶会碾碎大颗粒砂粒；若间隙过大，则无法充分搅拌砂浆，影响最终强度检验结果的准确性。应定期检查搅拌叶与锅壁之间的间隙是否符合要求。

(2) 装模时第一层胶砂大约为 300g。若第一层装料过多，将导致底层胶砂内气泡排不出而影响强度检验结果。要正确使用拨料尺。

（3）更换水泥品种时，应用湿布将下料漏斗内壁和搅拌锅擦干净，以防止不同水泥间互相干扰。

（4）振实台的安装要符合标准的要求，不符合要求的安装会严重影响强度检验结果。使用过程中应注意突头和止动器是否有磨损，正常状态两者应为点接触；若磨损状态变为面接触，应及时更换。

（5）刮平时，以近似 90°角锯割动作一次将超过试模部分的胶砂刮去。比较稠的胶砂纵向刮平速度应放慢，流动度比较好的纵向刮平速度可以快一些。再以近乎水平的角度将试体表面一次抹平。不要反复抹平，以防止返浆。

4）养护过程

（1）脱模过程中，要防止剧烈震动试体或摔伤试体，以免造成强度检验结果偏低。建议使用脱模器。

（2）不同类型水泥试体应隔离养护。

（3）养护池中试体之间及试体上端距离水面不得小于 5mm。

（4）不同龄期强度试体应严格按照标准的要求，在规定的时间范围内进行检验。

5）破型过程

（1）抗压强度试验机用夹具上下压板的平整度、硬度要符合要求，球座要灵活。

（2）检验抗折强度时，要把握好抗折试验机杠杆上扬的角度，让试体破坏时杠杆正好处于平衡位置附近。

（3）检验抗压强度过程中，要保证加荷速度符合要求。若加荷速度过快，将使强度检验结果偏高，过慢则会使检验结果偏低。

第八节　水泥密度的测定

一、概述

密度的定义：密度是物质的质量除以体积。其物理意义是单位体积的某种物质的质量。密度是物质本身特有的属性，它会受到外界因素的影响，一般来讲，影响物质密度的主要物理量为压强和温度。

水泥密度是指水泥粉末在没有空隙的状态下单位体积的质量，以克每立方厘米（g/cm³）表示。过去习惯上将密度简称为"比重"，即某物体单位体积的重量与同体积 4℃纯净水的重量之比，它是一个比值，没有单位，只有数值上的大小。比重在数值上与密度的数值近似相等。在我国法定计量单位中，取消了"比重"这一名称，改用"相对（质量）密度"。

对于某些特殊工程，如粘结工程、浇灌工程和油井堵塞工程，水泥的密度是非常重要的。因为在这些工程中，希望水泥颗粒迅速从水泥浆中下沉并伴随水化，生成致密的水泥石，所以要求密度高一些。但在一些极少数特殊环境、复杂地形下的油井水泥注井、固井工程中，低密度水泥的实际应用越来越广泛。低密度水泥具有失水量小、早期强度高、稠化时间短的特点，对于解决低压易漏地层及长封固段固井工程意义重大。

水泥密度作为某些物理性能检测必要的参数，例如在测定水泥的比表面积和胶砂含气量时须先测定水泥的密度。

硅酸盐水泥的密度主要由熟料的矿物组成所决定，主要矿物的密度如下：

矿物	C_3S	C_2S	C_3A	C_4AF	$f\text{-}CaO$
密度/(g/cm^3)	3.25	3.28	3.04	3.77	3.34

影响水泥密度的因素主要有熟料的煅烧程度、水泥的储存时间和条件，以及混合材料的品种和掺加量等。

1. 熟料煅烧程度的影响

一般情况下熟料生烧（欠烧）时密度低，熟料过烧时密度高，但差别并不显著。

2. 储存条件的影响

如储存时间长、密封条件差，水泥中的游离氧化钙吸收空气中的水分和二氧化碳分别生成氢氧化钙和碳酸钙，因氢氧化钙（密度约 $2.24g/cm^3$）和碳酸钙（密度 $2.60g/cm^3 \sim 2.90g/cm^3$）的密度低于水泥中游离氧化钙的密度，所以水泥的密度会降低。但由于游离氧化钙的含量非常低，对水泥总体密度的影响并不明显。另外熟料矿物水化后生成的水化产物的密度也比熟料矿物低。

3. 混合材料的种类及掺加量的影响

常用的水泥混合材料的密度一般都低于熟料的密度，所以一般情况下掺有混合材料的品种水泥的密度比纯硅酸盐水泥的密度要低些。也就是说，允许掺有混合材料的品种水泥的密度不仅和熟料的密度有关，还与掺加的混合材料的品种、掺加量息息相关。根据数据统计，不同品种的水泥密度也不相同，常规的变动范围一般为：

硅酸盐水泥	$3.10g/cm^3 \sim 3.20g/cm^3$
普通硅酸盐水泥	$3.00g/cm^3 \sim 3.20g/cm^3$
矿渣硅酸盐水泥	$2.90g/cm^3 \sim 3.10g/cm^3$
火山灰质硅酸盐水泥	$2.50g/cm^3 \sim 3.00g/cm^3$
粉煤灰硅酸盐水泥	$2.50g/cm^3 \sim 3.00g/cm^3$
铝酸盐水泥	$3.10g/cm^3 \sim 3.30g/cm^3$
中、低热硅酸盐水泥	$3.15g/cm^3 \sim 3.30g/cm^3$
少熟料和无熟料水泥	$2.20g/cm^3 \sim 2.80g/cm^3$
高贝利特水泥	$3.20g/cm^3 \sim 3.30g/cm^3$

水泥的密度一般采用液体排代体积的原理进行测定。国家标准 GB/T 208—2014《水泥密度测定方法》就是根据这种原理测定密度的，使用刻度精确的李氏瓶测定出被测试样的体积。此方法设备简单，原理明了，但操作要求仔细认真，对环境条件的控制较严格。目前此方法实际应用中最大的问题是李氏瓶的刻度标称精度达不到标准要求的 0.05mL，常常使两次试验结果之差值超出标准规定的 $0.02g/cm^3$ 的要求。美国 ASTM C188 标准和欧洲 EN196-4 标准中的测定方法都基于相同的测定原理和设备，与我国标准区别不大。

目前粉状物料密度的测定方法还有气体排代法，通常使用的气体为氦气，由于氦气分子截面积小，可以填充到更小的空隙中，测出的体积更接近真值，所以测得的密度数据更准确，一般情况下气体排代法测出的数据比液体排代法高一些。气体排代法优点是：设备全自动控制，体积小，测定速度快，人为影响因素少，数据准确度高，试样需用量少，不破坏试样的状态，适用范围广，试验结果重复性好。其缺点是：设备一次性投入资金多，试验消耗氦气，测定成本较高。欧洲标准中规定可以用气体排代法代替液体排代法。

二、水泥密度的测定方法

1. 范围

现行标准为 GB/T 208—2014《水泥密度测定方法》。该标准规定了测定水泥密度的方法原理、仪器及材料、测定步骤和结果计算。

该标准适用于各品种水泥密度的测定，也适用于指定采用该方法的其他粉体物料密度的测定，如粉煤灰、火山灰、硅灰、矿渣粉、生料等。

采用此方法的两个条件是：（1）被测物料密度要高于液体介质的密度；（2）被测物料与液体介质不发生反应。

2. 方法原理

将一定质量的水泥装入盛有足够量液体介质的李氏瓶内，液体的体积可以充分浸润水泥颗粒。根据阿基米德定律，水泥颗粒的体积等于它所排开液体的体积，通过计算得出水泥单位体积的质量，即为水泥的密度。

测定中，液体介质采用无水煤油或与水泥不发生反应的其他液体。

3. 仪器设备与材料

1）李氏瓶

制作材料：李氏瓶由优质玻璃制成，透明无条纹，具有抗化学侵蚀性且热滞后性小，要有足够的厚度以确保良好的耐裂性。李氏瓶示意图如图 3-8-1 所示。

形状与容积：横截面形状为圆形，球座容积约为 250mL。

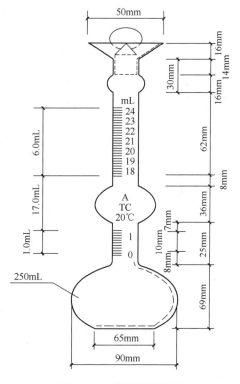

图 3-8-1　李氏瓶示意图

刻度：瓶颈刻度由 0mL～1mL 和 18mL～24mL 两段组成，且以 0.1mL 为分度值，任何标明的容量误差都不大于 0.05mL。李氏瓶应通过计量检定机构校准。也可自行核查，但应具备相应精度的设备、科学实用的方法及稳定的环境条件。

2）恒温水槽

恒温水槽的高度应超过李氏瓶，保证其液面高度可以全浸李氏瓶。容积足够大，确保试验期间水温可以稳定在（20±1）℃范围内，恒温期间温度波动不超过 0.2℃。

3）天平

天平量程不小于 100g，分度值不大于 0.01g。

4）温度计

温度计量程 0℃～50℃，分度值不大于 0.1℃。

5）排气装置

（1）磁力搅拌器如图 3-8-2 所示。

（2）超声波振动仪。

图 3-8-2 磁力搅拌器

6）无水煤油

无水煤油符合 GB 253—2008 的要求。使用后的煤油通过滤纸过滤滤掉其中的水泥颗粒，可重复使用，也可用生石灰浸泡处理一般煤油获得。

4. 试验步骤

1）试样的处理

水泥试样先通过 0.90mm 方孔筛，然后取出不少于 200g 试样，放在（110±5）℃温度下烘干 1h，然后在干燥器内冷却至室温（20±1）℃，备用。

注意事项：

（1）烘箱中放入干燥剂。

（2）试样应冷却至室温。

2）恒温煤油

将无水煤油注入李氏瓶中至 0mL～1mL 刻度线范围内（一般在 0.5mL 刻度左右），盖上瓶塞，放入恒温水槽内恒温，刻度部分全部浸入水中，且整个李氏瓶悬浮在恒温水中，观察恒温水槽的温度并记录，精确至 0.1℃，恒温时间不少于 30min。在李氏瓶中预先置入磁力搅拌棒，选用磁力搅拌装置排气。

注意事项：

（1）刻度部分应全部浸入且悬浮于水中。

（2）恒温期间水温变化不能超过 0.2℃。

3）称量试样

一般称取 60g 水泥试样，记录试料的质量（m），精确至 0.01g。测试其他材料或特种水泥的密度时，可以适当增减试料的质量，以便于读取刻度值为原则。计算时以实际装入李氏瓶的试料质量为准。

4）第一次读数

读数前观察恒温水槽的温度和开始恒温时是否一致。从水槽中取出李氏瓶，用洁净、干燥纱布将瓶外部液面刻度部分水分擦净，并快速读取刻度值并做记录（V_1），精确至 0.01mL，作为第一次读数。

注意事项：

（1）读数时视线应与凹液面下部平齐。

（2）自取出李氏瓶到读取刻度值用时越短越好。

5）装样排气

先用纱布将李氏瓶外部擦干，再用滤纸卷成管状，将李氏瓶颈内壁没有煤油的部分及瓶口仔细擦拭干净。用小药匙将已称量好的水泥试样全部装入已经处理好的李氏瓶中。试样装毕，盖好瓶塞，随后通过反复摇动李氏瓶，使瓶中的煤油和水泥颗粒混合液呈悬浮状旋转，达到排气的目的（亦可用搅拌装置搅拌），最后需人工摇动和目测排气效果，直至看不到气泡从底部冒出为止。

注意事项：

（1）擦拭内壁时滤纸不能接触到液面。

（2）装入试样的速度应适中，宜少量多次，避免堵塞瓶颈。

（3）所有的试样应全部装入瓶中，不能损失。

（4）如煤油液面达不到鼓肚上部的 18mL 刻度处或超出 24mL 刻度，可以适当增减试料的质量，但计算密度值时以实际装入的试料质量（m）为准。

（5）水泥颗粒应全部浸泡在煤油液面以下，保证排代试料的全部体积。

6）再恒温后第二次读数

首先观察水槽的温度是否和第一次恒温温度相同并记录。

再将李氏瓶刻度以下部分静置于水槽液面里。恒温期间持续观察水槽的温度。恒温 30min 后，准确、快速读取李氏瓶液面的刻度值并做记录（V_2），精确至 0.01mL。

注意事项：

（1）刻度部分应全部浸入液体中，不能高于恒温液面。

（2）恒温期间水温变化不应超过 ±0.1℃，全程盖紧瓶塞，防止液体挥发。

（3）第一、二次恒温的水温变化应不超过 ±0.2℃。

5. 结果计算

（1）水泥密度按式（3-8-1）计算，结果保留至 0.01g/cm³：

$$\rho = m/(V_2 - V_1) \tag{3-8-1}$$

式中：ρ——水泥密度，单位为克每立方厘米（g/cm³）；

　　　　m——水泥试料的质量，单位为克（g）；

　　　　V_1——未装水泥前李氏瓶第一次体积，单位为毫升（mL）；

　　　　V_2——装水泥后李氏瓶第二次体积，单位为毫升（mL）。

（2）结果处理

每个试样测定两次，两次结果之差不得超过 0.02g/cm³，试验结果取两次结果的算术平均值。如超出偏差范围需重新试验，直至符合偏差要求为止。

（3）密度检验项目对比偏差要求

同一试验室偏差小于 ±0.02g/cm³，不同试验室偏差小于 ±0.02g/cm³。

6. 影响测定结果的因素

（1）试验过程中试样温度与恒温水槽水的温度应尽量一致，避免由于温差较大，致使在恒温阶段李氏瓶内液体温度与水槽水温不相同。

（2）装入试样过程中应控制装料速度，避免物料堵塞瓶颈，操作要平稳、仔细，粘附在无液体部分的瓶壁上的水泥颗粒应浸入液面以下，防止损失试样，造成试验误差。

（3）排除气泡时，李氏瓶应尽量竖直，并用手心或手指压紧瓶塞，防止煤油从瓶口飞溅损失。

（4）排除气泡时，要尽可能排除所有气泡，直至目测检查无气泡为止。

（5）恒温水槽水温应控制在 20℃ 左右，因李氏瓶的容积刻度是在 20℃ 时标定的；两次恒温温度尽量一致，变化不应超过 0.2℃，避免由于温度的变化引起液体体积的变化。

（6）恒温时，由于恒温水液面距离瓶口较近，在取、放李氏瓶时要平稳、小心，防止恒温水灌入瓶中，增大体积读数。

（7）读取刻度数据时，取瓶、读数动作要迅速，用时越短越好，避免煤油离开恒温环境后因温度变化而导致体积读数变化。

（8）读取数据时，视线应与李氏瓶细颈内凹液面下弧点相平。

（9）两次恒温的整个过程中应盖上瓶塞，防止煤油蒸发，造成体积读数减小。

第九节 水泥比表面积的测定

一、概述

水泥细度是表示水泥被磨细的程度或水泥分散度的物理量。在水泥生产过程中水泥细度是质量控制的重要指标之一。水泥的细度直接影响水泥的物理性能和混凝土的应用性能。合理控制水泥细度，不但对提高产品质量，而且对节约能源也具有非常重要的意义。水泥半成品细度在生产过程中同样具有举足轻重的作用，在制备生料时，需将钙质原料、硅质原料、熔剂矿物原料粉磨磨细，生料的磨细程度对水泥熟料烧成的质量具有重要影响，适宜的生料细度可以保证生料颗粒间具有良好的反应速率，反应时间短，反应程度更完全，物料在窑内流速快，既可以节约能源，又能提高熟料的品质和产量。

在磨制水泥时水泥的粗细程度直接影响到水泥的各种性能，水泥越细，水泥的颗粒越小，水化时与水接触的表面积就越大，水化反应越快、越完全。水泥颗粒直径小，水更容易渗透到颗粒中心，使水化更为完全，有利于充分发挥水泥的胶凝性能，形成较多的具有胶凝作用的水化产物。但水泥颗粒也不能过细，因为过细的水泥颗粒遇水急速水化，而水泥混凝土使用过程中需要拌和、运输、施工等工序，在这个过程中过细的水泥颗粒很快完全水化，对强度的发展起不到什么作用。另外，颗粒太细，拌和时需水量增大，不仅会降低混凝土强度，还会导致体积收缩较大，工程主体内部温度升高。只有科学、合理的颗粒级配，使粗、细颗粒不同时段发挥应有的潜能，互相取长补短，才能使混凝土具有良好的强度和耐久性。

多年来，国内外学者对水泥颗粒级配的合理性进行了深入、广泛的研究，得出共识，认为 $3\mu m \sim 30\mu m$ 的颗粒对水泥强度的发挥起着重要作用。在此基础上，得出最佳合理的颗粒组成是：$0\mu m \sim 10\mu m$ 的占 30% 左右；$10\mu m \sim 30\mu m$ 的占 40% 左右；$30\mu m \sim 60\mu m$ 的占 25% 左右；大于 $60\mu m$ 的占 5% 左右。而大于 90μ 的颗粒几乎没有水硬性，近似于惰性，仅起填充性作用。

据统计，现在生产 1t 水泥用于粉磨的电耗约为 $50kW \cdot h \sim 80kW \cdot h$，约占生产水泥总电耗的 60%～80%，因此，合理控制水泥细度及级配，不但对提高产品质量，而且对节约能源、降低成本具有十分重要的意义。细度对水泥性能的影响也是显而易见的，水泥越细，需水量（标准稠度用水量）越多，凝结时间缩短，早期强度升高，水化硬化速率快，保水性好，但干缩率增大，水化热升高、耐风化性差。

水泥细度通常有三种表示方式：①筛分析（筛余量）——以某一规格筛子上的筛余百分数来表示。目前通用水泥筛余细度用 $80\mu m$ 和 $45\mu m$ 方孔筛两种规格筛子的筛余量表示；②比表面积——以每克水泥所具有的总比表面积表示；③颗粒级配——以水泥中不同大小颗粒分布的质量分数表示。颗粒级配测定方法根据测定原理不同分为：沉降法、空气离析法、激光衍射法和显微镜法。

二、水泥比表面积测定方法

1. 方法概述

比表面积是以单位质量水泥颗粒所具有的总表面积来表示，水泥越细颗粒数越多，暴露的表面积越大。由于磨机、选粉机的规格、研磨体的级配不同，磨制出的水泥颗粒的大小以及级配组成情况相差很大。当水泥磨细到一定程度，用筛余百分数表示往往不能反映出真实的状况，而用比表面积表示可以在某种程度上反映出水泥颗粒粗细的差别。所以水泥比表面积测定方法是比较常用的一种方法，在水泥企业生产中用于控制出磨和出厂水泥的细度。熟料强度检验用小磨制备试样时，也需要将比表面积控制在（350±10）m²/kg。用比表面积表示水泥的细度，已成为行业内的共识。

比表面积有多种测定方法：GB/T 8074—2008 透气法、GB/T 19587—2004 气体吸附BET 法测定固态物质比表面积、粒度推算法。

（1）透气法：采用空气透过的原理测定比表面积的方法很多，国际上使用过的仪器有：美国勃莱恩式的勃氏透气仪，前苏联托瓦洛夫氏的 T-3 型透气仪，美国费歇尔氏的平均粒度仪及英国李及诺斯氏透气仪。这些仪器只是结构和测定方法繁简程度不同，但其基本原理和计算公式基本相同。

（2）吸附法：吸附法测定比表面积的原理，是依据气体在固体表面的吸附特性。在一定的压力下，被测试样颗粒（吸附剂）表面在超低温下对气体分子（吸附质）具有可逆的物理吸附作用，在一定的压力下，存在确定的平衡吸附量。测定出该平衡吸附量，利用理论模型等效求出被测试样的比表面积。由于实际颗粒外表面的不规则性，严格来讲，该方法测定的是吸附质分子所能达到的颗粒外表面和内部通孔总表面积之和。

（3）粒度推算法：激光粒度仪分析得出的比表面积，是假设粉体颗粒呈实心球体的状态，通过粒度分布数据统计计算得出。

由于分析测试原理不同，三种方法测定出的比表面积数据值没有可比性。目前，我国测定水泥比表面积采用的是 GB/T 8074—2008《水泥比表面积测定方法 勃氏法》，系参照ASTM C204—2011《透气法测定波特兰水泥细度标准试验方法》、JIS R5201—1997《水泥物理试验方法　细度试验》和 EN 196-6—1992《水泥试验方法　细度测定》等国际先进方法制定。

2. 范围

GB/T 8074—2008《水泥比表面积测定方法 勃氏法》适用于测定水泥的比表面积及适合采用本标准方法的比表面积在 2000cm²/g～6000cm²/g 范围内的其他各种粉状物料，不适用于测定多孔材料及超细粉状物料。多孔材料或超细粉状物料采用吸附法原理测定更为合理。

3. 规范性引用文件

GB/T 208 水泥密度测定方法

GB/T 1914 化学分析滤纸

GB/T 12573 水泥取样方法

JC/T 956 勃氏透气仪

4. 方法原理

根据一定量的空气通过具有一定空隙率和固定厚度的水泥层时，所受阻力不同而引起流速的变化，来测定水泥的比表面积。在一定空隙率的水泥层中，空隙的大小和数量是颗粒尺寸的函数，同时也决定了通过水泥层的气流速度。

5. 术语和定义

（1）水泥比表面积：单位质量的水泥粉末所具有的总表面积，以平方厘米每克（cm²/g）

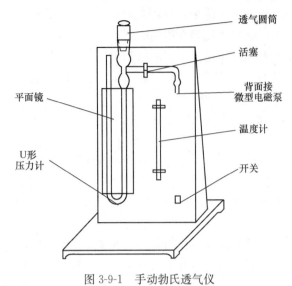

图 3-9-1　手动勃氏透气仪

或平方米每千克（m^2/kg）表示。

（2）空隙率：试料层中颗粒间空隙的容积与试料层总的容积之比，以 ε 表示。

6. 试验设备及试验条件

1）手动勃氏比表面积透气仪

手动勃氏透气仪由透气圆筒、穿孔板、捣器、U 形压力计及抽气装置等部分组成，如图 3-9-1 所示。技术指标应符合 JC/T 956—2014 的要求。

（1）透气圆筒：如图 3-9-2 所示，由不锈钢或铜质材料制成，圆筒内径 $\phi 12.70_0^{+0.050}$ mm，内表面和阳锥外表面的粗糙度 $Ra \leqslant 1.6\mu m$。在圆筒内壁距离上口边（55 ± 1）mm 处有一突出的、宽度为 0.5mm～1mm 的边缘，用于放置穿孔板。圆筒阳锥锥度 19/38。

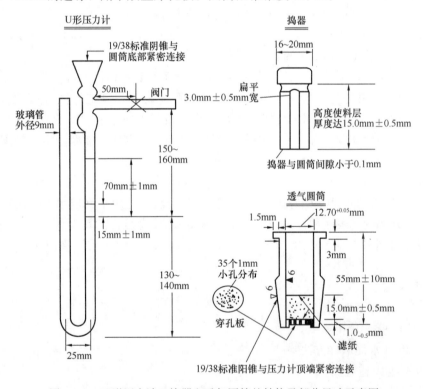

图 3-9-2　U 形压力计、捣器和透气圆筒的结构及部分尺寸示意图

（2）穿孔板：由不锈钢材料制成，厚度为（1.0 ± 0.1）mm，直径 $\phi 12.70_{-0.050}^{0}$ mm。在其面上，均匀等距离地分布着 35 个直径（1.00 ± 0.05）mm 的小孔，分布情况：中心 1 个，中心外第一圈 6 个，中心外第二圈 12 个，中心外第三圈 16 个。穿孔板应与圆筒内壁密合。穿孔板两平面应平行。

（3）捣器：如图 3-9-2 所示，由不锈钢或铜质材料制成，插入圆筒时与圆筒内壁间隙 ≤0.1mm。捣器的底面应与主轴垂直，不垂直度小于 6^1。侧面有一个宽度为 （3.0±0.3）mm 的扁平槽。捣器的顶部有一支持环，当捣器放入圆筒时，支持环与圆筒上口边接触时捣器底面与穿孔板之间的距离为 （15.0±0.5）mm。

（4）压力计：如图 3-9-2 所示，U 形压力计由玻璃制成，U 形压力计玻璃管内径（7.0±0.5）mm，U 形间距（25±1）mm，在连接透气圆筒的压力计臂上刻有三条环形线，U 形管底部到第一条环线的距离为 130mm～140mm，第一条与第二条距离（15±1）mm，第一条与第三条距离（70±1）mm。从压力计底部往上 280mm～300mm 处有一个出口管，管上装有一个阀门，连接抽气装置。U 形压力计一个臂的顶端有一锥度为 19/38 的阴锥，安装透气圆筒后与其紧密连接。

（5）抽气装置：其抽力能保证使液面超过第三条刻度线。

（6）密封性：透气圆筒阳锥与 U 形压力计的阴锥应严密连接。U 形压力计上的阀门以及软管连接口应能密封。在密封的情况下，压力计内的液面保持 3min 不下降。

2）自动勃氏比表面积透气仪

自动勃氏比表面积透气仪由透气圆筒、穿孔板、捣器、U 形压力计、抽气装置、光电管及自动控制计算系统组成，如图 3-9-3 所示，技术指标应符合 JC/T 956—2014 的要求。

（1）透气圆筒：由不锈钢或铜质材料制成，圆筒内径 $\phi 12.70_0^{+0.050}$ mm，内表面和阳锥外表面的粗糙度 $Ra \leqslant 1.6 \mu m$。在圆筒内壁距离上口边（55±1）mm 处有一突出的、宽度为 0.5mm～1mm 的边缘，用于放置穿孔板。圆筒阳锥锥度为 19/38。

（2）穿孔板：由不锈钢材料制成，厚度为 （1.0±0.1）mm，直径 $\phi 12.70_{-0.050}^0$ mm。在其面上，均匀等距离地分布着 35 个直径（1.00±0.05）mm 的小孔，穿孔板应与圆筒内壁密合。穿孔板两平面应平行。

图 3-9-3 自动勃氏比表面积透气仪

（3）捣器：由不锈钢或铜质材料制成，插入圆筒时与圆筒内壁间隙≤0.1mm。捣器的底面应与主轴垂直，侧面有一个扁平槽，宽度为（3.0±0.3）mm。捣器的顶部有一支持环，当捣器放入圆筒时，支持环与圆筒上口边接触时捣器底面与穿孔板之间的距离为（15.0±0.5）mm。

（4）压力计：U 形压力计由玻璃制成，U 形压力计玻璃管内径（7.0±0.5）mm，U 形间距（25±1）mm，在连接透气圆筒的压力计臂上刻有三条环形线，自下算起第一条与第二条距离（15±1）mm，第一条与第三条距离（70±1）mm，从压力计底部往上 280mm～300mm 处有一个出口管，管上设有阀门，连接抽气装置。U 形压力计一个臂的顶端有一锥度为 19/38 的阴锥，安装透气圆筒后与其紧密连接。

（5）抽气装置：其抽力保证液面能超过第三条刻度线。第三条刻度线处或以上部位装有光电管，液面上升到此处会传给单片机指令自动停止抽气。

（6）控制硬件：光电管至少应有两对，分别装在第二条和第三条刻度线处。光电管不需要借助 U 形管内浮球即可对压力计内无色或有色液体的液面升降产生感应。

（7）软件要求：自动仪孔隙率 ε、K 值、S 值、ρ 值等参数可根据需要进行调整。

（8）计算程序：计算程序按标准中公式计算，显示的结果与手工计算结果相对误差不大于 0.01%，计算的示值重复性差不大于 0.1%。

（9）密封性：透气圆筒阳锥与 U 形压力计的阴锥应严密连接。U 形压力计出口管与软管连接应密封。在密封的情况下，自动仪将液面升到第三条刻度线以上，保持 3min 压力计内的液面不下降。

3）烘干箱

烘干箱温度控制灵敏度±1℃。

4）分析天平

分析天平的分度值 0.001g。

5）秒表

秒表精确至 0.5s（一般精读至 0.1s）。

6）试验室条件

相对湿度不高于 50%。

7. 试验用的材料

（1）水泥试样

水泥试样按 GB/T 12573—2008《水泥取样方法》进行取样，先通过 0.9mm 方孔筛，然后在（110±5）℃下烘干 1h，在干燥器中冷却至室温。

（2）基准材料

基准材料为 GSB 08—2184/2185 水泥细度用萤石粉标准样品（由国家水泥质检中心研制）。

（3）滤纸

符合 GB/T 1914—2007 的中速定量滤纸的要求，压制成直径和圆筒内径相同，即 ϕ12.7mm 滤纸片。

（4）U 形压力计液体

采用带有颜色或无颜色的蒸馏水。禁止使用自来水，因自来水会产生污垢，增大 U 形压力计内壁的阻力，影响液体的下降速度，还会使玻璃管透明度下降，难以看清液面。

（5）汞（水银）

汞的级别为分析纯。

8. 仪器校准

1）试料层体积的测定

（1）第一次测定圆筒装满水银的质量：将穿孔板放入圆筒内，此时记住穿孔板的朝向，取两片外形完整的滤纸放入透气圆筒内，用细长的金属棒下压，直至将两张滤纸片平整地铺放在穿孔板上。然后注满水银，用一块玻璃板轻压水银表面，挤排掉多余的水银，使水银面与圆筒口平齐（注：从玻璃板上看玻璃板和水银表面之间不能有气泡或空洞）。取下玻璃板，刷去玻璃板及圆筒外部粘附的水银珠，倒出水银称量（精确至 0.01g）。装样、称量过程至少重复两次，直至两次质量相差不大于 0.05g 为止，取其平均值，记录水银的质量 p_1 和当时的温度。

（2）制备水泥料层后，再次测定圆筒装满水银的质量：取出一片滤纸（不要换滤纸，如取出穿孔板一定按第一次的朝向放入，以后不要改变朝向），用天平称取适量（约 3.0g）的水泥试样粉末，装入透气圆筒中，在桌面上将圆筒中的水泥轻轻摇平。再将另一张滤纸盖在透气圆筒中的水泥上面，用捣器压实水泥层，捣器下压速度不能太快，应保证圆筒中空气能缓慢地从放气槽中排出，最终保证捣器上支持环与圆筒上口边接触无缝隙（判断有无缝隙，可将捣器与圆筒的接触面朝向光线进行观察，接触面间如有光透过，说明有缝隙，捣器没到位）。如捣器支持环与圆筒口边接触有间隙，捣实过程中应再加大力量往下按，直至达到规定位置；如捣器支持环与圆筒上口边还留有间隙，可以适当减少水泥用量，直至能刚好按下捣器为最佳。再注满水银，用玻璃板轻压水银表面，使水银面与圆筒口平齐（注：通过玻璃板看玻璃板和水银表面之间不能有一点气泡或空洞）。取下玻璃板，刷去玻璃板及圆筒外部粘附的水银珠，倒出水银称量（精确至 0.01g）。如此重复至少两次，直至质量相差小于 0.05g，取其平均值，记录水银的质量 p_2 和当时的温度。

（3）试料层的体积按式（3-9-1）计算：

$$V = \frac{p_1 - p_2}{\rho_{水银}} \tag{3-9-1}$$

式中：V——透气圆筒试料层体积，单位为立方厘米（cm^3）；

　　　p_1——未装试样时充满圆筒的水银质量，单位为克（g）；

　　　p_2——装试样后充满圆筒的水银质量，单位为克（g）；

　　$\rho_{水银}$——试验温度下水银的密度，单位为克每立方厘米（g/cm^3），可从表 3-9-1 中查得。

表 3-9-1　在不同温度下水银的密度 $\rho_{水银}$、空气黏度 η 和 $\sqrt{\eta}$ 值

室温/℃	水银密度 $\rho_{水银}$/（g/cm^3）	空气黏度 η/（$\mu Pa \cdot s$）	$\sqrt{\eta}$ 值
8	13.58	17.49	4.18
10	13.57	17.59	4.19
12	13.57	17.68	4.20
14	13.56	17.78	4.22
16	13.56	17.88	4.23
18	13.55	17.98	4.24
20	13.55	18.08	4.25
22	13.54	18.18	4.26
24	13.54	18.28	4.28
26	13.53	18.37	4.29
28	13.53	18.47	4.30
30	13.52	18.57	4.31
32	13.52	18.67	4.32
34	13.51	18.76	4.33

（4）试料层体积测定的规定

每个料筒按以上步骤至少重复测量两次，每次单独压制水泥层，两次体积差不得超过 0.005cm³，取两次平均值作为该圆筒试料层的体积。如两次体积之差超过 0.005cm³，应进行第三次、第四次试验，直至误差在规定范围内为止。

正常情况下每隔半年应重新校正试料层体积；当更换新圆筒或捣器、穿孔板时必须重新测定体积，因更换每个部件都会导致圆筒体积发生变化。

注意事项：

水银密度较高，注意轻拿轻放，以防打破容器。水银蒸气对人身体有害，注意通风。不要洒落水银，如有洒落，可撒硫磺粉吸附。水银用后及时收装密封，妥善保存。

2）仪器常数的测定

（1）手动仪器常数的测定

① 确定 U 形压力计内液面高度：新使用的勃氏仪，将 U 形压力计内装入带有颜色或无颜色的蒸馏水，液面高度与从下边数第一条刻度线保持水平。U 形压力计玻璃管内壁不能粘有水珠，多余的水珠用滤纸吸出，或放置一段时间等水珠流下后再调整液面高度。经常使用的勃氏仪，取下 U 形压力计两端为防止液面蒸发而盖上的胶塞，使 U 形压力计两端口与大气相通，观察液面高度是否在第一条刻度线处，如不符合规定须调整液面。注意视线应与凹液面底部平齐。

② 系统的气密性检查：先用橡胶塞将圆筒上口塞紧，然后在勃氏仪透气圆筒外锥涂一层油脂（凡士林），然后将圆筒插入 U 形压力计上端锥口处，旋转几周使之与 U 形压力计密实接触（看上去无缝隙）。接下来在阀门处涂一些油脂（注意不要堵塞通气孔），开启阀门，打开抽气装置使 U 形压力计内液面上升到第三条刻度线以上。关闭阀门和抽气装置，在 U 形压力计玻璃管的液面处作一标记，静停 3min 观察液面高度是否下降。如保持不变，表明该仪器不漏气；如液面下降，应重新检查圆筒上口橡胶塞是否塞紧，圆筒与 U 形压力计上端锥口配合是否密实，阀门是否密封。

③ 合理选用标准样品：选用 GSB 08—2184/2185 水泥细度用萤石粉系列标准样品测定标准时间。取一瓶已知比表面积和密度的标准样品，全部装入容积约 250mL 的密封瓶中，上下摇动使标准样品松散并充分搅拌混合均匀。取出不少于 30g 的标准样品，在（110±5）℃烘箱中烘干 1h，除去水分，并在干燥器中冷却至室温，待用。

标准样品的称样量 m 按式（3-9-2）计算，精确至 0.001g：

$$m = \rho_s V(1 - \varepsilon_s) \tag{3-9-2}$$

式中：m——标定仪器所需标准样品的质量，单位为克（g）；

ε_s——标准样品的样品层空隙率（标签上标出），一般取 0.500；

ρ_s——标准样品的密度（标签上标出），单位为克每立方厘米（g/cm³）；

V——已经测出的圆筒试料层的体积，单位为立方厘米（cm³）。

④ 标准时间的测定：先将穿孔板放入透气圆筒中（注意穿孔板的朝向），取一片滤纸放入透气圆筒中，滤纸片要完整不能有残缺。用一直径比透气圆筒内径略小的细长棒缓慢垂直下压，直到滤纸片平整地铺放在穿孔板上。按照式（3-9-2）计算出的质量值，准确称取标准样品，精确至 0.001g，倒入已装有穿孔板和滤纸的透气圆筒中（装料过程中标准样品不能有损失），在桌面上以水平方向轻轻摇动，使标准样品表面平坦。然后在试料层上盖一片滤纸，用捣器捣实。捣器下压时速度不要过快，让圆筒中的空气从放气槽中放出。捣器支持环与圆筒上口边缘接触并旋转 1～2 圈，料层制备完毕（注意：制备好料层的圆筒避免剧烈震动）。将装有标准样品的透气圆筒外锥涂一层油脂（凡士林），然后将圆筒插在 U 形压力计上端锥口处，旋转几周使之与 U 形压力计密实接触（观察无缝隙），操作过程中避免剧烈

撞击、震动透气圆筒。打开阀门，启动抽气装置，使 U 形压力计内液面缓慢上升到第三条刻度线以上，关闭阀门和抽气装置，取出捣器。当 U 形压力计内凹液面下降到第三条标线处开始计时，到第二条标线处停止计时，记录液面从第三条标线到第二条标线所经过的时间，精确至 0.1s。观察时视线应与凹液面底部水平，凹液面与标线相切时为计时的开始和结束。同时记录仪器旁的温度。

⑤ 标准时间测定的规定：测定标准时间应称取两份标准样品，每份标准样品在被标定的仪器上测定两次标准时间（两次所测标准时间之差不应超过 0.5s）；两份标准样品所测得的透气时间之差不超过 1s，以两次结果的平均值作为该仪器的标准时间 T_s，精确至 0.1s。否则应称取第三份标准样品进行测定。取两次不超差的透气时间的平均值作为该仪器的标准时间 T_s。

每年至少校准一次，仪器设备使用频繁时应每半年进行一次校准。

仪器设备维修或更换某一部件（透气圆筒、穿孔板、捣器、U 形压力计），都应重新校准标定。

(2) 自动仪器常数的测定

① 确定 U 形压力计内液面高度：新使用的勃氏仪，将 U 形压力计内装入蒸馏水，液面高度达到第一条刻度线处。U 形压力计玻璃管内壁不能粘有水珠，管壁上如有水珠用滤纸吸出，或放置一段时间让水珠自然流下后再调整液面高度。

经常使用的勃氏仪，取下 U 形压力计两端为防止液面蒸发而盖上的橡胶塞，使 U 形压力计两端口与大气相通，仪器会自动检测液面位置是否合适。如显示液位错误，须调整液面，直至仪器显示正常。

② 系统的气密性检查：先在勃氏仪透气圆筒外锥涂一层油脂（凡士林），然后将圆筒插在 U 形压力计上端锥口处，旋转几周使之与 U 形压力计密实接触（目测无缝隙）。再用橡胶塞将圆筒上口塞紧，开启测试键，抽气装置将 U 形压力计内液面抽至一定高度，在 U 形压力计玻璃管上高液面处作一标记，3min 后观察液面，如不下降，表明该仪器不漏气；如漏气，重新检查圆筒上口橡胶塞是否塞紧、圆筒与 U 形压力计上端锥口配合是否密实。

③ 合理选用标准样品：选用 GSB 08—2184/2185 水泥细度用萤石粉系列标准样品测定标准时间。取一瓶已知比表面积和密度的标准样品，全部装入容积约 250mL 的密封瓶中，上下摇动使标准样品松散并充分混合均匀。取出不少于 30g 的标准样品，在（110±5）℃的烘箱中烘干 1h，除去水分，在干燥器中冷却至室温，备用。

校准用标准样品的称取量按式（3-9-3）计算，结果保留至 0.001g：

$$m = \rho_s V(1 - \varepsilon_s) \tag{3-9-3}$$

式中：m——标定仪器所需标准样品的质量，单位为克（g）；

ε_s——标准样品的样品层空隙率（标签上标出），一般取 0.500；

ρ_s——标准样品的密度（标签上标出），单位为克每立方厘米（g/cm³）；

V——已经测出的圆筒试料层的体积，单位为立方厘米（cm³）。

④ 标准时间的测定：先将穿孔板放入透气圆筒中（注意穿孔板的朝向），取一片滤纸放入透气圆筒中，滤纸片要完整不能有残缺。用一直径比透气圆筒内径略小的细长棒缓慢垂直下压，直至滤纸片平整铺放在穿孔板上。按照式（3-9-3）计算出的质量值准确称取标准样品，精确至 0.001g，倒入已装有穿孔板和滤纸的透气圆筒中（装料过程中标准样品不能有

损失），在桌面上以水平方向轻轻摇动，使标准样品表面平坦，然后在试料层上盖一片滤纸，用捣器捣实。捣器下压时速度不要过快，让圆筒中空气从放气槽中放出，捣器支持环与圆筒上口边接触并旋转1~2圈，料层制备完毕（注意：制备好料层的圆筒应避免剧烈震动）。将装有标准样品的透气圆筒外锥涂一层油脂（凡士林），然后将圆筒插在U形压力计上端锥口处，旋转几周使之与U形压力计密实接触（观察无缝隙），操作过程中避免剧烈撞击、震动透气圆筒。选择"标定"键，录入相关参数，按"测量"键进行透气试验。试验结束后自动显示标准常数 K 值。

⑤ 标准时间测定的规定：测定标准常数 K 值时应称取两份标准样品，每份标准样品在被标定的自动仪上进行测定，当两次试验常数相对误差超过 0.2% 时，需称取第三份标准样品进行测定。取两次不超差的常数的平均值作为自动仪的标准常数。

每年至少校准一次，仪器设备使用频繁时应每半年进行一次校准。

仪器设备维修或更换某一部件（透气圆筒、穿孔板、捣器、U形压力计、光电管）后，都应重新校准标定。

9. 试验步骤

1）测定水泥密度

首先按 GB/T 208—2014《水泥密度测定方法》测定被测水泥试样的密度。

2）液面检查

取下 U 形压力计两端为防止液面蒸发而盖上的橡胶塞，使 U 形压力计两端口与大气相通，观察液面高度是否在第一条刻度线处，如不合适须调整液面高度。注意视线应与凹液面底部平齐。

3）气密性检查

先在勃氏仪透气圆筒外锥涂一层油脂（凡士林），然后将圆筒插在 U 形压力计上端锥口处，旋转几周使之与 U 形压力计密实接触（观察无缝隙）。再用橡胶塞将圆筒上口塞紧，开启阀门，然后用抽气装置使 U 形压力计内液面缓慢上升至第三条刻度线以上。关闭阀门，在 U 形压力计玻璃管上液面处作一标记，3min 后观察液面情况，如不下降，表明该仪器不漏气；如果漏气，重新检查圆筒上口橡胶塞是否塞紧、圆筒与 U 形压力计上端锥口配合是否密实、阀门是否密封。

4）确定空隙率

对于 GB/T 8074—2008《水泥比表面积测定方法 勃氏法》第 7.3 条的解释，经多方研究商讨，说明如下：

（1）P·Ⅰ、P·Ⅱ型硅酸盐水泥的空隙率应首选 0.500，其中包括：水泥熟料、硅酸盐水泥、混合材料掺加量≤5% 的品种水泥（即：中热硅酸盐水泥、低热硅酸盐水泥、抗硫酸盐水泥、油井水泥、硫铝酸盐系列水泥、明矾石膨胀水泥、铝酸盐水泥、道路水泥、白水泥）。

（2）其他水泥或粉料的空隙率首选 0.530。其中包括：矿渣粉、普通硅酸盐水泥、粉煤灰硅酸盐水泥、火山灰质硅酸盐水泥、复合硅酸盐水泥、石灰石硅酸盐水泥等。

（3）其他产品有要求的按产品要求规定执行。

（4）如果按上述空隙率称取的水泥试样装入透气圆筒中、捣器下压不能达到规定位置时，则允许改变空隙率。

（5）空隙率的调整，对捣器的向下压力以2000g砝码能将试样压实至规定位置为准。

5）确定试样量

试样的质量按式（3-9-4）计算，结果保留至0.001g：

$$m = \rho V(1-\varepsilon) \tag{3-9-4}$$

式中：m——测定试验需要的试样质量，单位为克（g）；

　　　ε——试料层空隙率。不同物料根据标准第7.3条的解释选用；

　　　ρ——试样的密度，单位为克每立方厘米（g/cm³）；

　　　V——圆筒试料层的体积，单位为立方厘米（cm³）。

6）试料层的制备

先将穿孔板放入透气圆筒中（注意穿孔板的朝向），取一片滤纸放入透气圆筒中，滤纸片要完整不能有残缺。用一直径比透气圆筒内径略小的细长金属棒缓慢垂直下压，直至滤纸片平整地铺放在穿孔板上。按照式（3-9-4）计算出的质量值准确称取试样，精确至0.001g，倒入已装有穿孔板和滤纸片的透气圆筒中（装料过程中试样不能有损失）。在桌面上以水平方向轻轻摇动，使试样表面平坦。然后在试料层上盖一片滤纸，用捣器捣实，捣器下压速度不要过快，让圆筒中的空气缓慢地从放气槽中放出。捣器支持环与圆筒上口边接触并旋转1～2圈。滤纸片直径为φ12.7mm，边缘应光滑，每次测定必须使用新的滤纸。

7）透气时间的测定

（1）用手动仪器测定

将装有试样的透气圆筒外锥涂一层油脂（凡士林），然后将圆筒安放到U形压力计上端锥口处，旋转几周使之与U形压力计密实接触（观察无缝隙），旋转过程中不要剧烈震动、碰撞透气圆筒。打开阀门，然后用抽气装置使U形压力计内的液面缓慢上升到第三条刻度线以上，关闭阀门和抽气装置，取出捣器。当U形压力计内凹液面下降到第三条标线开始计时，到第二条标线停止计时，观察时视线应与凹液面底部平齐。液面的凹面与标线相切时为计时的开始和结束，记录液面从第三条标线到第二条标线所需的时间，精确至0.1s。同时记录仪器旁的温度。每个试样独立测定两次。

（2）用自动仪器测定

将装有试样的透气圆筒外锥涂一层油脂（凡士林），然后将圆筒安放在U形压力计上端锥口处，旋转几周使之与U形压力计密实接触（观察无缝隙），旋转过程中不要剧烈震动透气圆筒。取出捣器，录入相关参数（密度、空隙率等），按"测量"键进行透气试验。试验结束后仪器自动显示比表面积值。

10. 结果的计算

1）结果计算

比表面积值按式（3-9-5）计算：

$$S = \frac{S_s \rho_s \sqrt{\eta_s} \sqrt{T}(1-\varepsilon_s) \sqrt{\varepsilon^3}}{\rho \sqrt{\eta} \sqrt{T_s}(1-\varepsilon) \sqrt{\varepsilon_s^3}} \tag{3-9-5}$$

式中：S——被测试样的比表面积，单位为平方厘米每克或平方米每千克（cm²/g 或 m²/kg）；

　　　S_s——标准样品的比表面积，单位为平方厘米每克或平方米每千克（cm²/g 或 m²/kg）；

T——被测试样试验时压力计中液面下降的时间，单位为秒（s）；

T_s——标准样品试验时压力计中液面下降的时间，单位为秒（s）；

η——被测试样试验温度下的空气黏度，单位为微帕·秒（$\mu Pa \cdot s$）；

η_s——标准样品试验温度下的空气黏度，单位为微帕·秒（$\mu Pa \cdot s$）；

ε——被测试样试料层的空隙率，不同物料根据标准第 7.3 条的解释选用；

ε_s——标准样品试料层的空隙率，由标准样品相关资料提供；

ρ——被测试样的密度，单位为克每立方厘米（g/cm^3）；

ρ_s——标准样品的密度，单位为克每立方厘米（g/cm^3），由标准样品相关资料提供。

不同温度下空气黏度 η 和 $\sqrt{\eta}$ 可由表 3-9-1 查得；与水泥层空隙率值 ε 相对应的 $\sqrt{\varepsilon^3}$ 值可由表 3-9-2 查得。

表 3-9-2　与水泥层空隙率值 ε 相对应的 $\sqrt{\varepsilon^3}$ 值

水泥层空隙率 ε	$\sqrt{\varepsilon^3}$	水泥层空隙率 ε	$\sqrt{\varepsilon^3}$
0.495	0.348	0.515	0.369
0.496	0.349	0.520	0.374
0.497	0.350	0.525	0.380
0.498	0.351	0.526	0.381
0.499	0.352	0.527	0.383
0.500	0.354	0.528	0.384
0.501	0.355	0.529	0.385
0.502	0.356	0.530	0.386
0.503	0.357	0.531	0.387
0.504	0.358	0.532	0.388
0.505	0.359	0.533	0.389
0.506	0.360	0.534	0.390
0.507	0.361	0.535	0.391
0.508	0.362	0.540	0.397
0.509	0.363	0.545	0.402
0.510	0.364	0.550	0.408

2）结果处理

（1）水泥比表面积应由两次独立透气试验结果的平均值确定。如两次试验结果相差 2% 以上，应重新测定一次，取两次不超差的结果的平均值作为该试样的比表面积值。计算结果精确至 $10cm^2/g$ 或 $1m^2/kg$。

（2）当同一水泥试样用手动勃氏透气仪测定的结果与用自动勃氏透气仪测定的结果有争议时，以手动测定结果为准。

注意事项：

以前市售的老式自动比表面积测定仪，如果没有输入空隙率参数功能，采用 0.530 空隙率的测定结果与采用 0.500 空隙率的测定结果相差很多，大约偏低（$30m^2/kg$～60）m^2/kg。此测定数据是错误的，应将原有的测定结果乘以 1.160 的系数加以修正，因为老式自动比表面积测定仪内部计算时未考虑空隙率的变化。试验证实，同一试样采用 0.530 空隙率比采用 0.500 空隙率测定结果会降低（$7m^2/kg \sim 10$）m^2/kg，如果超出此范围需要查找原因。

11. 影响测定结果的因素

（1）试样的捣实：由于试料层内空隙分布的均匀程度对比表面积测定结果有影响，所以捣实试验的操作应统一。

（2）空隙率的选取：严格按标准第 7.3 条的解释执行，根据试样的品种，选用不同的空隙率。同一试样，只有选用相同的空隙率，试验结果才有可比性。根据多年的试验经验，多数水泥试样按标准规定首选的空隙率不需要调整，只有密度特别低或比表面积值很大的试样需要调整空隙率。

（3）试样的密度：试样密度是决定试样称取量的一个重要因素，同时在计算比表面积时也要用到试样的密度值，因此密度值的准确与否直接影响比表面积的测定结果。密度高，测出的比表面积值也高。

（4）圆筒试料层的体积：试料层的体积是决定试样称取量的另一个重要因素。

（5）标准样品的标准值：由于定值及溯源方面的原因，不同机构研制的标准样品标准值之间会有一定的偏差。

（6）标准时间（常数）：标准时间作为测定试验的基准，其测定的准确与否，直接影响试样测定结果的准确性。

（7）仪器设备状态：设备的气密性是否完好、U 形压力计内液面高度、穿孔板 35 个透气孔是否畅通等都将影响测定结果的准确性。

12. 试验操作过程中的注意事项

（1）试验前应进行气密性检查，并用标准样品校验仪器常数。

（2）试验前应观察 U 形压力计的液面高度是否与标线平齐。如发现液体损失或蒸发，应及时补充。

（3）试验时应检查穿孔板的透气孔是否通畅，确保穿孔板的上下面位置始终与测定圆筒试料层体积时相一致。

（4）圆筒内穿孔板上的滤纸直径大小应与圆筒内径一致。若滤纸偏大，滤纸四周起皱，影响试料层真实体积；若滤纸偏小，上层水泥外溢粘附到圆筒内壁上或下层水泥渗漏到圆筒外，影响测试结果。

（5）水泥试样称取量要准确，精确至 0.001g，装料过程中不能损失试样。

（6）捣器捣实时，捣器下压时速度不宜过快；捣器上的支持环与圆筒上口应紧密接触，无缝隙，保证每个料层的高度相同。取下捣器时要旋转且缓慢，以免产生负压抽松试料层。

（7）制备好的试料层应避免剧烈震动或碰撞，以免震松试料层。

（8）圆筒外锥与 U 形压力计锥形口应紧密配合，不能漏气。

（9）抽气时速度不要太猛，阀门开度不要太大，应让液面徐徐上升，以免冲松料层或液体冲出压力计。

（10）测定物料透气时间时，视线应与凹液面底部平齐，凹液面与标线相切时为计时的开始和结束。

（11）当滤纸品种、质量发生变化时，应重新测定圆筒料层体积及时间常数。

第十节　水泥筛余细度的测定

一、概述

水泥细度有筛余百分数、比表面积、颗粒级配等表示方法。目前，我国普遍采用筛余百分数和比表面积两种方法表示水泥细度。

筛析法是水泥企业控制原料、半成品、成品细度指标最常用的检验方法，其特点是，设备投资少，操作简便，检测时效快、成本低，且数据稳定可靠，在水泥生产控制和最终检验中起到重要作用，近年来在建筑工程施工单位中也被广泛使用，作为验收材料质量的一项重要检测手段。我国标准 GB 175—2007《通用硅酸盐水泥》中规定筛余细度作为选择性指标，规定矿渣硅酸盐水泥、火山灰质硅酸盐水泥、粉煤灰硅酸盐水泥和复合硅酸盐水泥，用 $80\mu m$ 方孔筛检测筛余值不大于 10%，或用 $45\mu m$ 方孔筛检测筛余值不大于 30%，作为细度合格指标。

相同的粉磨条件下，影响水泥粉磨细度的主要因素是熟料的易磨性、混合材料的易磨性及掺加量。一般讲，硅酸三钙（C_3S）含量高的熟料易磨，硅酸二钙（C_2S）含量高的熟料难磨。混合材料中火山灰、粉煤灰易磨，矿渣难磨。

二、水泥细度的测定方法

1. 方法概述

我国 GB/T 1345—2005《水泥细度检验方法　筛析法》用的是筛析法，筛析法是用在一定孔径的试验筛上水泥质量占水泥试样质量的百分数来表示。筛余百分数只表示大于某一尺寸颗粒的质量百分数，对于小于这个尺寸的颗粒分布情况不能真实地反映出来，若想掌握具体分布情况，还需要用其他的细度检验方法进行检测，如颗粒级配分析法等。

该标准内容包括负压筛析法、手工干筛法和水筛法三种筛析方法。负压筛析法用负压筛析仪进行筛析，是目前较为先进的筛析方法。负压筛析仪用真空源产生的负压气流作为筛分动力，高速气流自喷嘴由筛网下面向上喷吹被测物料，使其飞离筛网，在自然下落过程中小于筛网孔径的细粉颗粒通过筛网被负压气流带走，并由旋风收尘筒收集下来，而大于筛网的粗颗粒则保留在筛网上，如此多次重复运动达到筛分的目的。筛网上残留的颗粒即为试样的筛余。负压筛析法的优点是，在整个筛析过程中水泥试样是在密封系统中运动的，试验室环境中无粉尘飞出，清洁、卫生，不需要专门的试验室，整个试验过程只有人工参与试样和筛余物质的称量，其他无需人工操作。在负压筛析仪状态正常情况下，筛余结果重复性好，工作效率高，耗用能源较少，所以负压筛析法被大量推广使用。

手工干筛法是用某一规格筛孔的筛子通过人工摇动和拍振的方式，按照一定的速度和转动角度使物料在筛网上滚动，使试样中小于筛孔尺寸的颗粒通过筛网，大于筛孔尺寸的颗粒残留在筛网上，达到筛分的效果。手工干筛法试验过程中粉尘大，筛分效率低，需人工全程参与，人为因素对试验结果的影响较大，但方法简单，设备价廉，不消耗能源，适合于检验频次较低的场所使用。

水筛法是用自来水代替人工作为动力，使喷头水柱按照一定的角度和压力，推动水筛按一定速度旋转，相同压力的水柱不断冲刷筛网上的物料，小于筛网孔径的细粉颗粒随水流通过筛网，而大于筛网的粗颗粒则保留在筛网上，如此多次反复冲刷达到筛分的目的。水筛法操作也比较简单，仪器成本较低，筛析过程无粉尘，人工参与的程度介于负压筛析法和手工干筛法之间。但筛余物需要用电炉烘干，既浪费水资源又浪费较多电能，水泥细粉随下水冲走，既容易堵塞下水道，又污染环境，目前在水泥企业中使用得不是很广泛。

当三种方法的测定结果有争议时，以负压筛析法为准。所有三种方法中均可使用方孔边长 $45\mu m$ 和 $80\mu m$ 的试验筛，企业根据自身控制要求进行选择。

我国于 1962 年首次制定 GB/T 1345—1962《水泥细度检验方法　筛析法》；GB/T 1345—1977《水泥细度检验方法　筛析法》为第一次修订版本；GB/T 1345—1991《水泥细度检验方法（$80\mu m$ 筛筛析法）》为第二次修订版本；GB/T 1345—2005《水泥细度检验方法　筛析法》为现行版本。本标准最大的变化是在 $80\mu m$ 方孔筛的基础上，增加了 $45\mu m$ 方孔筛的规格，其理由是水泥制造工艺日益先进，水泥细度越来越细，在 $80\mu m$ 方孔筛上筛余值近似为零，已不能客观反映出水泥的真实细度，所以增加了孔径更小的 $45\mu m$ 方孔筛的规格。目前国际上先进国家已经采用 $45\mu m$ 方孔筛控制水泥的细度。

2. 范围

本标准规定了 $45\mu m$ 方孔标准筛和 $80\mu m$ 方孔标准筛的水泥细度筛析试验方法。

本标准适用于硅酸盐水泥、普通硅酸盐水泥、矿渣硅酸盐水泥、火山灰质硅酸盐水泥、粉煤灰硅酸盐水泥、复合硅酸盐水泥以及指定采用本标准的其他品种水泥和粉状物料。

3. 规范性引用文件

GB/T 5329 试验筛与筛分试验　术语

GB/T 6003.1 试验筛　技术要求和检验　第 1 部分：金属丝编织网试验筛

GB/T 6005 试验筛　金属丝编织网、穿孔板和电成型薄板、筛孔的基本尺寸

GB/T 12573 水泥取样方法

JC/T 728 水泥标准筛和筛析仪

4. 方法原理

本标准是采用 $45\mu m$ 方孔标准筛和 $80\mu m$ 方孔标准筛对水泥试样进行筛析试验，用筛网上所得筛余物的质量百分数来表示水泥试样的细度。

为保持试验筛的筛孔的标准度，在使用之前试验筛应使用国家标准样品进行自标定。

注：筛析试验可分为负压筛析法、水筛法和手工干筛法。

5. 术语与定义

本标准采用 GB/T 5329—2003 及下列术语与定义。

（1）负压筛析法

用负压筛析仪，通过负压源产生的恒定气流，在规定筛析时间内使试验筛内的水泥达到筛分。

（2）水筛法

将试验筛放在水筛座上，用规定压力的水流，在规定时间内使试验筛内的水泥达到筛分。

（3）手工筛析法

将试验筛放在接料盘（底盘）上，用手工按照规定的拍打速度和转动角度，对水泥进行筛析试验。

6. 仪器设备

1) 试验筛

（1）试验筛符合 JC/T 728—2005 的规定，试验筛由圆形筛框和筛网组成，筛网符合 GB/T 6005—2008 R20/380μm、R20/345μm 的要求，分为：负压筛、水筛和手工筛三种。负压筛和水筛的结构如图 3-10-1 和图 3-10-2 所示。负压筛应附有透明筛盖，筛盖与筛上口应有良好的密封性。手工筛结构符合 GB/T 6003.1—2012 的要求，其中筛框高度为 50mm，筛子的直径为 150mm。

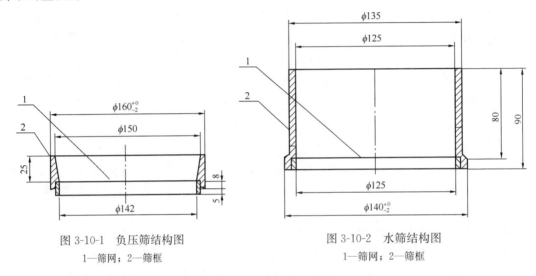

图 3-10-1　负压筛结构图
1—筛网；2—筛框

图 3-10-2　水筛结构图
1—筛网；2—筛框

（2）筛网应紧绷在筛框上，筛网和筛框接触处应用防水胶密封，防止水泥嵌入。

（3）筛孔尺寸的检验方法按 GB/T 6003.1—2012 进行。由于物料会对筛网产生磨损和堵塞筛孔，试验筛每使用 100 次后需要重新标定，标定方法按本节"二、水泥细度的测定方法 10. 水泥试验筛的标定方法"进行。

图 3-10-3　负压筛析仪

2) 负压筛析仪

（1）负压筛析仪符合 JC/T 728—2005 的规定。负压筛析仪由筛座、负压筛、负压源及收尘器组成。其中筛座由转速为（30±2）r/min 的喷气嘴、负压表、控制板、微电机及壳体等构成，其外形图及结构示意图如图 3-10-3 和图 3-10-4 所示。

（2）负压筛析仪的负压值可调范围为 4000Pa～6000Pa。

（3）喷气嘴上口平面与筛网之间距离为 2mm～8mm。

（4）喷气嘴的上升口尺寸如图 3-10-5 所示。

（5）负压源和收尘器由功率≥600W 的工业吸尘器和小型旋风收尘筒组成，或用其他具有相当功能的设备。

3) 水筛架和喷头

水筛架和喷头的结构尺寸应符合 JC/T 728—2005 的

规定，其中水筛架上筛座内径为 140^{0}_{-3} mm。

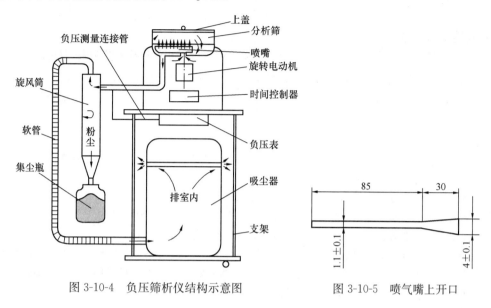

图 3-10-4　负压筛析仪结构示意图　　　　图 3-10-5　喷气嘴上开口

4）天平

天平的最小分度值不大于 0.01g。

7. 试验材料

（1）水泥试样：水泥试样按 GB/T 12573—2008《水泥取样方法》进行取样。水泥试样应有代表性，试样可采用二分器，一次或多次将试样缩分到需要的量。将所有试样通过 0.9mm 方孔筛，密封保存直至试验。

（2）基准材料：GSB 08-2184/2185 水泥细度用萤石粉标准样品。

注意事项：

① 每个试样过筛前都要清理干净 0.9mm 方孔筛，防止不同试样之间产生干扰。

② 在筛分混样过程中不得混入杂物或其他试样。

8. 试验步骤

1）试验准备

（1）试验前所用试验筛应保持清洁，并预先使用 GSB 08-2184/2185 水泥细度用萤石粉标准样品进行自标定，保证系数 C 值在 0.80～1.20 范围内。

（2）负压筛和手工筛应保持干燥。

2）负压筛析法

（1）筛析试验前，检查筛子中是否存有剩余废样，保证筛子状态正常。然后把负压筛放在筛座上，盖上筛盖，接通电源，打开试验开关，将负压值调节为 4000Pa～6000Pa 范围内，最好控制在 5000Pa，空载运行一个程序。

（2）80μm 方孔筛筛析试验应称取 25g 试样，45μm 方孔筛筛析试验应称取 10g 试样，精确至 0.01g，置于洁净的负压筛中，然后放在筛座上，盖上筛盖，开动筛析仪连续筛析 2min。

（3）筛析时如有试样附着在筛盖上，可用小木锤轻轻敲击筛盖使试样落下，参与筛析，直至筛盖上看不到试样为止。整个筛析过程中负压值始终保持在 4000Pa～6000Pa 范围内。

（4）筛毕，去掉筛盖，用毛刷从试验筛底部方向轻轻刷筛网，将筛网上筛余物移入天平，称其质量 R_t，精确至 0.01g。

（5）敲击的时机：从开始筛析 20s 时敲击筛盖，直至筛盖上看不到试样为止。

（6）每做完一次筛析试验，应用毛刷清理一次筛网，其方法是用毛刷在试验筛的正、反两面刷几次，正、反面刷的次数应相同，然后轻轻敲击筛框，振出边角处的剩余物料，清理干净筛余物。

注意事项：

① 一般水泥试样测试前不必烘干，如有特殊要求可双方协商，在原始记录及报告中注明。

② 注意所用天平的精度，称取物料应精确至 ±0.01g。

③ 试验筛使用前一定要进行标定，以便对测定结果进行修正。

④ 整个筛析过程中负压筛析仪的负压值应始终控制在 4000Pa～6000Pa 范围内。

⑤ 筛析过程中敲打筛盖的时机，应统一时间，以保证测定结果的一致性。

⑥ 转移试样或筛余物时，要小心仔细，切勿损失。筛析后，筛盖上吸附的细粉不要计入到筛余物中。

⑦ 试验筛应定时、定量进行清洗和标定，每使用 10 次需要清洗一次，每使用 100 次需要重新标定。

⑧ 若负压值达不到要求，应及时清理收尘器。

3）水筛法

（1）筛析试验前，应检查试验用水中确保无泥、砂等杂质，调整好水压及水筛架的位置，使其能正常运转，并调整、控制喷头底面和筛网之间的距离为 35mm～75mm，调整水柱与筛面的角度，保证水筛的转速控制在 50r/min 左右。

（2）80μm 方孔筛筛析试验应称取 25g 试样，45μm 方孔筛筛析试验应称取 10g 试样，精确至 0.01g。将称取好的试样置于洁净的水筛中，立即用清水冲洗至大部分细粉通过后，放在水筛架上，用水压为（0.05±0.02）MPa 的喷头连续冲洗 3min。

（3）整个冲洗过程中水压始终保持在（0.05±0.02）MPa 范围内。

（4）筛毕，将筛余物清理到筛网一侧，用少量清水从筛网底部将筛余物冲至蒸发皿中，待试样颗粒全部沉淀后，小心倒出清水，在电炉上烘干。冷却后将蒸发皿内的筛余物全部移入天平，称其质量 R_t，精确至 0.01g。

注意事项：

① 一般水泥试样测试前不必烘干。如有特殊要求可双方协商，在原始记录及报告中注明。

② 注意所用天平的精度，称取物料应精确至 ±0.01g。

③ 试验筛使用前一定要进行标定，以便对结果进行修正。

④ 整个筛析过程中水压值始终控制在（0.05±0.02）MPa 范围内，最好控制在中值附近。若水压达不到要求，应及时调整、维修水压控制器。

⑤ 冲洗细粉时注意水压不要太大，防止物料飞溅，造成物料损失。

⑥ 把筛余物冲至蒸发皿中时，控制好水速及水量，保证将其全部冲至蒸发皿中，水量不宜过多，以免溢出而造成试样损失。

⑦ 烘干时应选用合适功率的电炉，在混合液沸腾前用坩埚钳摇动蒸发皿，让水分尽快蒸发，防止沸腾爆溅出试样颗粒。

⑧ 转移试样或筛余物时，要小心仔细，切勿损失。

⑨ 试验筛应定时、定量进行清洗和标定，每使用 10 次需要清洗一次，每使用 100 次需要重新标定。

⑩ 注意检查水柱情况，防止喷头孔堵塞。

4）手工筛析法

（1）筛析试验前，应检查试验干筛中是否存有剩余废样，保证筛孔状态正常。将筛子安放到底座上，使底座与筛子紧密配合，筛盖紧密地盖在筛子上。

（2）80μm方孔筛筛析试验应称取25g试样，45μm方孔筛筛析试验应称取10g试样，精确至0.01g，将称取好的试样置于手工筛内。

（3）盖上筛盖，一只手把持试验筛水平方向往复摇动，另一只手相向筛子运动的方向迎面轻轻拍打筛框，在往复摇动和拍打过程中保持近似水平。

（4）拍打速度约120次/min，每40次向同一方向转动约60°，使试样均匀分布在筛网上。

（5）筛析一段时间后，清除筛底内的物料，计时干筛1min，然后称取筛底内物料的质量，直至每分钟通过的物料量不超过0.03g为止。

（6）将筛余物全部移入天平，称量其质量R_t，精确至0.01g。

注意事项：

① 试样测试前不必烘干。

② 注意所用天平的精度，称取物料应精确至±0.01g。

③ 试验筛使用前一定要进行标定，以便对结果进行修正。

④ 整个筛析过程中保持筛析的手法和拍打频次。

⑤ 筛振过程中始终盖紧筛盖，防止物料溅出，造成物料损失。

⑥ 判定最终筛余状态时，需严格控制物料的通过量及时间。

⑦ 转移试样或筛余物时，要小心仔细，切勿损失。

⑧ 试验筛应定时、定量进行清洗和标定，每使用10次需要清洗一次，每使用100次需要重新标定。

5）对于非标准试验：其他粉状物料，或采用45μm、80μm以外规格方孔筛进行筛析试验时，应商定筛子的规格、称样量、筛析时间等相关参数，具体操作步骤同上。

6）试验筛的清洗

（1）试验筛须保持洁净，筛孔通畅。

（2）每使用10次后要进行一次清洗。应使用超声波清洗机清洗，不可用弱酸浸泡，禁止用坚硬的金属刷刷擦筛网面，防止损坏筛网。

（3）清洗后的筛子最好使用GSB 08-2184/2185水泥细度用萤石粉标准样品进行自标定，保证系数C值应在0.80～1.20范围内。

9. 结果计算及处理

1）测定结果的计算

水泥试样筛余百分数按式（3-10-1）计算，结果保留至0.1%：

$$F = \frac{R_t}{W} \times 100\%\qquad(3\text{-}10\text{-}1)$$

式中：F——水泥试样的筛余百分数，单位为%；

　　　R_t——水泥筛余物的质量，单位为克（g）；

　　　W——水泥试料的质量，单位为克（g）。

2）筛余结果的修正

（1）试验筛的筛网在制造或使用过程中的磨损或堵塞会造成网孔尺寸产生偏差。为了消除此偏差对试验结果的影响，使试验结果更加统一，通过使用已知标准筛余值的标准样品进行自标定，得到试验筛的修正系数 C，对筛析结果进行修正。

（2）修正的方法是将按式（3-10-1）计算得到的筛余百分数乘以该试验筛标定后得到的有效修正系数 C，即为最终试验结果。

水泥试样修正后的筛余结果按式（3-10-2）计算：

$$F_c = F \cdot C \tag{3-10-2}$$

式中：F_c——水泥试样修正后的筛余结果，单位为%；

F——测得的水泥试样的筛余百分数，单位为%；

C——试验筛修正系数。

（3）试样质量合格评定时，每个试样应称取两份分别进行筛析，取两次筛余结果的平均值作为筛析结果。若两次筛余结果绝对误差大于 0.5% 时（筛余值大于 5.0% 时可放宽至 1.0%）应再进行一次试验，取两次不超差且相近结果的算术平均值作为试样筛余的最终结果。

3）不同方法试验结果的判定

当三种测试方法即负压筛析法、水筛法和手工筛析法的测定结果发生争议时，以负压筛析法的结果为准。

10. 水泥试验筛的标定方法

1）范围

适用于新购进的水泥试验筛和使用中的试验筛的标定。

2）方法原理

用标准样品的标准值与标准样品在试验筛上的测定值的比值评价试验筛筛孔的准确度。

3）仪器设备

符合本节"二、水泥细度的测定方法 6. 仪器设备"所要求的相应设备。

4）水泥细度标准样品

（1）使用 GSB 08-2184/2185 水泥细度用萤石粉标准样品，此标准样品由国家水泥质量监督检验中心研制。原材质均匀性、稳定性、可靠性良好，易保存，使用寿命长，标准值溯源到国际标准样品，为出口水泥的检验消除了技术壁垒，达到量值的统一。

（2）标准样品处理：将标准样品装入容积约为 250mL，且干燥、洁净的密封瓶中，用力摇动 1min～2min，使标准样品松散。静置 2min 后，备用。细度标准样品不用烘干处理。

5）被标定试验筛

（1）新筛检查

① 外观检查筛网有无破损，是否绷紧，筛网与边框缝隙是否密封，有无油污，筛框是否完好。

② 负压筛密封性：将带有密封圈的负压筛安放在筛座上，盖上筛盖，启动负压筛析仪，观察负压表是否能调整到规定的负压值范围，以判断负压筛系统的密封性。

（2）使用中的旧筛：经过超声波清洗、去污、干燥（水筛除外），并恒温至试验室温度。

6）标定

（1）标定操作步骤

将处理好的标准样品用一根干燥洁净的搅拌棒搅拌均匀，根据试验筛的规格称取相应的标准样品试验用量。$80\mu m$ 方孔筛筛析试验应称取 25g 标准样品，$45\mu m$ 方孔筛筛析试验应称取 10g 标准样品，精确至 0.01g。将称取好的标准样品分别按照本节"二、水泥细度的测定方法 8. 试验步骤"第 2)、3)、4) 条的步骤进行试验。

（2）每个试验筛称取两份标准样品进行连续筛析试验，中间不得穿插其他样品。

7）标定结果

（1）测定结果按式（3-10-1）计算，以两份标准样品测定结果的算术平均值为标准样品在试验筛上的筛余百分数。

（2）当两份标准样品测定结果之间的绝对误差大于 0.3% 时，应称取第三份标准样品进行试验，取两次不超差且相近测定结果的算术平均值作为标准样品在试验筛上的筛余百分数。

8）修正系数的计算

修正系数按式（3-10-3）计算，结果保留至 0.01：

$$C = F_s/F_t \tag{3-10-3}$$

式中：C——试验筛修正系数；

F_s——标准样品的筛余标准值（在标签或证书上标示值），单位为%；

F_t——标准样品在试验筛上的筛余百分数，单位为%。

9）合格判定

（1）当 C 值在 0.80～1.20 范围内时，试验筛可继续使用，并且以 C 作为结果修正系数。

（2）当 C 值超出 0.80～1.20 范围时，试验筛应予淘汰。

注意事项：

① 由于试验筛修正系数包含整个筛析系统状态，所以在其他设备上标定出的修正系数不能用于自己的设备。

② 用标准样品标定试验筛时出现修正系数不合格时，除试验筛本身质量问题外，也有可能是筛析仪的状态（负压、风量、喷嘴转速）出现问题。

11. 影响测定结果的因素

（1）天平精度：天平精度达不到标准规定的要求，造成物料称量不准确，影响试验结果。

（2）负压筛析仪状态：负压筛析仪的负压值不准确，抽走细粉的风量不足，喷嘴连接部位松动，转速降低，会造成筛余结果偏大或修正系数偏小。

（3）筛子系数：标定筛子时设备的状态与测定试样时状态不一致，造成修正系数偏离。

（4）标准样品选用：选用不同研制单位的标准样品标定出的修正系数会有差别，将造成试验结果有所不同。

（5）试样的状态：试样存储、运输过程中受潮，或筛取的试样均匀性不好，都会造成结果偏离。

（6）检测方法选取差异：三种不同的筛析方法得到的检测结果略有差异。

（7）操作手法：每个人的操作手法不同对试验结果会造成差异。

第十一节 水泥颗粒级配测定方法（激光法）

一、概述

水泥细度是指水泥颗粒粗细的程度。根据 GB/T 4131—2014《水泥的命名、定义和术语》中的定义，某一孔径的筛余、比表面积和粒度分布都可作为水泥细度的表示方法之一。水泥的粒度分布与水泥的生产工艺有着密切的联系。不同的粉磨设备如球磨、立磨和行星磨，不同的粉磨方式如分别粉磨或者混合粉磨，都对水泥的粒度分布产生影响。在生产实际中，某一孔径的筛余和比表面积与水泥的粒度分布相比，更易监测和控制。但是，单一孔径的筛余和比表面积并不能完全反映水泥的细度。

要充分发挥水泥熟料的潜能，不仅要求粉磨后有合理的比表面积，而且要求其各级颗粒的数量之间有一个合适的比例。通过水泥颗粒分析，不断调整磨机的球配，使水泥中各级颗粒的分布更为合理，既可以节约能源、提高水泥生产技术水平，又可以改进水泥质量，使水泥具有较高的强度，充分发挥水泥熟料的潜能。

国内外很多研究者对水泥颗粒级配对水泥性能的影响进行了研究，结果表明，单一粒径的筛余或比表面积不是水泥性能的单值函数，而水泥的粒度分布与水泥性能具有很好的相关性。现在人们的共识是：$5\mu m \sim 40\mu m$ 的颗粒对水泥强度的贡献最大，$0\mu m \sim 5\mu m$ 和 $40\mu m \sim 50\mu m$ 的颗粒对水泥强度的贡献较大，而 $50\mu m$ 以上的颗粒对水泥强度的贡献较小。

随着水泥工业的技术进步，水泥品种不断增多，如灌浆水泥、双快水泥、微集料水泥及超细水泥，对这些水泥都需要了解和控制水泥中颗粒的组成。和其他粉体相比，水泥粒度分布的特点是：（1）粒度分布范围特别宽（最小的小于 $1\mu m$，最大的可达 $100\mu m$ 以上）；（2）它不能分散在水介质中进行测量。

1. 水泥颗粒级配测定方法分类

目前，在实践中使用的测定水泥颗粒级配的方法如下。

（1）沉降分析法

利用斯托克斯沉降定律，即水泥颗粒在液体介质中自由沉降时，颗粒的沉降速度与颗粒大小的平方成正比，来测定颗粒的级配。根据分析方法的不同，又分为沉降分析法、沉积天平法及光透沉降分析法。

（2）空气离析法

利用不同速度的空气流将大小不同的水泥颗粒带走而使颗粒分离，分别测定分离后的颗粒，来测定水泥的颗粒级配。

（3）库尔特计数法

利用电导原理，悬浮在电解液中的水泥颗粒通过两端浸渍着电极的小孔时，两电极之间的电阻会发生变化。若在两电极之间施以恒定电流，则在电极上可产生瞬时电压脉冲，该脉冲幅度与颗粒的体积成正比。将这个脉冲放大后鉴幅、计数，即可测得颗粒级配。

（4）激光衍射法

当激光束通过粉末试样的悬浮液时，光束被衍射，在远处所接收到的能量图谱上的能量分布取决于悬浮液中衍射颗粒的尺寸。通过对透镜系统聚焦平面上成像的能量分布的分析，可测得颗粒级配。

2. 激光衍射法的评价

通常采用重复性（也称复演性）对一种检验方法进行评价。在同样试验条件下，对某一种试样进行多次试验，所得试验结果变动的大小标志着重复性的好坏。试验结果的变动一般采用变异系数（C_v）来表示。表 3-11-1～表 3-11-3 为 JC/T 721—2006《水泥颗粒级配测定方法　激光法》标准修订协作单位所做的颗粒分析得出的 D50、D10 和 D90 的重复性试验结果。表中 $\overline{X}$ 为算术平均值，s 为标准偏差，C_v 为变异系数。

表 3-11-1　D50 重复性试验结果　　　　　　　　粒径单位为微米

	1	2	3	4	5	6	7	8	9	10	$\overline{X}$	s	C_v/%
A	13.07	13.11	12.99	13.24	13.44	13.29	13.03	13.12	—	—	13.16	0.060	0.46
B	20.51	20.52	20.46	20.63	20.78	20.58	20.89	20.78	20.63	20.52	20.63	0.142	0.69
C	19.07	19.70	19.00	20.06	19.86	18.67	18.82	19.15	—	—	19.29	0.513	2.66
D	20.10	20.15	20.31	20.44	20.53	20.46	20.48	20.42	20.54	20.39	20.38	0.151	0.74
E	15.11	16.17	15.89	15.24	15.41	14.83	15.02	15.10	15.44	15.31	15.33	0.407	2.65

表 3-11-2　D10 重复性试验结果　　　　　　　　粒径单位为微米

	1	2	3	4	5	6	7	8	9	10	$\overline{X}$	s	C_v/%
A	2.03	2.03	2.01	2.04	1.88	1.89	1.86	1.87	—	—	1.951	0.008	4.22
B	2.96	2.61	2.83	2.75	2.78	2.80	2.81	2.77	2.81	2.79	2.791	0.008	3.04
C	2.14	2.26	2.09	2.26	2.10	2.05	1.88	1.98			2.10	0.129	5.81
D	5.65	5.70	5.80	5.81	5.83	5.85	5.82	5.81	5.79	5.78	5.784	0.062	1.07
E	5.41	5.45	5.47	5.49	5.49	5.47	5.48	5.50	5.48	5.51	5.475	0.028	0.52

表 3-11-3　D90 重复性试验结果　　　　　　　　粒径单位为微米

	1	2	3	4	5	6	7	8	9	10	$\overline{X}$	s	C_v/%
A	43.55	44.16	43.55	44.16	44.52	44.61	44.26	43.93	—	—	44.09	0.387	0.88
B	55.52	55.67	54.93	55.34	55.20	55.29	53.21	54.65	55.99	53.19	54.90	0.537	0.98
C	46.59	47.49	46.59	47.52	47.12	44.83	44.72	45.19	—	—	46.26	1.17	2.53
D	69.14	69.26	70.07	71.14	71.76	71.68	71.41	70.97	70.64	69.99	70.61	0.953	1.35
E	74.34	75.14	74.89	73.90	74.47	73.48	73.27	72.87	72.97	72.63	73.80	0.884	1.20

表 3-11-1～表 3-11-3 中试样大部分为水泥试样，而且是从各单位随机取来进行重复性试验的，它们之间没有任何关联，试样之间也不存在可比性。

表 3-11-1 中 D50 的最大变异系数 C_v 为 2.66%，没有超过 JC/T 721—2006 规定的最大变异系数 3% 的要求；表 3-11-2 中 D10 的最大变异系数 C_v 为 5.81%，表 3-11-3 中 D90 的最大变异系数为 2.53%，两组试样也满足 JC/T 721—2006 中规定的"D10 和 D90 的变异系数应有一个不超过 5%"的要求。因此，通过重复性来评价激光粒度分析方法的可靠性，还是

比较令人满意的。

无论是国际指导性标准 ISO 13320-1：2009《粒度分析 激光衍射法 第一部分：总则》，还是我国现行标准 GB/T 19077—2016《粒度分析 激光衍射法》，都指出：激光粒度分析法只适用于评价仪器的重复性，而无法体现测试结果的准确性。因此，为了正确评价激光粒度分析仪器设备测量的准确性，需要用标准样品对仪器进行评价，即将标准样品在粒度分析仪上进行测试，看其测量结果与标准值的接近程度是否在标准规定的范围之内。如果在，则表示该仪器测试的准确性是可接受的。

采用激光衍射法测定水泥颗粒级配具有以下优点。

（1）试验误差小。整个试验过程均按程序自动进行，只需按动开关，即可自动打印出几次的平均试验结果。

（2）测试速率快。如测定粉末的粒度在 $1\mu m \sim 100\mu m$ 之间分若干级，从加入试样到打印出结果，只需要十几分钟。

（3）重复性好。不同时间、不同操作人员，所得出的颗粒分析结果即 D50、D10 和 D90 的重复性试验的结果之差在标准规定的范围以内。

缺点是采用激光衍射法测定水泥颗粒级配仪器设备复杂且价格较贵。

对于水泥行业而言，激光衍射法是测定水泥颗粒级配方法中经常采用的方法。近年来，国内外的激光技术发展迅猛，采用本方法具有操作简单、测定速度快、重复性好等突出特点。目前，激光衍射法已逐渐成为世界上较为流行和有效的一种颗粒分析方法。

二、水泥颗粒级配测定方法（激光法）

本方法适用于水泥及指定采用本标准的其他粉体材料。

1. 方法原理

将一个有代表性的粉体试样，以适当的浓度在液体或气体介质中良好地分散（即颗粒之间相互分离，不团聚）后，通过激光束，光束将被试样颗粒散射或阻挡，产生变化了的光信号。该光信号的值与颗粒大小之间有对应关系，反映该关系的数据可事先存入与仪器配套的计算机中。该光信号被传感器接收后，转换成一组数字化的光电信号，再送入计算机。计算机可根据接收到的光信号，计算出被测试样的粒度分布。

激光粒度分析仪组成框图如图 3-11-1 所示。其中以液体为介质输送并分散试样的，称为湿法进样；以气体为介质输送并分散试样的，称为干法进样。与干法进样相比，采用湿法分散技术，通过机械搅拌使试样均匀散开，借助超声高频震荡使团聚的颗粒充分分散，采用电磁循环泵使大小颗粒在整个循环系统中均匀分布，从而在根本上保证了粒度宽分布试样测试结果的重复性和准确性。

图 3-11-1　激光粒度分析仪组成框图

2. 规范性引用文件

GB/T 6003.1—2012　试验筛 技术要求和检验 第 1 部分：金属丝编织网试验筛

GB/T 19077—2016　粒度分析 激光衍射法

JC/T 721—2006　水泥颗粒级配测定方法 激光法

3. 符号

D10：表示在累计粒度分布曲线中，10％体积的颗粒直径比此值小，单位为微米。

D50：表示颗粒的中位径，为体积基准，即 50％的颗粒直径小于此值，另 50％体积的颗粒直径大于此值，单位为微米。

D90：表示在累计粒度分布曲线中，90％体积的颗粒直径比此值小，单位为微米。

D（4，3）：体积平均粒径，是粒径对体积的加权平均，单位为微米。

D（3，2）：表面积平均粒径，是粒径对表面积的加权平均，单位为微米。

X_0：特征粒径，由 RRB 表达式得到，特指筛余为 36.8％时所对应的颗粒粒径，单位为微米。

n：均匀性系数，由 RRB 表达式得到，表示粒度分布宽窄的参数。

4. 仪器设备

（1）激光粒度分析仪

应符合 JC/T 721—2006 附录 A 的规定：测量单元消耗功率 30W，量程 $1.0\mu m$ ~$100\mu m$。

（2）方孔筛

孔径 0.50mm，符合 GB/T 6003.1—2012 中规定：任意网孔极限偏差 $89\mu m$，网孔尺寸平均偏差 $\pm 18\mu m$；金属丝直径范围 $270\mu m$~$360\mu m$。

（3）电热干燥器

温度控制范围：室温~150℃，精度要求±2℃。

5. 分散介质

（1）无水乙醇

湿法采用无水乙醇为分散介质。无水乙醇中乙醇含量应符合色谱纯的要求，即含量高于 99.5％。

（2）压缩空气

干法采用压缩空气为分散介质。压缩空气不应含水、油和微粒。压缩空气在接触水泥颗粒前宜通过一个带过滤网的干燥器。

6. 试验条件

室温在 10℃~30℃之间，相对湿度不高于 70％，室内空气中微粒含量较少，通风良好，无腐蚀性气体，避免阳光直射。

7. 仪器校准

有下列情况之一者需进行仪器校准：

（1）首次使用前；

（2）仪器维修后；

（3）测试 300 个试样后。

仪器的校准采用颗粒级配标准样品校验。校验的粒径点为 $2\mu m$、$8\mu m$、$16\mu m$、$32\mu m$、$45\mu m$。在上述五个粒径点上，对应颗粒百分含量的测量值和标准值的绝对误差应小于 3％。

8. 试验步骤

1）试样处理

水泥试样通过 0.5mm 方孔筛，在（110±5）℃下烘干 1h，然后置于干燥器中冷却至室温（20±1）℃。测试前将试样充分混合均匀。

2）开机准备

按仪器说明书中的规定进行开机准备。以马尔文 master 为例：确认供电状态正常后，打开激光粒度分析仪电源，用专用钥匙打开激光发生器，并按下搅拌器开关，转速2450r/min，预热 20min 以上。点击打开电脑中激光粒度分析仪器分析控制程序，点击计算机桌面上的软件快捷键，检查输入与试样相关的参数（折射率、吸光率等）以及试样名称、编号等信息。

3）测试过程（湿法）

在测试过程中，应保证遮光比控制在 5%～18% 的范围内。当遮光比不在此范围内时要重新进行调试。遮光比是指测量用的照明光束被测量中的试样颗粒阻挡的部分与照明光的比值。

按仪器说明书中的规定进行操作测试。以马尔文 master 为例：抬起分散器机头，将无水乙醇倒入烧杯中，并放置在分散器搅拌叶下。然后，点击分散器控制键，搅拌叶开始转动。点击计算机菜单上的"校光"，仪器开始校光。校光结束后，按照计算机提示步骤进行，直至背景峰高小于 50。然后，向盛有乙醇的烧杯中加入试样（加样要少量多次）。当屏幕显示遮光比达到 10% 时，即试样状态条柱顶端出现绿色柱时，点击超声控制键，超声搅拌1min 后，静停 10s～20s，开始进行粒度检测。

每个试样至少测定两次，如分布曲线重合，取其中的一次为最终结果。测定结束后，保存结果，打印报告。

4）清洗样池

排掉被测试样，多次用分散液将样池清洗干净。以马尔文 master 为例：长按点击分散器控制键约 5s，停止搅拌，抬起分散器机头，倒掉废乙醇，将清洗用无水乙醇倒入烧杯中；重新循环搅拌 20s 左右，按下分散器开关控制键，搅拌叶停止转动，倒出清洗乙醇。重复上述步骤 3 次，直至检测背景低于 50。

5）关机

每台设备的操作都不同，这里以马尔文 master 设备为例：点击搅拌叶控制键，搅拌叶停止转动；倒出乙醇，保留作为清洗剂使用。然后依次关闭搅拌器、激光发生器、仪器开关，拔下钥匙，退出仪器程序，关闭计算机。

6）测试报告

（1）在测试结果中应给出试样名称、编号，测试介质的名称和折射率，激光粒度分析仪的类型、编号、校准日期、遮光比和超声波的功率。

（2）测试报告中应给出下列特征参数：

① 表示边界粒径和中位粒径的参数：D10、D50、D90；

② 表示平均粒径的参数：D（4，3），D（3，2）；

③ RRB 分布参数：特征粒径 X_0 和均匀性系数 n；

④ 粒径分布表：如图 3-11-2 上部所示；

⑤ 粒度分布图：如图 3-11-2 下部所示；

⑥ 测试日期、测试时间、测试人员。

中位径(D50):14.25μm	体积平均径D[4,3]:22.67μm	面积平均径D[3,2]:5.365μm	遮光率(OBS.):11.47%
跨度(SPAN):3.679	长度平均径D[2,1]:1.357μm	比表面积(SSA):0.414m²/g	残差:0.184%

D03=0.908μm	D06=1.466μm	D10=2.224μm	D16=3.339μm	D25=5.290μm
D50=14.25μm	D75=30.98μm	D84=42.32μm	D90=54.66μm	D97=87.68μm

粒径/μm	区间/%	累积/%	粒径/μm	区间/%	累积/%	粒径/μm	区间/%	累积/%
0.020-0.024	0.00	0.00	0.911-1.181	1.37	4.38	44.04-58.13	5.47	90.48
0.024-0.030	0.00	0.00	1.181-1.479	1.69	6.07	58.13-71.52	4.11	94.59
0.030-0.039	0.00	0.00	1.479-1.885	2.11	8.18	71.52-91.14	2.73	97.32
0.039-0.049	0.00	0.00	1.885-2.403	2.78	10.96	91.14-116.1	1.59	98.91
0.049-0.063	0.00	0.00	2.403-3.062	3.57	14.53	116.1-147.9	0.81	99.72
0.063-0.080	0.00	0.00	3.062-3.902	4.33	18.86	147.9-188.5	0.28	100.00
0.080-0.102	0.00	0.00	3.902-4.972	4.85	23.71	188.5-240.3	0.00	100.00
0.102-0.131	0.00	0.00	4.972-6.336	5.25	28.96	240.3-306.2	0.00	100.00
0.131-0.167	0.00	0.00	6.336-8.074	5.87	34.63	306.2-390.2	0.00	100.00
0.167-0.212	0.00	0.00	8.074-10.28	6.18	40.81	390.2-497.2	0.00	100.00
0.212-0.271	0.00	0.00	10.28-13.11	6.73	47.54	497.2-633.6	0.00	100.00
0.271-0.345	0.02	0.02	13.11-16.70	7.38	54.92	633.6-807.4	0.00	100.00
0.345-0.440	0.26	0.28	16.70-21.28	7.85	62.77	807.4-1028	0.00	100.00
0.440-0.581	0.64	0.92	21.28-27.12	8.00	70.77	1028-1311	0.00	100.00
0.581-0.715	0.93	1.86	27.12-34.58	7.57	78.34	1311-1670	0.00	100.00
0.715-0.911	1.16	3.01	34.58-44.04	6.67	85.01	1670-2000	0.00	100.00

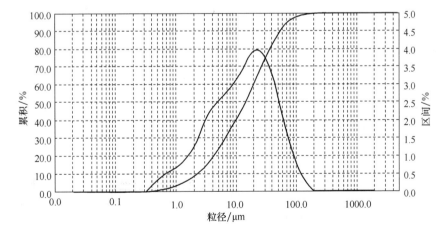

粒径/μm	含量/%
0.100	0.00
0.200	0.00
0.500	0.57
1.000	3.51
2.000	8.79
5.000	23.83
10.00	40.05
45.00	85.52
80.00	96.03
100.0	98.07

图 3-11-2 粒径分布表、粒度分布图实例

9. 影响测定结果的因素

影响激光粒度分析仪器测定结果的因素有很多，以下三点为关键因素：光路对中、仪器校准、试样分散。

1）仪器校准

仪器校准应包括以下几方面的内容：

（1）仪器光学的基准

只有在保证仪器光学系统工作正常的情况下，仪器的校准才有意义。光学窗口是激光粒度分析仪器重要的组成部分，测试前应保证光学窗口内外表面光洁，无划痕，清洁，无缺损。光学基准谱平滑依次过渡，无明显凸起或凹陷。

（2）外界条件对仪器的影响

外界条件主要包括环境的温度、湿度和电源电压的波动对仪器测试结果的影响。

（3）仪器测量的重复性

将仪器预热到规定时间，采用一种国家标准物质进行多次测试，一般测试试样 6～10 次，记录每次 D50，计算测量平均值、标准偏差和变异系数。

（4）仪器测量的绝对误差

与仪器重复性测量不同的是，仪器绝对误差的测试至少要采用三种以上的国家标准样品进行测试，每种标准样品独立测量 3 次并分别求其平均值，获得多个粒度测量的平均值，分别计算仪器测量平均值与粒度标准样品标准值之间的绝对误差。

（5）仪器的分辨力

仪器分辨力的判断需要测试两种标准样品的混合物。两种粒度标准样品混合比例要根据其质量浓度而定，确保混合后的样品中两种标准样品的质量浓度比为 1：2。将样品混合均匀后放入仪器进行测量。如能够从仪器测量的粒度分布曲线图中观察出两个独立不相连的峰形，则认为双峰已分开。

2）仪器参数的选择

影响试样粒度分布测定结果的参数主要有：试样加样量、采集时间、循环速度、检测光源波长、反演光学模型和数学模型等。在测量过程中应通过标准样品谨慎地调整仪器的相关参数。

3）试样的分散

使用激光粒度分析法测定水泥试样时，一般采用乙醇作为分散介质。选择合适的乙醇浓度、分散时间和分散溶液的温度，对测量结果的准确性有着至关重要的影响。

第十二节　水泥水化热的测定

一、概述

水化热指物质与水发生反应生成水化物的过程中所放出或吸收的热量。水泥中的化合物与水作用，发生放热反应，水泥硬化过程中，不断放出的热量称为水泥水化热。水泥的水化热也称为硬化热，因其中包括水化、水解和结晶等一系列作用。水泥加水后，水泥中各种矿物成分与水发生水化反应，生成一系列新的化合物：水化硅酸钙、水化铁酸钙凝胶、氢氧化钙、水化铝酸钙和水化硫铝酸钙晶体，并放出热量。在冬季施工中水化热有助于混凝土的保温，以抵抗外界寒冷引起的冰冻或阻碍硬化的进行。但在大体积混凝土构件中，无论是绝对的放热量还是放热的速率，对工程都有很大影响。由于混凝土的导热能力很低，水泥放出的热量聚集在混凝土内部长期散发不出来，从而使混凝土温度升高，有时可高达 50℃。根据热传导的规律，物体热量的散失速率与其最小尺寸的平方成反比，例如：对于 15cm 厚的墙体，混凝土内的热量在两侧冷空气中，散失 95% 的热量约需 1.5h；对于 1.5m 厚的墙体，散失同样的热量约需一个星期；对于 15m 厚的墙体，约需 2 年；对于 150m 厚的重力坝则需 200 年。温度升高造成水泥硬化时体积膨胀，待冷却到周围温度时则发生收缩。因此在大体积混凝土工程中，往往形成巨大的温差和温度应力引起混凝土裂缝，给工程带来不同程度的危害，这种情形在机械化浇筑大体积混凝土时是常常发生的，因此降低混凝土内部的发热量是保证大体积混凝土质量的重要措施。为了保证质量，除了要求施工部门采取降热措施外，还必须将所用水泥的水化热控制在一定范围内。因此水泥水化热的测试是非常重要的。

影响水泥水化热的因素很多，包括水泥熟料的矿物组成、水灰比、养护温度、水泥细度、混合材料掺加量和质量等，但是主要取决于熟料的矿物组成与含量。减少铝酸三钙（C_3A）的含量对降低水泥的水化热是有效的，一般通过增加 Fe_2O_3 与 Al_2O_3 质量分数之比使铝酸三钙（C_3A）变成放热量较低的铁铝酸四钙（C_4AF）来达到降低水化热的目的。如欲进一步降低水化热，则可降低硅酸三钙（C_3S）的含量。

若将水泥用水调和后放在真空瓶或绝热容器中，并在一定时间内记录物料的温度，则很容易观察到水泥水化时的放热现象。水化热可在量热器中直接测量（直接法），也可通过溶解热间接计算获得（溶解热法或间接法）。我国水泥水化热的测定执行国家标准 GB/T 12959—2008《水泥水化热测定方法》。其中基准法为溶解热法，代用法为直接法。

二、水泥水化热测定方法（溶解热法）

1. 方法概述

溶解热法是测定水泥水化热的方法之一，该方法在国际上具有较强的通用性和可比性。与直接法相比，更适用于测定水泥长龄期水化热。我国国家标准 GB/T 12959—2008 中的基准法即为溶解热法。

2. 范围

GB/T 12959—2008《水泥水化热测定方法》规定了水泥水化热测定方法的原理、仪器设备、试验室条件、材料、试验操作、结果的计算及处理等。

该标准适用于中热硅酸盐水泥、低热硅酸盐水泥、低热矿渣硅酸盐水泥、硅酸盐水泥、普通硅酸盐水泥、矿渣硅酸盐水泥、火山灰质硅酸盐水泥、粉煤灰硅酸盐水泥。其他品种水泥采用溶解热方法时应确定该品种水泥测读温度的时间。

3. 原理

本方法是依据热化学盖斯定律——化学反应的热效应只与体系的初态和终态有关而与反应的途径无关提出的。它是在热量计周围温度一定的条件下，将未水化的水泥与水化一定龄期的水泥分别在一定浓度的标准酸溶液中溶解，测得溶解热之差，作为该水泥在该龄期内所放出的水化热。

4. 仪器设备

1）溶解热测定仪

由恒温水槽、内筒、广口保温瓶、贝克曼差示温度计或量热温度计、搅拌装置等主要部件组成。另配一个曲颈玻璃加料漏斗和一个直颈加酸漏斗。有单筒和双筒两种。溶解热测定仪如图 3-12-1 所示，其结构示意图如图 3-12-2 所示。

（1）恒温水槽

水槽内外壳之间装有隔热层，内壳横断面为椭圆形的金属筒，横断面长轴 750mm，短

图 3-12-1　溶解热测定仪

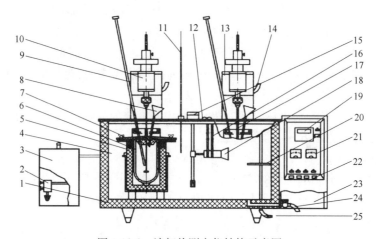

图 3-12-2　溶解热测定仪结构示意图

1—水槽壳体；2—电机冷却水泵；3—电机冷却水箱；4—恒温水槽；5—试验内筒；6—广口保温瓶；7—筒盖；
8—加料漏斗；9—贝氏温度计或量热温度计；10—轴承；11—标准温度计；12—电机冷却水管；13—电机横梁；
14—锁紧手柄；15—循环水泵；16—支架；17—酸液搅拌棒；18—加热管；19—控温仪；20—温度传感器；
21—控制箱面板；22—自锁按钮开关；23—电气控制箱；24—水槽进排水管；25—水槽溢流管

轴 450mm，深 310mm，容积约 75L。装有控制水位的溢流管，溢流管高度距底部约 270mm。水槽上装有两个用于搅拌保温瓶中酸液的搅拌器，水槽内装有两个放置试验内筒的筒座、进排水管、加热管与循环水泵等部件。

（2）内筒

筒口为带法兰的不锈钢圆筒，内径 150mm，深 210mm，筒内衬有软木层或泡沫塑料。筒盖内镶嵌有橡胶圈以防漏水，盖上有三个孔，中孔安装酸液搅拌器，两侧的孔分别安装加料漏斗和贝克曼差示温度计（或量热温度计）。

（3）广口保温瓶

配有耐氢氟酸塑料筒，容积约为 600mL。当盛满比室温高约 5℃ 的水、静置 30min 时，其冷却速率不得大于 0.001℃/min。

（4）贝克曼差示温度计

贝克曼差示温度计（简称贝氏温度计）分度值为 0.01℃，最大差示温度为 5.0℃～5.2℃。插入酸液部分须涂以石蜡或其他耐氢氟酸的材料进行隔离保护。

（5）量热温度计

分度值为 0.01℃，量程 14℃～20℃。插入酸液部分须涂以石蜡或其他耐氢氟酸的材料进行隔离保护。建议使用耐氢氟酸且与温度计直径大小相匹配的薄塑料袋，套在温度计与酸液接触部分，并用透明胶带固定，每次使用前应仔细检查是否完好。

注意事项：

温度计插入酸液部分的保护套应定期更换，避免酸液侵蚀损坏温度计。

（6）搅拌装置

酸液搅拌棒直径 6.0mm～6.5mm，总长约 280mm，下端装有两片略带轴向推进作用的叶片，插入酸液部分须用耐氢氟酸的材料制成。水槽搅拌装置使用循环水泵。

（7）曲颈玻璃加料漏斗

漏斗口与漏斗管的中轴线夹角约为 30°，口径约为 70mm，深约 100mm。漏斗管外径约 7.5mm，长约 95mm，供装试样用。曲颈玻璃加料漏斗配有胶塞。

（8）直颈加酸漏斗

由耐氢氟酸塑料制成，上口直径约 70mm，管长约 120mm，外径约 7.5mm。

2）天平

量程不小于 200g、分度值不大于 0.001g 的天平一台；

量程不小于 600g、分度值不大于 0.1g 的电子天平一台。

3）高温炉

使用温度 900℃～950℃，并带有恒温控制装置。

4）试验筛

方孔边长 0.15mm 和 0.60mm 试验筛各一个。

5）铂金坩埚或瓷坩埚

容量约 30mL。瓷坩埚使用前应编号且灼烧至恒量。

6）研钵

钢或铜质材料研钵 1 个，用于破碎水泥水化龄期的水泥石；玛瑙研钵 1 个，用于磨细水泥水化龄期的水泥石颗粒和灼烧后的氧化锌。

7）冰箱

用于降低硝酸溶液的温度。

8）水泥水化试样瓶

由不与水泥作用的材料制成，具有水密性，容积约 15mL。

9）精密温度计

量程 50℃、最小分度 0.1℃的温度计。温度计至少需要 3 支，一支插在水槽内监测水槽水温，一支挂在试验室内测量室温，一支测量酸溶液温度。

10）其他

磨口称量瓶、放大镜、时钟、秒表、干燥器、容量瓶、吸液管、石蜡等。

5. 试验材料

（1）水泥试样：应通过 0.9mm 的方孔筛，并充分混合均匀。

（2）氧化锌（ZnO）：分析纯，用于标定热量计的热容量。使用前应预先进行如下处理：将氧化锌放入坩埚内，在 900℃～950℃下灼烧 1h，取出，置于干燥器中冷却后，用玛瑙研钵研磨至全部通过 0.15mm 方孔筛，贮存备用。在进行热容量标定前，应将约 50g 上述制取的氧化锌在 900℃～950℃下灼烧 5min，然后在干燥器中冷却至室温备用。

注意事项：

氧化锌最好在灼烧 1h 后趁温热研碎，冷却后易吸潮发黏。研磨时采取少量多次的方法，一次研磨时间不宜太长，要及时过筛，避免吸收空气中的杂质。

(3) 氢氟酸（HF）：分析纯，浓度为 40%（质量分数）或密度为 1.15g/cm³。

(4) 硝酸（HNO_3）：分析纯。一次应配制大量浓度为（2.00±0.02）mol/L 的硝酸溶液。配制时量取 138mL 质量分数为 65%～68% 或密度为 1.39g/cm³～1.41g/cm³ 的（20℃）浓硝酸，加蒸馏水稀释至 1L。

硝酸溶液的标定：用移液管吸取 25mL 上述已配制好的硝酸溶液，移入 250mL 的容量瓶中，用蒸馏水稀释至标线，摇匀。用已知浓度（约 0.2mol/L）的氢氧化钠标准溶液标定容量瓶中硝酸溶液的浓度。该浓度乘以 10，即为上述已配制好的硝酸溶液的浓度。

注意事项：

由于硝酸易挥发，见光易分解，所以保存时应注意低温、避光，要定期标定。当浓度变化超过 0.02mol/L 时要重新配制。将标定好的硝酸溶液放入两个容器中，其中一个放入冰箱冷藏，另一个置于试验室环境中。

6. 试验条件

(1) 试验室温度应保持在（20±1）℃，相对湿度不低于 50%。室内应备有通风设备、自来水和下水管道。

(2) 试验期间水槽内的水温应保持在（20±0.1）℃。

(3) 恒温用水为纯净的饮用水。

7. 试验步骤

1）热量计热容量的标定

(1) 试验前的准备工作

① 试验器具编号、恒温：贝氏温度计（量热温度计）、保温瓶及塑料内衬、搅拌棒等应编号配套使用，试验前放到试验室中恒温。

② 调整零点：如果使用贝氏温度计，试验前应用量热温度计（分度值为 0.01℃）将贝氏温度计零点调整到约 14.500℃。如果使用量热温度计进行试验，不需调整零点，可直接测量。

③ 组装热量计并恒温：在标定热量计热容量的前一天应将保温瓶放入内筒中，酸溶液搅拌棒放入保温瓶内，盖紧内筒盖，再将内筒放入恒温水槽的环形套内。移动酸溶液搅拌棒悬臂夹头使之对准内筒中心孔，并将酸溶液搅拌棒夹紧。在恒温水槽内加水使水面高出试验内筒盖（由溢流管控制高度），打开循环水泵，使恒温水槽内的水温调整并保持到（20±0.1）℃，然后关闭循环水泵备用。

④ 检查测定仪水温：试验前打开循环水泵，观察恒温水槽温度使其保持在（20±0.1）℃。在安放贝氏温度计的孔中插入直颈装酸漏斗，将带有胶塞的曲颈玻璃漏斗插入到加料孔中。

(2) 操作步骤

① 调配、称量酸溶液：首先用 500mL 耐氢氟酸的塑料杯称取约 415g 温度为（13.5±0.5）℃、浓度为（2.00±0.02）mol/L 的硝酸溶液（酸溶液的温度根据不同季节和试验室具体温度进行调整，使得加入酸溶液后的初测读数在温度计下限可读范围内），另外量

取约 8mL 浓度为 40％的氢氟酸，加入已盛有硝酸溶液的塑料量杯内，然后再补加少量硝酸溶液，使两种混合酸溶液的总质量达到（425±0.1）g。

②装酸：将称量好的酸溶液通过直颈加酸漏斗加入保温瓶内，注意要保证漏斗中酸溶液流净。然后取出加酸漏斗，插入贝氏温度计或量热温度计。

③初测期测定：开启保温瓶中的酸溶液搅拌器，连续搅拌 20min 后，在贝氏温度计上读出酸溶液温度。此后每隔 5min 读一次酸溶液温度，直至连续 15min、每 5min 上升的温度差值相等（或三次温度差值在 0.002℃以内）时为止。记录最后一次酸溶液的温度，此温度即为初测读数 θ_0，初测期结束。

注意事项：

整个试验过程中读数时应保持视线与温度计水银柱顶部在同一水平线上，以保证读数准确。在同一试验测定过程中不能更换其他试验人员读数，以免由于个人视觉习惯不同产生读数误差。

④加入氧化锌标定：初测期结束后，立即称量 7.000g 试验前灼烧 5min 并冷却至室温的氧化锌，通过加料漏斗徐徐加入保温瓶酸溶液中（此时酸溶液搅拌器继续搅拌）。

注意事项：

加料过程须在 2min 内完成，漏斗和毛刷上均不得残留试样，特别注意漏斗内不能残留试样。加料完毕盖上胶塞，避免试验中热量散失。加料应均匀，避免一次加入速度过快使得酸液溅到漏斗下端导致加料漏斗堵塞。

⑤测读各时间点温度：从读出初测读数 θ_0 起，分别测读 20min、40min、60min、80min、90min、120min 时贝氏温度计的读数，记录至 0.001℃，这一过程为溶解期。

（3）热容量计算

由于试验计算比较繁琐，建议在电脑上利用 Excel 表格将计算公式录入电脑。计算时直接将试验读数输入电脑即可得到最终结果。

热量计在各时间段内的热容量按式（3-12-1）计算，结果保留至 0.1J/℃：

$$C = \frac{G_0\left[1072.0 + 0.4(30 - t_a) + 0.5(t - t_a)\right]}{R_0} \tag{3-12-1}$$

式中：C——热量计热容量，单位为焦耳每摄氏度（J/℃）；

　1072.0——氧化锌在 30℃时的溶解热，单位为焦耳每克（J/g）；

　　G_0——氧化锌质量，单位为克（g）；

　　t——氧化锌加入热量计时的室温，单位为摄氏度（℃）；

　　0.4——溶解热负温比热容，单位为焦耳每克摄氏度 [J/(g·℃)]；

　　0.5——氧化锌比热容，单位为焦耳每克摄氏度 [J/(g·℃)]；

　　t_a——溶解期第一次测读数 θ_a 加贝氏温度计 0℃时相应的摄氏温度（如使用量热温度计，t_a 的数值等于 θ_a 的读数），单位为摄氏度（℃）；

　　R_0——经校正的温度上升值，单位为摄氏度（℃）。

R_0 值按式（3-12-2）计算，结果保留至 0.001℃：

$$R_0 = (\theta_a - \theta_0) - \frac{a}{b - a}(\theta_b - \theta_a) \tag{3-12-2}$$

式中：θ_0——初测期结束时（即开始加氧化锌时）贝氏温度计（或量热温度计）的读数，单位为摄氏度（℃）；

　　θ_a——溶解期第一次测读的贝氏温度计（或量热温度计）的读数，单位为摄氏度（℃）；

θ_b——溶解期结束时测读的贝氏温度计（或量热温度计）的读数，单位为摄氏度（℃）；

a、b——分别为测读 θ_a 或 θ_b 时距离测初读数 θ_0 时所经过的时间，单位为分（min）。

为了保证试验结果的精密度，热量计热容量对应 θ_a、θ_b 的测读时间 a、b 应分别与不同品种水泥所需要的溶解期测读时间相对应。不同品种水泥的具体溶解期测读时间按表 3-12-1 的规定。

表 3-12-1　不同品种水泥测读温度时间

水泥品种	距初测期温度 θ_0 的相隔时间/min	
	a	b
硅酸盐水泥 中热硅酸盐水泥 低热硅酸盐水泥 普通硅酸盐水泥 核电工程用硅酸盐水泥 纯熟料水泥或混合材料含量≤20％的水泥品种	20	40
矿渣硅酸盐水泥 低热矿渣硅酸盐水泥	40	60
火山灰质硅酸盐水泥	60	90
粉煤灰硅酸盐水泥 复合硅酸盐水泥	80	120
其他水泥	根据混合材料的种类、掺加量及活性商定	

（4）结果处理

热量计热容量应平行标定两次，以两次标定值的平均值作为标定结果。如果两次标定值各个时间点有任何一个值相差大于 5.0J/℃时，应重新标定。

（5）在下列情况下，热容量应重新标定：

① 重新调整贝氏温度计零点时。

② 更换温度计、保温瓶、搅拌器或涂覆耐酸涂料时。

③ 当新配制的酸溶液与标定热量计热容量的酸溶液浓度变化超过 0.02mol/L 时。

④ 对试验结果有疑问时。

2）未水化水泥溶解热的测定

（1）试验前的准备工作

同热量计热容量标定进行准备工作。如连续试验，设备长期恒温，不必进行此步。

（2）操作步骤

① 调配、称量酸溶液。

② 装入酸溶液。

③ 初测期测定。

此三步与本节"7. 试验步骤 1）热量计热容量的标定（2）操作步骤"中①～③热量计

热容量标定操作步骤相同，并记录初测温度 θ'_0。

④加料、测试：读出初测温度 θ'_0 后，立即将预先称好的四份质量为（3±0.001）g 未水化水泥试样中的一份在 2min 内通过加料漏斗徐徐加入酸溶液中，漏斗、称量瓶及毛刷上均不得残留试样。加料完毕，盖上胶塞。然后按规定的各品种水泥测读温度的时间，如表 3-12-1 所示，准时读记贝氏温度计（或量热温度计）读数 θ'_a 和 θ'_b。第二份试样重复第一份的操作。

⑤ 将余下的两份试样置于 900℃～950℃下灼烧 90min，灼烧后立即将盛有试样的坩埚置于干燥器内冷却至室温，并快速称量。灼烧质量 G_1 以两份试样灼烧后的质量平均值确定，如两份试样的灼烧质量相差大于 0.003g，应重新补做。

注意事项：

要将过筛后的试样充分混合均匀，否则容易造成两次灼烧试验结果之差超过 0.003g。

未水化水泥的溶解热按式（3-12-3）计算，结果保留至 0.1J/g：

$$q_1 = \frac{R_1 \cdot C}{G_1} - 0.8(T' - t'_a) \tag{3-12-3}$$

式中：q_1——未水化水泥试样的溶解热，单位为焦耳每克（J/g）；

　　　C——对应测读时间的热量计热容量，单位为焦耳每摄氏度（J/℃）；

　　　G_1——未水化水泥试样灼烧后的质量，单位为克（g）；

　　　T'——未水化水泥试样装入热量计时的室温，单位为摄氏度（℃）；

　　　t'_a——未水化水泥试样溶解期第一次测读数 θ'_a 加贝氏温度计 0℃时相应的摄氏温度（如使用量热温度计，t'_a 的数值等于 θ'_a 的读数），单位为摄氏度（℃）；

　　　0.8——未水化水泥试样的比热容，单位为焦耳每克摄氏度 [J/(g·℃)]；

　　　R_1——经校正的温度上升值，单位为摄氏度（℃）。

R_1 值按式（3-12-4）计算，结果保留至 0.001℃：

$$R_1 = (\theta'_a - \theta'_0) - \frac{a'}{b' - a'}(\theta'_b - \theta'_a) \tag{3-12-4}$$

式中：　θ'_0、θ'_a、θ'_b——分别为未水化水泥试样初测期结束时的贝氏温度计读数、溶解期第一次和第二次测读时的贝氏温度计（或量热温度计）读数，单位为摄氏度（℃）；

　　　　a'、b'——分别为未水化水泥试样溶解期第一次测读时 θ'_a 与第二次测读时 θ'_b 距初读数 θ'_0 的时间，单位为分（min）。

未水化水泥试样的溶解热以两次测定值的平均值作为测定结果。如果两次测定值相差大于 10.0J/℃，应进行第三次试验，其结果与上次试验中任何一次结果相差小于 10.0J/℃ 时，取其平均值作为测定结果，否则应重做试验。

（3）部分水化水泥溶解热的测定

① 制备水化水泥试样

在测定未水化水泥试样溶解热的同时，制备部分水化水泥试样。测定两个龄期水化热时，称取 100g 水泥试样，加 40mL 蒸馏水，充分搅拌 3min 后，取近似相等的两份或多份浆体，分别装入符合本节"4. 仪器设备 8）水泥水化试样瓶"要求的水泥水化试样瓶中，置于（20±1）℃的水中养护至规定龄期。

注意事项:

将水泥浆装入试样瓶后要将瓶口残留的浆体擦干净,否则会影响试样瓶的密封性。

② 试验前准备工作

与本节"7. 试验步骤1)热量计热容量的标定(2)操作步骤"中①~③热量计热容量标定操作步骤相同。

③ 操作步骤

a. 操作步骤前三步同热容量标定,即先调配、称量酸溶液,随即将配制好的酸溶液沿直颈装酸漏斗加入内筒,之后进行初测期测定,并记录初测温度 θ_0''。

b. 初测期开始后,在等待初测期读数的同时进行水泥试样的破碎、称量步骤。从养护水中取出一份达到试验龄期的试样瓶,取出水化水泥试样,迅速用金属研钵将水泥试样捣碎并全部通过 0.60mm 方孔筛,在水泥试样较少时用玛瑙研钵磨细,混合均匀,放入磨口称量瓶中,称出四份质量为 (4.200±0.05)g 的试样(精确至 0.001g),两份进行溶解热测定,另两份进行灼烧。由于对称量精密度要求较高,所以应在天平防风罩关闭的情况下进行称量。称样时间要求从开始捣碎至放入称量瓶中的全部时间不得大于 10min。然后将称好的试样存放在湿度高于 50% 的密闭容器中,并应在 1h 内进行试验。部分水化水泥试样溶解热的测定应在规定龄期的 ±2h 内进行,以试样进入酸溶液时间为准。

c. 读出初测期结束时的温度 θ_0'' 后,立即将称量好的一份试样在 2min 内通过加料漏斗徐徐加入酸溶液中,漏斗、称量瓶及毛刷上均不得残留试样。加料完毕盖上胶塞,然后按表 3-12-1 规定的不同水泥品种的测读时间,准时读记贝氏温度计(或量热温度计)读数 θ_a'' 和 θ_b''。第二份试样重复第一份的操作。

d. 另外两份称量好的试样进行灼烧试验,得到灼烧后的质量 G_2。

经水化某一龄期后水化水泥试样的溶解热按式(3-12-5)计算,结果保留至 0.1J/g:

$$q_2 = \frac{R_2 C}{G_2} - 1.7(T'' - t_a'') + 1.3(t_a'' - t_a') \tag{3-12-5}$$

式中:q_2——经水化某一龄期后水化水泥试样的溶解热,单位为焦耳每克(J/g);

C——对应测读时间的热量计热容量,单位为焦耳每摄氏度(J/℃);

G_2——某一龄期水化水泥试样灼烧后的质量,单位为克(g);

T''——水化水泥试样装入热量计时的室温,单位为摄氏度(℃);

t_a''——水化水泥试样溶解期第一次测读数 θ_a'' 加贝氏温度计 0℃时相应的摄氏温度(或量热温度计温度),单位为摄氏度(℃);

t_a'——未水化水泥试样溶解期第一次测读数 θ_a' 加贝氏温度计 0℃时相应的摄氏温度(或量热温度计温度),单位为摄氏度(℃);

R_2——经校正的温度上升值,单位为摄氏度(℃);

1.7——水化水泥试样的比热容,单位为焦耳每克摄氏度 [J/(g·℃)];

1.3——温度校正比热容,单位为焦耳每克摄氏度 [J/(g·℃)]。

R_2 值按式(3-12-6)计算,结果保留至 0.001℃:

$$R_2 = (\theta_a' - \theta_0') - \frac{a''}{b'' - a''}(\theta_b' - \theta_a') \tag{3-12-6}$$

式中:θ_0''、θ_a'、θ_b'、a''、b'' 与式(3-12-4)中参数意义相同,只不过在这里代表水化水泥试样的参数。

部分水化水泥的溶解热以两次测定结果的平均值作为测定结果。如两次测定值相差大于10.0J/g，应补做试验。

每次试验结束后，将保温瓶中的耐酸塑料筒取出，倒出筒内废液，用清水将耐酸塑料筒、贝氏温度计（或量热温度计）、搅拌器冲洗干净，并用干净纱布抹去水分，供下次试验用。

注意事项：

涂蜡部分如有损伤、松裂或脱落应重新处理。应将研钵内附着的试样清理干净，避免影响之后试验的准确性。

8. 水泥水化热测定结果的计算

水泥在某一水化龄期前放出的水化热按式（3-12-7）计算，结果保留至1J/g：

$$q = q_1 - q_2 + 0.4(20 - t'_a) \tag{3-12-7}$$

式中：q——水泥试样在某一水化龄期放出的水化热，单位为焦耳每克（J/g）；

q_1——未水化水泥试样的溶解热，单位为焦耳每克（J/g）；

q_2——水化水泥试样在某一水化龄期的溶解热，单位为焦耳每克（J/g）；

t'_a——未水化水泥试样溶解期第一次测读数 θ'_0 加贝氏温度计 0℃ 时相应的摄氏温度（或量热温度计温度），单位为摄氏度（℃）；

0.4——溶解热的负温比热容，单位为焦耳每克摄氏度 [J/(g·℃)]。

9. 影响测定结果的因素

（1）水槽内温度偏高会使测定结果偏高。要经常检查水槽温度，调整到试验要求范围内。

（2）水泥养护时试样瓶没有完全密封会导致结果偏低，在试样瓶封口时应将瓶口残留试样擦拭干净再进行密封。

（3）试验时要注意水槽内水位应没过内筒盖，若水位偏低会使得试验结果偏低。

除以上几点外，读数、称量试样等造成的人为误差也是影响试验结果的重要因素。由于溶解热法测定水化热对试验结果的精度要求较高，但影响测定结果的因素较多，且对试验结果的影响较大，因此试验人员需要加强学习，提高操作熟练程度，掌握操作要领，试验前充分做好准备工作，尽可能减少人为误差。

三、水泥水化热测定方法（直接法）

现行国家标准 GB/T 12959—2008《水泥水化热测定方法》中的代用法是直接法。

1. 范围

本方法规定了水泥水化热测定方法（直接法）的原理、仪器设备、试验室条件、材料、试验操作、结果的计算及处理等。

该标准适用于中热硅酸盐水泥、低热硅酸盐水泥、低热矿渣硅酸盐水泥、硅酸盐水泥、普通硅酸盐水泥、矿渣硅酸盐水泥、火山灰质硅酸盐水泥、粉煤灰硅酸盐水泥等以及其他水硬性胶凝材料。

2. 规范性引用文件

GB/T 1346 水泥标准稠度用水量、凝结时间、安定性检验方法

GB/T 17671 水泥胶砂强度检验方法（ISO法）

JC/T 681 行星式水泥胶砂搅拌机

3. 方法原理

本方法是在恒定的温度环境中，直接测量热量计内水泥胶砂（因水泥水化产生）的温度变化，通过计算热量计内积蓄的和散失的热量总和，求得水泥水化 7d 内的水化热。

4. 仪器设备

1）直接法热量计（如图 3-12-3 所示）

图 3-12-3　数字式水泥水化热测量系统直接法热量计

（1）广口保温瓶：容积约为 1.5 L，散热常数测定值≤167.00 J/(h·℃)。

（2）带盖截锥形圆筒：容积约 530mL，用聚乙烯塑料制成。

（3）长尾温度计：量程 0℃～50℃，分度值为 0.1℃，示值误差≤±0.2℃。

（4）软木塞：由天然软木制成。使用前中心打一个与温度计直径紧密配合的小孔，插入长尾温度计，深度距软木塞底面约 120mm，然后用热蜡密封底面。

（5）铜套管：由铜质材料制成。

（6）衬筒：由聚酯塑料制成，密封不漏水。

2）恒温水槽

水槽容积根据安放热量计的数量及易于控制温度的原则确定。水槽内的水温应控制在（20±0.1）℃。水槽还应该装有下列附件：

（1）水循环系统。

（2）温度自动控制装置。

（3）指示温度计，分度值为 0.1℃。

（4）固定热量计的支架和夹具。

3）胶砂搅拌机

符合 JC/T 681 的要求。

4）天平

最大量程值不小于 1500g，分度值为 0.1g。

5）捣棒

长约 400mm，直径约 11mm，由不锈钢材料制成。

6）其他

漏斗、量筒、秒表、料勺等。

5. 试验材料

（1）水泥试样应通过 0.9mm 的方孔筛，并充分混合均匀。

（2）试验用砂采用符合 GB/T 17671—1999 规定的粒度范围在 0.5mm～1.0mm 的标准

砂中砂。

（3）试验用水应是洁净的自来水。有争议时采用蒸馏水。

6．试验条件

（1）成型试验室温度应保持在（20±2）℃，相对湿度不低于50%。

（2）试验期间水槽内的水温应保持在（20±0.1）℃。

（3）恒温用水为纯净的饮用水。

7．试验步骤

1）热量计散热常数的测定

在测定水泥水化热之前，须先测定热量计的散热常数。

（1）试验前准备工作

① 试验室温度：恒温水槽温度应提前1d～2d进行恒温控制，室温保持在（20±2）℃，水槽温度必须控制在（20±0.1）℃。对所有控制装置（如空调机、电子继电器、接点温度计、搅拌器等）需进行严格检查。

② 所用温度计的误差应≤±0.2℃，否则不得使用。在20℃、25℃、30℃、35℃及40℃范围内应用标准温度计进行核查或校准。使用温度传感器时误差应符合上述规定。

③ 软木塞涂蜡：涂蜡前，先在其中心钻插温度计（或传感器）用的小孔并称量，然后在底面涂蜡再称量，以求得蜡的质量。涂蜡要均匀，遇有较大孔洞时应先补封再涂蜡。

④ 准备插温度计用的套管，内径比温度计约大2mm，长约120mm。

⑤ 保温瓶、软木塞、截锥圆筒、温度计等须编号、称量，每个热量计的部件不允许互换，否则应重新计算热容量。试验前所有部件要在（20±2）℃的恒温条件下至少保持24h。

（2）热量计散热常数的测定

① 按式（3-12-8）准确地计算出每个热量计的热容量，结果保留至0.01J/℃：

$$C = 0.84 \times \frac{g}{2} + 1.88 \times \frac{g_1}{2} + 0.40 \times g_2 + 1.78 \times g_3 + 2.04 \times g_4$$
$$+ 1.02 \times g_5 + 3.30 \times g_6 + 1.92 \times V \tag{3-12-8}$$

式中：C——不装水泥胶砂时热量计的热容量，单位为焦耳每摄氏度（J/℃）；

$\quad g$——保温瓶质量，单位为克（g）；

$\quad g_1$——软木塞质量，单位为克（g）；

$\quad g_2$——铜管质量，单位为克（g）；

$\quad g_3$——塑料截锥圆筒质量，单位为克（g）；

$\quad g_4$——塑料截锥筒盖质量，单位为克（g）；

$\quad g_5$——衬筒质量，单位为克（g）；

$\quad g_6$——软木塞底面的蜡质量，单位为克（g）；

$\quad V$——温度计伸入热量计的体积，单位为立方厘米（cm³）。

式中系数分别是所用材料的比热容，单位为焦耳每克摄氏度[J/(g·℃)]。

② 在截锥形圆筒内放入塑料衬筒和铜套管，然后盖上中心有孔的盖子，移入热量计中。

③ 在进行热量计散热常数测定时，通过漏斗向圆筒内注入（500±10）g温度为$45^{+0.2}_{0}$℃的温水，准确记录用水质量（W）和加水时间（精确至min），然后迅速盖紧带有温度计的

软木塞，在保温瓶与软木塞之间用胶泥或蜡密封，密封操作要熟练、仔细，以防漏水。在热量计移入恒温水槽时，要轻轻地将其垂直固定在水槽中，严防截锥圆筒中的水溢出。

④ 从加水开始到第 6h 记录第一次温度 T_1，一般应为 35℃左右，到第 44h 记录第二次温度 T_2，一般应为 21℃左右。

⑤ 试验结束后立即拆开热量计，称量热量计内所有水的质量，应略少于加入水的质量。如等于或多于加入水的质量，说明试验漏水，应重新测定。

⑥ 热量计散热常数按式（3-12-9）计算，结果保留至 0.01J/(h·℃)：

$$K = (C + W \times 4.1816) \frac{\lg(T_1 - 20) - \lg(T_2 - 20)}{0.434\Delta t} \qquad (3\text{-}12\text{-}9)$$

式中：K——热量计的散热常数，单位为焦耳每小时摄氏度 [J/(h·℃)]；

  C——不装水泥胶砂时热量计的热容量，单位为焦耳每摄氏度（J/℃）；

  W——加入水的质量，单位为克（g）；

  T_1——试验开始后 6h 读取热量计内的温度，单位为摄氏度（℃）；

  T_2——试验开始后 44h 读取热量计内的温度，单位为摄氏度（℃）；

  Δt——读数 T_1 至 T_2 所经过的时间，单位为小时（h）。$\Delta t = 38h$。

⑦ 散热常数必须准确测定，这是影响水化热结果准确性的最关键的因素。每个热量计的散热常数至少须测定两次，两次结果之差不得超过 4.18 J/(h·℃)，取其平均值。试验过程中值班人员必须坚守岗位，注意观察试验有无异常现象，以便及时处理。

⑧ 散热常数每年测定一次。

注意事项：

a. 为了保证加入的水温在 $45^{+0.2}_{0}$℃，要求将所有测量设备（烧杯、量筒、滴定管等）放入水中预热，以防水在加入过程中热量损失。

b. 为了迅速而良好地密封，可以将胶泥提前烘烤，使其软化。

2）水泥水化热的测定

（1）试验前准备工作

① 试验前热量计所有部件以及水泥、标准砂、试验用水等试验材料预先在（20±2）℃温度下恒温 24h，截锥形圆筒内放入塑料衬筒。

② 按照 GB/T 1346—2011 的方法测出每个试样的标准稠度用水量，并记录。

③ 准备好温度记录表格，记录热量计编号、热容量等数据。

④ 试验胶砂配比

每个样品称取 1350g 标准砂、450g 水泥，试验用水量按式（3-12-10）计算，结果保留至 1mL：

$$M = (P + 5\%) \times 450 \qquad (3\text{-}12\text{-}10)$$

式中：M——试验用水量，单位为毫升（mL）；

  P——标准稠度用水量，单位为%；

  5%——加水系数。

（2）水化热成型测定试验

① 首先用湿布擦拭搅拌锅和搅拌叶，然后依次把称好的标准砂和水泥加入到搅拌锅中，把锅固定在机座上，开动搅拌机慢速搅拌 30s 后徐徐加入已量好的水，并开始计时，慢速搅

拌 60s，整个慢速搅拌时间为 90s，然后再快速搅拌 60s，改变搅拌速度时不停机。加水操作在 20s 内完成。

② 搅拌完毕后迅速取下搅拌锅并用勺子搅拌几次，防止不均匀，然后用天平称取两份质量为（800±1）g 的胶砂，分别装入已准备好的两个截锥形圆筒内，盖上盖子，在圆筒内胶砂中心部位用捣棒捣一个洞，分别移入到对应保温瓶中，放入套管，盖好带有温度计（或传感器）的软木塞，用胶泥或蜡密封，以防漏水。从胶砂加水时起至软木塞盖紧应在 5min 内完成。在软木塞与热量计接缝之间封胶泥时，其操作必须快速、熟练、细致，以防胶泥变硬影响密封效果，造成漏水、渗水，影响测定结果。

③ 从加水时间算起第 7min 读第一次温度，即初始温度 T_0。

④ 读完温度后移入到恒温水槽中固定，根据温度变化情况确定读取温度的时间，一般在温度上升阶段每隔 1h 读取一次，下降阶段每隔 2h、4h、8h、12h 读取一次。

⑤ 从开始记录第一次温度时算起到第 168h 时记录最后一次温度末温 T_{168}，试验测定结束。

⑥ 全部试验过程热量计应整体浸在水中，养护水面至少高于热量计上表面 10mm，每次记录温度时都要监测恒温水槽水温是否在（20±0.1）℃范围内。

⑦ 试验完毕及时放掉水槽中的水，拆开密封胶泥或蜡，取下软木塞，取出截锥形圆筒，打开盖子，取出套管，观察套管中、保温瓶中是否有水，如有水此瓶试验作废。

⑧ 热量计擦净后，按编号放置，以备下次使用。

⑨ 每次试验完后应检查软木塞的蜡层有无损坏，如发现有损坏的地方，则应重新修补涂蜡。

注意事项：

a. 为了迅速而良好地密封，可以将胶泥提前烘烤，使其软化。

b. 取瓶时要垂直取出，轻拿轻放，防止破坏保温瓶。取出后擦拭干净，以备拆除瓶塞。

c. 拆除瓶塞时，要刮去多余的胶泥，但是不要太过用力，防止破坏软木塞以及表面的蜡层。

8. 试验结果的计算

1）计算方式

（1）按试验记录，把温度及其他参数输入到计算机中，用软件计算水化热。水化热试验的两瓶结果之间相差应小于 12.00J/g。

（2）也可用坐标纸画温度曲线计算，以温度为纵坐标（1cm 代表 1℃），时间为横坐标（1cm 代表 5h），并画出 20℃水槽恒温线。计算出恒温线与温度曲线间的面积 S，再用此面积乘以 5 即得出总面积 $S_总$。

2）水化热试验过程参数值计算

（1）试验用水泥质量（G）按式（3-12-11）计算，结果保留至 1g：

$$G = \frac{800}{4 + (P + 5\%)} \tag{3-12-11}$$

式中：G——试验用水泥质量，单位为克（g）；

　　　P——水泥净浆标准稠度，单位为％；

　　　800——试验用水泥胶砂总质量，单位为克（g）；

　　　5％——加水系数。

（2）试验中用水量（M_1）按式（3-12-12）计算，结果保留至 1mL：

$$M_1 = G \times (P + 5\%) \tag{3-12-12}$$

式中：M_1——试验中用水量，单位为毫升（mL）；

P——水泥净浆标准稠度，单位为％。

（3）总热容量 C_P 的计算

根据水量及热量计的热容量 C 按式（3-12-13）计算，结果保留至 0.1J/℃：

$$C_P = [0.84 \times (800 - M_1)] + 4.1816 \times M_1 + C \tag{3-12-13}$$

式中：C_P——装入水泥胶砂后的热量计的总热容量，单位为焦耳每摄氏度（J/℃）；

M_1——试验中用水量，单位为毫升（mL）；

C——热量计的热容量，单位为焦耳每摄氏度（J/℃）。

（4）总热量 Q_X 的计算

在某个水化龄期时，水泥水化放出的总热量 Q_X 为热量计中蓄积和散失到环境中热量的总和，按式（3-12-14）计算，结果保留至 0.1J：

$$Q_X = C_P(t_X - t_0) + K \sum F_{0 \sim X} \tag{3-12-14}$$

式中：Q_X——某个龄期时水泥水化放出的总热量，单位为焦耳（J）；

C_P——装水泥胶砂后热量计的总热容量，单位为焦耳每摄氏度（J/℃）；

t_X——龄期为 X 小时的水泥胶砂温度，单位为摄氏度（℃）；

t_0——水泥胶砂的初始温度，单位为摄氏度（℃）；

K——热量计的散热常数，单位为焦耳每小时摄氏度 [J/(h·℃)]；

$\sum F_{0 \sim X}$——在 0~X 小时内水槽温度恒温线与胶砂温度曲线间的面积，单位为小时摄氏度（h·℃）。

3）水泥水化热 q_X 的计算

（1）水化龄期 X 小时水泥的水化热 q_X 按式（3-12-15）计算，结果保留至 1J/g：

$$q_X = \frac{Q_X}{G} \tag{3-12-15}$$

式中：q_X——水泥某一龄期的水化热，单位为焦耳每克（J/g）；

Q_X——某一龄期水泥水化放出的总热量，单位为焦耳（J）；

G——试验用水泥的质量，单位为克（g）。

（2）每个水泥试样水化热用两套热量计平行试验，两次试验结果相差小于 12J/g 时，取平均值作为此水泥试样的水化热结果；两次试验结果相差大于 12J/g 时，应重做试验。

9. 影响测定结果的因素

（1）必须保证水化热测定过程中，水槽水位在热量计上表面 10mm 以上，否则会使得到的温度数据偏低，对试验结果影响很大，甚至有可能使数据低 30J/g 以上。

（2）为了获得正确的初始温度，所有试验材料（水泥、标准砂、拌和水）、热量计等均需在（20±2）℃下恒温 24h，使其接近恒温水槽的温度。初读数应该是加水后第 7min 的读数，并使温度计能正确地表示出水泥胶砂的温度，试验操作过程中往往容易忽视这一点。如果在温度计刚插入热量计后，立刻读初读数，则所读之数不能正确表示该时胶砂的温度。如果初读数相差 0.5℃~1℃，按公式计算，水化热测定结果则可能相差 4J/g 左右。

（3）恒温水槽的温度必须严格控制在（20±0.1）℃内。假如控制不严，经常为（20±

0.2)℃，则 7d 水化热按公式计算可能相差 8J/g 左右。

（4）$F_{0\sim x}$ 面积的计算应该很细致，面积划分越小，计算结果越准确。如果计算面积相差 $1cm^2\sim 2cm^2$，则 $F_{0\sim x}$ 值会相差 5h·℃～10h·℃，按公式计算水化热测定结果也会相差 4J/g 左右。

（5）热量计的散热常数必须准确测定，这是影响水化热测定结果准确性的最关键因素。如果所测结果与实际情况相差 4J/(h·℃)，按公式计算，7d 水化热则可能相差 8J/g 左右。每个热量计的散热常数至少测定两次，两次结果之差不得超过 4.18 J/(h·℃)。

（6）热量计和恒温水槽所使用的温度计均需经过核查或校准，必要时需进行修正。

（7）热量计必须仔细地严密封口，如果有漏气情况，即等于增大热量计的散热常数，并易造成热量计渗水。早期渗水，如进入到水泥胶砂中，能加速水泥水化使温度升高，其水化热测定结果偏高；后期渗水，则使胶砂温度下降而使水化热测定结果偏低。

第十三节 水泥氯离子扩散系数的测定

一、概述

氯离子侵蚀是影响混凝土结构耐久性的主要因素之一。氯离子侵入混凝土内部会导致钢筋脱钝并发生锈蚀。随着锈蚀的加剧，锈蚀产物体积膨胀导致混凝土保护层胀裂或剥落，缩短建筑结构工作寿命，造成整体结构发生耐久性破坏。因而，该问题成为水泥及其结构工程领域的研究热点之一。

影响氯离子在混凝土中扩散的因素众多，如混凝土的砂石骨料级配、集灰比、水灰比、水泥掺加量、矿物掺和料种类及掺加量等，例如粉煤灰、矿渣、硅灰等掺和料的加入可以改善水泥的氯离子扩散系数；粉煤灰的水化热低，在施工过程中便于控制升温，减少水泥结构表面温度裂缝；高细度矿渣可以填充于水泥内部的孔隙中，改善孔结构，提高混凝土强度。同时，这两种掺和料均具有火山灰效应，水化后能够有效地增加水泥的致密性，增强抵抗侵蚀的能力，降低氯离子在混凝土中的扩散系数。

二、水泥氯离子扩散系数检验方法

1. 方法概述

在过去的几十年里，研究者提出了许多测量水泥氯离子扩散系数的试验方法。根据渗透试验原理的不同，大致可分为自然扩散法、外加电场加速扩散法、压力渗透法三类；根据水泥内部氯离子浓度是否随时间变化，又分为稳态和非稳态试验方法。不同的试验方法，其理论基础和试验条件不同，试验结果也不同。虽然自然扩散试验方法比较符合实际情况，但试验耗时太长且操作繁琐。为了在较短试验时间内得出准确反映水泥抗氯离子渗透性的试验结果，清华大学路新瀛教授基于离子扩散和电迁移的理论，提出饱盐水泥试体电导率试验方法，JC/T 1086—2008《水泥氯离子扩散系数检验方法》中采用的即是这种方法。

2. 范围

本方法规定了水泥氯离子扩散系数检验方法的原理、仪器设备、材料、试验室条件、试体成型、养护条件等。

本方法适用于硅酸盐水泥、普通硅酸盐水泥、矿渣硅酸盐水泥、火山灰质硅酸盐水泥、粉煤灰硅酸盐水泥、复合硅酸盐水泥及其他指定采用本标准的水泥氯离子扩散系数的检测与评价。

3. 规范性引用文件

GB/T 17671　水泥胶砂强度检验方法（ISO 法）

JC/T 681　行星式水泥胶砂搅拌机

JC/T 723　水泥胶砂振动台

JC/T 726　水泥胶砂试模

JC/T 1086　水泥氯离子扩散系数检验方法

4. 方法原理

本方法是将水泥胶砂试体在淡水中养护至 28d，然后在真空环境中用氯化钠溶液使试体充分饱盐，通过测定电导率，由 Nernst-Einstein 方程（式 3-13-1）计算出水泥氯离子扩散系数，并根据扩散系数的高低对水泥试样抗氯离子渗透能力进行评价：

$$D_i = \frac{RT\sigma_i}{Z_i^2 F^2 C_i} \tag{3-13-1}$$

式中：D_i——氯离子扩散系数，即单位时间单位面积上氯离子通过数量，单位为二次方米每秒（m^2/s）；

　　R——气体常数，取 8.314，单位为焦耳每摩尔开 [$J/(mol \cdot K)$]；

　　T——热力学温度，单位为开尔文（K）；

　　σ_i——粒子偏电导率，单位为西门子每米（S/m）；

　　Z_i——粒子电荷数或价数；

　　F——Faraday 常数，取 96500，单位为库仑每摩尔（C/mol）；

　　C_i——粒子浓度，即所用盐溶液氯离子浓度，单位为摩尔每升（mol/L）。

5. 仪器设备

（1）水泥胶砂搅拌机

应符合 JC/T 681 中相关的规定。

（2）振动台

应符合 JC/T 723 中相关的规定。

（3）试模

试模主要由隔板、端板、底板、紧固装置及定位销组成，如图 3-13-1 所示，可同时成型三条 100mm×100mm×50mm 试体，并能拆卸。试模总质量为（8.75±0.25)kg，其他技术要求应符合 JC/T 726—2005 相关的规定。

（4）下料漏斗

下料漏斗结构和规格要求，如图 3-13-2 所示。

（5）天平

最大量程值不小于 2000g，分度值不大于 2g。

（6）量筒

量程为 250mL，分度值为 1mL。

（7）真空饱盐设备

真空饱盐装置主要由饱盐容器和真空泵及其控制装置等部分组成，如图 3-13-3 所示。

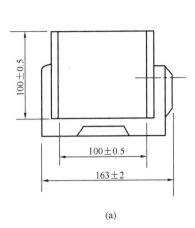

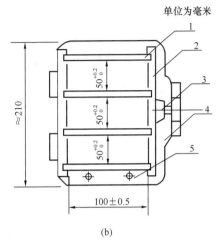

图 3-13-1　试模结构示意图

（a）正视图；（b）俯视图

1—隔板；2—端板；3—紧固装置；4—底座；5—定位销

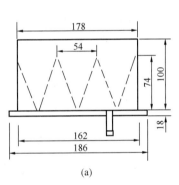

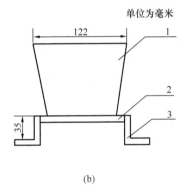

图 3-13-2　下料漏斗结构示意图

（a）正视图；（b）俯视图

1—漏斗；2—模套；3—紧固卡臂

此装置的容器材质应为 304 等级以上的不锈钢或玻璃材质，容器的密封性良好，且与真空泵相连。容器内部应能维持 0.08MPa 负压。

（8）水泥氯离子扩散系数测定装置

水泥氯离子扩散系数测定装置主要由测试电机、直流稳压电源、电压和电流数据采集及处理系统组成，其结构如图 3-13-4 所示。测试电极应为紫铜材料制成，表面需经过抛光处理，其直径为 $\phi(50\pm0.1)$mm，厚度为 (25 ± 0.5)mm。直流稳压电源 0V～10V，电压可根据需要自动进行调节。测试电极两端电压应

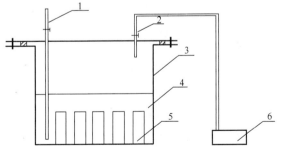

图 3-13-3　真空饱盐装置结构示意图

1—进水口；2—抽气口；3—饱盐容器；4—氯化钠溶液；

5—水泥试体；6—真空泵及其控制装置

163

精确到±0.1V。测试电流范围 0mA～300mA，且应精确到±1mA。

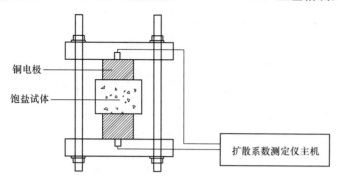

铜电极

饱盐试体

扩散系数测定仪主机

图 3-13-4　水泥氯离子扩散系数测定装置示意图

6. 试验条件及材料

试验前水泥、砂子、试验用水要在（20±2）℃、相对湿度不低于 50％试验室中恒温 24h。湿气养护箱温度控制为（20±1）℃，相对湿度不低于 90％。成型试体所用标准砂为 GB/T 17671—1999 规定的级配标准砂。试体所用标准砂、试验水及试模的温度应与室温相同。

7. 试验步骤

1）试体成型及养护

采用 100mm×100mm×50mm 试模，成型前将试模擦净，隔板和端板与底座的接触面应涂黄干油，紧密装配，防止漏浆。试模内壁均匀刷上一薄层机油。试体的灰砂比为 1：3.0，水灰比为 0.50。每个试样成型 3 块试体，具体配比如下：水泥（900±2）g，拌和水（450±1）mL，符合 GB/T 17671—1999 规定的级配标准砂 2 袋（2700±10）g。

将称量好的试验材料立即按 GB/T 17671—1999 中第 6.3 条的程序进行搅拌操作：首先将锅和叶片用湿布润湿，将 1 袋标准砂加入到加砂器中，向搅拌锅中倒入 450mL 水，然后加入 900g 水泥，立即将搅拌锅放入行星式胶砂搅拌机固定锅座上，提升搅拌锅，启动搅拌机，搅拌机开始按程序工作。开始慢速 30s 拌和净浆；再慢速 30s 开始时加砂；迅速把剩余的 1 袋标准砂缓缓加入到搅拌锅中，30s 内加完标准砂。然后快转 30s，静停 90s，最后快速 60s。停拌 90s 时，在第一个 30s 内用勺子将搅拌叶和锅壁上的胶砂刮入锅中，并搅拌起锅底的胶砂。在搅拌胶砂的同时，将试模及下料漏斗卡紧在振动台的台面中心位置。

搅拌完毕，用小刀将叶片上的胶砂刮到锅中，卸下搅拌锅，将搅拌好的胶砂大约1/2量均匀地平摊到漏斗内，开动振动台，振实（120±5）s 后自动停车。然后将剩余的胶砂全部倒入漏斗内继续振动（120±5）s 后自动停车。振毕，取下试模，去掉漏斗，按 GB/T 17671—1999 的规定刮平、编号，放入养护箱中养护至 24h（从加水时间算起），取出脱模。脱模时应防止损伤试体。硬化较慢的水泥允许延长脱模时间，但应记录脱模时间。

脱模后，将试体竖直放入（20±1）℃的水中养护，试体彼此间应留有间隙。试体在水中养护 27d（从加水开始算起为 28d 龄期）。

2）水泥氯离子扩散系数的测定

（1）试体的饱盐处理

称取 2340g 分析纯氯化钠，溶于 10L 蒸馏水中，配制浓度为 4mol/L 的氯化钠饱盐溶液，将溶液充分搅拌均匀。配制好的溶液应在试验室中至少静置 8h。每次试验至少需配制 10L 氯化钠饱盐溶液。

（2）试体的饱盐浸润

将到达养护 28d 龄期的试体从水中取出，擦干试体表面水分，放入饱盐容器中，密封容器密封盖，关闭释放阀门，开启真空泵，让试体在 0.08MPa 负压下抽吸 4h。然后由进水口加入配制好的氯化钠饱盐溶液，液面至少超出试体上表面 20mm，在 0.08MPa 负压下继续抽吸 2h。此后保持 0.08MPa 负压不变，让试体在氯化钠饱盐溶液中静置 18h，使其达到充分饱盐状态。

饱盐过程应做到以下几点：

① 放入真空饱盐设备内的各块试体之间要留有空隙。如果试体分层叠放，则需通过支架将上下层之间的试体隔开，保证试体有足够的面积接触氯化钠饱盐溶液，使氯离子各方向渗透畅通。

② 注意饱盐设备容积和配制的溶液量，以使所有的试体都能充分被饱盐溶液浸没。检查液面控制传感器浮漂，使之能够自由上下活动。液面高度出厂前已设定，保证液面高于最上层试体表面 10mm～20mm。

③ 饱盐处理是本测试方法的关键，干抽则是饱盐处理的关键。能否充分饱盐，主要取决于试体干抽的效果。因此，干抽时真空压力表的显示值应稳定在 −0.08MPa，时间应保证在 4h。

④ 试验过程中的静停、饱盐及干抽、湿抽的时间应完全符合标准的要求。

（3）测试前试体表面的处理

测试前打开饱盐容器密封盖，取出待测试体，用湿布擦去试体测试面多余的溶液，湿布每擦拭一块试体后都需要用水冲洗干净并拧掉多余水分。此过程看似简单，却直接影响测定结果。具体做法是拿出试体轻甩一下，用湿布沾去表面多余水分，随即进行氯离子扩散性能的测试。

（4）氯离子扩散系数的测定

测试前，应提前开启氯离子扩散系数测定仪，立即将处理好的试体放到测试电极中间进行测定。在整个测定过程中，测试仪的电压在 0V～10V 范围内，以每 1min 测试电压增大 1V 的速率测定不同电压下通过试体的电流值。测试采集点不少于 5 个，且不同测试采集点电压与电流间具有良好的线性关系。通过系统数据采集与处理，并按相应公式计算氯离子扩散系数。每块试体的测定应在 15min 内完成。

若测试过程中发现铜电极和试体之间接触不良，需对上下两铜电极进行抛光打磨，除去铜锈。如果测定效果不稳定，可以在铜电极表面和试体表面各滴两滴浓度为 4mol/L 的氯化钠溶液，以保证铜电极和试体表面之间接触良好。

8. 结果计算及处理

氯离子扩散系数测定结果由测定仪数据处理系统直接计算并显示、输出，计算结果精确至 $1 \times 10^{-14} \mathrm{m}^2/\mathrm{s}$，且保留至整数位。

以每块试体测试点上的测定数据的平均值作为试样的氯离子扩散系数结果。如果某个测试点上氯离子扩散系数结果与平均值的偏差大于 5%，应予以剔除，剔除后取其余测试点结果的平均值（测定仪会自动取舍）。

以三块平行试体中所得氯离子扩散系数的平均值作为试样的氯离子扩散系数结果。其中氯离子扩散系数超过平均值 15% 的试体的数据应予以剔除。剔除 1 块时，取余下两块试体结果的平均值；剔除两块时，应重新进行检测。

9. 测定结果允许偏差及渗透性评价

（1）重复性和再现性

重复性：同一实样由同一试验室、同一操作人员用相同的设备测定结果之间的偏差应不超过 6%。

再现性：同一试样由不同试验室、不同人员用不同设备测定结果之间的偏差应不超过 15%。

（2）水泥氯离子渗透性评价

水泥胶砂试体氯离子的渗透性可按照表 3-13-1 进行评价。

表 3-13-1　水泥氯离子渗透性评价

氯离子扩散系数/$[(m^2/s)\times10^{-14}]$	水泥氯离子渗透性评价
>500	很高
>250~500	高
>100~250	中
>50~100	低
≤50	很低

10. 影响测定结果的因素

（1）饱盐效果

试体的饱盐处理过程至关重要。如果饱盐效果不好，测试数据将会出现较大的离散性，直接影响对水泥试样抵抗氯离子扩散性能的判断。同时注意试体间距、饱盐溶液量和饱盐机干抽和湿抽的效果。

（2）测试环境的温度和湿度

温度过高或湿度过低都会导致测试过程中试体表面的盐溶液蒸发太快，进而导致氯离子扩散系数结果降低。

（3）测试铜电极和试体上下表面的平整度

如果电极与试体表面接触不良，测得电流较小，导致氯离子扩散系数结果降低。

（4）测试电极的腐蚀情况

如果电极生锈，导电性能下降，测得电流较小，导致氯离子扩散系数结果降低。

（5）试体表面水分干湿程度及去除水分的处理方式

水泥胶砂试体表面去除残余水分环节中处理方式若不同，测试结果差别较大。为了得到测试数据的相对统一性和稳定性，有必要统一处理手法，测试前应用湿布沾去试体测试面多余的溶液，立即测试，减小处理环节引起的试验误差。

第十四节　水泥抗硫酸盐侵蚀性能的测定

一、概述

水泥混凝土应用到海水、湖泊、盐碱滩等恶劣环境中，会受到各种环境水的侵蚀。环境水中所含侵蚀能力的物质种类繁多，混凝土受到侵蚀的性质、侵蚀的作用和机理也各不相同，它们之间相互作用、交叉侵蚀，侵蚀的类型很难绝然分开。通常将侵蚀大致分为三种类型：

1. 溶出性侵蚀

主要特征是硬度低的环境水使水泥石的组分溶解、浸析带走，破坏水泥石结构。水泥硬化后的水化产物主要是氢氧化钙、硅酸钙水化物、铝酸钙水化物，其中氢氧化钙最容易被溶解，亦即最容易被硬度低的环境水所浸析，而在水泥石中，无论硅酸钙水化物或铝酸钙水化物都必须在一定浓度的氢氧化钙溶液中才能稳定存在，所以流动的环境水会对水泥石的结构造成侵蚀破坏。这种侵蚀与环境水的流动性密切相关，流动性越强，侵蚀越严重。当环境水硬度增高时，亦即水中碳酸氢钙 $Ca(HCO_3)_2$ 和碳酸氢镁 $Mg(HCO_3)_2$ 的含量增高时，能缓解浸析作用。另外环境水中的离子如硫酸根离子、氯离子、钠离子、钾离子等浓度增高时，会提高氢氧化钙的溶解度，加速侵蚀作用。

2. 酸类（碳酸、无机酸）和镁盐侵蚀

侵蚀的基本特征是水中的侵蚀物质与水泥石的组分发生交换作用，或是生成易溶的物质被水带走，或是生成的物质不具备胶凝性质，难以形成具有一定硬度的几何体。这种类型的侵蚀又可分为以下几种情况。

（1）碳酸侵蚀：在大多数天然水中，都或多或少地存在部分游离的二氧化碳，从而天然水中就会有碳酸存在，它与水泥石中的游离氧化钙发生反应，在混凝土表面生成碳酸钙。碳酸钙能与水中的碳酸继续作用，生成碳酸氢钙 $Ca(HCO_3)_2$，其可逆反应式为：

$$CaCO_3 + CO_2 + H_2O \Longrightarrow Ca(HCO_3)_2$$

在这种平衡反应中，当有多余的碳酸存在时，就会侵蚀水泥石，形成碳酸侵蚀。

（2）无机酸侵蚀：环境水中时常含有盐酸、硫酸、硝酸等无机酸类物质，它们与水泥石中的组分发生反应，生成的产物易溶于水，并被流动的环境水带走。此种反应生成一种不具备胶结能力的无定形物质，造成部分水泥石结构松散、强度降低。反应式如下：

$$nCaO \cdot mSiO_2 + H_2SO_4 + H_2O \longrightarrow nCaSO_4 + mSi(OH)_4 + H_2O$$

$$nCaO \cdot mAl_2O_3 + H_2SO_4 + H_2O \longrightarrow nCaSO_4 + mAl(OH)_3 + H_2O$$

（3）镁盐侵蚀：镁盐侵蚀和第一类型、第三类型侵蚀密切相关，由于侵蚀作用交替反应，类型很难划清，笔者认为将其归属为第二类型较为合理。一般在海水中含有大量镁离子（Mg^{2+}），主要以氯化镁（$MgCl_2$）和硫酸镁（$MgSO_4$）形态存在。海水中镁离子含量在 1.3g/L 左右，其中以氯化镁（$MgCl_2$）形态存在的约占 2/3，即 0.87g/L，以硫酸镁（$MgSO_4$）形态存在的约占 1/3，即 0.43g/L。镁盐对水泥石的侵蚀反应为：

$$Ca(OH)_2 + MgCl_2 \Longrightarrow CaCl_2 + Mg(OH)_2$$

$$Ca(OH)_2 + MgSO_4 \Longrightarrow CaSO_4 + Mg(OH)_2$$

3. 硫酸盐侵蚀

其基本特征是由于环境水中的侵蚀物质硫酸根离子与水泥石的组分发生复分解反应后生成一种盐类，此盐类与水形成结晶体，体积发生膨胀，使硬化的混凝土内部产生巨大应力，破坏混凝土结构。在硫酸盐侵蚀中，硫酸钙的结晶作用是导致侵蚀的主要原因之一。当环境水中的硫酸盐（如硫酸钠）存在时，与水泥石接触后发生的复分解反应如下：

$$Ca(OH)_2 + Na_2SO_4 \Longrightarrow CaSO_4 + 2NaOH$$

这种反应生成的硫酸钙或环境水中原有的硫酸钙在水泥石内部结晶形成 $CaSO_4 \cdot 2H_2O$，体积增大，产生内应力，使混凝土结构破坏。

环境水中含有硫酸盐所引起的混凝土侵蚀的另外一个原因是，当水中的硫酸盐浓度较低时，生成硫铝酸钙晶体。这种晶体也含有大量的结晶水，由于晶体体积的增大而导致混凝土结构破坏。因生成条件的不同，硫铝酸钙晶体有两种类型，即

$$3CaO \cdot Al_2O_3 \cdot 3CaSO_4 \cdot (30\sim32)H_2O \text{ 和 } 3CaO \cdot Al_2O_3 \cdot 3CaSO_4 \cdot 12H_2O$$

在自然条件下上述三种类型的侵蚀是相互联系的，很少遇到只有单独一种侵蚀作用存在。

混凝土抵抗侵蚀的能力与水泥混凝土的密实度有关。结构致密的水泥石抗侵蚀能力强。贫混凝土和水灰比大的混凝土，形成水泥石后内部孔隙多，抗渗能力差，更容易受到侵蚀破坏。

水泥的矿物组成对混凝土的抗侵蚀性影响也很大。氧化钙含量高的水泥矿物，如纯硅酸盐水泥，抗侵蚀能力差；水泥中掺加粉煤灰、火山灰、矿渣、硅灰等材料后能明显提高混凝土的抗侵蚀能力。

二、水泥抗硫酸盐侵蚀性能测定方法

1. 方法概述

1965 年我国首次制定了国家标准 GB/T 749—1965《水泥抗硫酸盐侵蚀试验方法》，此方法按照 1∶3.5 的灰砂比，通过给胶砂施加一定的压力后，人为判断胶砂的干湿程度，寻找适当的拌和水量，成型 72 条 10mm×10mm×30mm 胶砂试体，按规定分别分布在淡水和侵蚀溶液中的 14d、1 个月、2 个月、3 个月、6 个月的 5 个龄期中，最终通过试体在侵蚀溶液中和在淡水中抗折强度之比确定抗侵蚀系数。由于侵蚀龄期 6 个月，试验用时较长，习惯上称之为"慢速法"，慢速法不利于施工工程对材料的选择和监测。我国在 1981 年制定了国家标准 GB/T 2420—1981《水泥抗硫酸盐侵蚀（快速法）》。此方法按照 1∶2.5 的灰砂比，拌和水量采用 0.5 的固定水灰比，通过加压成型 18 条 10mm×10mm×60mm 胶砂试体，早期放到 50℃水中养护 7d 以促进快速水化，使试体达到一定的强度，然后按规定分别分布在淡水和侵蚀溶液中，侵蚀 28d，最终通过在侵蚀溶液中和在淡水中的试体抗折强度之比确定抗侵蚀系数。此方法数据相对稳定，测试所需时间较短，被普遍采用。后来为了和国际标准接轨，在 2001 年依据 ASTM C452 标准，对 GB/T 749—1965 进行修订，并更名为 GB/T 749—2001《硅酸盐水泥在硫酸盐环境中的潜在膨胀性能试验方法》，此方法通过外掺石膏使水泥中三氧化硫含量达到 7%，水泥水化时过量的硫酸根离子直接与影响抗硫酸盐性能的矿物反应，体积发生膨胀，通过测量规定龄期内试体的膨胀率来判定水泥的抗硫酸盐侵蚀性能。现行有效版本为 GB/T 749—2008《水泥抗硫酸盐侵蚀试验方法》，此修订版本最根本的变化是将 GB/T 749 和 GB/T 2420 两个标准修订并整合成为一套标准，标准中包括潜在膨胀性能试验方法（P 法）和浸泡抗侵蚀性能试验方法（K 法）两种，更加有利于用户选用。

2. 潜在膨胀性能试验方法（P 法）

1）范围

本标准规定了水泥抗硫酸盐侵蚀试验方法的原理、仪器设备、试验材料、胶砂组成、试体成型、试体养护和测量、计算与结果处理。潜在膨胀性能试验方法（P 法）适用于硅酸盐水泥及指定采用本方法的其他品种水泥。

2）方法原理

往水泥中掺加一定量的二水石膏，使水泥中三氧化硫的总含量达到指定量，使得过量的硫酸根离子直接与水泥中影响抗硫酸盐性能的矿物反应，体积发生膨胀，然后测量胶砂试体规定龄期的膨胀率，来衡量水泥胶砂的潜在抗硫酸盐性能。

3）规范性引用文件

GB/T 5483　《天然石膏》

GB/T 6005　试验筛 金属丝编织网、穿孔板和电成型薄板 筛孔的基本尺寸

GB/T 6682　分析实验用水规格和试验方法

GB/T 17671　水泥胶砂强度检验方法（ISO法）

JC/T 603　水泥胶砂干缩试验方法

JC/T 681　行星式水泥胶砂搅拌机

4）试验材料

试验用标准砂应符合 GB/T 17671—1999 规定的粒度范围在 0.5mm～1.0mm 的中级砂（在标准砂定点供应商处购买）。

石膏用化学纯二水石膏或符合要求的 G 类特级石膏，所用石膏细度应全部通过 $150\mu m$ 方孔试验筛，具体要求如表 3-14-1 所示。

表 3-14-1　对石膏粒度的要求

方孔筛孔径/μm	筛余/%
150	0
80	≤6
45	≤10

石膏的细度对试验的影响至关重要。由于天然二水石膏很难磨细到全部通过 $150\mu m$ 方孔试验筛的细度，建议使用化学纯二水石膏更为方便。

试验用水为洁净的饮用水，有争议时采用符合 GB/T 6682 规定的三级水。

试验前所有试验材料要在（20±2)℃的试验室中恒温 24h。

5）试验条件

（1）成型试验室温度应保持在（20±2)℃范围内，相对湿度不低于 50%。

（2）湿气养护箱温度应保持在（20±1)℃范围内，相对湿度不低于 90%。

（3）试体养护池水温应保持在（20±1)℃范围内。

（4）试验室、养护箱温度和相对湿度及养护水池水温在工作期间每天至少记录一次，以检查各部分环境条件是否始终满足要求。

6）仪器设备

（1）胶砂搅拌机符合 JC/T 681 的规定。搅拌叶与搅拌锅间隙在（3±1)mm 范围内；自转转速：快速为（285±10)r/min，慢速为（140±5)r/min；公转转速：快速为（125±10)r/min，慢速为（62±5)r/min；控制器系统控制各程序在规定时间±1s 范围内。

注意事项：

① 搅拌叶片与搅拌锅之间的间隙，是指搅拌叶片与锅壁垂直时（最近点）的距离，此项目应每月核查一次（自查项目，做好记录）。

② 搅拌锅、叶片应配对使用。一台搅拌机使用多个搅拌锅时，应逐一检查每个搅拌锅与叶片之间的间隙。

（2）天平

最大量程值不小于 2000g，分度值不大于 0.5g。分度值应保证称量物料质量的准确，且量程能够一次称量 1100g 的物料。

（3）比长仪

图 3-14-1　比长仪

比长仪由百分表、支架及校正杆组成，如图 3-14-1 所示。百分表分度值为 0.01mm，最大基长不小于 300mm，量程为 10mm。百分表要固定，不能有任何松动、晃动现象；测量接触头不能生锈或受到腐蚀；滑动杆光洁且滑动顺畅；百分表表盘可以任意转动，搬运移动、试验前要检查指针零点位置。

（4）试模

① 试模为三联试模，由相互垂直的隔板、端板、底座以及定位螺丝组成，如图 3-14-2 所示。各组件应方便拆卸，组装后每联模腔尺寸为：长 280mm，宽 25mm，高 25mm，使用中试模允许误差：长（280±3)mm，宽（25±0.3)mm，高（25±0.3)mm。端板有三个安放测量钉头的小孔，其位置应保证成型后试体的测量钉头在试体的轴线上。小孔的直径与钉头要配合严密，孔直径若大，孔中会进入水泥浆；孔直径若小，钉头不能插入或配合太紧密，造成脱模时试体损伤、断裂。

② 隔板和端板采用布氏硬度不小于 HB 150 的钢材制成，工作面表面粗糙度 Ra 不大于 1.6μm。

③ 底座用 HT 100 灰口铸铁加工，底座上表面粗糙度 R_a 不大于 1.6μm，底座非加工面涂漆无流痕。

（5）测量用钉头

用不锈钢或铜制成，如图 3-14-3 所示。成型试体时测量钉头深入试模端板的深度为（10±1)mm。

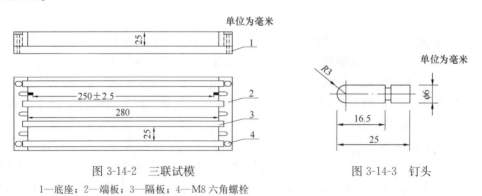

图 3-14-2　三联试模
1—底座；2—端板；3—隔板；4—M8 六角螺栓

图 3-14-3　钉头

（6）捣棒

捣棒包括方捣棒和缺口捣棒两种，实物及规格尺寸如图 3-14-4 所示，均由金属材料制成。方捣棒受压面积为 23mm×23mm。缺口捣棒用于捣固测量钉头两侧的胶砂。

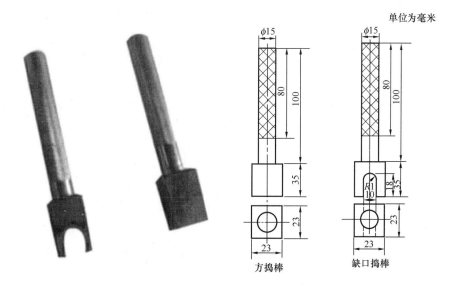

图 3-14-4 捣棒及其规格尺寸

（7）三棱刮刀

截面为边长 28mm 的正三角形，钢制，有效长度为 260mm。

（8）量筒

分度值 1mL，量程不小于 200mL。

（9）150μm 方孔试验筛

试验筛由圆形筛框和筛网组成，筛网应符合 GB/T 6005—2008 标准中 R20/3 系列孔边长为 150μm 的尺寸要求。

（10）养护水池

试体养护水池底面积不能太大，长度在 310mm 左右较为合适，由于受到养护水量的限制，若底面积太大，水不能全部浸没试体。

7）试验步骤

（1）计算所需水泥和石膏的质量

首先测定水泥和石膏中三氧化硫的含量，由此计算所需水泥和石膏的质量，使二者混合后，混合料中三氧化硫的含量达到 7.0%（质量分数）。欲成型一组三条 25mm×25mm×280mm 试体，所需水泥与外掺石膏的总质量为 400g，此时所需水泥和石膏的质量分别按式（3-14-1）和式（3-14-2）计算：

$$w_1 = 400 \times (k - 7.0)/(k - c) \tag{3-14-1}$$

$$w_2 = 400 \times (7.0 - c)/(k - c) \tag{3-14-2}$$

式中：w_1——所需水泥的质量，单位为克（g）；

w_2——所需石膏的质量，单位为克（g）；

c——水泥中三氧化硫的质量分数，单位为％；

k——石膏中三氧化硫的质量分数，单位为％。

7.0——常数。对于硅酸盐水泥为 7.0，其他水泥根据要求确定。

实例：纯度为99％的化学纯石膏（$CaSO_4 \cdot 2H_2O$）中三氧化硫（SO_3）的质量分数按下式计算：

$$k = \frac{32 + 3 \times 16}{40 + 32 + 4 \times 16 + 2 \times (2 \times 1 + 16)} \times 99\% = \frac{80}{172} \times 99\% = 46.05\%$$

式中：40、32、16、1分别为钙、硫、氧、氢的相对原子质量；99％为石膏的纯度。

注意事项：

石膏可以使用化学纯硫酸钙，也可使用天然石膏，但石膏的细度必须全部通过$150\mu m$方孔筛。

（2）试体的组成

胶砂试体中水泥和石膏的混合料与标准砂的比例为1:2.75（质量比），水灰比为0.485，成型一组试体需400g水泥和石膏的混合料。具体操作：按照上条"（1）计算所需水泥和石膏的质量"计算出所需水泥和石膏的质量，分别用天平称取质量为w_1的水泥和质量为w_2的石膏（$w_1 + w_2 = 400g$），称量1100g中级砂，用量筒量取194mL拌和用水。

（3）试模的准备

将试模擦净并装配好，内壁均匀地刷一层薄机油。然后将钉头的圆弧头方向插入试模端板上的小孔中，用捣器轻轻敲击，以保证钉头插入到小孔的底部，然后用手指左右转动钉头使之与孔准确配合，达到松紧程度适宜。

注意事项：

① 涂刷机油量不能太多，以免影响水泥浆体的硬化。

② 外露的钉头部分应保持干燥清洁，不能沾有油污，不然钉头容易脱落。

③ 安装前应检查钉头圆弧头，保证圆滑无损伤。

④ 由于试体养护后强度较低，脱模时为防止试体断裂，可以在模腔内铺垫一层薄薄油纸。

（4）胶砂的制备

首先用湿布擦拭润湿搅拌锅和搅拌叶，然后将194mL拌和水倒入搅拌锅内，加入称量好的石膏，用小刀将石膏搅匀成悬浊液（或摇动搅拌锅使锅内液体充分旋转，直至锅底没有沉积物，全部混合分散到液体中），注意不要让石膏团聚。再加入称量好的水泥，放到搅拌机上，按GB/T 17671—1999规定的程序进行搅拌。自动搅拌程序结束后，再静停90s，将胶砂搅拌机控制开关拨至手动档、快转档，快速搅拌15s。整个搅拌过程用时345s。在每次静停90s的头30s内将搅拌锅取下，用小刀将粘附在搅拌机叶片上和锅壁上的胶砂刮到锅中。再用料勺翻起锅底胶砂，充分搅拌几次，使胶砂拌和均匀，再将搅拌锅装回到搅拌机上。整个搅拌程序完成后，将搅拌锅放下，用小刀将粘附在搅拌机叶片上的胶砂刮到锅中。再用料勺混匀胶砂，特别是锅底胶砂。

注意事项：

① 因为使用的是中砂，粒度较细，容易粘糊锅底，静停时应将锅底胶砂翻起。

② 加砂程序完毕后观察加砂是否完全，保证搅拌过程中不能有物料、拌和水损失。

（5）试体成型

将制备好的胶砂用勺子充分搅拌均匀，然后分两层装入两端已装有钉头的试模内成型。第一层成型，用勺子将胶砂均匀分散在三个模腔内，自然松散状态下基本装满至与试模持平，用小刀沿模腔长度方向来回划均划实，注意钉头两侧多次插捣、划实，保证钉头底部填充胶砂。然后用23mm×23mm缺口捣棒在每个端板钉头处捣压2次，一共6处，共计12

次。再用 23mm×23mm 方（平）捣棒从钉头内侧（紧邻缺口捣实处）开始，由一端向另一端顺序捣压 10 次，返回再捣压 10 次，每个模腔共捣压 20 次。第二层成型，将剩余胶砂全部装入试模内，用小刀摊平、压实再划匀，划匀时深度应透过第一层胶砂表面，使两层胶砂融合为一体，避免分层。后用 23mm×23mm 方（平）捣棒从试模内腔一端向另一端依次顺序捣压 12 次，返回再捣压 12 次，每个模腔共捣压 24 次（每次捣压时，先将捣棒接触胶砂表面，再用力捣压，用力应均匀，不得冲压）。捣压完毕，用小刀将试模边缘挤出的胶砂拨回试模内，并依次从试模一端到另一端压实、压平表面胶砂，用三棱刮刀将高出试模部分的胶砂按纵向断成几段，沿试模长度方向（纵向），将高出试模部分的胶砂刮去（刮平时不要松动已捣实的胶砂试体，必要时可以多刮几次），最后以近似水平角度压面一次。用毛笔直接编号，将试模放入温度为（20±1）℃、湿度不低于 90％ 的养护箱或雾室内养护。

注意事项：

① 第一层成型时划实深度应到达底板，捣压后砂浆深度至模腔一半处，捣压的力度要均匀，捣棒与砂浆接触后再用力捣压。整个捣压过程中砂浆表面不能有漏捣现象，钉头底部空间须填实胶砂。

② 第二层成型时所有剩余胶砂应全部装入试模中，用小刀划实深度应超过第一层表面，捣压后砂浆深度与试模近似平齐。

（6）湿气养护、脱模

自加水时算起，将试体在温度（20±1）℃、湿度不低于 90％ 的养护箱或雾室内养护 22h～23h 后脱模。取出试模，拧松紧固螺栓，从两侧向外平行轻敲端板，使端板左右平行移动，直至完全与试体分离。以同样方式拆卸另一侧端板。然后观察试体上的钉头是否完好。采用振动方式，使试体连同隔板一起脱离底板，再敲击隔板使其与试体逐条分离。将试体放入（20±1）℃水中养护至少 30min。当试体强度较低、脱模困难时，可延迟脱模时间，其他后续操作相应顺延。延长的养护时间应在试验报告中注明。

（7）测量初始长度

自加水时算起 24h 后，从水中取出试体，用湿布擦去表面多余的水分和钉头上的污垢，用比长仪测定初始长度读数（L_0）。每次测量时，规定试体按一定方向（例如编号一端向上）放到比长仪上测量数据。读数前和读数时用手指向左或向右旋转试体，使钉头和比长仪正确紧密接触，转动时表针摆动不得大于 0.02mm，若表针摆动，则取摆动范围内的平均值。读数应记录至 0.001mm，估读小数点后第三位数值。比长仪每次使用前，要用校正杆进行校准，确认其零点状态正常，才能测量试体（零点值是一个基准数，不一定是零）。测完初始读数后，再用校正杆重新检查零点，零点值变动不得超过 ±0.01mm，如超出此范围，则整批试体应重新测量。初始长度的测量时间应在加水搅拌时起 24h±15min 内完成。

注意事项：

① 测量前钉头必须擦拭干净，以免直接影响初始长度测量值。

② 如果试验批量较大，应分批测量，因试体离开水后若长时间不测量，试体中水分将挥发，初始长度值会变小。

③ 初始长度是计算的基准值，测量记录后，一定要核实所记录数值的准确性。

（8）试体养护

测量完初始长度后，将试体水平放入（20±1）℃的水中继续养护。养护水池中的试体之间应留有足够的间隙，除必要的支撑面外，每条试体四周的水层厚度（试体间距）至少为

6mm，试体上表面与水面的距离至少为13mm。养护水和试体的体积比应不大于5∶1，一般以5倍试体的体积量取养护用水，即一组试体需要量取的养护水的体积为：$5 \times [3 \times (25 \times 25 \times 280)/1000] = 2625$（mL）。由于养护水量较少，选用养护水池时应注意箱体底面积的大小，箱体长度以能够放下试体即可，以免由于水量少而达不到试体上表面与水面的距离为13mm的要求。整个养护期间（包括湿气养护）开始的28d内，每7d换一次水，即第7d、第14d、第21d、第28d龄期换水，换水量和初始养护用水量相同（一组2625mL）。如果有长龄期试验，以后每28d换水一次。

(9) 龄期后试体的长度测量

当试体养护至14d时，从养护池中取出试体，一次取一条。测量前用湿布擦净试体表面水分及钉头上的污垢，用比长仪测定试体的长度（L_{14}）。每条试体测量时，试体与比长仪接触的上下位置与测定初始长度时应相同（例如编号一端始终向上）。其他测定方法、校准比长仪和注意事项与测量初始长度时相同。

注意事项：

养护至14d测量后可将试体放回养护水池中继续养护，根据需要进行其他龄期长度（L_x）的测量。

测量时间的规定：初始长度应在水泥加水搅拌后24h±15min内进行测量；14d龄期长度应在水泥加水搅拌后14d±4h内进行测量。

注意事项：

① 其他品种水泥引用本标准时，侵蚀龄期可协商。

② 比长仪和校正杆在温度（20±2）℃试验室中恒温后才能使用，以消除因温度变化而引起比长仪支撑杆的热胀冷缩现象。

③ 试体养护达到规定龄期时应先测量试体长度，再换水。

8) 结果计算及处理

(1) 水泥胶砂试体14d龄期膨胀率按式（3-14-3）计算，结果保留至0.001%：

$$P_{14} = (L_{14} - L_0) \times 100\% / 250 \tag{3-14-3}$$

式中：P_{14}——14d龄期的膨胀率，单位为%；

L_{14}——试体14d龄期长度的测量读数，单位为毫米（mm）；

L_0——试体初始长度的测量读数，单位为毫米（mm）；

250——试体的有效长度，单位为毫米（mm）。

(2) 结果处理

以n条试体膨胀率的平均值作为试样的膨胀率，允许极差与n的对应关系应满足表3-14-2的要求，否则应重新进行试验。

表3-14-2 试体条数与允许极差

试体条数 n/条	3	4	5	6
允许极差/%	0.010	0.011	0.012	0.012

通常一个试样成型一组3条试体，按照表3-14-2的要求，3条试体膨胀率中最大值与最小值之差不得大于0.010%。此方法数据非常稳定，一般膨胀值都在0.020%～0.060%之间，极少发生数据极差超范围的现象。

9) 影响测定结果的因素

（1）石膏的细度：若石膏细度较粗，石膏中硫酸根离子与水泥中影响抗硫酸盐性能的矿物反应速度慢且参与反应的数量较少，反应不完全，14d 龄期的测量读数偏小，造成侵蚀膨胀率偏小。

（2）养护水池的温度：若养护水池的温度低，石膏中硫酸根离子与水泥中影响抗硫酸盐性能的矿物反应速度慢，且由于试体受热胀冷缩的影响，体积膨胀量小，14d 龄期的测量读数偏小。

（3）试体养护水量：若养护水量大，石膏中分解游离到养护水中的硫酸根离子多，降低了与水泥中影响抗硫酸盐性能的矿物反应的硫酸根离子数量，使 14d 龄期的测量读数偏小，造成侵蚀膨胀率偏小。

（4）初始读数：初始读数是试验的计算基准，测量必须准确，此数值随着出水时间的变化而变化，过时不能复测。

（5）比长仪百分表零点的校准：通过校正杆校准比长仪是否处于正常状态。校正杆是金属材质的，校正杆应加设隔热护套，避免由于手与校正杆直接接触引起热胀冷缩现象，造成校正杆的长度偏差。

（6）成型试体的捣实程度：若试体捣得松散，不够密实，留有的空隙大，则反应产生的膨胀会填充到空隙中，造成侵蚀膨胀率偏小。

（7）测量试体的方向：每条试体各个龄期测量时，要保证试体在比长仪上的相对位置统一。若每次变换位置，由于钉头与比长仪测触点的接触状态不同，将导致测量结果产生偏差。

（8）钉头的接触面：试体的钉头上不能有任何污物，包括砂粒、油污、硬化的水泥浆等，这些杂质会影响试体长度的测量。另外，比长仪的测触点不能锈蚀，以免影响接触状态。

3. 浸泡抗蚀性能试验方法（K 法）

1）范围

本标准规定了水泥抗硫酸盐侵蚀试验方法的方法原理、仪器设备、试验材料、胶砂制备、试体成型、试体养护和侵蚀浸泡、试体破型、计算与结果处理。本方法适用于指定采用本方法的水泥。

2）方法原理

将水泥胶砂试体分别浸泡在规定浓度的硫酸盐侵蚀溶液和淡水中养护到规定龄期，以抗折强度之比确定抗硫酸盐侵蚀系数。

3）规范性引用文件

GB/T 6682　分析实验室用水规格和试验方法

GB/T 17671　水泥胶砂强度检验方法（ISO 法）

JC/T 738　水泥强度快速检验方法

4）试验材料及试剂

（1）试验用标准砂：符合 GB/T 17671—1999 规定的粒度范围在 0.5mm～1.0mm 的中级砂（在标准砂定点供应商处购买）。

（2）试验用水：为洁净的饮用水，有争议时采用符合 GB/T 6682 规定的三级水。

（3）硫酸盐侵蚀溶液：采用化学纯无水硫酸钠试剂配制硫酸根离子浓度为 3%（质量分

数）的硫酸盐溶液，浸泡时温度为（20±1)℃。浸泡溶液可以采用天然环境水，也可按委托方要求的浸泡条件进行试验。但所有改变的条件均需在报告中说明。

（4）硫酸溶液（1+5）：将 1 份体积的浓硫酸缓慢地倒入 5 份体积的蒸馏水中，混合均匀。

（5）酚酞指示剂溶液（10g/L）：将 1g 酚酞溶于 100mL 水中。

试验前所有试验材料要在（20±2)℃的试验室中恒温 24h。

5）仪器设备

（1）手动千斤顶压力机

最大荷载值大于 15kN，压力能保持 5s 以上，上下压板水平且中心部分在同一轴线上。也可用其他压力设备代替。

图 3-14-5　小型抗折强度
试验机

（2）小型抗折强度试验机

小型抗折强度试验机如图 3-14-5 所示，加荷速度为 0.78N/s。应有一个可以指示并保持试体破坏时荷载的指示器，荷载显示（标尺）精确至 0.01N。

（3）夹具

两根支撑圆柱和中间一根加荷圆柱，直径皆为 5mm。通过三根圆柱轴的三个竖向平面应平行，并在试验时继续保持平行和等距离。两支撑圆柱中心距 50mm。

（4）成型用抗压模套、成型用模套、成型用压块

成型用抗压模套示意图及尺寸如图 3-14-6 所示，成型用模套示意图及尺寸如图 3-14-7 所示，成型用压块示意图及尺寸如图 3-14-8 所示。

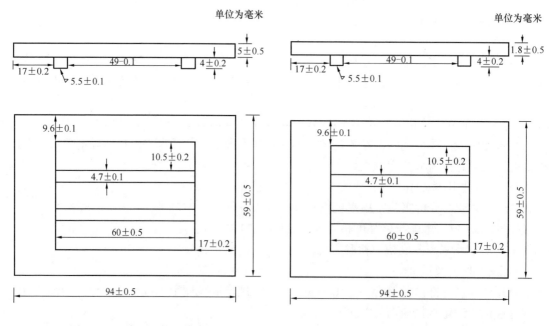

图 3-14-6　成型用抗压模套　　　　　图 3-14-7　成型用模套

（5）试模

试模由三个水平的模槽组成，其示意图如图 3-14-9 所示，可同时成型三条截面为 10mm×10mm×60mm 的棱柱试体。其材质为不锈钢。隔板、端板及底座上表面须磨平。组装后内壁各接触面应互相垂直。

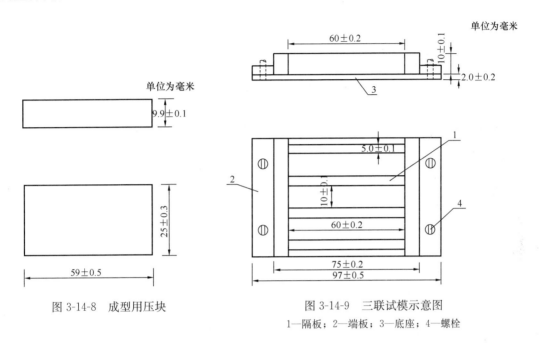

图 3-14-8 成型用压块　　　　图 3-14-9 三联试模示意图

1—隔板；2—端板；3—底座；4—螺栓

（6）拌和锅

拌和锅直径约 200mm，高 70mm，厚度 1mm～2mm，材质为铜质或不锈钢。

（7）天平

最大称量值不小于 500g，分度值不大于 1g。

（8）养护箱

① 20℃湿气养护箱应满足 GB/T 17671—1999 中 4.1 的要求。

② 50℃水浴养护箱应满足 JC/T 738—2004 中 4.2 的要求，但养护温度设定为 50℃，保证水浴养护水温（50±1）℃。

6）试验条件

（1）成型试验室温度应保持在（20±2）℃范围内，相对湿度不低于 50%。

（2）湿气养护箱温度应保持在（20±1）℃范围内，相对湿度不低于 90%。

（3）水浴养护箱温度应保持在（50±1）℃范围内。

（4）试体养护水温应在（20±1）℃范围内，且容器底面积不宜太大，保证每组试体（9条）完全浸泡在 1800mL 溶液中。

（5）试验室、养护箱的温度和相对湿度及养护水池水温在工作期间每天至少记录一次，以监测环境条件是否始终满足要求。

7）试验步骤

（1）胶砂组成

水泥与标准砂的质量比为 1：2.5，水灰比为 0.5。

（2）准备试模

成型前将三联试模擦净，四周的模板与底座紧密装配，模腔内壁均匀涂刷一层薄薄的机油。将成型用模套装在三联试模上。

注意事项：

涂刷机油量不能太多，以免影响水泥浆体的硬化。

（3）手工拌和

首先用天平分别称取 250g 粒度为 0.5mm～1.0mm 的中级标准砂、100g 水泥试样。将中级砂放入拌和锅内，然后放入水泥试样（采取这样的加入顺序，细度较细的水泥处于砂子上部，砂与水泥更容易混合均匀）。一只手拿搅拌勺，使搅拌勺在锅内成圆弧状运动，翻转砂与水泥使之混合，另一只手把扶拌和锅上口边缘，与搅拌勺相向转动拌和锅，干拌 1min，使水泥与砂混合均匀。干拌完毕后将混合料扒成坑状，往坑内加入量取好的 50mL 拌和水，以与干拌相同的方式再湿拌 3min，期间不断穿插碾压、切割、拌和水泥胶砂的过程，避免胶砂成球状而包裹大量水泥浆。搅拌完毕，锅上盖上湿布，防止水分挥发。

注意事项：

① 搅拌力度：搅拌勺对锅底的下压力度要适中。若力量小，锅底部的胶砂拌和不到；若力量大，勺子与锅底摩擦力大，以致于磨碎中级砂，影响中级砂的颗粒形态。

② 搅拌速度：速度不能太慢，在相同的时间内，速度慢则搅拌的次数少，搅拌效果不够均匀。

③ 搅拌时间：应严格控制干拌、湿拌时间，以保证取得相同的搅拌效果。

（4）试体成型、湿养、脱模

将成型用模套装在三联试模上，然后将拌和好的胶砂依次分两层装入 6 个试模中。用搅拌勺将胶砂的第一层装入模腔高度约 1/2 处，用与模腔宽度一致的小刀沿模腔长度方向顺序插实，然后用小刀以与试模底板约呈 40°角顺序挤压砂浆。每个模腔插实、挤压各一个往返，注意两端多插几次。再将胶砂装满试模，重复第一层操作（插实深度到达第一层表面即可）。用小刀刮平，取下成型用模套，换上抗压用模套，胶砂上部摆上压块，将试模连同压块放到手动千斤顶压力机上加压至 7.8MPa，并在此压力下保持 5s。然后取下抗压用模套和压块，用小刀横向割锯、纵向移动的方式刮平，编写试样和试体编号，放入湿气养护箱中养护（24±2）h 后脱模。取出试模，拧松端板固定螺丝，从两侧向外平行轻敲端板，使端板左右平行移动，直至完全与试体分离。以同样方式拆卸另一侧端板，然后采用振动的方式，使试体连同隔板一起脱离底板，再轻轻敲击隔板分离试体。

注意事项：

① 每个模腔内的胶砂压实力度尽可能相同，以保证每条试体密实度一致。

② 抗压用模套和压块应装配严密，位置正确，保证压力施加到胶砂上。

③ 每个试样按成型顺序连续编写 1～18 条的试体编码，便于均匀分布到两种不同浸泡溶液中浸养。

④ 由于试体断面较细，脱模时应小心谨慎，防止损伤试体。

（5）试体的高温水养与侵蚀浸泡

将脱模后的试体放入已提前升温至（50±1）℃ 的水浴养护箱中［铝酸盐水泥在（20±1）℃ 水中］养护 7d。试体间应留有间隙，除必要支撑面以外，其余各面应全部浸水。到达 7d 后取出试体，按编码的奇、偶数将试体分成两组，每组九条。一组放入温度为（20±1）℃、体积为 1800mL 的蒸馏水中浸泡，另一组放入与浸泡蒸馏水相同温度和体积的的硫酸盐侵蚀溶液中浸泡。浸泡容器应带有密封盖，防止浸泡溶液挥发。容器底面积不宜太大，应保证浸泡液面高于试体顶面 10mm 以上。试体在浸泡过程中，首先向硫酸盐侵蚀溶液中滴加 4～5 滴酚酞指示剂溶液，然后每天用硫酸溶液（1＋5）滴定硫酸盐浸泡溶液，以中和试体在浸泡过程中分解出的氢氧化钙，边滴定边搅拌，使浸泡溶液的 pH 值始终保持在 7.0 左右。蒸馏水浸泡溶液不用处理。

两组试体浸泡（养护）28d 后取出，进行破型试验。

注意事项：

① 浸泡试体的硫酸盐溶液需在浸泡养护前一天配制，侵蚀浸泡溶液的量按每条试体需要 200mL 计算，液面至少高出试体 10mm。为避免蒸发，容器应加盖。

② 侵蚀龄期可根据实际情况调整，但需在试验报告中说明。

6）试体破型（抗折试验）

破型前，擦去试体表面的水分和沙粒，清除夹具圆柱表面粘附的杂物，将试体放入抗折夹具上，试体侧面与夹具圆柱接触。开动抗折强度试验机，进行抗折试验。破坏荷载记录至整数位。

注意事项：

① 为防止试体表面水分蒸发，整个抗折试验过程中试体应用湿布覆盖。

② 抗折强度试验机油砭标尺上扬角度应合理，以试体破坏时近似呈水平为佳。

③ 抗折强度试验机的加荷速度应满足 0.78 N/s 的要求，且底盘必须水平。

8）试验结果的计算及处理

（1）试验结果的计算

试体的抗折强度按式（3-14-4）计算，结果保留至 0.01MPa：

$$R＝0.075×F \tag{3-14-4}$$

式中：R——试体抗折强度，单位为兆帕（MPa）；

　　　F——折断时施加于棱柱体中部的荷载，单位为牛（N）；

　0.075——与小型抗折试验机夹具力臂及小试体截面积有关的换算常数。

（2）结果处理

剔除九条试体中破坏荷载的最大值和最小值，以其余 7 块的平均值作为试体的抗折强度 R，计算精确至 0.01MPa。分别计算在蒸馏水中浸泡养护和在侵蚀溶液中浸泡养护的试体抗折强度 $R_水$ 和 $R_液$ 值。

（3）试样抗侵蚀系数的计算

试样抗侵蚀系数按式（3-14-5）计算，结果保留至 0.01：

$$K＝R_液/R_水 \tag{3-14-5}$$

式中：K——试样的抗侵蚀系数；

　$R_液$——试体在侵蚀溶液中浸泡养护 28d 后的抗折强度，单位为兆帕（MPa）；

　$R_水$——试体在蒸馏水中浸泡养护 28d 后的抗折强度，单位为兆帕（MPa）。

9）影响测定结果的因素

（1）成型试体的压实程度：若对试体表面施加的压力不够大，试体压得不够密实，留有较多的空隙，侵蚀溶液容易渗透到试体中，破坏其结构，造成强度结果偏低。

（2）试验用材料的配比：质量比应为灰：砂：水＝1：2.5：0.5。配比的偏差会直接影响强度检验值。

（3）水浴养护的温度与时间：若养护的温度高、时间长，则试体的强度高，且密实度高，抗侵蚀系数偏大。

（4）侵蚀溶液的浓度：浓度高，则抗侵蚀系数偏小。

（5）侵蚀溶液的酸碱度：若每日不按规定时间用硫酸溶液（1+5）滴定，则侵蚀液的碱度升高，抗侵蚀系数偏大。

（6）抗折强度试验机的精度及灵敏度：直接影响强度测定结果的准确性。

（7）破型时试体的摆放：若试体的摆放不对称或倾斜，则影响强度的测定结果。

（8）脱型、搬运、转移过程中试体受到震动，会降低试体的强度，造成结果偏离。

第十五节　水泥胶砂干缩率的测定

一、概述

水泥浆在硬化过程中会发生体积变化，这些变化直接导致混凝土发生裂缝，降低强度，对建筑物造成损伤，影响使用寿命。所以有必要测定在相对干燥环境中水泥水化硬化过程中体积的变化情况，习惯上称之为干缩。干缩裂缝多出现在混凝土养护结束后的一段时间，裂缝为表面性的平行线状或网状浅细裂缝，宽度多在 0.05mm～0.2mm 之间，其走向纵横交错，没有规律。混凝土凝结初期或硬化过程中出现的体积缩小现象叫做混凝土收缩。水泥砂浆和混凝土在水化硬化和使用过程中所发生的体积变化可以归类为以下几种情况：

（1）干燥收缩：因硬化水泥浆体中水分的蒸发而引起的体积变化称为干燥收缩。发生干缩的机理是，砂浆开始干燥时，结构大空隙中自由水的损失对砂浆的干燥收缩作用并不明显，而毛细管中水分及吸附水的消失对干燥收缩作用显著，因为水泥浆体中胶凝质点间的距离小于 10 个水分子的厚度时，则吸附在其间的水分子就会产生一种张力来平衡胶凝质点间的分子引力，当吸附水消失时会造成材料的体积收缩。

（2）自身收缩：水泥加水后发生水化反应，反应后的水化产物体积小于水化前水泥与水的体积之和，所以导致体积变小。这种由于水泥水化后绝对体积的减小而引起的收缩称为自身收缩。自身收缩主要由水泥的矿物组成所决定。

（3）碳化收缩：空气中的二氧化碳在一定湿度条件下，会使水泥硬化后的水化产物（如氢氧化钙、水化硅酸钙、水化铝酸钙、水化硫铝酸钙）发生分解反应，释放出水分，导致体积变小。这种由于碳化作用引起的收缩称之为碳化收缩。

（4）温度变化引起的收缩：水泥硬化浆体的热膨胀系数一般为 0.01mm/（m·℃）～0.02mm/（m·℃）。温度变化会使硬化浆体产生热膨胀和冷收缩。

综上所述，决定水泥硬化浆体及混凝土收缩率的因素与水泥的矿物组成、水泥的细度、需水量、水灰比、灰砂比、养护制度（温度、湿度）密切相关。

（1）水灰比越大，泌水量越大，表面含水量越高，失水越多，收缩率越大。

（2）水泥活性越高，颗粒越细，比表面积越大，收缩率越大。

（3）集料组成：粗、细集料中含泥量越高、集料粒径越小、砂率越高，收缩率越大。当使用砂岩作集料时收缩率也会变大。

（4）养护环境：养护环境湿度越高、早期湿气养护时间越长，收缩率越小；环境温度越高、施工结构暴露的面积越大、暴露时间越长，收缩率越大。

（5）其他：配筋率越大，收缩率越小。外加剂及掺和料选择不当，会增大收缩。

二、水泥胶砂干缩率测定方法

1．方法概述

JC/T 603—2004《水泥胶砂干缩试验方法》为现行标准。水泥在硬化过程中是自身收缩、碳化收缩、干燥收缩三种类型的收缩共同作用的结果。研究表明，干燥收缩、碳化收缩造成的影响较大，因此，我国的干缩试验方法主要考虑这两方面的因素。在二氧化碳的碳化作用下，相对湿度为50％时干缩率最大。试验温度的确定主要考虑我国南北方施工季节的平均气温情况，又要参照我国其他水泥物理性能检验方法的实验室条件，以及试验结果的重复性和再现性情况，规定试体成型后带模放到（20±1）℃、相对湿度不低于90％的湿气养护箱中养护，养护水池温度与GB/T 17671—1999相同，为（20±1）℃，干缩养护温度为（20±3）℃，相对湿度为（50±4）％。

2．范围

本标准规定了水泥胶砂干缩试验的原理、仪器设备、试验材料、试验室温度和湿度、胶砂组成、试体成型、试体养护、存放和测量、结果计算及处理。

本标准适用于道路硅酸盐水泥及指定采用本标准的其他品种水泥。

3．规范性引用文件

GB/T 2419　水泥胶砂流动度测定方法

GB/T 17671　水泥胶砂强度检验方法（ISO法）

JC/T 681　行星式水泥胶砂搅拌机

4．方法原理

本方法是将一定长度、一定胶砂组成的试体，在规定温度、规定湿度的空气中养护，通过测量规定龄期的试体长度变化率来评定水泥胶砂的干缩性能。

5．仪器设备

1）胶砂搅拌机

符合JC/T 681的规定。搅拌叶与搅拌锅之间的间隙在（3±1）mm范围内；自转转速：快速在（285±10）r/min范围内，慢速在（140±5）r/min范围内；公转转速：快速在（125±10）r/min范围内，慢速在（62±5）r/min范围内；控制器系统控制各程序在规定时间±1s范围内。

注意事项：

① 搅拌叶片与搅拌锅之间的间隙，是指搅拌叶片与锅壁垂直时（最近点）的距离，此项目应每月核查一次。

② 搅拌锅、叶片配对使用，一台搅拌机使用多个搅拌锅时，应逐一检查每个搅拌锅与叶片的配合间隙。

2）试模

（1）三联试模：由互相垂直的隔板、端板、底座以及定位、固定螺丝组成，如图3-14-2所示。各组件可以拆卸，组装后每联模腔尺寸为25mm×25mm×280mm。端板有三个用于安置测量钉头的小孔，其位置应保证成型后试体的测量钉头在试体的中心轴线上。

（2）隔板和端板用45号钢制成，表面粗糙度 Ra 不大于 $6.3\ \mu m$。

（3）底座用HT 20-40灰口铸铁加工，底座上表面粗糙度 Ra 不大于 $6.3\mu m$；底座非加工面涂漆无流痕。

3）干缩养护箱

由不易被药品腐蚀的塑料制成，其最小单元能养护六条试体并自成密封系统，如图 3-15-1 所示。有效容积为 340mm×220mm×200mm，有五根放置试体的箆条，分为上、下两部分，箆条宽 10mm、高 15mm、相互间隔 45mm，箆条上部放置试体的空间高为 65mm。箆条下部放置控制单元湿度用的药品盘，药品盘由塑料制成，大小应能从单元下部自由进出，容积约 2.5L。

由于干缩控制湿度用的化学药品有毒，不利于控制，故国家水泥质检中心使用自动恒温恒湿箱进行干缩养护，此设备控制温度精度±0.5℃，控制湿度在±2％范围，控制精度和灵敏度都非常高，推荐使用，但价格不菲。

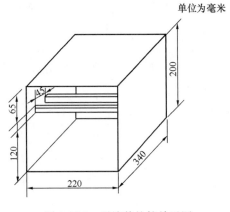

单位为毫米

图 3-15-1 干缩养护箱单元图

4）比长仪

由百分表、支架及校正杆组成，如图 3-14-1 所示，百分表分度值为 0.01mm，最大基长不小于 300mm，量程为 10mm。

允许用其他形式的测长仪，但精度必须符合上述要求，在仲裁检验时，应以比长仪为准。

5）天平

最大称量值不小于 2000g，分度值不大于 2g。

6）三棱刮刀

截面为边长 28mm 的正三角形，钢制，有效长度为 260mm。

7）钉头

测量钉头用不锈钢或铜材制成，如图 3-14-3 所示。成型试体时测量钉头伸入试模端板的深度为（10±1）mm。

8）捣棒

捣棒包括方捣棒和缺口捣棒两种，如图 3-14-4 所示，均由金属材料制成。方捣棒受压面积为 23mm×23mm。缺口捣棒用于捣固测量钉头两侧的胶砂。

6. 试验材料

（1）试验用砂应符合 GB/T 17671—1999 规定的粒度范围在 0.5mm～1.0mm 的标准砂。

（2）试验用水应为饮用水。

（3）试验用水泥、拌和水、标准砂在试验室中恒温 24h 以上，保证试验材料的温度恒定。

7. 试验条件

（1）成型试验室：温度应保持在（20±2）℃范围内，相对湿度应不低于 50％。

（2）带模养护胶砂的养护箱或雾室：温度保持在（20±1）℃范围内，相对湿度不低于 90％。

（3）养护水池：水温应在（20±1）℃范围内。

（4）干缩养护箱：温度为（20±3）℃，相对湿度为（50±4）％。

环境条件控制系统应调整至控制要求的中值。

8. 试验步骤

1）胶砂配比

每个水泥胶砂的干缩试验需成型一组三条 25mm×25mm×280mm 试体。灰砂质量比为 1∶2。成型一组试体需称取 500g 水泥试样，1000g 标准砂。

2）搅拌胶砂用水量

加水量按制成的胶砂流动度达到 130mm～140mm 来确定。胶砂流动度的测定按 GB/T 2419—2005 进行。但加水量的调整应按每 1mL 递增、递减进行，不能按 GB 175—2007 规定的水灰比 0.01 的整倍数递增、递减，这是由于流动度的目标值范围较窄，水灰比每调整 0.01，就要调整 5mL 的水量，而 5mL 水量的变化将导致流动度值变化超过 10mm，所以当初测流动度值在目标值临界边缘时，通过调整水灰比很难使流动度达到 130mm～140mm 的范围。

3）试模准备

成型前将试模擦净，四周的模板与底座紧密装配，模腔内壁均匀涂刷薄薄一层机油。钉头圆头擦净后嵌入试模孔中，并在孔内左右转动，使钉头与孔准确紧密配合。

注意事项：

（1）油的涂抹量不能太多，以免影响试体的凝结；涂抹量也不能太少，否则胶砂容易粘连试模，造成脱模时困难或损伤试体。

（2）钉头安装时与孔配合不能太紧，否则脱模时容易从钉头处断裂；也不能太松，否则会从缝隙中灌入水泥浆，固死钉头。

（3）注意日常清理钉头孔，保证孔内深度符合要求。

4）胶砂制备

将称量好的标准砂倒入搅拌机的加砂装置中，将量取的搅拌用水和水泥加入搅拌锅中，此后依照 GB/T 17671—1999 中 6.3 条的程序进行搅拌。在静停 90s 的头 30s 内将搅拌锅放下，用小刀将粘附在搅拌机叶片上和锅壁上的胶砂刮到锅中。再用料勺翻起锅底胶砂，充分搅拌几次使胶砂拌和均匀。

注意事项：

（1）由于使用中砂，粒度较细，容易粘糊锅底，静停时应将锅底胶砂翻起。

（2）加砂程序完毕后观察加砂是否完全，保证搅拌过程中不能有物料损失。

（3）测定流动度后的胶砂不能用于成型干缩试验，应按确定的拌和用水量重新制备胶砂。

5）试体成型

将制备好的胶砂用勺子充分搅拌均匀，然后分两层装入两端已装有钉头的试模内成型。第一层成型，用勺子将胶砂均匀分散在三个模腔内，自然松散状态下基本装满与试模持平，用小刀沿模腔长度方向来回划匀划实，注意在钉头两侧多次插捣、划实，保证钉头底部填充胶砂。然后用 23mm×23mm 缺口捣棒在每个端板钉头处捣压 2 次，一共 6 处，共计 12 次，再用 23mm×23mm 的方（平）捣棒从钉头内侧（紧邻缺口捣实处）开始，由一端向另一端顺序捣压 10 次，返回再捣压 10 次，每个模腔共捣压 20 次。第二层成型，将剩余胶砂全部装入试模内，用小刀摊平、压实再划匀，划匀时深度应透过第一层胶砂表面，使两层胶砂融合为一体，避免分层。再用 23mm×23mm 的方（平）捣棒从试模内腔一端向另一端依次顺序捣压 12 次，返回再捣压 12 次，每个模腔共捣压 24 次（每次捣压时，先将捣棒接触胶砂表面再用力捣压，用力应均匀，不得冲击）。捣压完毕，用小刀将试模边缘挤出的胶砂拨回试模内，并依次从试模一端到另一端压实、压平表面胶砂，将高出试模部分的胶砂，用三棱刮刀按纵向断成几段，沿试模长度方向（纵向）将高出试模部分的胶砂刮去（刮平时不要松动已捣实的胶砂试体，必要时可以多刮几次），最后以近似水平的角度压面，使胶砂表面光滑。用毛笔直接编号，将试模放入温度为（20±1）℃、湿度不低于90％的养护箱或雾室内养护。

注意事项：

（1）第一层成型时划实深度要到达底板，捣压后深度至模腔一半处，捣压的力度要均匀，捣器与砂浆接触后再用力捣压。整个捣压过程中胶砂表面不能有漏捣现象，钉头底部空间须填实胶砂。

（2）第二层成型时所有剩余胶砂应全部装入试模中，用小刀划实深度超过第一层表面，捣压后捣实深度与试模近似平齐。

6）湿气养护、脱模、在水中养护

自加水时算起，将试体在温度（20±1）℃、湿度不低于90％的养护箱或雾室内养护（24±2）h。取出试模，拧松紧固螺栓，从两侧向外平行轻敲端板，使端板左右平行移动，直至完全与试体分离。以同样方式拆卸另一侧端板。然后观察试体上的钉头是否完好。采用振动方式，使试体连同隔板一起脱离底板，再敲击隔板分离试体。将试体放入（20±1）℃水中养护2d。若脱模困难，可延长脱模时间。延长的时间应在试验报告中注明，并从水养护时间中扣除。

7）测量初始长度

水中取出试体，用湿布擦去表面多余的水分和钉头上的污垢，用比长仪测定初始读数（L_0）。每次测量时，规定将试体按一定方向（例如编号一端向上）放到比长仪上进行测量。读数前和读数时用手指向左或向右旋转试体，使钉头和比长仪正确紧密接触，转动时指针摆动不得大于0.02mm。表针摆动时，取摆动范围内的平均值。读数应记录至0.001mm，估读小数点后第三位数值。比长仪每次使用前，要用校正杆进行校准，确认其零点状态正常，才能测量试体（零点值是一个基准数，不一定是零）。测完初始读数后，再用校正杆重新检查零点，零点值变动不得超过±0.01mm，如超出此范围，整批试体应重新测量。

注意事项：

（1）测量前钉头必须擦拭干净，以免直接影响初始长度的测量值。

（2）如果试验批量较大，应分批测量，因试体离开水后若长时间不测量，试体中水分挥发，将导致初始长度值变小。

（3）初始长度是计算的基准值，初始长度测量记录后，一定要核实记录数值的准确性。

8）干燥养护与测量

将测量完初始长度的试体放在干缩养护箱的篦条上养护，试体之间应留有间隙，同一批出水试体可以放在一个养护单元里，最多可以放置两组试体（6条）。药品盒内按每组0.5kg放置控制相对湿度的药品——硫氰酸钾固体。关紧单元门使其密闭。在养护期间始终保持药品盒中的硫氰酸钾处于饱和（固—液共存）状态。干缩养护室的温度应控制在（20±3）℃。或将试体直接放到恒温恒湿养护箱中的篦板上，试体之间应留有间隙。恒温恒湿箱具有将温度控制在（20±3）℃、湿度控制在（50±4）％的能力。试体放入干缩养护箱25d后（即从成型时算起28d），取出试体清理钉头并测量其长度（L_{28}）。每条试体测量时，试体与比长仪接触的上下位置与测定初始长度时应相同（例如编号一端始终向上）。其他测定方法、校准比长仪和注意事项均与初始长度测量时相同。

注意事项：

（1）其他品种水泥引用本标准时，干缩龄期可自行设定。

（2）在试验室内测量试体长度时，比长仪在温度（20±2）℃试验室中恒温后才能使用，以消除比长仪因温度变化而产生的热胀冷缩对测量结果的影响。

8. 结果的计算与处理

（1）结果计算

水泥胶砂试体 28d 龄期干缩率按式（3-15-1）计算，结果保留至 0.001%：

$$S_{28} = \frac{(L_0 - L_{28})}{250} \times 100\% \tag{3-15-1}$$

式中：S_{28}——水泥胶砂试体 28d 龄期干缩率，单位为%；

　　　L_0——初始测量长度，单位为毫米（mm）；

　　　L_{28}——28d 龄期的测量长度，单位为毫米（mm）；

　　　250——试体的有效长度，单位为毫米（mm）。

（2）结果处理

以三条试体的干缩率的平均值作为试样的干缩率结果。如有一条试体干缩率超过中间值的 15%，取中间值作为试样的干缩率结果；若有两条试体的干缩率超过中间值的 15%，重新进行试验。

9. 影响测定结果的因素

（1）干缩养护箱的温度：若干缩养护箱温度高，试体在热胀冷缩的作用下，28d 龄期的测量读数较正常状态下偏大，造成干缩率结果偏小。

（2）干缩养护箱的湿度：若干缩养护箱湿度高，试体失去的水分少，收缩量减少，28d 龄期的测量值较正常状态下偏大，造成干缩率结果偏小。

（3）试验用拌和水量：通过流动度找到的拌和水量大，测定初始长度时含水量多，通过干缩养护，试体失去的水分多，收缩量增大，28d 龄期的测量读数偏小，造成干缩率结果偏大。

（4）长度初始读数：长度初始读数是试验的计算基准，测量必须准确，此数值随着出水时间的变化而变化，过时不能复测。

（5）比长仪百分表零点的校准：通过校正杆校准比长仪是否处于正常状态。校正杆是金属材质的，校正杆应加设隔热护套，避免由于手与校正杆直接接触引起热胀冷缩现象，造成校正杆的长度偏差。

（6）成型试体的捣实程度：若试体捣得松散，不够密实，留有空隙大，存留的自由水分多，干缩率结果偏大。

（7）测量试体的方向：每条试体各个龄期测量时，要保证试体在比长仪上的相对位置统一，避免每次变换位置，由于钉头与比长仪测触点的接触状态不同而造成数据偏差。

（8）钉头：试体的钉头上不能有任何污物，包括砂粒、油污、硬化的水泥浆等，这些杂质会影响试体的长度测量。另外，比长仪的测触点不能锈蚀，以免影响接触状态。

第十六节　膨胀水泥膨胀率的测定

一、概述

水泥的膨胀有下述几种情况。

（1）湿胀。当水泥净浆、胶砂或混凝土一直保持在水中时，硬化的水泥浆体中的凝胶粒子会因被水饱和而分开，从而使水泥净浆、胶砂、混凝土的体积产生一定量的变大。这种膨胀称之为湿胀。硬化的水泥净浆湿胀可达到 2.0mm/m，混凝土的湿胀也可达到 0.10mm/m ～0.15mm/m。

（2）化学反应膨胀。这种膨胀又可分为两大类：

一类是水泥混凝土在使用过程中，与环境中的离子发生化学反应而产生膨胀，例如硫酸盐侵蚀；还有就是内部物质成分之间相互反应导致体积膨胀，例如碱-集料反应。这两种膨胀都是有害的，若体积膨胀太大，对建筑物的寿命和质量有一定的影响；

另一类是在配制水泥混凝土时，使用膨胀水泥、自应力水泥或膨胀剂使水泥混凝土产生的膨胀。膨胀水泥分为很多种，但是其膨胀机理都是因为水泥中特殊成分参与水化反应后，生成的水化物体积发生膨胀（不同的晶体结构对应的体积也不同），例如氢氧化钙、氢氧化镁、钙矾石、石膏晶体、碱-二氧化硅-氧化钙络合物、氢氧化铁等的生成均会使体积增大。常规自由膨胀值要大于限制膨胀值。用化学方法使混凝土膨胀的目的主要是补偿混凝土的收缩，因此，这类混凝土在正常情况下的限制膨胀值取 0.4mm/m～1.0mm/m。自应力水泥的应用主要是为了使混凝土产生化学预应力，其限制膨胀值一般在 1.0mm/m～3.0mm/m 之间。

二、膨胀水泥膨胀率测定方法

1. 方法概述

目前我国水泥膨胀率根据受限制与否分为自由膨胀和限制膨胀，本节叙述自由膨胀试验方法。通常情况下水泥膨胀率指的是自由膨胀率，自由膨胀率是试体在没有任何束缚的情况下，用试体长度方向轴线的伸长率来表示。JC/T 313—2009 是目前通用的自由膨胀率检验方法，其他一些膨胀率检验方法的测定原理一样，只是在成型配比及养护条件上有所不同。例如 GB/T 749—2008、GB/T 750—1992、JC/T 453—2004 都是测定自由膨胀率。限制膨胀率一般用于膨胀性能较好的材料（如果采用自由膨胀，试体可能会发生开裂），在使用钢筋束缚其膨胀发展的条件下测定其膨胀效果，以保证在钢筋混凝土中产生一定的预压应力，以便大致抵消混凝土在硬化过程中产生的收缩拉应力，从而缓解或减少结构有害裂缝的产生。例如自应力系列水泥、明矾石膨胀水泥、水泥膨胀剂等产品膨胀性能都采用限制膨胀率表示。所有膨胀率的测定都是在规定的条件下进行的，这种条件与水泥的特性相关，主要体现在试体的制备要求及养护条件上。

2. 范围

本标准规定了水泥膨胀率试验方法的原理、材料、仪器设备、试验条件、试验步骤、结果的计算及处理。本标准适用于具有膨胀性能的水泥和指定采用本方法的其他材料。

3. 规范性引用文件

GB/T 1346　水泥标准稠度用水量、凝结时间、安定性检验方法

GB/T 6682　分析实验室用水规格和试验方法

JC/T 681　行星式水泥胶砂搅拌机

4. 方法原理

本方法是将一定长度的水泥净浆试体，在规定条件下的水中养护，通过测量规定的龄期试体长度变化率来确定水泥浆体的膨胀性能。

5. 试验材料

（1）水泥试样应通过 0.9mm 的方孔筛，并充分混合。目的是除去杂质，使试样更均匀。

（2）拌和用水应是洁净的饮用水。有争议时采用 GB/T 6682—2008 要求的三级试验用水。由于全国地域广阔，水质差异较大，所以有争议时采用有统一质量要求的三级试验用水，减少拌和用水带入的差异。

6. 仪器设备

（1）行星式胶砂搅拌机

符合 JC/T 681 的规定，如图 3-7-1、图 3-7-2 所示，搅拌叶与搅拌锅间隙在(3±1)mm 范围内；自转转速：快速在（285±10)r/min 范围内，慢速在（140±5)r/min 范围内；公转转速：快速在（125±10）r/min 范围内，慢速在（62±5)r/min 范围内；控制器系统控制各程序在规定时间±1s 范围内。

① 搅拌叶片与搅拌锅之间的间隙，是指搅拌叶片与锅壁垂直时（最近点）的距离，此项目应每月核查一次。

② 搅拌锅、叶片配对使用，一台搅拌机使用多个搅拌锅时，应逐一核查每个搅拌锅与叶片之间的间隙。

（2）天平

最大量程值不小于 2000g，分度值不大于 1g。分度值保证称量物料质量的精确性，量程满足一次称量 1200g 的质量要求。

（3）比长仪

由百分表、支架及校正杆组成，如图 3-14-1 所示，百分表分度值为 0.01mm，最大基长不小于 300mm，量程为 10mm。百分表要固定，不能有松动、晃动现象。测量接触头不能生锈或受到腐蚀，保证光洁、顺滑。百分表表盘可以任意转动，在搬运、移动过程中注意保护表盘，试验前检查指针零点位置。

（4）试模

① 试模为三联试模，如图 3-14-2 所示，由相互垂直的隔板、端板、底座以及定位螺丝组成。各组件方便拆卸，组装后每联模腔尺寸为长 280mm、宽 25mm、高 25mm，使用中模腔尺寸允许误差长（280±3)mm、宽（25±0.3)mm、高（25±0.3)mm。端板有三个安放测量钉头的小孔，其位置应保证成型后试体的测量钉头在试体的轴线上。小孔的直径与钉头要配合得恰到好处，孔径过大，孔中会进入水泥浆；孔径过小，钉头不能插入或配合太紧密，造成脱模时试体损伤或断裂。

② 隔板和端板采用布氏硬度不小于 HB150 的钢材制成，工作面表面粗糙度 Ra 不大于 1.6μm。

③ 底座用 HT100 灰口铸铁加工，底座上表面粗糙度 Ra 不大于 1.6μm，底座非加工面涂漆无流痕。

（5）测量用钉头

用不锈钢或铜制成，如图 3-14-3 所示。成型试体时测量钉头深入试模端板的深度为（10±1)mm。

7. 试验条件

(1) 成型试验室温度应保持在 (20±2)℃，相对湿度不低于50%。

(2) 湿气养护箱温度应保持在 (20±1)℃，相对湿度不低于90%。

(3) 试体养护池水温应在 (20±1)℃范围内。

(4) 试验室、养护箱温度和相对湿度及养护水池水温在工作期间每天至少记录一次，以检查各部分环境条件是否始终满足要求。

8. 试验步骤

1) 试体组成

水泥膨胀率试验需成型一组三条 25mm×25mm×280mm 试体。成型时需称取 1200g 水泥试样。首先按 GB/T 1346 的规定测定水泥试样的水泥净浆标准稠度用水量，拌和用水量按标准稠度用水量计算，即拌和用水量(mL)＝标准稠度用水量×1200。

2) 试体成型与湿养

(1) 将试模擦净并装配好，内壁均匀地涂一层薄机油。然后将钉头的圆弧头方向插入试模端板上的小孔中，用捣器轻轻敲击，以保证钉头插入到小孔的底部，然后用手指可以转动钉头，使其松紧程度比较适宜。

注意事项：

① 涂刷机油量不能太多，否则影响水泥浆体的硬化。

② 外露的钉头部分应保持干燥清洁，不能沾抹油污，否则与泥浆粘结不牢，钉头容易脱落。

③ 安装前检查钉头圆弧头，保证圆滑无损伤。

(2) 用量筒或天平称取拌和用水量，精确至 1mL 或 1g；用天平称取 1200g 试验用水泥，精确至 1g。

(3) 用湿布将搅拌锅和搅拌叶擦拭，然后将拌和用水全部倒入搅拌锅中，再加入水泥，装上搅拌锅，开动搅拌机，按 JC/T 681—2005 的自动程序进行搅拌（即慢速 60s，快速 30s，静停 90s，再快速 60s）。静停 90s 时用小刀刮下粘在锅壁和叶片上的水泥浆，使之落入锅中，用搅拌勺充分搅起锅底水泥浆，防止糊底现象。搅拌程序结束后，落下搅拌锅，刮净搅拌叶上的水泥浆，取出搅拌锅。

注意事项：

① 加入的拌和水和试验水泥不能有质量损失。

② 静停期间刮锅、刮叶，保证水泥浆搅拌均匀。

(4) 将搅拌好的水泥浆全部均匀地分装到试模的 3 个模腔内，先用小刀插划模腔内的水泥浆，使其填满试模的边角空间。再用小刀以 45°角由试模的一端向另一端压实水泥浆约 10 次，然后再反方向返回压实水泥浆约 10 次。用小刀在钉头两侧插捣 3～5 次。这一操作反复进行 2 遍，每一模腔内的水泥浆体都重复以上操作。再将水泥浆铺平。

注意事项：

① 装模、压实的过程中动作应迅速，用时尽量少，有些快硬速凝水泥瞬间硬化，不能填充密实。

② 水泥浆应全部装到试模上。

③ 钉头两侧必须插捣，保证钉头周围各个部位都填充到水泥浆。

(5) 在垫有橡胶的水平工作台上，一只手顶住试模的一端，另一只手使用提手将试模另一端向上提起 30mm～50mm，使其自由落下，连续振动 10 次。用同样操作将试模另一端连续振动 10 次。用小刀横向锯割、纵向移动将多余的水泥浆体刮去，再用小刀以近似水平的角度压面，保证试体表面平整光滑，然后用毛笔直接标注试样编号、试体的序号编码、成型日期等信息。从加水时起 10min 内完成成型工作。

注意事项：

① 提起的高度应达到规定的要求，每次振动要独立、完整，保证完全落地后，再进行第二次振动。

② 削平及抹面从中间部分向两侧方向进行，保证试体不与端板脱离产生缝隙。

（6）将成型好的浆体连同试模水平放入温度为（20±1）℃、湿度不低于 90% 的湿气养护箱中进行养护。

注意事项：

① 养护箱的温度、湿度应满足要求。

② 养护箱的箅板要水平，避免试体倾斜。

③ 避免养护箱滴水，破坏试体。

3）试体脱模、养护和测量

（1）试体自加水时间算起，湿气养护（24±2）h（如被测试样对脱模时间有特殊规定，按试验规定执行）后脱模。取出试模，拧松紧固螺栓，从两侧向外平行轻敲端板，使端板左右平行移动，直至完全与试体分离。以同样方式拆卸另一侧端板，然后观察试体上的钉头部位是否完好。采用振动方式，使试体连同隔板一起脱离底板，再敲击隔板分离试体。对于凝结硬化较慢的水泥，可以适当延长养护时间，以脱模时试体完整无缺为限，延长的时间应记录。水泥脱模时间、试体养护条件及龄期应依据相应的产品标准规定，或由双方协商确定。

注意事项：

脱模时水泥试体强度比较低，一定要小心仔细，保证脱出的试体完整无损。

（2）用湿布或棉纱将脱模后的试体两端的钉头擦拭干净，并立即测量试体的初始长度值 L_1。每次测量时，规定试体按一定方向（例如编号一端向上）放到比长仪上进行测量。读数前和读数时用手指向左或向右旋转试体，使钉头和比长仪正确紧密接触，转动时指针摆动不得大于 0.02mm。表针摆动时，取摆动范围内的平均值。读数应记录至 0.001mm，估读小数点后第三位数值。比长仪每次使用前，要用校正杆进行校准，确认其零点状态正常，才能测量试体（零点值是一个基准数，不一定是零）。测完初始长度值后，再用校正杆重新检查零点，零点值变动不得超过±0.01mm 范围，如超出此范围，整批试体应重新测量。一组试体从脱模完成到测量初始长度应在 10min 内完成。

注意事项：

① 比长仪使用前应在试验室中恒温放置 24h。

② 测量前钉头必须擦拭干净，否则直接影响初始长度值。

③ 初始长度值是计算的基准值。初始长度测量记录后，一定要核实记录数值的准确性。

（3）试体初始长度值测量完毕后，立即放入（20±1）℃水中进行养护。试体水平放置，刮平面朝上，放在不易腐烂的箅子上，彼此间应保持一定间距，以让水与试体的六个面接触。养护期间试体之间间隔或试体上表面的水深不得小于 5mm。试体的养护龄期是从测量试体的初始长度值时算起。在水中养护至相应龄期后，测量试体某龄期的长度值 L_x。试体在比长仪中的上下位置应与测量初始长度值时的位置一致（例如编号一端向上）。读数前和读数时用手指向左或向右旋转试体，使钉头和比长仪正确紧密接触，转动时指针摆动不得大于 0.02mm。表针摆动时，取摆动范围内的平均值。读数应记录至 0.001mm，估读小数点后第三位数值。比长仪每次使用前，要用校正杆进行校准，确认其零点状态正常，才能测量试体（零点值是一个基准数，不一定是零）。测完长度值 L_x 后，再用校正杆重新检查零点，零点值变动不得超过 $\pm 0.01mm$ 范围，如超出此范围，整批试体应重新测量。

注意事项：

① 一组试体从水中取出到测量龄期长度应在 10min 内完成。试体每次测量后立即放入水中继续养护至全部龄期结束。

② 每个养护池只养护同类型的水泥试体。水泥类型分为：硅酸盐系列、硫铝酸盐系列、铁铝酸盐系列、铝酸盐系列等。

③ 养护用水使用饮用水，开始一次性装满养护池（或容器），以后可以随时加水弥补蒸发的水分，保持适当的恒定水位，但不允许在养护期间全部换水。

④ 试体的养护龄期按产品标准规定的要求进行。

⑤ 任何到达龄期的试体应在测量前 15min 内从水中取出，擦去试体表面及钉头上污物，立即测量。其他试体用湿布覆盖直至测量试验为止。测量不同龄期试体长度值应在下列时间范围内进行：

a. 1d±15min；

b. 2d±30min；

c. 3d±45min；

d. 7d±2h；

e. 14d±4h；

f. ≥28d±8h。

9. 结果的计算及处理

（1）水泥试体膨胀率的计算

水泥试体某龄期的膨胀率 E_x（%）按式（3-16-1）计算，结果保留至 0.001%：

$$E_x = \frac{L_x - L_1}{250} \times 100\% \tag{3-16-1}$$

式中：E_x——试体某龄期的膨胀率，单位为%；

L_x——试体某龄期长度，单位为毫米（mm）；

L_1——试体初始长度，单位为毫米（mm）；

250——试体的有效长度，单位为毫米（mm）。

（2）结果处理

以三条试体膨胀率的平均值作为试样膨胀率的结果。如三条试体膨胀率之间的极差大于 0.010%，取相接近的两条试体膨胀率的平均值作为试样的膨胀率结果。

10. 影响测定结果的因素

（1）养护水池的温度：若养护水温度高，试体在较高的温度下水化迅速，且受热胀冷缩的作用，某水化龄期的测量读数较正常状态下偏大，造成膨胀率结果偏大。

（2）湿气养护箱的温度：若湿气养护箱的温度低，水泥浆水化缓慢，且试体温度也较低，受热胀冷缩的作用，试体初始长度的测量读数较正常状态下偏小，造成膨胀率偏大。

（3）初始读数：初始读数是试验的计算基准，测量必须准确，初始读数随着出水时间的长短而变化，过时不能复测。

（4）比长仪的百分表零点的校准：通过校正杆校准比长仪是否处于正常状态。校正杆是金属材质的，应加设隔热护套，避免由于手与校正杆直接接触引起热胀冷缩现象，造成校正杆的长度偏差。

（5）成型试体的振实程度：若试体振得松散，不够密实，留有的空隙大，水泥浆膨胀部分填充了空隙，测定出的膨胀率偏小。

（6）测量试体的方向：每条试体各个龄期测量时，要保证试体在比长仪上的相对位置统一，避免每次变换位置，由于钉头与比长仪测触点的接触状态不同而造成结果偏差。

（7）钉头：试体的钉头上不能有任何污物，包括砂粒、油污、硬化的水泥浆等，这些杂质影响试体的长度测量。另外比长仪的测触点不能锈蚀，否则影响接触状态。

（8）比长仪的温度：比长仪使用前应在试验室中恒温放置24h，保证每次测量时比长仪自身的温度统一，这是保证基准长度不变的前提。

第十七节　水泥胶砂耐磨性能的测定

一、概述

物体磨损现象很常见，造成磨损现象的原因很多，有化学和机械等方面的原因，主要包括磨粒磨损、黏着磨损（胶合）、疲劳磨损（点蚀）、腐蚀磨损。材料耐磨性的好坏和材料所有性能都有关系，耐磨性是摩擦磨损试验中的一项重要测量参数。

水泥混凝土的磨损主要受机械摩擦作用，混凝土抵抗机械摩擦的能力称为耐磨性。磨损造成的损耗量也称为混凝土的磨耗，磨耗越小，混凝土的耐磨性越好。混凝土的耐磨性取决于水泥石和集料的耐磨性。集料的耐磨性一般好于水泥石，因此混凝土的耐磨性主要取决于水泥石的耐磨性。除此之外，水泥石与集料的胶结强度在混凝土的耐磨性中起重要作用，所以水泥材料的耐磨性一般用胶砂试体来测定。

常用的磨损方式有碾盘式、滚珠式和花轮片式三种。碾盘式是在一定外力的作用下使碾盘与试体接触，在碾盘面与试体磨损面之间填加砂子或金刚砂，在碾盘转动的情况下对试体进行磨损；滚珠式是在一定压力下用钢珠在试体表面按一定的轨迹和速度滚动，使试体表面磨损；花轮片式是在一定压力下使多组花轮在试体浅表层面按一定速度和固定轨迹反复滚动使试体磨损，这种方法避开了耐磨性较好的净浆表层，直接对试体内部水泥的胶结能力高低进行评价。目前这三种方式都有使用。

水泥的耐磨性与水泥的品种密切相关，在硅酸盐系列水泥中，道路水泥和掺有一定量矿（钢）渣的水泥品种耐磨性一般高于其他硅酸盐水泥。从总的趋势看，强度高的水泥耐磨性好于强度低的水泥。

二、水泥胶砂耐磨性测定方法

1. 方法概述

我国现行的行业标准JC/T 421—2004《水泥胶砂耐磨性试验方法》采用的是花轮片式磨损方式，此方式检验水泥耐磨性的灵敏度高，水泥耐磨性差别反映明显，结果比较稳定，试验速度比较快，所用仪器设备通用性强。

2. 范围

JC/T 421—2004规定了水泥胶砂耐磨性试验方法的原理、仪器设备、材料、试验室温度和湿度、胶砂组成、试体成型及养护、试体养护和磨损试验、结果计算及处理。

标准适于道路硅酸盐水泥及指定采该本标准的其他水泥。

3. 规范性引用文件

GB/T17671　水泥胶砂强度检验方法（ISO法）

191

JC/T 681 行星式水泥胶砂搅拌机

4.方法原理

将以水泥、标准砂和水按规定组成制成的胶砂试体养护至规定龄期，按规定的磨损方式进行磨削，以试体磨损面上单位面积的磨损量来评定水泥的耐磨性。

5.仪器设备

1）水泥胶砂耐磨性试验机

水泥胶砂耐磨性试验机如图 3-17-1 所示，由直立主轴和水平转盘及传动机构、控制系统组成。主轴和转盘不在同一轴线上，同时按相反方向转动，主轴下端配有磨头连接装置，可以装卸花轮磨头。磨头由三组花轮组成，按星形排列成等分三角形。

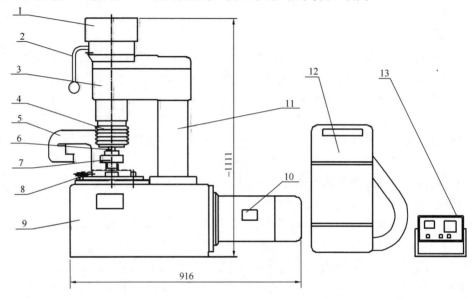

图 3-17-1 水泥胶砂耐磨性试验机

1—配重块；2—提升手柄；3—齿轮箱；4—伸缩套；5—收尘管；6—主轴；7—磨头；
8—夹紧装置；9—机座；10—电动机；11—立柱；12—收尘器；13—电器控制箱

2）试模

水泥胶砂耐磨性试验用试模由侧板、端板、底座、紧固装置及定位销组成，如图 3-17-2 所示。

各组件可以拆卸组装。试模模腔有效容积为 150mm×150mm×30mm。侧板与端板由 45 号钢制成，表面粗糙度 Ra 不大于 6.3 μm，组装后模框上下面的平行度不大于 0.02mm，模框应有成组标记。底座用 HT 20-40 灰口铸铁加工，底座上表面粗糙度 Ra 不大于 6.3 μm，平面度不大于 0.03mm，底座非加工面经涂漆无流痕。侧板、端板与底座紧固后，最大翘起量应不大于 0.05mm，其模腔对角线长度差不大于 0.1mm。紧固装置应灵活，放松紧固装置时侧板应方便地从端板中取出或装入。试模总质量为 6kg～6.5kg。

3）模套

模套由普通钢制成。结构与尺寸如图 3-17-3 所示。

4）电热干燥箱

带有鼓风装置，控制温度为（60±5）℃。

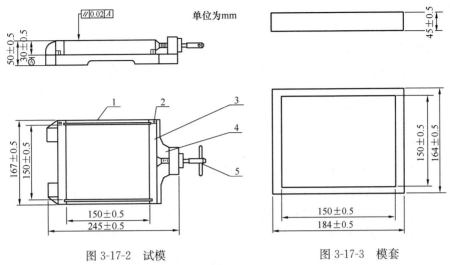

图 3-17-2　试模 　　　　　　　　图 3-17-3　模套

1—侧板；2—定位销；3—端板；4—底座；5—紧固装置

5）搅拌机

符合 JC/T 681 的要求。

6）振动台

符合 GB/T 17671—1999 中第 11.7 条代用振动台的要求。

7）天平

天平的称量不小于 2000g，最小分度值不大于 1g。

6．试验材料

1）水泥试样应通过 0.9mm 方孔筛并充分混合均匀。

2）试验用砂采用符合 GB/T 17671—1999 规定的粒度范围在 0.5mm～1.0mm 的标准砂。

3）试验用水应是洁净的饮用水。有争议时采用蒸馏水。

4）试验前水泥、砂子、试验用水要在（20±2）℃、相对湿度不低于 50％的环境中恒温 24h。

7．试验条件

1）成型试验室

温度应保持在（20±2）℃范围内，相对湿度应不低于 50％。

2）带模养护试体的养护箱或雾室

温度保持在（20±1）℃范围内，相对湿度不低于 90％。

3）养护水池

水温应在（20±1）℃范围内。

环境条件控制系统应调整至控制要求的中值。试验设备和材料温度应与试验室温度一致。

8．试验步骤

1）胶砂配比

每个水泥胶砂的耐磨性试验需成型一组三块 150mm×150mm×30mm 的试体。灰砂质量比为 1∶2.5。每成型一块试体需称取 400g 水泥试样、1000g 标准砂（中级砂）。

2）胶砂用水量

按固定水灰比 0.44 计算，每成型一块试体需要的加水量为 176mL。

3）试模准备

成型前将试模擦净，模板与底座的接触面应涂黄干油密封，紧密装配，防止漏浆，内壁及底板均匀涂刷薄薄的一层机油。将试模及模套卡紧在振动台的台面中心位置。

注意事项：

机油涂抹量不能太多，以免影响试体的凝结；也不能太少，以免胶砂粘连试模，造成脱模时损伤试体。

4）胶砂制备

将搅拌锅和叶片用湿布润湿，将 176mL 搅拌用水加入到搅拌锅中，将称量好的 400g 水泥及 1000g 标准砂倒入搅拌机的加砂装置中，将搅拌锅立即放入行星式胶砂搅拌机，胶砂按 GB/T 17671—1999 中第 6.3 条的程序进行搅拌，停拌 90s 时，在第一个 30s 内落下搅拌锅，用勺子或刮刀将搅拌叶和锅壁上的胶砂刮入锅中。再用料勺翻起锅底砂浆，充分搅拌几次，使砂浆拌和均匀。提升搅拌锅继续按规定程序搅拌直至结束。

注意事项：

①因为使用中砂，粒度较细，容易粘糊锅底，静停时应将锅底砂浆翻起。

②加砂程序完毕后观察加砂是否完全，保证搅拌过程中不能有物料损失。

5）试体成型

搅拌完毕后，用小刀将叶片上的胶砂刮入到锅中，卸下搅拌锅，并将搅拌好的胶砂全部均匀地装入试模及模套内，开启振动台，振动 9s～10s 时，开始用小刀插划胶砂，横向划实 14 次，纵向划实 14 次，两次划实方向相互垂直，然后在胶砂试体四角分别用小刀插捣 10 次，整个插划工作在 60s 内完成（插划胶砂的方法如图 3-17-4 所示）。振实（120±5）s 后自动停车。

注意事项：

① 由于搅拌物料不富余，应一次性将全部胶砂倒入试模及模套内，不能有残留。

② 振动排气的时间控制在振动 9s～10s 后开始，均匀划实 28 次及插捣 40 次，在规定的 60s 内完成。

③ 整个振动过程中试模及模套不能有漏浆现象，且振动应平稳不跳跃。

6）削平、脱模与养护

（1）振毕，放松卡具，取下试模，垂直提起模套，用三棱刮刀将胶砂断成两段，以刀棱近似垂直角度分别向相反方向将高出试模部分的胶砂刮去（刮平时不要松动已振实的胶砂试体），最后以近似水平角度压面。用毛笔直接编写试样信息（包括试样编号、试体编号、成型或试验日期），将胶砂试体连同试模一起放入温度(20±1)℃、湿度不低于 90% 的养护箱或雾室内养护（24±0.25）h（从加水时间算起）。到达养护时间后脱模，首先取出试模，拧松紧固螺栓，轻轻敲击边框使之从底板脱离，然后再从两侧向外平行轻敲端板，使端板左右平行移动，直至完全与试体分离。对另一侧端板同样处理，使试体完全分离。若脱模困难，可延长脱模时间。脱模时应防止试体损伤，硬化较慢的水泥允许延长脱模时间，但应记录脱模时间。

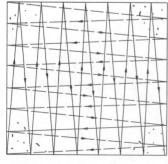

图 3-17-4　试体成型时小刀
插划方法示意图

（2）脱模后，将试体竖直放入（20±1）℃水中养护 27d，彼此间应留有间隙，水面至少高出试体上表面 20mm。试体在水中养护到 27d 龄期（从加水开始算起为 28d）取出，擦干，立放，在试验室中自然干燥 24h，在温度为（60±5）℃的烘箱中烘干 4h，然后取出试体，在试验室中自然冷却至与试验室温度相同。

注意事项：

① 削平时应保证试体平整，因试体的平整度会影响耐磨试验的结果。

② 在湿气养护箱中摆放试模时，在推送到位置后，应轻轻往回拉一下，保证削平面平整。因为往里水平推送的时候，由于惯性的作用，表面的浆体会堆到靠后的位置，回拉一下可以使表面的浆体均匀。

③ 脱模时，一定要小心仔细，保证脱出的试体完整无损。

7）磨损试验

（1）经干燥处理后的试体，将刮平面朝下，放至耐磨试验机的水平转盘上，以两个定位块和试体的长边和宽边紧密接触，其他两个相互垂直方向用活动的夹具轻轻固紧，将试体固定在水平转盘上，做好定位标记（相对转盘的位置）。放下如图 3-17-5 所示的 300N 负重荷载使花轮磨头和耐磨试体完全接触，然后开动吸尘装置和耐磨机，在 300N 负荷下对试体进行预磨处置。当耐磨轨迹中大约 90% 左右的面积露出胶砂时，说明试体已经预磨处理好（可视试体的强度及表面的平整度增、减预磨转数）。取下试体，扫净粉粒，称其质量，作为试体预磨后的质量 g_1（精确至 0.001kg）。然后再将试体按标记放回到水平转盘原来位置上放平、固紧（注意试体与转盘之间不应有残留颗粒以免影响试体与磨头的接触），再磨损 40r，取下试体，扫净粉粒，称其质量，作为试体磨损后的质量 g_2（精确至 0.001kg）。

单位为毫米

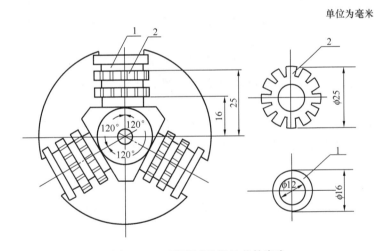

图 3-17-5　耐磨试验机的花轮磨头

1—花轮片间挡圈；2—花轮片

注意事项：

① 预磨与正式磨损试验时试体在转盘上的摆放位置应保持一致，保证磨头与试体充分接触。

② 整个磨损过程应将吸尘器吸尘口对准试体磨损面，将磨下的粉尘颗粒及时吸走。

③ 预磨只是试验前的预处理，预磨的转数不固定，根据试体的耐磨性能好坏自行判断调节。

（2）规定说明

① 花轮磨头与水平转盘作相反方向转动，磨头沿着试体表面环形轨迹磨削，使试体表面产生一个内径约为 30mm、外径约为 130mm 的环形磨损面。

② 安装新的花轮片前应称其质量并记录，磨损一定数量的试体后卸下花轮片称其质量（不需要每次试验都称量）。当 6 片花轮片中有一片质量损失达到 0.5g 时应全部淘汰，更换

6 片新的花轮片。

③ 建立一本试验情况记录表，记录更换花轮片的初始质量、日期，每次试验所磨组数及日期，核查花轮片的质量和日期。

9. 结果计算及处理

1）结果计算

每一试体上单位面积的磨损量按式（3-17-1）计算，结果保留至 $0.001kg/m^2$。

$$G = (g_1 - g_2)/0.0125 \tag{3-17-1}$$

式中：G——试体单位面积上的磨损量，单位为千克每平方米（kg/m^2）；

g_1——试体预磨后的质量，单位为千克（kg）；

g_2——试体磨损后的质量，单位为千克（kg）；

0.0125——磨损面积，单位为平方米（m^2）。

2）结果处理

以 3 块试体所得磨损量的平均值作为试样的磨损结果。其中磨损量超过平均值15％的结果应予以剔除。剔除 1 块时，取余下两块试体结果的平均值；剔除两块时，应重新进行试验。

10. 影响测定结果的因素

（1）水泥试体的湿度：如果烘干的时间短，试体的湿度高，则试样的磨损量结果增大。

（2）成型时的水灰比、灰砂比：若不准确，影响试样的磨损量结果。

（3）成型时的振实程度：振实程度亦即试体的密实程度，振得越密实，试体强度越高，磨损量结果越小。

（4）养护条件：无论是水养护还是湿气养护，如果温度偏低，则磨损量结果增大。

（5）磨损前的预磨状态：因为净浆水泥的耐磨性好于砂浆，所以试体的预磨程度直接影响耐磨结果。

（6）耐磨试验施加的负荷：应为300N，若负荷大，则水泥胶砂的耐磨性结果偏大。

（7）吸尘器的吸尘效果：如果吸尘效果不好，水泥颗粒增大磨头与磨损面之间的缓冲，使磨损量结果偏小。

（8）称量前应清理干净试体上的粉尘颗粒，否则影响试体的称量结果。

（9）试验机的花轮磨头状态：花轮片磨损，会使试验结果偏小；如果磨头上的花轮片轴磨损严重，会使试验结果偏大。

第十八节 油井水泥物理性能的测定

一、概述

油井水泥是专门用于石油工程中油、气井固井施工的重要封堵材料。在开采石油和天然气时，为了建立起一条隔绝良好的油气流开采通道，需要使用套管和水泥浆体封隔地下油、气、水层和封闭地下复杂地层（如：异常高压层、异常低压层、易坍塌层等）。由于井下的温度和压力随井深的增加而增高，因此，对油井水泥性能的要求要比一般建筑水泥更加严格。

由于油气井固井工程的特殊性，水泥配成浆体后要适应顶替过程、凝固过程及长期硬化过程的各方面需要，为此，水泥浆应具备如下几方面的基本要求：①水泥浆能配成设计需要的密度，具有不沉降和良好的流动度，适宜的初始黏度，且均质、不起泡；②容易混合和泵送，具有好的分散性和较小的流动磨阻；③最佳流变性，获得好的顶替效率，其流变性能通过外加剂进行调整；④在注水泥、候凝及硬化期间应能保持需要的物理性能及化学性能；⑤已被置送在环空预定位置的水泥浆在固化过程中不应受油、气、水的侵染，顶替及候凝过程中具有小的滤失量，固化后不渗透；⑥当注水泥完毕后，应当提供足够快的早期强度，而且其强度应能迅速发展并具有长期强度的稳定性；⑦提供足够高的对套管、水泥、地层的胶结强度；⑧具有抗地层水侵蚀的能力；⑨满足射孔条件下的较小破碎程度；⑩满足要求条件的稠化时间和抗压强度。

按照 GB/T 10238—2015《油井水泥》的分类，油井水泥分为 A 级、B 级、C 级、D 级、G 级和 H 级六个级别，其类型包括普通型（O）、中抗硫酸盐型（MSR）和高抗硫酸盐型（HSR）。

A 级：由水硬性硅酸钙为主要成分的硅酸盐水泥熟料，通常加入适量的符合 GB/T 5483 的石膏共同粉磨制成的产品。在生产 A 级水泥时，允许掺入符合 GB/T 26748 的助磨剂。该产品适合于无特殊性能要求时使用，只有普通型（O）。

B 级：由水硬性硅酸钙为主要成分的硅酸盐水泥熟料，通常加入适量的符合 GB/T 5483 的石膏共同粉磨制成的产品。在生产 B 级水泥时，允许掺入符合 GB/T 26748 的助磨剂。该产品适合于井下条件要求中抗或高抗硫酸盐时使用，有中抗硫酸盐型（MSR）和高抗硫酸盐型（HSR）两种类型。

C 级：由水硬性硅酸钙为主要成分的硅酸盐水泥熟料，通常加入适量的符合 GB/T 5483 的石膏共同粉磨制成的产品。在生产 C 级水泥时，允许掺入符合 GB/T 26748 的助磨剂。该产品适合于井下条件要求高的早期强度时使用，有普通型（O）、中抗硫酸盐型（MSR）和高抗硫酸盐型（HSR）三种类型。

D 级：由水硬性硅酸钙为主要成分的硅酸盐水泥熟料，通常加入适量的符合 GB/T 5483 的石膏共同粉磨制成的产品。在生产 D 级水泥时，允许掺入符合 GB/T 26748 的助磨剂。此外，在生产时还可选用合适的调凝剂进行共同粉磨或混合。该产品适合于中温中压的条件下使用，有中抗硫酸盐型（MSR）和高抗硫酸盐型（HSR）两种类型。

G 级：由水硬性硅酸钙为主要成分的硅酸盐水泥熟料，通常加入适量的符合 GB/T 5483 的石膏共同粉磨制成的产品。在生产 G 级水泥时，除了加石膏或水或两者一起与熟料粉磨或混合外，不得掺加其他外加剂。当使用降低水溶性六价铬含量的化学外加剂时，不能影响油井水泥的预期性能。该产品是一种基本油井水泥，有中抗硫酸盐型（MSR）和高抗硫酸盐型（HSR）两种类型。

H 级：由水硬性硅酸钙为主要成分的硅酸盐水泥熟料，通常加入适量的符合 GB/T 5483 规定要求的石膏经粉磨制成的产品。在生产 H 级水泥时，除了加石膏或水或两者一起与熟料粉磨或混合外，不得掺加其他外加剂。当使用降低水溶性六价铬含量的化学外加剂时，不能影响油井水泥的预期性能。该产品是一种基本油井水泥，有中抗硫酸盐型（MSR）和高抗硫酸盐型（HSR）两种类型。

二、油井水泥试验方法

GB/T 10238—2015《油井水泥》中规定油井水泥的物理性能主要包括：细度、游离液、抗压强度和稠化时间。细度的测定方法为 GB/T 8074《水泥比表面积测定方法　勃氏法》，在第三章第九节已经叙述，此处重点对其余几项性能的测定方法进行介绍。

1. 浆体的制备

水泥浆的制备是一个非常重要的环节，它是所有油井水泥物理性能检测的基础，每项物理检测都不可缺少，如稠化时间、抗压强度、游离液、流变、失水等试验都必须通过这一制浆过程来实现。水泥浆制备的正确与否将直接影响所有物理性能检验结果的准确性，所以必须准确、熟练地掌握水泥浆制备方法。

图 3-18-1　典型的水泥混合装置

1) 仪器

（1）天平

天平的精度应在称量示值的 0.1％范围内，每年进行 1 次计量检定。

（2）筛子

试验前，应使用孔径为 0.85mm 的试验筛将水泥过筛处理。

（3）混合（制备水泥浆）装置

如图 3-18-1 所示，搅拌器为底部驱动的叶片式混合装置，是制备油井水泥浆的专用仪器，主要由搅拌浆杯、电机、转速显示表和计时器等部件组成。

2) 浆体制备前的准备

（1）试样

试样应通过 0.85mm 方孔筛，除去杂质及大颗粒，以免损坏浆叶及电机。如搅拌泥浆中含有杂质，还会严重影响水泥的性能以及试验结果的准确性。

（2）拌和水

试验应使用新鲜的蒸馏水或去离子水（如存放时间过长，水质可能会发生变化，影响水泥物理性能）。拌和水应放入一个干燥、洁净的搅拌浆杯内直接称量，不应补加水来弥补蒸发、润湿等所损失的水量。

（3）水和水泥的温度

搅拌前 60s 内，拌和用水和水泥温度应控制在(23±1)℃[(73±2)℉]范围内。一般控制水和水泥的温度为了使搅拌后的水泥浆温度尽可能接近 27℃，因为所有检验项目初始温度都是 27℃，水泥浆的初始温度的变化将影响水泥的水化反应速度，从而使其物理性能发生变化。

（4）浆杯

每次试验前预先检查浆杯搅拌叶片是否灵活转动。如被水泥浆固死，启动时会烧毁电机或烧断保险丝。每次试验完毕，搅拌浆杯内要放入清水，用搅拌器高速档清洗干净（高速转动 10s 左右）。

（5）油井水泥各级别水泥浆的组分要求如表 3-18-1 所示。

表 3-18-1　水泥浆组分要求

组分	A 级和 B 级	C 级	D 级和 H 级	G 级
水灰比	0.46	0.56	0.38	0.44
水泥质量/g	772±0.5	684±0.5	860±0.5	792±0.5
拌和水质量/g	355±0.5	383±0.5	327±0.5	349±0.5

3) 浆体制备过程

在浆杯中直接称量如表 3-18-1 规定质量的拌和水，用其他容器称装规定质量的被检水泥，60s 内测量试验用水泥和拌和水温度，并记录。把装有规定质量拌和水的搅拌浆杯放在电机座上，盖上橡胶盖子并放好漏斗，打开计时器开关，按下低速挡按钮，在 15s 内均匀地将水泥倒入浆杯中，取下漏斗，盖上中心塞子。在（4000±200）r/min［（66.7±3.3）r/s］的搅拌速度下混合 15s。然后，按下高速档按钮，以（12000±500）r/min 的转速搅拌（35±1）s。

搅拌完毕，把高速档调到变速档，计时器回零位，取下橡胶盖子，检查有无粘附在浆杯壁上的水泥浆结块。如有结块，先用捣棒或直板尺将水泥浆块刮到水泥浆中，再将搅拌浆杯放回电机座上，重新高速搅拌不超过 10s，水泥浆制备完成。

4) 影响水泥浆制备的因素

(1) 准确称量试验用水和水泥，试验过程中不能有损失。

(2) 试验用水泥和水的温度应控制在（23±1）℃范围内。

(3) 严格控制水泥浆的搅拌时间和搅拌速度。即低速搅拌时转速应在（4000±200）r/min 范围内，时间不少于 15s；高速搅拌时转速应在（12000±500）r/min 范围内，时间应为（35±1）s。

(4) 当搅杯浆杯的叶片质量损失达到 10％时应更换新的叶片。

(5) 搅拌叶片安装方向要正确，刀口一面向下，否则会使水泥浆搅拌不均匀。

(6) 搅拌浆杯不应有漏浆现象。

2. 游离液试验方法

国家标准 GB/T 10238—2015《油井水泥》对游离液有要求的只有 G 级和 H 级水泥，标准中规定 G 和 H 级油井水泥的游离液最大值为 5.90％。在固井施工中要避免由于水泥浆硬化后残留的游离液形成空隙，甚至出现水带造成油井窜流，影响固井工程质量，所以此项指标的检测非常重要。

1) 仪器

(1) 常压稠化仪

如图 3-18-2～图 3-18-4 所示，该仪器主要由液浴箱、电位计、浆杯、搅拌叶片、电机、

图 3-18-2 典型常压稠化仪

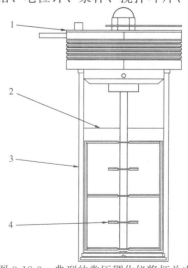

图 3-18-3 典型的常压稠化仪浆杯总成

1—杯盖；2—注入刻度指示线；3—浆杯；4—搅拌叶

温度控制器、计时器、记录仪及加热系统等组成。搅拌叶片和浆杯应用耐腐蚀材料制成。其工作原理如下。

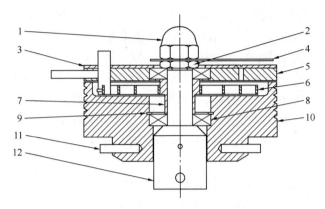

图 3-18-4　典型常压稠化仪的盖结构

1—固定螺帽；2—中心反向固定螺母；3—刻度盘；4—指针；5—刻度盘及底座；

6—弹簧；7—轴箍；8—轴承；9—扣环；10—盖；11—转动销；12—轴

电机带动浆杯以（150±15）r/min 的转速旋转，浆叶固定在电位计的固定销上，因此，浆杯的旋转相当于浆叶搅拌水泥浆，浆叶受到水泥浆的阻力，产生扭矩，从而使电位计的弹簧发生偏转，通过变阻器，产生电压信号，反映到记录仪上，即可粗略得知水泥浆的稠度。面板上有温度控制仪，通过液浴箱内的加热管控制液浴的温度在（27±2）℃，以满足试验的需要。搅拌时间由计时器记录。

（2）天平

天平的精度应在称量示值的 0.1% 范围内，每年进行 1 次计量检定。

（3）试验瓶

使用 500mL 的锥形瓶，高度不大于 186mm，最大外径不大于 105mm，壁厚不小于 1mm。

2）试验前的准备

试验前，将常压稠化仪液浴箱内的液浴温升至（27±2）℃，把浆叶装在浆杯中，并用手转动浆叶，观察是否有刮浆杯壁现象。检查电位计轴中浆叶固定销是否完好，电机是否运转正常；同时准备好清洁、干燥的 500mL 锥形瓶。

3）游离液的测定

（1）按"二、油井水泥试验方法中 1. 浆体的制备"规定的方法制备水泥浆。将制备好的水泥浆立即倒入洁净、干燥的常压稠化仪浆杯内至刻度线。

（2）根据仪器操作说明书，将电位计安装于浆杯上部，传动销入槽。然后，立即放入稠化仪液浴箱中，开动电机和计时器。从制浆完毕到开动稠化仪时间间隔应不超过 1min。

（3）在稠化仪内搅拌水泥浆 20min±30s。在整个搅拌过程中，水泥浆的温度应恒定在（27±2）℃［（80±3）℉］，压力为常压。

（4）从液浴箱中取出浆杯，取下电位计。搅拌几圈浆叶后，将其从浆杯中取出。用干布擦去浆杯外壁的水，立即用直尺沿侧内壁及底面迅速搅拌浆杯内的水泥浆。

（5）搅拌结束后 1min 内将（790±5）g 的 H 级水泥浆，或（760±5）g 的 G 级水泥浆直接移至洁净、干燥的 500mL 锥形瓶内，记下实际移入的质量。密封锥形瓶以防止水分蒸发。

（6）将装有水泥浆的锥形瓶放在一个水平且无震动的台面上。锥形瓶的环境温度应为（23±3）℃［（73±6）℉］。

（7）静置2h±5min后，将上层析出的清液用移液管或注射器移出。测量和记录析出清液的体积，准确至0.1mL，并将此读数作为游离液的体积。

（8）将游离液的体积换算成占原体积（约400mL，取决于原水泥浆的质量）的百分数，以此值作为游离液的含量（%）。

4）游离液含量的计算

水泥浆的游离液含量以体积分数 φ 表示，用式（3-18-1）计算，结果保留至两位小数：

$$\varphi = \frac{V_{FF} \cdot \rho}{m_s} \times 100\% \tag{3-18-1}$$

式中：φ——水泥浆中游离液的含量，单位为%；

V_{FF}——游离液的体积，单位为毫升（mL）；

m_s——初始的水泥浆质量，单位为克（g）；

ρ——水泥浆的密度，单位为克每立方厘米（g/cm³）。当 H 级水泥水灰比为0.38时，水泥浆密度为1.98g/cm³；当 G 级水泥水灰比为0.44时，水泥浆密度为1.91g/cm³。如水泥的密度不在（3.18±0.04）g/cm³ 范围内，水泥浆的实际密度应通过计算获得。

5）影响游离液试验结果的因素

（1）试样存放环境及密封条件：如试样长时间存放在比较潮湿的环境中，密封又不好，将增大游离液的测定结果。

（2）稠化仪液浴箱温度要保持在（27±2）℃范围内。若温度高，水泥的水化速度加快，游离液减少。

（3）水泥浆在常压稠化仪搅拌后，取出浆杯后应擦掉浆杯外部的水滴，以防倾倒水泥浆时水滴进入锥形瓶。取出浆叶后用直尺沿侧内壁及底面迅速搅拌浆杯内的水泥浆，以防发生离析，同时将沉积在侧内壁和底面的稠水泥浆充分搅起而使水泥浆均匀。注入锥形瓶时要迅速，从关掉电机到水泥浆倒入锥形瓶中时间间隔不应超过1min，以免水泥浆产生离析，增大游离液测定结果。

（4）锥形瓶一定要洁净、干燥，其外形尺寸要符合标准中规定的要求。

（5）装有水泥浆的锥形瓶在静置期间，要用塞子或盖加以密封，以防止水分蒸发。同时应避免振动和移位。

（6）静置期间的环境温度要控制在（23±3）℃［（73±6）℉］范围内。

（7）测量体积过程中游离液不能有损失。

3. 稠化时间试验方法

稠化时间是指水泥达到规定稠度所经历的时间，也就是水泥浆在规定试验条件下具有可泵送性的时间。在固井施工中要保证有足够的时间使水泥浆保持流变状态，通过泵送管道能够到达理想目标要求的位置，然后迅速硬化产生强度，起到固井的作用。如果水泥浆稠化时间短水化速度快，凝固在泵送管道中，将造成固井工程质量事故。在国家标准GB/T 10238—2015中对所有级别的油井水泥的稠化时间技术指标都有要求，如表3-18-2所示，可见稠化时间对于油井水泥的重要性。

表 3-18-2　各级油井水泥的稠化时间要求

水泥级别	试验方案	稠化时间最小值/min	稠化时间最大值/min
A	4	90	—
B	4	90	—
C	4	90	—
D	4	90	—
	6	100	—
G	5	90	120
H	5	90	120

注：试验方案如表 3-18-3～表 3-18-5 所示。

1）仪器

用于油井水泥稠化时间测定的仪器为增压稠化仪，如图 3-18-5 和图 3-18-6 所示，通常有中温中压稠化仪和高温高压稠化仪两种类型。中温中压稠化仪是指仪器的最高工作温度和最高工作压力分别不超过 200℃和 175MPa；而高温高压稠化仪规定的最高工作温度和压力分别为 315℃和 275MPa。

增压稠化仪是由高压釜体、稠度测量系统（圆筒式浆杯、电位计、稠度输出仪表）、传动系统、温度控制和测量系统（温度控制仪表、热电偶、加热器）、压力控制系统（压力控制仪表、增压泵、泄压泵、气动液压管路、阀门）、计时器、电器控制系统、冷却水系统等组成。在仪器的高压釜内，装有 4kW 的管式加热器，加热介质采用专用矿物油。

图 3-18-5　典型的增压稠化仪

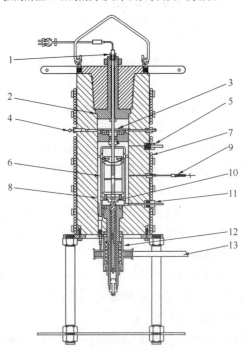

图 3-18-6　典型磁力驱动增压稠化仪

1—浆杯热电偶；2—密封环；3—电位计装置；4—接触销；5—空气接头；6—浆杯；7—冷却管；8—加热器；9—釜体热电偶；10—浆杯驱动盘（逆时针旋转）；11—油层接头；12—磁力驱动装置；13—传动皮带

（1）压力控制系统工作原理：釜内压力由增压泵提供，矿物油经油箱、油滤、油管、各阀门由压缩空气压入釜内，充满整个釜体，密封釜体后再由高压空气推动增压泵加压至所需压力。有自动补压、泄压功能的仪器，当工作压力大于设定压力时，控制仪表启动泄压泵自动泄压，压力合适时自动关闭泄压泵；当工作压力小于设定压力时，控制仪表启动增压泵自动增压，压力合适时自动关闭增压泵，使压力始终保持在规定范围内。

（2）温度控制和测量系统：主要由温度控制仪表、热电偶、加热器及线路组成。增压稠化仪装有两支热电偶，一支用来测量油浴温度，称为外偶；另一支测量水泥浆的温度，称为内偶。由温度控制仪表采集电偶信号来控制试验温度，并且按设定好的程序进行升温和恒温过程。温度控制仪表以前有"欧陆917型""欧陆818型"和"7030型"三种。现在多数都使用"欧陆2604型"，它可以实现双路控制，即温度和压力同时控制。

（3）传动系统：主要由电动机、传输介质（齿轮减速器或皮带、磁力盘、棒）、水平转盘等组成。浆杯的传动方式有两种：①由适当齿轮减速器和电机传动。由于齿轮减速器易磨损等方面的原因，国内外目前很少采用此种传动方式；②磁力传动器和电机传动。电机主轴通过皮带带动外磁盘转动，内磁力棒与外磁盘同步转动，使水平转盘带动浆杯以150r/min的转速恒速旋转。

（4）稠度测量系统：当浆杯恒速旋转时浆杯内的浆叶受到水泥浆的阻力，从而使电位计的螺旋弹簧变形，电位计的滑动触头发生偏转位移，从而产生电压信号，通过电压表显示电压值或通过稠度输出仪表显示稠度值。如为电压显示，可以通过换算得到水泥浆的稠度。

在高压回油管路中，装有单向油滤，以滤出油中的纤维或水泥颗粒等杂质。高压管路装有爆破片，用来保护整个高压系统的安全性。

高温高压试验结束后，应用冷却系统冷却釜体和油箱，以便能及时取出电位计和浆杯。

2）试验前的准备

试验前增压稠化仪各阀门、电器开关应处于关闭状态，检查电脑控温程序设置是否合适。各级油井水泥试验方案如表3-18-3、表3-18-4和表3-18-5所示。提前组装好增压稠化仪浆杯，如正立方向装配，注意支撑圈平面向下，橡胶隔膜铜套大头向上。如果试验前环境温度较低，将热电偶的内外偶转换开关置于外偶位置，观察釜体温度，冬季时温度低于23℃时，应对设备进行预热处理。

注意事项：

预热操作时：首先打开空气源阀门，往釜内注入矿物油至加热管以上。将电脑控温程序调到手动状态，然后打开直流电源开关和加热器开关进行预加热，也可直接调节输出功率，直至釜体温度升至28℃～30℃，关闭加热机器开关，将热电偶的内外偶转换开关置于内偶位置。通过预加热以消除升温方案的温度滞后现象。

表3-18-3　方案4：A、B、C和D级水泥的试验方案

时间/min	压力/MPa（psi）	温度/℃（℉）
0	5.2（750）	27（80）
2	7.6（1100）	27（83）
4	9.7（1400）	31（87）
6	11.7（1700）	32（90）
8	13.8（2000）	34（93）
10	15.9（2300）	36（97）
12	17.9（2600）	38（100）
14	20.0（2900）	39（103）

时间/min	压力/MPa（psi）	温度/℃（℉）
16	22.1（3200）	41（106）
18	24.8（3600）	43（110）
20	26.7（3870）	45（113）

表 3-18-4　方案 5：G 和 H 级水泥的试验方案

时间/min	压力/MPa（psi）	温度/℃（℉）
0	6.9（1000）	27（80）
2	9.0（1300）	28（83）
4	11.1（1600）	30（86）
6	13.1（1900）	32（90）
8	15.2（2200）	34（93）
10	17.3（2500）	36（96）
12	19.3（2800）	37（99）
14	21.4（3100）	39（102）
16	23.4（3400）	41（106）
18	25.5（3700）	43（109）
20	27.6（4000）	44（112）
22	29.6（4300）	46（115）
24	31.7（4600）	48（119）
26	33.8（4900）	50（122）
28	35.6（5160）	52（125）

表 3-18-5　方案 6：D 级水泥的试验方案

时间/min	压力/MPa（psi）	温度/℃（℉）
0	8.6（1250）	27（80）
2	11.0（1600）	29（84）
4	13.1（1900）	31（87）
6	15.9（2300）	33（91）
8	17.9（2600）	34（94）
10	20.7（3000）	37（98）
12	22.8（3300）	38（101）
14	25.5（3700）	41（105）
16	27.6（4000）	42（108）
18	30.3（4400）	44（112）
20	32.4（4400）	47（116）
22	35.2（5100）	48（119）
24	37.2（5400）	51（123）
26	39.3（5700）	52（126）
28	42.1（6100）	54（130）
30	44.1（6400）	56（133）
32	46.9（6800）	58（137）
34	49.0（7100）	60（140）
36	51.6（7480）	62（144）

3）稠化时间的测量

（1）按"二、油井水泥试验方法中 1. 浆体的制备"规定的方法制备水泥浆，并注入倒置的浆杯中。浆杯灌满后敲击浆杯的外部，除去浆液中夹带的空气。

注：水泥浆在灌注过程中，可能出现离析。灌注时用刮刀搅拌浆杯内的水泥浆，可减少离析。如果从水泥浆搅拌结束到完成灌注所持续的时间尽可能短，则不易出现离析。

（2）将浆杯底盖拧紧到位，再将中心塞（中心支承座）拧入浆杯底盖。用吊钩钩住浆杯上盖的小孔，将其放入釜内的驱动盘上，启动电机，浆杯旋转，放入电位计。安装电位计时应确保浆杯轴插入到电位计的轴承孔内，电位计下部联动凹槽与拌和叶轴上的驱动棒咬合。然后打开直流电源开关，电压表显示电压值或稠度输出仪表显示稠度值。

（3）旋上釜盖，用橡皮锤敲紧。将内偶通过釜盖插入釜体内，并将其上面的螺母拧入一部分。

（4）打开气源开关，向釜体内注油。当釜内充满矿物油时，拧紧热电偶上的螺丝。

（5）打开泵开关，高压泵工作，按试验要求加压至所需压力，关闭泵开关。

（6）运行温度控制仪表程序，按升温方案升温，如表 3-18-3～表 3-18-5 所示，然后依次打开加热器、计时器、泵的自动档开关（如为手动补压型设备，压力由人工开/关泵补压或泄压）。在升温和加压过程中，温度应保持在规定温度±3℃范围内，压力应保持在规定压力±2MPa 范围内，升温加压过程结束后的 10min 内试验温度应调整到规定温度±1℃范围内，压力应调整到规定压力±0.7MPa 范围内。

（7）增压稠化仪应在制浆完成后 5min 内开始试验，记录试验开始 15min～30min 内的最大稠度值和增压稠化仪开始试验至水泥浆稠度达到 100BC 时所经历的时间。

（8）当水泥浆稠度达到 100BC 时，试验结束，依次关闭加热器，退出温度控制仪表程序，关闭定时器、直流电源和气源开关（部分稠化仪已经设置成试验结束后自动断电，关闭所有开启的器件），然后打开排气开关和高压释放开关，最后打开空气至釜开关。当压缩空气将釜内矿物油排净时，回油管路末端会发出"嗤嗤"排气声，这时关闭空气至釜开关（有经验者，估计釜内矿物油排出一半左右时，即可关闭空气至釜开关）。

（9）拧松内电偶螺丝，同时用白纱布盖住螺丝处，以免釜内余压喷出油雾喷溅到操作人员。当釜内外气压平衡时，将螺丝拧出，拔出内偶，旋下釜盖，关闭电机开关，钩出电位计和浆杯，倒掉浆杯内的水泥浆，清洗浆杯、浆叶、隔膜及小"O"型圈。

（10）打开冷却水用于釜体冷却。

4）影响稠化时间试验结果的因素

（1）温度和压力

影响稠化时间的主要因素是温度和压力。随着温度的升高，水泥的水化速度加快，从而导致水泥浆变稠，稠化时间缩短。在试验压力相同的情况下，稠化时间随着温度的升高而缩短，反之则变长。当试验温度相同时，稠化时间随着压力的增加而缩短。因此，在进行油井水泥稠化时间试验时，必须严格按规定的要求控制试验温度和压力。GB/T 10238—2015《油井水泥》中规定最终的试验温度和压力控制在±1℃和±0.7MPa 的范围内。

选取 50℃、51℃、52℃、53℃和 54℃五个温度进行试验，研究温度对油井水泥稠化时间和初始稠度的影响，结论如图 3-18-7 和图 3-18-8 所示。从图中可以看出：随着温度的升高，稠化时间在不断缩短，而初始稠度在不断增大。每升高 1℃，稠化时间将缩短 2min～5min，而初始稠度将升高 1BC 左右。这主要是因为油井水泥水化属于放热反应，遵循一般的化学反应规律，即当温度升高时，油井水泥水化反应速度加快，特别是能够加快 C_3S 和 C_2S 的水化反应速度，因而缩短了油井水泥原来的水化预期时间，相应地缩短了稠化时间，增大了初始稠度值。

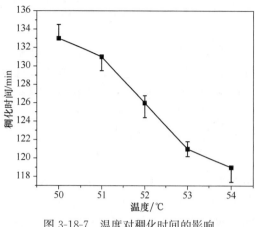

图 3-18-7　温度对稠化时间的影响

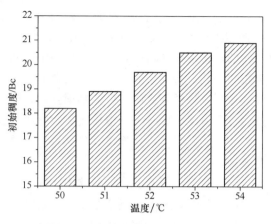

图 3-18-8　温度对初始稠度的影响

（2）恒速搅拌器的转速

制备水泥浆时，恒速搅拌器的转速也会影响水泥的稠化时间。转速快，稠化时间短；转速慢，稠化时间长。因此，一定要按标准规定的要求，严格控制搅拌器的转速在规定的范围内。

（3）搅拌浆杯叶片的磨损

搅拌浆叶的磨损量在 10％以上时，稠化时间的测定结果将会产生较大的偏差。此时应更换新的叶片。

（4）电位计校准

电位计要定期校准、清洗。电位计是直接测量稠度的装置，其校准是否准确，将直接影响稠度及稠化时间的测定。当弹簧的线性变差时，要更换弹簧。

（5）电机的转速

电机转速也会影响油井水泥的稠化时间，标准中规定其转速应控制在（150±15）r/min。

（6）试验材料温度

在稠化试验开始前，油井水泥和试验用水应在试验室或恒温箱中恒温，保证试验前 60s 内拌和用水和水泥的温度在（23±1）℃范围内。

图 3-18-9 为初始温度对油井水泥稠化曲线的影响。从图中可以看出：随着初始温度的升高，稠化时间在不断缩短。初始温度若变化 2℃～3℃，则稠化时间将变化 3min～4min。其原因可以这样解释：若初始温度较高，从初始温度到达设定值温差较小，而仪表在较大的温度区间内更容易调整稳定。因此，若初始温度较高，仪表到达设定的最终温度后很难稳定，会出现较大的波动，从而影响浆体的稠化曲线；若初始温度较低，升温过程中试验温度很难达到试验方

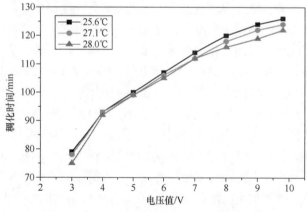

图 3-18-9　初始温度对稠化曲线的影响

案相应时间所对应的温度，仪表控制不断增大加热器加热功率，直至追上规定温度。当温度达到设定值后加热功率依然较大，这样会导致整个升温曲线的紊乱，进而影响到稠化曲线。这说明测定过程中试样和拌和水的恒温保管很重要。

（7）试样的保存

油井水泥很容易吸收空气中的水分，发生水化作用而凝结成块，从而严重影响油井水泥的稠化曲线。因此油井水泥在运输和保管中应特别注意防水、防潮。

4. 抗压强度试验方法

1）仪器

（1）立方体试模

试模应为边长 50mm（或 2in）的立方体试模，能够紧密装配。试模构造不能多于三联，试模能分成两部分以上，装配时必须达到紧密连接。试模应由不受水泥浆侵蚀的硬金属材料制成，新模的洛氏硬度应不小于 55HRB。试模的四壁应有足够的刚度以防弯曲或变形，试模的内壁应为平面。

（2）抗压强度试验机

用于水泥试体破型的抗压夹具应至少每年校准一次。压力机应在力值 9.0kN（2000lbf）和至少在量程或指针范围的 25%、50% 和 75% 处进行校准，显示值误差不能超过施加标准荷载的 2% 或仪器的最小刻度，以精度较高者为准。如果压力机有不同的量程，则每一个量程都应按上述方法进行校准。

（3）立方形试模的底板和盖板

通常使用最小厚度为 6mm（或 1/4in）的玻璃板、黄铜板或不锈钢板。盖板与水泥浆接触的一面可开一凹型槽，用于排除多余的水泥浆。

（4）养护装置

采用能够将抗压强度试模全部浸入水中的养护水浴或水箱，其温度应能保持在规定试验温度±2℃（±3℉）范围内。养护装置有以下两种类型：

① 常压养护装置

适合于温度 66℃（150℉）以下、常压条件下的试件养护。常压养护装置应有 1 个搅拌装置或循环水系统，保证水浴内水温的均匀。

② 高压养护装置

如图 3-18-10 所示，适合于温度在 110℃ 以内，压力可控制在（20.7±3.45）MPa 条件下的试件的养护。该装置应能满足表 3-18-6 相应试验方案的要求。

表 3-18-6 高压养护试体的试验方案

方案	最终养护压力[a] /MPa（psi）	从开始升温、加压所经过的时间/h：min（±2min）										
		0：00	0：30	0：45	1：00	1：15	1：30	2：00	2：30	3：00	3：30	4：00
		温度[b]/℃（℉）										
4S	20.7 (3000)	27 (80)	47 (116)	49 (120)	51 (124)	53 (128)	55 (131)	59 (139)	64 (147)	68 (155)	72 (162)	77 (170)
6S	20.7 (3000)	27 (80)	56 (133)	64 (148)	68 (154)	72 (161)	75 (167)	82 (180)	89 (192)	96 (205)	103 (218)	110 (230)

注：a. 试体放入养护装置后应立即加压至（20.7±3.45）MPa［3000±500 psi］，且整个养护期间保持此压力。
　　b. 养护温度应保持规定温度±2℃（±3℉）。

图 3-18-10　典型的高压养护装置

（5）冷却水浴

冷却水浴应能将试件全部浸入水中，水温应保持在（27±3）℃范围内。

（6）温度测量系统

温度测量系统的允许误差±2℃，每季度校准一次，以下是常用的两种温度测量系统：

① 温度计：使用适合量程的温度计，其最小刻度不超过1℃。

② 热电偶：适合量程的热电偶测温系统。

（7）捣棒

一般采用耐腐蚀捣棒，直径约为6mm。

（8）密封剂（密封脂）

通常使用密封剂（密封脂）来密封试模的外接触部位，在表 3-18-6 规定的养护条件下，密封剂（密封脂）应具有防漏和防水性能等，且与水泥不反应、不侵蚀性能等。

2）常压养护抗压强度试验方法

对于 A、B、C、G 和 H 级水泥，在完成水泥浆制备 5min 内，完成试体成型并直接放入已加热至最终养护温度的常压养护装置内。

（1）试验前的准备

试模与底板、盖板的接触面应保持干燥、清洁，用密封剂组装好的试模应不透水。试模内表面及底板、盖板与水泥接触面应薄薄涂一层脱模剂。检查养护装置是否在规定养护温度。

（2）试验操作

按"二、油井水泥试验方法中1.浆体的制备"规定的方法制备水泥浆，迅速将水泥浆倒入准备好的试模至试模深度约一半处，每一试模都用捣棒均匀地捣拌 27 次。在开始捣拌之前，应将水泥浆分布在所用试模的一半处。捣拌该层水泥浆后，用捣棒或刮刀手工搅拌剩余的水泥浆，以防止水泥浆发生离析。然后将剩余水泥浆倒入试模至溢出，再均匀捣拌 27 次。捣拌之后，用直尺将试模上部过量的水泥浆刮掉。在试模上部盖上清洁、干燥的盖板。对于每一次试验，试体应不少于 3 块。应剔除试模中漏浆的试体。

在完成水泥浆制备后 5min 内，将试体连同试模一起放入已加热至最终养护温度的常压养护水浴内，龄期开始计时。在测试其强度之前的（45±5）min 从养护装置水浴中取出试体脱模，然后放入温度保持在(27±3)℃〔(80±6)℉〕的水浴中养护至少40min。试体离开水浴不能超过 5min，以免试体脱水。

（3）试验验收

在测试强度之前已损坏或漏浆的试体应废弃。对于任一龄期，如果进行抗压强度测定的试体少于 2 块，则应重新试验。

（4）破型试验

到达养护龄期时间后从（27±3）℃［（80±6）℉］的水浴中取出试体，擦干试体的每一表面，并清除试体表面粘附的物质。试体测试面的尺寸应测量至±1.0mm（±1/16in）以计算受力面积。将试体放在试验机上支承块下方中央或抗压夹具规定的位置，在试体表面施加荷载，这个受压表面应是与试模接触的垂直面（不能是与底板或盖板接触的表面）。在测试每个试体之前，应确保球面底座的支承块能自由倾斜调整平整度（建议使用油井水泥抗压强度专用夹具），不得加缓冲垫或稳固垫。

对于预期强度高于 3.4MPa（500psi）的试体，加荷速率应为（72±7）kN/min［（16000±1600）lbf/min］；对于预期强度低于 3.4MPa（500psi）的试体，加荷速率应为（18±2）kN/min［（4000±400）lbf/min］。根据所使用压力机的类型，在接触到试体表面的初始阶段，需要一定的时间来达到所需的加荷速度。计算每块试体的抗压强度，保留两位小数，以MPa（psi）表示。

（5）抗压强度验收要求

应记录同一试样、同一试验龄期的所有合格试体的抗压强度，然后取平均值并精确至0.05MPa（10psi）。全部试体中至少三分之二试体的抗压强度及所有试体的平均抗压强度应等于或大于表 3-18-7 中规定的最小抗压强度值。如果在任何龄期的抗压强度试验中测得的有效强度值少于 2 个，则应重新进行试验。

表 3-18-7 抗压强度的标准要求

水泥级别	方案	最终养护温度[a] /℃（℉）	养护压力[b] /MPa（psi）	规定养护龄期的最小抗压强度/MPa（psi）	
				8h±15min	24h±15min
A	—	38（100）	常压	1.70（250）	12.40（1800）
B	—	38（100）	常压	1.40（200）	10.30（1500）
C	—	38（100）	常压	2.10（300）	13.80（2000）
D	4S	77（170）	20.7（3000）	—	6.90（1000）
	6S	110（230）	20.7（3000）	3.40（500）	13.80（2000）
G、H	—	38（100）	常压	2.10（300）	—
	—	60（140）	常压	10.30（1500）	—

注：a. 养护温度应保持在规定温度±2℃（±3℉）。

b. 试体放入高压养护装置后应立即加压，且保持压力在方案 4S 和 6S 规定的压力±3.4MPa（±500psi）范围内。

3）高压养护抗压强度试验方法

对于 D 级水泥，在完成水泥浆制备 5min 内，完成试体成型，然后放入（27±3）℃的高压养护装置的水浴中，按表 3-18-8 规定的方案要求进行加压和升温。

D 级油井水泥抗压强度试验的水泥浆制备、成型、破型及验收方法与常压养护抗压强度试验方法中所述方法相同，不再赘述，这里仅对高压养护过程进行叙述。

D 级油井水泥需要如表 3-18-6 所示的高压养护方案。

（1）试验前准备

试验前除了准备试模外，还应检查高压养护装置各阀门、电器开关是否处于关闭位置，控温仪表试验方案设置是否合适。

（2）试验方法

① 在完成水泥浆制备 5min 内，将试体连同试模放入（27±3）℃［（80±6）℉］的高压养护装置釜体内水浴中。

② 旋上釜盖，用橡皮锤敲紧，用内六花螺丝扭力扳手拧紧固定盖（扭力 100N 左右）。其他形式的密封装置按设备的操作说明书进行。将内偶通过釜盖插入釜体内，并将其上面的螺丝拧入一部分，不要全部拧紧。

③ 打开进水开关，向釜体内进水。当釜内充满水时，拧紧热电偶上的螺丝。

④ 打开空气源和泵开关，高压泵工作，按试验要求加压至（20.7±3.4）MPa，关闭泵和空气源开关。

⑤ 运行温度控制仪表程序，打开加热器，按试验方案升温，如表 3-18-6 所示。

⑥ 在进行强度测试之前的 1h40min～1h50min，依次关闭加热器，退出温度控制仪表程序和进水开关。在接下来的（60±5）min 内，应将温度降至 77℃（170℉）或更低，但不释放压力，因温降引起的压力下降除外。如临近打开高压装置时温度仍高于规定的 77℃，应打开冷却水开关，快速冷却降温。

⑦ 在试体进行强度测试之前（45±5）min 内，打开高压释放开关释放剩余压力，再打开排水开关。

⑧拧松内电偶螺丝，同时用白纱布盖住螺丝处，以免釜内余压喷出水雾烫伤操作人员，当釜内外气压平衡后，将螺丝拧出，拔出内偶，旋下釜盖，钩出试模。

⑨ 脱模后，将试体在（27±3）℃［（80±6）℉］的水浴中养护（40±5）min。试体离开水浴不能超过 5min，以免试体脱水。

注意事项：

当试验温度高于 100℃时，开釜脱模前应先用冷却水使釜体降温，待内热偶显示温度低于 77℃后，缓慢放掉剩余压力，排水，以确保安全。

4）影响抗压强度测定结果的因素

强度检验误差主要由仪器设备、检验条件及检验操作等因素引起。

（1）仪器设备的影响

检验油井水泥强度所用的仪器设备，在使用过程中应经常维护和保养，发现故障及时排除，同时必须按 GB/T 10238—2015《油井水泥》中规定的校准周期进行校准，否则将加大检验误差，出现质量检验事故。

（2）试验条件的影响

① 养护水浴温度的高低直接影响水泥的水化速度。水化速度快，水泥的强度就高。试验表明，水温每升高或降低 1℃，强度测定误差为 1％～2％。

② 养护用水也应经常更换，因为水泥在水中水化硬化过程中，会析出氢氧化钙，如不经常换水，水中的氢氧化钙的浓度会越来越高，即碱度逐渐增强，从而影响水泥的强度。

③ 水泥试样一般用食品塑料袋及白铁桶密封保存，并应置于干燥的储存室内。若采用密封性不好的材料，保存的试样的强度会下降。

④ 试验用水应为洁净的蒸馏水，含有杂质或受污染的水不能使用，否则会直接影响强度测定结果。

（3）试验操作的影响

从水泥浆制备到强度试验整个过程的每个操作环节，对强度测定结果都可能产生影响，因此，按照统一的操作方法，正确、熟练地进行操作是很重要的。

① 水泥及拌和用水的称量要准确。试验表明，加水量波动1％，抗压强度将变化约2％。

② 成型操作要符合标准要求，否则一组试体强度值不均匀，误差较大。

③ 试体破型时，要正确选择加荷速度，试体要居中放置，以免引起偏差。

三、油井水泥设备的检验与维护

油井水泥物理性能检验用设备主要包括搅拌器、常压稠化仪、常压养护箱、高压养护釜、增压稠化仪。

1. 搅拌器

1）构造及技术参数

搅拌器为底部驱动的叶片式混合装置，是制备油井水泥浆的专用仪器，主要由搅拌浆杯、电机、转速显示表和计时器等部件组成。

（1）搅拌机转速：由包括高、低及可变速三个档位的变速调节器、转速显示器、计时器及变速调节器等组成。在低速档时，电机速度应为（4000±200）r/min；在高速档时，速度应为（12000±500）r/min。当低速档或高速档显示转速达不到规定要求时，可以调节转速调整钮（通常在两档按钮的左、右）使转速正常。通过可变速档变速调节器可将转速调整在（0～20000）r/min任意范围内。

（2）高速电机：最大转速为20000r/min，电机上带有一个传动方轴，通过控制部分控制其转速。

（3）搅拌浆杯：其容量约为1L（或1夸脱），底部应有驱动的叶片及连接传动方轴的部件（搅拌叶片总成）。搅拌浆杯和叶片应由耐腐蚀的材料制成。搅拌叶片总成的装配应便于搅拌叶片的拆装、称量质量和更换。当混合装置的浆杯支撑座出现渗水时，应清理或更换搅拌叶片总成。

2）搅拌器的校准

（1）搅拌叶片核查

用天平测定新搅拌叶片的质量，平行测定两次，取其平均值。一般新搅拌叶片质量为6.9g～7.6g之间。当叶片使用一定次数后，再次测定该叶片的质量，平行测定两次，取其平均值，以平均值计算叶片质量损失百分数。当搅拌叶片质量损失达到10％时应更换叶片，否则对水泥浆的性能有很大的影响。

（2）转速校准

用转速表校准搅拌器电机的低速档和高速档的转速。校准时，将反光片贴在旋转轴上，打开搅拌器电源开关，调节计时器指针在60s处，转速表测试头对准搅拌器旋转轴，按下"低速"档键测定搅拌器"低速"档的转速；按下"高速"档键测定搅拌器"高速"档的转速。各测量点平行测定两次，取其平均值。转速校准频次1次/年。

（3）计时器校准

用秒表进行测定。以秒表每走 30min、60min 为一计时单位，测定计时器所走的时间。每一测量点平行测定两次，取其平均值，观察标准秒表与计时器的差值是否在±30s/h 范围内。计时器校准频次 1 次/年。

3）搅拌器的维护

（1）每次试验前应预先检查搅拌叶片转动是否灵活，如被水泥浆固死，启动时会烧毁电机或烧断保险丝。每次试验完毕，应将清水放入搅拌浆杯中，用搅拌器高速档清洗干净。

（2）每次搅拌前浆杯放在电机支承座上要到位，使电机传动轴与浆杯叶片连接轴紧密配合，否则将损坏传动轴。

（3）浆杯底部不能漏水，如果有水渗进电机，会将其烧毁；如发现浆杯渗水，应立即拆下清理，上油密封或更换新的搅拌总成。

（4）电机不要长时间高速使用，以免缩短其使用寿命。

（5）如果转速大于 20000r/min，说明搅拌器电路出现故障，应及时断电维修。

（6）浆叶轴卡死或超载运行有可能烧坏保险丝。此时应切断电源，打开电器箱后盖，更换保险丝。

（7）搅拌器使用后要注意清理，使面板、电机座及搅拌浆杯中不残留有泥浆，使搅拌器始终保持良好的状态。

以上都是在操作过程中应注意的问题，日常从这几个方面进行维护保养，不仅可以保证设备的性能完好，而且还有利于延长其使用寿命。

2. 常压稠化仪

常压稠化仪主要由水箱、电位计、浆杯、加热器、温度控制和测量系统、计时器、传动系统等组成。

1）常压稠化仪的校准

（1）温度测量系统校准

用温度计进行校准。校准时，打开仪器电源开关，将仪器的热电偶与温度计平行地捆在一起放入水浴中，温度点应涵盖制造商和用户规定的设备工作范围或实际使用范围，校准的最低温度点不高于规定的最低温度 5℃，校准的最高温度点不低于规定的最高温度 5℃（测量应不少于三个温度点）。温度由低至高间断地升温或恒温。每次改变温度后，至少应使温度稳定 15min，然后读取温度值。每个温度点应平行测量两次，取其平均值。检验温度控器显示值与标准温度计显示值的差值是否在允许误差±2℃范围内。温度测量系统校准频次 1次/季度。

（2）电机转速的校准

电位计空载放在传动轴套上，将反光片贴在电位计旋转部分。然后用转速表测量常压稠化仪浆杯转动套转速。平行测定两次，取其平均值。观察转速表示值是否在（150±15）r/min范围内。转速校准频次 1 次/季度。

（3）计时器的校准

用秒表进行测定。以秒表每走 30min、60min 为一计时单位，测定计时器所走的时间，每一测量点平行测定两次，取其平均值。观察秒表与计时器的差值是否在±30s/h 范围内。计时器检验频次 1 次/年。

2）常压稠化仪的维护

（1）保证液浴箱清洁干净，定期更换箱内的养护液。

（2）保证转动部位转动自由。如转动部件运动受阻，将产生很强噪声，严重时会影响转速达不到（150±15）r/min 的要求。这时需要对转动部件进行清理，具体清理步骤如下（以滚球传动为例）。

① 排空液浴箱内的养护液，拧下水箱盖板螺丝。

② 拆下仪器后面保护隔板，拧松电机固定螺丝，然后把电机向前推，取下传送皮带，连同水箱盖板一同取出。当心不要碰坏加热器和热电偶。

③ 从盖板上取下传动轴套，卸下挡片，从滑槽中取出尼龙球，用稀机油把尼龙球清洗干净，将滑槽擦净，然后把球依次装入滑槽，盖上轴套及挡片。

④ 把传动轴套装在盖板上，并把皮带套在传动轴的齿轮上，皮带再经水箱后臂中心孔抽出，装在电机皮带轮上，把电机后拉，拧紧螺丝，把盖板上螺丝全部装上。

⑤ 用手轻轻转动轴套，检查是否能自由转动，再打开电机检查试运转情况。

（3）电位计保持干净，电阻丝上无污物，电位计轴承转动灵活，否则需用煤油清洗，必要时更换部件。重新装好，调节起始指针到 0 电位，并重新进行校准。

（4）液浴箱内液位要始终保持一定高度，以保证养护水泥浆恒温。绝对禁止无液情况下打开加热器。

（5）电位计轴中心固定销一定要对准浆叶缺口再往下按。如未对正即按下，会使固定销折断。浆叶轴最上端不能有水泥浆，否则会固死在轴中。

（6）如电机不能带动负载，应立即关掉电机开关，否则会烧毁电机。

（7）浆叶浆杯要干净，不能粘有水泥块。浆杯底面可拆开清理，主要清理杯底小圆凹槽，因为浆叶的小尖锥是放在浆杯底面的中心凹槽内，浆叶以此为中心旋转，如小凹槽被水泥浆堵平，浆叶旋转将会刮蹭浆杯壁。因此，隔一段时间就要清理一次。

（8）应避免强烈撞击或摔打浆杯，因为浆杯由铜材制造，质地较软，容易变形。

3. 常压养护箱

常压养护箱主要由水箱、加热器、温度控制系统、循环系统或搅拌系统等组成。校准技术要求包括：养护温度（±2.0℃）、温度测量系统（±1℃）、试模是否可以完全浸入水中和是否设置搅拌装置或循环系统。

1）常压养护箱的校准

用温度计进行测定。打开仪器的电源开关，将仪器的热电偶与温度计平行地捆在一起放入水浴中，测定仪器设定温度分别为 20℃、27℃、38℃、60℃、77℃等各点的实际温度。温度由低至高间断地升温或恒温。每次改变温度后，至少应使温度稳定 15min，然后读取温度值。每个温度点应平行测量两次，取其平均值。检验温度控器显示值与标准温度计显示值的差值是否在允许误差±2.0℃范围内。温度测量系统校准频次 1 次/季度。

2）常压养护箱的维护

常压养护箱在日常使用中应定时换水，检查循环水系统是否正常。

4. 高压养护釜

高压养护釜主要由高压釜体、加热器、温度控制和测量系统、压力控制系统、内部循环水冷却系统等组成，适合于温度可升至 110℃以内、压力可控制在（20.7±3.45）MPa 条件下的试件的养护。

1）高压养护釜的校准

（1）温度测量系统的校准

用温度计进行测定。打开仪器的电源开关，将仪器的热电偶与温度计平行地捆在一起放入水浴中，测定仪器设定温度分别为 20℃、27℃、38℃、60℃、77℃等各点的实际温度。温度由低至高间断地升温或恒温。每次改变温度后，至少应使温度稳定 15min，然后读取温度值。每个温度点应平行测量两次，取其平均值。检验温度控器显示值与标准温度计显示值的差值是否在允许误差±2℃范围内。温度测量系统检验频次 1 次/季度。

（2）压力测量系统

用标准压力表进行测定。打开仪器的电源开关，将标准压力表拧入高压养护釜釜盖的热电偶螺孔中，打开供气阀，当釜体内注水后拧紧标准压力表螺丝，而后打开高压泵开关，使釜体内压力达到设定的压力测量值。根据高压养护釜压力表的量程选择测量点，应测定满量程的 25％、50％、75％、100％中至少三个检测点的实际压力值。每个压力点应平行测量两次，取其平均值。

2）高压养护釜的维护

（1）釜盖螺纹和密封环要用"钼液"进行润滑，清除螺纹上的水泥颗粒等杂质，然后擦干螺纹，再涂上"钼液"。

（2）密封环的里面和密封面以及釜盖顶面都应保持清洁，并进行润滑，以防金属被擦伤而影响其密封性。

（3）如果水泥颗粒落入釜底，应将其清除，以免水泥颗粒损伤压力释放阀，缩短阀的使用寿命或堵塞管路。

（4）安全阀座由高温塑料制成，如果遭到水泥颗粒等的损坏，应更换。安全阀进口处的高压过滤器也应时常清洗。

（5）压力泵上的油雾器应定时检查，以保证泵工作时，进入压力泵内的油量为 3 滴/min～5 滴/min。

5. 增压稠化仪

1）增压稠化仪的校准

用于水泥浆稠化时间的测定，要求对增压稠化仪的工作系统进行校准。增压稠化仪的工作系统包括：稠度测量系统、温度测量系统、温度控制仪表、电机转速、计时器和压力系统等。校准方法按 JC/T 2000《油井水泥物理性能检测仪器》中规定的方法进行。

（1）电位计的校准方法

① 将电位计安装在负载型校准装置的台板上，将三根导线按一定的相电位分别夹在对应的电位计三个接触弹簧片上。带有砝码吊绳的固定滑块嵌入电位计规定的位置，吊绳沿电位计外边缘缠绕一圈，然后通过滑轮自然垂下。

② 将电位计校准装置置于稠化仪台面边缘，拉砝码的吊绳离开门板一段距离。

③ 将电位计校准装置的接线插头插入稠化仪板面上标有"校正器"的插座内。

④ 打开直流电源，观察电压表电压显示是否为 0。如不为 0，立即关闭直流电源，重新调换电位计接线位置，直至显示正常。

⑤ 先后分别平稳加放 50g、100g、150g、200g、250g、300g、350g、400g 砝码，通过

施加砝码的重力给电位计弹簧施加扭矩，使弹簧偏转带动接触臂位移，同时电压表（或温度控制仪表）有电压输出。每加完一次砝码后，用中号螺丝刀提起距台板5cm～6cm高度，自然垂直落下轻敲校正器台板15次，以克服机械摩擦引起的误差，分别记录每次加砝码后对应的电压值。其关系呈线性关系，如图3-18-11所示。相邻两次电压值差应在(1.3±0.2)V。每一个电位计应平行校准三次，取三次校准结果的平均值作为最终校准电压值。按内插法计算各点电压值所对应的稠度值。表3-18-8为水泥浆稠度与相应的扭矩的对应值。

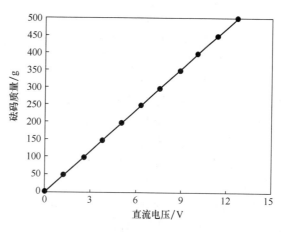

图 3-18-11　砝码质量与直流电压的关系

⑥ 电位计每月校准一次，当调整或更换弹簧、电阻片和接触臂时，也应进行校准。

表 3-18-8　水泥浆稠度与当量扭矩的关系
[用于半径为（52±1）mm 的电位计装置]

当量扭矩 （g·cm）	砝码质量/g （±0.1g）	水泥浆稠度/BC （±5Bc）
260	50	9
520	100	22
780	150	35
1040	200	48
1300	250	61
1560	300	74
1820	350	87
2080	400	100

（2）温度测量系统的校准

温控系统用标准温度计或检定过的测温仪进行校准。首先打开设备电源，将设备热电偶与标准温度计（检定过的测温仪）平行绑在一起放入釜体内的油浴中（油的高度可升至釜体螺纹处），启动电机，测定仪器设定温度的各点实际温度，使温度稳定15min，观察温控仪表显示值与标准温度计显示值的差值是否在允许误差±2.0℃范围内。如超出范围，要进行修正或更改程序设定温度值。一般情况下，根据标准规定的试验方案测量27℃、45℃、52℃和62℃各点温度测量系统。每个温度点应测定2次，取平均值。校准频率不小于1次/季度。

（3）电机转速的校准

浆杯的旋转速度为（150±15）r/min，可采用光电转速表进行校准。将反光片贴在釜体底部旋转轴上，打开电机开关，转速表测试光对准反光片，观察转速表示值是否在 (150 ± 15) r/min范围内。应测定2次，取平均值。每年校准一次。

（4）计时器的校准

用秒表校准，计时器的精度应在 ±30s/h 的范围内。以秒表走 30min、60min 为一计时单位，测定计时器所走的时间，观察秒表与计时器的差值是否在 ±30s/h 范围内。应测定2次，取平均值。每年校准一次。

（5）压力测量系统的校准

采用标准压力表进行校准。首先打开设备电源，将标准压力表拧入釜盖热电偶孔内，关闭所有阀门，打开空气源阀门。当釜内充满矿物油后，拧紧压力表螺丝。打开高压泵开关，使釜内压力达到设定值的 17MPa、34MPa、52MPa 测量点，关闭泵开关。观察设备压力系统显示值与标准压力表显示值的差值是否在 ±1.7MPa 范围内。也可根据本单位设备使用压力点进行测量。每年校准一次。

2）增压稠化仪的维护

（1）每次试验后，应检查金属密封圈，并擦拭干净。如果保养得好，"O"形圈可使用2年～3年甚至更长时间，"O"形圈要用专用工具拆装，以免划伤其表面，损坏其密封性。

（2）当加热介质（矿物油）变脏时，应更换矿物油，也可取出经过滤后重新使用。

（3）如果发现回油速度减慢（大于4min），应卸下高压油滤的滤芯，清理表面的纤维、水泥颗粒等脏物。可灼烧滤芯除去滤网上的杂质，再用净水清洗，或用高压空气吹净。

（4）位于高压泵进气端的油雾器是为高压泵运行提供润滑的附件。旋转顶部的螺丝，可调节喷入泵体润滑油的油量，一般高压泵每往复二、三次滴下1滴油为好。

（5）若发现釜内有水泥，应及时清理。其具体方法是：用磁力传动器内轴拆装工具将两根杆分别拧入浆杯台（旋转盘）上的两螺纹孔，从顶部拉出传动器内轴。提升过程中手要稳妥，使传动器内轴保持在中心位置，尽量不要让轴吸到釜内壁上，防止打碎磁铁，或使传动器内轴弯曲变形。取出内轴后要放在无铁磁材料和金属粉末的桌面上，用纱布擦拭干净。拧下传动轴下端的封堵塞，注意封堵塞内有两层密封胶圈，釜内用汽油或其他溶剂冲洗，擦干。封堵塞内换上新的两层密封圈后，再用拆卸工具装好内轴及封堵塞。

第十九节　砌筑水泥保水率的测定

一、概述

砌筑水泥是由一种或一种以上的水泥混合材料，加入适量硅酸盐水泥熟料和石膏，经磨细制成的工作性较好的水硬性胶凝材料，主要用于砌筑和抹面砂浆、垫层混凝土等，不应用于结构混凝土。砌筑水泥的保水率是其重要的物理性能之一，保水率应不低于80%。影响水泥保水率的因素主要有水泥熟料的矿物成分、水泥细度、颗粒级配、混合材料的掺加量及品种等。

砌筑水泥保水率的测定方法执行 GB/T 3183—2003《砌筑水泥》中附录A的规定，用规定流度在 180mm～190mm 范围的新拌胶砂，按规定的方法，用滤纸对胶砂进行吸水处理，测得胶砂中保留的水的质量，并用其占原始水量的质量百分数来表示保水率。

二、砌筑水泥保水率测定方法

1. 范围

本方法适用于砌筑水泥保水率的测定。其他品种水泥或材料采用此方法时应确认其适用性。

本方法规定了保水率测定方法的原理、仪器设备、试验室条件、材料、试验操作、结果的计算及处理等。

2. 原理

用规定流动度范围的新拌胶砂，按规定的方法进行吸水处理。胶砂的保水率就是吸水处理后砂浆中保留的水的质量，并用其占原始水量的质量百分数来表示。

3. 规范性引用文件

GB/T 2419 水泥胶砂流动度测定方法

GB/T 17671 水泥胶砂强度检验方法（ISO 法）

JC/T 681 行星式水泥胶砂搅拌机

JC/T 958 水泥胶砂流动度测定仪（跳桌）

4. 主要仪器设备和材料

（1）行星式水泥胶砂搅拌机：符合 JC/T 681 的要求。

（2）流动度测定仪（跳桌）：符合 JC/T 958 的要求。

（3）刚性试模：圆形，内径为（100±1）mm，内部有效厚深度：（25±1）mm。

（4）刚性底板：圆形，无孔，直径（110±5）mm，厚度（5±1）mm。

（5）干燥滤纸：慢速定量滤纸，直径为（110±1）mm。

（6）金属刮刀。

（7）铁砝：质量为 2kg。

（8）电子天平：最大称量值不小于 2000g，分度值不大于 0.1g。

5. 试验前的准备

（1）试验室温度为（20℃±2）℃，相对湿度不低于 50%。试验前水泥试样、拌和水和仪器设备在室温中恒温 24h。

（2）称量、记录干燥的空刚性试模质量（U），精确至 0.1g。

（3）称量、记录 8 张未使用的滤纸质量（V），精确至 0.1g。

6. 试验操作

1）胶砂用水量的测定

（1）试验时称取（450±2）g 水泥和（1350±5）g 标准砂，量取（225±1）mL 拌和水，按 GB/T 17671—1999 规定的配比配备试验材料。

水泥胶砂的搅拌按 GB/T 17671—1999 进行。首先将标准砂倒入加砂筒内，把水加入锅里，再加入水泥。然后把锅固定在搅拌位置。提升搅拌锅，启动搅拌机，搅拌机开始按程序工作。在中间停机 90s 的第一个 15s 内，应迅速将搅拌叶和锅壁上的砂浆刮入锅内，其余时间应静置。再高速继续搅拌 60s。搅拌结束后取下搅拌锅，用勺子将胶砂搅拌翻动几次。

注意事项：停拌 90s 时，用小刀将粘结在叶片、锅壁和锅底上的胶砂清理到搅拌锅中，使胶砂的拌和更加均匀。

217

（2）按 GB/T 2419 进行水泥胶砂流动度的测定

① 在搅拌胶砂的同时，将圆锥模及模套、捣棒、跳桌台面用潮湿毛巾擦拭，然后放在台面中心上，然后用潮湿毛巾盖好。

② 将已拌和好的胶砂迅速地分两层装入圆锥模内。第一层装至圆模高度的 2/3 处，用小刀在垂直两个方向各划实 5 次，再用圆柱捣棒自边缘至中心均匀捣压 15 次图 3-6-5 所示（沿圆锥模内径边缘捣压 10 次，往里第二圈捣压 4 次、中心 1 次）。接着装第二层胶砂，装至高出圆锥模约 2cm，同样用小刀各划实 5 次，再用圆柱捣棒自边缘至中心均匀捣压 10 次，如图 3-6-6 所示（外圈 7 次，内圈 3 次）。捣压后胶砂应略高于试模。捣压深度，第一层捣至胶砂高度的二分之一，第二层捣实不超过已捣实底层表面。装胶砂和捣压时，要用手扶压圆锥模，捣压时切勿使圆锥模移动。

③ 捣压完毕，取下模套，将小刀倾斜，从中间向边缘分两次以近水平的角度抹去高出截锥圆模的胶砂，并擦去落在桌面上的胶砂。抹平后将圆锥模垂直向上徐徐提起，然后启动开关，以 1r/s 的速度，在（25±1）s 内完成 25 次跳动。

④ 跳动完毕，用卡尺按跳桌台面上垂直的"十"字方向测量水泥胶砂底部扩散直径，取相垂直的两直径的平均值作为该加水量的水泥胶砂流动度结果。

⑤ 当流动度达到 180mm～190mm 时的胶砂用水的质量 Y（g）为胶砂保水率测定用水量。

⑥ 水泥胶砂流动度的检验从加水拌和时算起，全过程在 6min 内完成。

（3）当测定砂浆流动度时，将锅中剩余胶砂用湿布盖好，以备测定保水率。

注意事项：流动度圆模每层装料时胶砂的量要达到规定的高度，每层胶砂捣实的深度和位置要准确。

2）胶砂保水率的测定

（1）将搅拌锅中剩余的胶砂在低速下重新搅拌 15s，用料勺将胶砂装满准备好的刚性试模并用刮刀抹平表面，然后擦去试模外壁的胶砂，称量装满胶砂的试模的质量（W），精确至 0.1g。

（2）用滤网盖住胶砂表面，并在滤网顶部放上 8 张已称量的滤纸（V），滤纸上放刚性底板。然后将试模与刚性底板一同快速翻转 180° 倒放在一平面上，并在旋转后试模的顶部压上质量为 2kg 的铁砝，并开始计时。

（3）5min±5s 后拿掉铁砝，将试模翻转回去，去掉刚性底板、取出 8 片滤纸和滤网，称量 8 片滤纸的质量（X），精确至 0.1g。

（4）重新拌制胶砂，重复试验一次。

7. 保水率的计算

（1）吸水前试模中胶砂的含水量（Z）按式（3-19-1）计算，结果保留至 0.1g：

$$Z = \frac{Y \times (W - U)}{1350 + 450 + Y} \tag{3-19-1}$$

式中：Z——吸水前试模中胶砂的含水质量，单位为克（g）；

U——空试模的质量，单位为克（g）；

W——装满胶砂的试模质量，单位为克（g）

Y——流动度为 180mm～190mm 时的胶砂用水量，单位为克（g）。

（2）保水率（R）按式（3-19-2）计算，结果保留至 0.1%：

$$R = \frac{[Z-(X-V)] \times 100}{Z} \tag{3-19-2}$$

式中：R——水泥胶砂保水率，单位为％；

V——吸水前 8 张滤纸的质量，单位为克（g）；

X——吸水后 8 张滤纸的质量，单位为克（g）；

Z——吸水前试模中胶砂的含水量，单位为克（g）。

（3）计算两次试验的保水率的平均值，精确至整数。如果两次试验值与平均值的绝对偏差＞2％时，重复试验，再用一批新拌的胶砂做两组试验。

8. 计算举例

某一砌筑水泥送检试样保水率试验

（1）第一次试验

Y_1——流动度值为 186mm 时的胶砂用水量 211.5g，即 $Y_1 = 211.5g$；

W_1——装满胶砂的试模质量 1094.3g，即 $W_1 = 1094.3g$；

U_1——空模的质量 679.7g，即 $U_1 = 679.7g$；

V_1——吸水前 8 张滤纸的质量 6.4g，即 $V_1 = 6.4g$；

X_1——吸水后 8 张滤纸的质量 9.6g，即 $X_1 = 9.6g$。

吸水前试模中胶砂的含水量 Z_1 按式（3-19-1）计算：

$$Z_1 = \frac{Y_1 \times (W_1 - U_1)}{1350 + 450 + Y_1} = \frac{211.5 \times (1094.3 - 679.7)}{1350 + 450 + 211.5} = 43.6(g)$$

保水率 R_1 按式（3-19-2）计算：

$$R_1 = \frac{[Z_1 - (X_1 - V_1)] \times 100}{Z_1} = \frac{[43.6 - (9.6 - 6.4)] \times 100}{43.6} = 92.7\%$$

（2）第二次试验

Y_2——按 211.5g 拌和水量制备胶砂流动度值为 187mm。即 $Y_2 = 211.5g$；

U_2——空模的质量 679.7g，即 $U_2 = 679.7g$；

W_2——装满胶砂的试模质量 1093.9g，即 $W_2 = 1093.9g$；

V_2——吸水前 8 张滤纸的质量 6.5g，即 $V_2 = 6.5g$；

X_2——吸水后 8 张滤纸的质量 9.4g，即 $X_2 = 9.4g$。

吸水前试模中胶砂的含水量 Z_2 按式（3-19-1）计算：

$Z_2 = 211.5 \times (1093.9 - 679.7)/(1350 + 450 + 211.5) = 43.6(g)$；

保水率 R_2 按式（3-19-2）计算：

$R_2 = [43.6 - (9.4 - 6.5)] \times 100/43.6 = 93.3\%$。

（3）两次试验值的平均值：$R = (92.7\% + 93.3\%)/2 = 93.0\%$。

第一次试验值结果与平均值的偏差＝$|92.7\% - 93.0\%| = 0.3\%$；

第二次试验值结果与平均值的偏差＝$|93.3\% - 93.0\%| = 0.3\%$；

因为 0.3％＜2％，所以，此试样的保水率为 93.0％。

9. 影响测定结果的因素

（1）流动度测定值：当流动度测定值偏小时，达到 180mm～190mm 范围时比正常加水量偏大，吸走的水分多，保水率结果偏小。

（2）胶砂的搅拌均匀效果：如果搅拌锅与搅拌叶之间间隙偏大，锅壁和锅底的胶砂搅拌不到，取胶砂时，只取搅拌到的部分，胶砂较正常水泥稀，滤纸吸走的水分多，保水率结果偏小。

（3）如果胶砂未能装满试模，造成装满胶砂的试模质量偏小，计算后吸水前试模中胶砂的含水量也偏小，通过公式可以看出，会造成保水率结果偏大。

（4）试验室的温度、湿度：温度高、湿度低，水泥水化快，滤纸吸走的水分少，保水率结果偏大。

（5）试验材料的温度：温度高，水泥水化快，滤纸吸走的水分少，保水率结果偏大。

（6）操作的熟练程度：操作用时长，水泥水化吸收的水分越多，胶砂偏干，滤纸吸走的水分少，保水率结果偏大。

第二十节　水泥胶砂含气量的测定

一、概述

水泥胶砂含气量测定方法是测定水泥颗粒引气效果的方法。水泥的含气量直接影响混凝土的含气量，混凝土的含气量大小与其耐久性有直接的关系，美国非常重视混凝土的耐久性，所以美国水泥标准中水泥的类型就有引气型的，并规定了含气量的技术指标，ASTMC150 硅酸盐水泥技术规范中规定胶砂含气量在 16％～22％范围，测定方法是 ASTMC185水泥胶砂含气量测定方法。水泥的细度、颗粒级配、水泥熟料的矿物成分、水灰比、混合材料的掺加量及品种等都会影响到胶砂含气量。

二、水泥胶砂含气量测定方法

我国于 1995 年参考美国标准 ASTM C185 首次制定了建材行业标准 JC/T 601—1995《水泥胶砂含气量测定方法》。现行标准为 JC/T 601—2009《水泥胶砂含气量测定方法》，该标准与现行的 GB/T 17671—1999《水泥胶砂强度检验方法（ISO 法）》相统一，胶砂搅拌方式由 GB/T177—85 的单转速、固定叶片形式改变为行星式水泥胶砂搅拌机搅拌，跳桌由于GB/T2419 标准的变更，圆盘质量发生变化，总体跳动的次数有所减少，所以本标准也发生相应的变化，跳动次数由原来的 15 次改变为 12 次。

1. 范围

本方法规定了水泥胶砂含气量测定方法的方法原理、仪器设备、材料、试验室温度和湿度、胶砂组成、胶砂实际容重的测定、胶砂理论容重的计算、水泥胶砂含气量的计算。

本方法适用于硅酸盐水泥、普通硅酸盐水泥以及指定采取本方法的其他品种水泥。

2. 规范性引用文件

GB/T 208 水泥密度测定方法

GB/T 2419 水泥胶砂流动度测定方法

GB/T 6682 分析实验室用水规格和试验方法

GB/T 17671 水泥胶砂强度检验方法（ISO 法）

JC/T 681 行星式水泥胶砂搅拌机

JC/T 958 水泥胶砂流动度测定仪（跳桌）

3. 方法原理

本方法是通过计算水泥胶砂组分的密度和配比得到理论容重，与其实际容重之间的差值，确定水泥胶砂中的含气量。

4. 主要仪器设备和材料

（1）行星式水泥胶砂搅拌机：符合 JC/T 681 的要求。

（2）跳桌：符合 JC/T 958 的要求。

（3）容重圆筒：由不锈钢或铜质材料制成，内径约 76mm，深度约 88mm，容重圆筒容积为 400mL。圆筒壁厚和底厚应均匀，且厚度不小于 2.9mm，容重圆筒的质量不大于 900g。

（4）游标卡尺：量程 200mm，最小刻度 0.02mm。

（5）捣棒：由不吸水、耐磨损的硬质材料制成，捣棒头的断面为 13mm×13mm，手柄长度为 120～150mm。

（6）敲击棒：由硬木制成，直径约 16mm，长约 152mm。

（7）玻璃板：尺寸约为 100mm×100mm，表面光滑。

（8）直刀：由不锈钢制成，如图 3-20-1 所示，尺寸为 120mm×26mm，厚度 3.3mm，刀刃厚 1.3mm。

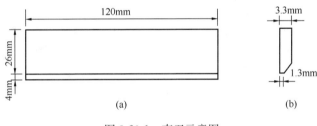

图 3-20-1　直刀示意图

（a）正视图；（b）侧视图

（9）天平：最大称量不小于 2000g，分度值不大于 1g。

（10）玻璃珠：密度按 GB/T 208 测定，密度值应在 2.3g/cm³～2.5g/cm³。圆球度不应低于 80%。粒度要求：1.18mm 圆孔筛的筛余量 0%，0.85mm 圆孔筛的筛余量＜15%，0.60mm 圆孔筛的筛余量＞95%。目前玻璃珠在国内市场中尚无生产和销售，只有进口符合 ASTMC185 水泥胶砂含气量测定方法的玻璃珠来代替。

（11）蒸馏水：符合 GB/T 6682 规定的三级水。

5. 试验前的准备

1）试验室温度为（20±2）℃，相对湿度高于 50%。试验前水泥试样、玻璃珠、拌和水及容重圆筒等材料和仪器设备应在试验室恒温 24h。

2）容重圆筒容积的标定

（1）先将圆筒清洗干净，晾干。盖上玻璃板，一同称量、记录质量（m_1），精确至 1g。取下玻璃板，然后加满 20℃ 的蒸馏水。再盖上玻璃板，将多余的水排出，通过玻璃板应看不到气泡，说明容重圆筒已被水完全充满，否则应再添加水，直到完全充满。然后擦干容重筒外表面多余水分，将玻璃板与圆筒一同称量，记录质量（m_2），精确至 1g。

（2）容重圆筒的容积按式（3-20-1）计算，结果保留至 0.1cm³：

$$V = (m_2 - m_1)/0.99823 \qquad (3\text{-}20\text{-}1)$$

式中：V——容重圆筒容积，单位为立方厘米（cm^3）；

$\quad\quad m_1$——容重圆筒和玻璃板盛水前的质量，单位为克（g）；

$\quad\quad m_2$——容重圆筒和玻璃板盛水后的质量，单位为克（g）；

0.99823——蒸馏水 20℃的密度，单位为克每立方米（g/cm^3）。

（3）容重圆筒容积至少标定两次，两次标定结果之差小于 $0.2cm^3$ 时，取两次结果的平均值为此容重圆筒容积。

3）用天平称量空容重圆筒的质量并记录为 m_3，精确至 1g。

6. 试验步骤

1）胶砂用水量的测定

（1）试验时称取 350g 水泥和 1400g 玻璃珠，按胶砂流动度达到（160±5）mm 控制加水量。

（2）由水泥、玻璃珠及预估加水量组成的水泥胶砂，按 GB/T 17671—1999 程序进行搅拌。首先将标准砂倒入加砂筒内，把水加入锅里，再加入水泥。然后把锅固定在搅拌位置。提升搅拌锅，启动搅拌机，搅拌机开始按程序工作。在中间停机 90s 的第一个 15s 内，应迅速将搅拌叶和锅壁上的砂浆刮入锅内，其余时间应静置。再高速继续搅拌 60s。搅拌结束后取下搅拌锅，用勺子将胶砂搅拌翻动几次。

注意事项：停拌 90s 内用料勺将粘结在叶片、锅壁和锅底上的胶砂进行清理，使胶砂拌和更加均匀。

（3）水泥胶砂流动度测定方法按 GB/T 2419—2005 进行（用玻璃珠代替标准砂）。

① 在搅拌胶砂的同时，将圆锥模及模套、捣棒、跳桌台面用潮湿毛巾擦拭，然后放在台面中心上，然后用潮湿毛巾盖好。

② 将已拌和好的胶砂迅速地分两层装入圆锥模内。第一层装至圆模高度的 2/3 处，用餐刀在垂直两个方向各划实 5 次，再用圆柱捣棒自边缘至中心均匀捣压 15 次，如图 3-6-5 所示（沿圆锥模内径边缘捣压 10 次，往里第二圈捣压 4 次、中心 1 次）。接着装第二层胶砂，装至高出圆锥模约 2cm，同样用餐刀各划实 5 次，再用圆柱捣棒自边缘至中心均匀捣压 10 次，如图 3-6-6 所示（外圈 7 次，内圈 3 次）。捣压后胶砂应略高于试模。捣压深度，第一层捣至胶砂高度的二分之一，第二层捣实不超过已捣实底层表面。装胶砂和捣压时，要用手扶压圆锥模，捣压时切勿使圆锥模移动。

③ 捣压完毕，取下模套，将小刀倾斜，从中间向边缘分两次以近水平的角度抹去高出截锥圆模的胶砂，并擦去落在桌面上的胶砂。抹平后将圆锥模垂直向上徐徐提起，然后启动开关，以 1r/s 的速度，完成 12 次跳动。

④ 跳动完毕，用卡尺按跳桌台面上垂直的"十"字方向测量水泥胶砂底部扩散直径，取相垂直的两直径的平均值作为该加水量的水泥胶砂流动度结果。

⑤ 当流动度达到（160±5）mm 时的胶砂用水的质量 X 为胶砂胶砂含气量测定用水量。

⑥ 水泥胶砂流动度的检验从加水拌和时算起，全过程在 6min 内完成。

⑦ 剩余的胶砂放在锅中并用湿布盖好，供测定容重用。

注意事项：流动度圆模每层装料时胶砂的量要达到规定的高度，每层胶砂捣实的深度和位置要准确。

2）胶砂容重测定

（1）立即用料勺将测定流动度后剩余在搅拌锅内的胶砂分三次装入已称质量的容重圆筒

中（空容重圆筒的质量为 m_3），每层装入的胶砂量大致相等，每层用捣棒沿圆筒内壁捣压 18 次，中心捣压 2 次。在捣压第一层时，捣压至离圆筒底部 2mm～3mm。在捣压第二层和第三层时，使捣棒压至前一层即可。捣压完毕后，用敲击棒的端部在圆筒外以间隔相同的 5 个点轻轻敲击，排除胶砂裹住的附加气泡，然后用直刀的斜边紧贴圆筒顶部，将多余的胶砂刮去并抹平，刮平次数不超过 4 次。如发现有玻璃珠浮在表面，应再加入少量胶砂重新刮平。

（2）从装筒至刮平结束应不超过 90s。擦去粘附在圆筒外壁的胶砂和水，将装满胶砂的圆筒放到天平上称量（m_4），精确至 1g。

（3）胶砂实际容重 γ_b 按式（3-20-2）计算，结果保留至 $0.01g/cm^3$：

$$\gamma_b = (m_4 - m_3)/V \tag{3-20-2}$$

式中：γ_b——胶砂实际容重，单位为克每立方厘米（g/cm^3）；

$\quad$ m_3——空容重圆筒的质量，单位为克（g）；

$\quad$ m_4——装满胶砂后容重圆筒的质量，单位为克（g）；

$\quad$ V——容重圆筒的容积，单位为立方厘米（cm^3）。

（4）胶砂理论容重 γ_p 按式（3-20-3）计算，结果保留至 $0.01g/cm^3$：

$$\gamma_p = \frac{350 + 1400 + 350 \times P}{\dfrac{350}{\rho_c} + \dfrac{1400}{\rho_g} + \dfrac{350 \times P}{0.99823}} \tag{3-20-3}$$

式中：γ_p——胶砂理论容重，单位为克每立方厘米（g/cm^3）；

$\quad$ P——水泥胶砂达到规定流动度时的水灰比，单位为％；

$\quad$ ρ_c——水泥密度，单位为克每立方厘米（g/cm^3）；

$\quad$ ρ_g——玻璃珠密度，单位为克每立方厘米（g/cm^3）；

$\quad$ 350——水泥的质量，单位为克（g）；

1400——玻璃珠的质量，单位为克（g）。

7. 水泥胶砂含气量的计算

（1）水泥胶砂含气量按式（3-20-4）计算，结果保留至 0.1%：

$$A_c = \left(1 - \frac{\gamma_b}{\gamma_p}\right) \times 100 \tag{3-20-4}$$

式中：A_c——水泥胶砂含气量，单位为％；

$\quad$ γ_b——胶砂的实际容重，单位为克每立方厘米（g/cm^3）；

$\quad$ γ_p——胶砂的理论容重，单位为克每立方厘米（g/cm^3）。

（2）计算举例

某一水泥试样密度 $\rho_c = 3.16g/cm^3$，玻璃珠密度 $\rho_g = 2.65g/cm^3$，空容重圆筒的质量 $m_3 = 708g$，容重圆筒容积 $V = 400.7cm^3$。

当胶砂流动度值在（160±5）mm 时，水灰比 $P = 68\%$，测得的胶砂流动度扩展直径平均值为 161mm，胶砂含气量用水量 $X = 350 \times 68\% = 238$（mL）。装满胶砂后容重圆筒的质量 $m_4 = 1559g$。

则：胶砂的实际容重 $\gamma_b = (m_4 - m_3)/V = (1559 - 708)/400.7 = 2.12(g/cm^3)$。

$$\gamma_p = \frac{350 + 1400 + 350 \times P}{\dfrac{350}{\rho_c} + \dfrac{1400}{\rho_g} + \dfrac{350 \times P}{0.99823}} = \frac{350 + 1400 + 238}{\dfrac{350}{3.16} + \dfrac{1400}{2.65} + \dfrac{238}{0.99823}} = 2.27(g/cm^3)$$

水泥胶砂含气量 $A_c = (1 - \gamma_b/\gamma_p) \times 100 = (1 - 2.12/2.27) \times 100 = 6.61$。

所以，此试样水泥胶砂含气量为 6.61%。

8. 影响测定结果的因素

（1）流动度测定值，当流动度测定值偏小时，达到（160±5）mm 范围时比正常加水量偏大，胶砂偏稀，气泡容易排出，含气量结果偏小。

（2）胶砂的搅拌均匀效果，如果搅拌锅与搅拌叶之间间隙偏大，锅壁和锅底的胶砂搅拌不到，取胶砂时，只取搅拌到的部分，胶砂较正常水泥稀，气泡容易排出，含气量结果偏小。

（3）如果胶砂未能装满圆筒，造成装满胶砂的试模质量偏小，胶砂的实际容重偏小，通过公式可以看出，会造成含气量结果偏大。

（4）试验室的温度、湿度：温度高、湿度低，水泥水化快，气泡不易排出，含气量结果偏大。

（5）试验材料的温度：温度高，水泥水化快，气泡不易排出，含气量结果偏大。

（6）操作的熟练程度：操作用时长，水泥水化吸收的水分越多，胶砂偏干，气泡不易排出，含气量结果偏大。

（7）水泥和玻璃珠的密度：密度测定值偏小，含气量结果偏大。

（8）测定圆筒的体积：体积测定值偏小，含气量结果偏小。

附 录

附录 A　中华人民共和国产品质量法

（1993 年 2 月 22 日第七届全国人民代表大会常务委员会第三十次会议通过
根据 2000 年 7 月 8 日第九届全国人民代表大会常务委员会第十六次会议《关于修改
〈中华人民共和国产品质量法〉的决定》第一次修正　根据 2009 年 8 月 27 日第十一
届全国人民代表大会常务委员会第十次会议《关于修改部分法律的决定》第二次修正）

第一章　总则

第一条　为了加强对产品质量的监督管理，提高产品质量水平，明确产品质量责任，保护消费者的合法权益，维护社会经济秩序，制定本法。

第二条　在中华人民共和国境内从事产品生产、销售活动，必须遵守本法。本法所称产品是指经过加工、制作，用于销售的产品。

建设工程不适用本法规定；但是，建设工程使用的建筑材料、建筑构配件和设备，属于前款规定的产品范围的，适用本法规定。

第三条　生产者、销售者应当建立健全内部产品质量管理制度，严格实施岗位质量规范、质量责任以及相应的考核办法。

第四条　生产者、销售者依照本法规定承担产品质量责任。

第五条　禁止伪造或者冒用认证标志等质量标志；禁止伪造产品的产地，伪造或者冒用他人的厂名、厂址；禁止在生产、销售的产品中掺杂、掺假，以假充真，以次充好。

第六条　国家鼓励推行科学的质量管理方法，采用先进的科学技术，鼓励企业产品质量达到并且超过行业标准、国家标准和国际标准。

对产品质量管理先进和产品质量达到国际先进水平、成绩显著的单位和个人，给予奖励。

第七条　各级人民政府应当把提高产品质量纳入国民经济和社会发展规划，加强对产品质量工作的统筹规划和组织领导，引导、督促生产者、销售者加强产品质量管理，提高产品质量，组织各有关部门依法采取措施，制止产品生产、销售中违反本法规定的行为，保障本法的施行。

第八条　国务院产品质量监督部门主管全国产品质量监督工作。国务院有关部门在各自的职责范围内负责产品质量监督工作。

县级以上地方产品质量监督部门主管本行政区域内的产品质量监督工作。县级以上地方人民政府有关部门在各自的职责范围内负责产品质量监督工作。

法律对产品质量的监督部门另有规定的，依照有关法律的规定执行。

第九条　各级人民政府工作人员和其他国家机关工作人员不得滥用职权、玩忽职守或者徇私舞弊，包庇、放纵本地区、本系统发生的产品生产、销售中违反本法规定的行为，或者阻挠、干预依法对产品生产、销售中违反本法规定的行为进行查处。

各级地方人民政府和其他国家机关有包庇、放纵产品生产、销售中违反本法规定的行为的，依法追究其主要负责人的法律责任。

第十条 任何单位和个人有权对违反本法规定的行为，向产品质量监督部门或者其他有关部门检举。

产品质量监督部门和有关部门应当为检举人保密，并按照省、自治区、直辖市人民政府的规定给予奖励。

第十一条 任何单位和个人不得排斥非本地区或者非本系统企业生产的质量合格产品进入本地区、本系统。

第二章 产品质量的监督

第十二条 产品质量应当检验合格，不得以不合格产品冒充合格产品。

第十三条 可能危及人体健康和人身、财产安全的工业产品，必须符合保障人体健康和人身、财产安全的国家标准、行业标准；未制定国家标准、行业标准的，必须符合保障人体健康和人身、财产安全的要求。

禁止生产、销售不符合保障人体健康和人身、财产安全的标准和要求的工业产品。具体管理办法由国务院规定。

第十四条 国家根据国际通用的质量管理标准，推行企业质量体系认证制度。企业根据自愿原则可以向国务院产品质量监督部门认可的或者国务院产品质量监督部门授权的部门认可的认证机构申请企业质量体系认证。经认证合格的，由认证机构颁发企业质量体系认证证书。

国家参照国际先进的产品标准和技术要求，推行产品质量认证制度。企业根据自愿原则可以向国务院产品质量监督部门认可的或者国务院产品质量监督部门授权的部门认可的认证机构申请产品质量认证。经认证合格的，由认证机构颁发产品质量认证证书，准许企业在产品或者其包装上使用产品质量认证标志。

第十五条 国家对产品质量实行以抽查为主要方式的监督检查制度，对可能危及人体健康和人身、财产安全的产品，影响国计民生的重要工业产品以及消费者、有关组织反映有质量问题的产品进行抽查。抽查的样品应当在市场上或者企业成品仓库内的待销产品中随机抽取。监督抽查工作由国务院产品质量监督部门规划和组织。县级以上地方产品质量监督部门在本行政区域内也可以组织监督抽查。法律对产品质量的监督检查另有规定的，依照有关法律的规定执行。

国家监督抽查的产品，地方不得另行重复抽查；上级监督抽查的产品，下级不得另行重复抽查。

根据监督抽查的需要，可以对产品进行检验。检验抽取样品的数量不得超过检验的合理需要，并不得向被检查人收取检验费用。监督抽查所需检验费用按照国务院规定列支。

生产者、销售者对抽查检验的结果有异议的，可以自收到检验结果之日起十五日内向实施监督抽查的产品质量监督部门或者其上级产品质量监督部门申请复检，由受理复检的产品质量监督部门作出复检结论。

第十六条　对依法进行的产品质量监督检查，生产者、销售者不得拒绝。

第十七条　依照本法规定进行监督抽查的产品质量不合格的，由实施监督抽查的产品质量监督部门责令其生产者、销售者限期改正。逾期不改正的，由省级以上人民政府产品质量监督部门予以公告；公告后经复查仍不合格的，责令停业，限期整顿；整顿期满后经复查产品质量仍不合格的，吊销营业执照。

监督抽查的产品有严重质量问题的，依照本法第五章的有关规定处罚。

第十八条　县级以上产品质量监督部门根据已经取得的违法嫌疑证据或者举报，对涉嫌违反本法规定的行为进行查处时，可以行使下列职权：

（一）对当事人涉嫌从事违反本法的生产、销售活动的场所实施现场检查；

（二）向当事人的法定代表人、主要负责人和其他有关人员调查、了解与涉嫌从事违反本法的生产、销售活动有关的情况；

（三）查阅、复制当事人有关的合同、发票、帐簿以及其他有关资料；

（四）对有根据认为不符合保障人体健康和人身、财产安全的国家标准、行业标准的产品或者有其他严重质量问题的产品，以及直接用于生产、销售该项产品的原辅材料、包装物、生产工具，予以查封或者扣押。

县级以上工商行政管理部门按照国务院规定的职责范围，对涉嫌违反本法规定的行为进行查处时，可以行使前款规定的职权。

第十九条　产品质量检验机构必须具备相应的检测条件和能力，经省级以上人民政府产品质量监督部门或者其授权的部门考核合格后，方可承担产品质量检验工作。法律、行政法规对产品质量检验机构另有规定的，依照有关法律、行政法规的规定执行。

第二十条　从事产品质量检验、认证的社会中介机构必须依法设立，不得与行政机关和其他国家机关存在隶属关系或者其他利益关系。

第二十一条　产品质量检验机构、认证机构必须依法按照有关标准，客观、公正地出具检验结果或者认证证明。

产品质量认证机构应当依照国家规定对准许使用认证标志的产品进行认证后的跟踪检查；对不符合认证标准而使用认证标志的，要求其改正；情节严重的，取消其使用认证标志的资格。

第二十二条　消费者有权就产品质量问题，向产品的生产者、销售者查询；向产品质量监督部门、工商行政管理部门及有关部门申诉，接受申诉的部门应当负责处理。

第二十三条　保护消费者权益的社会组织可以就消费者反映的产品质量问题建议有关部门负责处理，支持消费者对因产品质量造成的损害向人民法院起诉。

第二十四条　国务院和省、自治区、直辖市人民政府的产品质量监督部门应当定期发布其监督抽查的产品的质量状况公告。

第二十五条　产品质量监督部门或者其他国家机关以及产品质量检验机构不得向社会推荐生产者的产品；不得以对产品进行监制、监销等方式参与产品经营活动。

第三章　生产者、销售者的产品质量责任和义务

第一节　生产者的产品质量责任和义务

第二十六条　生产者应当对其生产的产品质量负责。

产品质量应当符合下列要求：

（一）不存在危及人身、财产安全的不合理的危险，有保障人体健康和人身、财产安全的国家标准、行业标准的，应当符合该标准；

（二）具备产品应当具备的使用性能，但是，对产品存在使用性能的瑕疵作出说明的除外；

（三）符合在产品或者其包装上注明采用的产品标准，符合以产品说明、实物样品等方式表明的质量状况。

第二十七条　产品或者其包装上的标识必须真实，并符合下列要求：

（一）有产品质量检验合格证明；

（二）有中文标明的产品名称、生产厂厂名和厂址；

（三）根据产品的特点和使用要求，需要标明产品规格、等级、所含主要成分的名称和含量的，用中文相应予以标明；需要事先让消费者知晓的，应当在外包装上标明，或者预先向消费者提供有关资料；

（四）限期使用的产品，应当在显著位置清晰地标明生产日期和安全使用期或者失效日期；

（五）使用不当容易造成产品本身损坏或者可能危及人身、财产安全的产品，应当有警示标志或者中文警示说明。

裸装的食品和其他根据产品的特点难以附加标识的裸装产品，可以不附加产品标识。

第二十八条　易碎、易燃、易爆、有毒、有腐蚀性、有放射性等危险物品以及储运中不能倒置和其他有特殊要求的产品，其包装质量必须符合相应要求，依照国家有关规定作出警示标志或者中文警示说明，标明储运注意事项。

第二十九条　生产者不得生产国家明令淘汰的产品。

第三十条　生产者不得伪造产地，不得伪造或者冒用他人的厂名、厂址。

第三十一条　生产者不得伪造或者冒用认证标志等质量标志。

第三十二条　生产者生产产品，不得掺杂、掺假，不得以假充真、以次充好，不得以不合格产品冒充合格产品。

第二节　销售者的产品质量责任和义务

第三十三条　销售者应当建立并执行进货检查验收制度，验明产品合格证明和其他标识。

第三十四条　销售者应当采取措施，保持销售产品的质量。

第三十五条　销售者不得销售国家明令淘汰并停止销售的产品和失效、变质的产品。

第三十六条　销售者销售的产品的标识应当符合本法第二十七条的规定。

第三十七条　销售者不得伪造产地，不得伪造或者冒用他人的厂名、厂址。

第三十八条　销售者不得伪造或者冒用认证标志等质量标志。

第三十九条　销售者销售产品，不得掺杂、掺假，不得以假充真、以次充好，不得以不合格产品冒充合格产品。

第四章　损害赔偿

第四十条　售出的产品有下列情形之一的，销售者应当负责修理、更换、退货；给购买产品的消费者造成损失的，销售者应当赔偿损失：

（一）不具备产品应当具备的使用性能而事先未作说明的；

（二）不符合在产品或者其包装上注明采用的产品标准的；

（三）不符合以产品说明、实物样品等方式表明的质量状况的。

销售者依照前款规定负责修理、更换、退货、赔偿损失后，属于生产者的责任或者属于向销售者提供产品的其他销售者（以下简称供货者）的责任的，销售者有权向生产者、供货者追偿。

销售者未按照第一款规定给予修理、更换、退货或者赔偿损失的，由产品质量监督部门或者工商行政管理部门责令改正。

生产者之间，销售者之间，生产者与销售者之间订立的买卖合同、承揽合同有不同约定的，合同当事人按照合同约定执行。

第四十一条　因产品存在缺陷造成人身、缺陷产品以外的其他财产（以下简称他人财产）损害的，生产者应当承担赔偿责任。

生产者能够证明有下列情形之一的，不承担赔偿责任：

（一）未将产品投入流通的；

（二）产品投入流通时，引起损害的缺陷尚不存在的；

（三）将产品投入流通时的科学技术水平尚不能发现缺陷的存在的。

第四十二条　由于销售者的过错使产品存在缺陷，造成人身、他人财产损害的，销售者应当承担赔偿责任。销售者不能指明缺陷产品的生产者也不能指明缺陷产品的供货者的，销售者应当承担赔偿责任。

第四十三条　因产品存在缺陷造成人身、他人财产损害的，受害人可以向产品的生产者要求赔偿，也可以向产品的销售者要求赔偿。属于产品的生产者的责任，产品的销售者赔偿的，产品的销售者有权向产品的生产者追偿。属于产品的销售者的责任，产品的生产者赔偿的，产品的生产者有权向产品的销售者追偿。

第四十四条　因产品存在缺陷造成受害人人身伤害的，侵害人应当赔偿医疗费、治疗期间的护理费、因误工减少的收入等费用；造成残疾的，还应当支付残疾者生活自助具费、生活补助费、残疾赔偿金以及由其扶养的人所必需的生活费等费用；造成受害人死亡的，还应当支付丧葬费、死亡赔偿金以及由死者生前扶养的人所必需的生活费等费用。

因产品存在缺陷造成受害人财产损失的，侵害人应当恢复原状或者折价赔偿。受害人因此遭受其他重大损失的，侵害人应当赔偿损失。

第四十五条　因产品存在缺陷造成损害要求赔偿的诉讼时效期为二年，自当事人知道或者应当知道其权益受到损害时起计算。

因产品存在缺陷造成损害要求赔偿的请求权，在造成损害的缺陷产品交付最初消费者满十年时丧失；但是，尚未超过明示的安全使用期的除外。

第四十六条 本法所称缺陷，是指产品存在危及人身、他人财产安全的不合理的危险；产品有保障人体健康和人身、财产安全的国家标准、行业标准的，是指不符合该标准。

第四十七条 因产品质量发生民事纠纷时，当事人可以通过协商或者调解解决。当事人不愿通过协商、调解解决或者协商、调解不成的，可以根据当事人各方的协议向仲裁机构申请仲裁；当事人各方没有达成仲裁协议或者仲裁协议无效的，可以直接向人民法院起诉。

第四十八条 仲裁机构或者人民法院可以委托本法第十九条规定的产品质量检验机构，对有关产品质量进行检验。

第五章 罚则

第四十九条 生产、销售不符合保障人体健康和人身、财产安全的国家标准、行业标准的产品的，责令停止生产、销售，没收违法生产、销售的产品，并处违法生产、销售产品（包括已售出和未售出的产品，下同）货值金额等值以上三倍以下的罚款；有违法所得的，并处没收违法所得；情节严重的，吊销营业执照；构成犯罪的，依法追究刑事责任。

第五十条 在产品中掺杂、掺假，以假充真，以次充好，或者以不合格产品冒充合格产品的，责令停止生产、销售，没收违法生产、销售的产品，并处违法生产、销售产品货值金额百分之五十以上三倍以下的罚款；有违法所得的，并处没收违法所得；情节严重的，吊销营业执照；构成犯罪的，依法追究刑事责任。

第五十一条 生产国家明令淘汰的产品的，销售国家明令淘汰并停止销售的产品的，责令停止生产、销售，没收违法生产、销售的产品，并处违法生产、销售产品货值金额等值以下的罚款；有违法所得的，并处没收违法所得；情节严重的，吊销营业执照。

第五十二条 销售失效、变质的产品的，责令停止销售，没收违法销售的产品，并处违法销售产品货值金额二倍以下的罚款；有违法所得的，并处没收违法所得；情节严重的，吊销营业执照；构成犯罪的，依法追究刑事责任。

第五十三条 伪造产品产地的，伪造或者冒用他人厂名、厂址的，伪造或者冒用认证标志等质量标志的，责令改正，没收违法生产、销售的产品，并处违法生产、销售产品货值金额等值以下的罚款；有违法所得的，并处没收违法所得；情节严重的，吊销营业执照。

第五十四条 产品标识不符合本法第二十七条规定的，责令改正；有包装的产品标识不符合本法第二十七条第（四）项、第（五）项规定，情节严重的，责令停止生产、销售，并处违法生产、销售产品货值金额百分之三十以下的罚款；有违法所得的，并处没收违法所得。

第五十五条 销售者销售本法第四十九条至第五十三条规定禁止销售的产品，有充分证据证明其不知道该产品为禁止销售的产品并如实说明其进货来源的，可以从轻或者减轻处罚。

第五十六条 拒绝接受依法进行的产品质量监督检查的，给予警告，责令改正；拒不改正的，责令停业整顿；情节特别严重的，吊销营业执照。

第五十七条　产品质量检验机构、认证机构伪造检验结果或者出具虚假证明的，责令改正，对单位处五万元以上十万元以下的罚款，对直接负责的主管人员和其他直接责任人员处一万元以上五万元以下的罚款；有违法所得的，并处没收违法所得；情节严重的，取消其检验资格、认证资格；构成犯罪的，依法追究刑事责任。

产品质量检验机构、认证机构出具的检验结果或者证明不实，造成损失的，应当承担相应的赔偿责任；造成重大损失的，撤销其检验资格、认证资格。

产品质量认证机构违反本法第二十一条第二款的规定，对不符合认证标准而使用认证标志的产品，未依法要求其改正或者取消其使用认证标志资格的，对因产品不符合认证标准给消费者造成的损失，与产品的生产者、销售者承担连带责任；情节严重的，撤销其认证资格。

第五十八条　社会团体、社会中介机构对产品质量作出承诺、保证，而该产品又不符合其承诺、保证的质量要求，给消费者造成损失的，与产品的生产者、销售者承担连带责任。

第五十九条　在广告中对产品质量作虚假宣传，欺骗和误导消费者的，依照《中华人民共和国广告法》的规定追究法律责任。

第六十条　对生产者专门用于生产本法第四十九条、第五十一条所列的产品或者以假充真的产品的原辅材料、包装物、生产工具，应当予以没收。

第六十一条　知道或者应当知道属于本法规定禁止生产、销售的产品而为其提供运输、保管、仓储等便利条件的，或者为以假充真的产品提供制假生产技术的，没收全部运输、保管、仓储或者提供制假生产技术的收入，并处违法收入百分之五十以上三倍以下的罚款；构成犯罪的，依法追究刑事责任。

第六十二条　服务业的经营者将本法第四十九条至第五十二条规定禁止销售的产品用于经营性服务的，责令停止使用；对知道或者应当知道所使用的产品属于本法规定禁止销售的产品的，按照违法使用的产品（包括已使用和尚未使用的产品）的货值金额，依照本法对销售者的处罚规定进行处罚。

第六十三条　隐匿、转移、变卖、损毁被产品质量监督部门或者工商行政管理部门查封、扣押的物品的，处被隐匿、转移、变卖、损毁物品货值金额等值以上三倍以下的罚款；有违法所得的，并处没收违法所得。

第六十四条　违反本法规定，应当承担民事赔偿责任和缴纳罚款、罚金，其财产不足以同时支付时，先承担民事赔偿责任。

第六十五条　各级人民政府工作人员和其他国家机关工作人员有下列情形之一的，依法给予行政处分；构成犯罪的，依法追究刑事责任：

（一）包庇、放纵产品生产、销售中违反本法规定行为的；

（二）向从事违反本法规定的生产、销售活动的当事人通风报信，帮助其逃避查处的；

（三）阻挠、干预产品质量监督部门或者工商行政管理部门依法对产品生产、销售中违反本法规定的行为进行查处，造成严重后果的。

第六十六条　产品质量监督部门在产品质量监督抽查中超过规定的数量索取样品或者向被检查人收取检验费用的，由上级产品质量监督部门或者监察机关责令退还；情节严重的，对直接负责的主管人员和其他直接责任人员依法给予行政处分。

第六十七条　产品质量监督部门或者其他国家机关违反本法第二十五条的规定，向社会推荐生产者的产品或者以监制、监销等方式参与产品经营活动的，由其上级机关或者监察机关责令改正，消除影响，有违法收入的予以没收；情节严重的，对直接负责的主管人员和其他直接责任人员依法给予行政处分。

产品质量检验机构有前款所列违法行为的，由产品质量监督部门责令改正，消除影响，有违法收入的予以没收，可以并处违法收入一倍以下的罚款；情节严重的，撤销其质量检验资格。

第六十八条 产品质量监督部门或者工商行政管理部门的工作人员滥用职权、玩忽职守、徇私舞弊，构成犯罪的，依法追究刑事责任；尚不构成犯罪的，依法给予行政处分。

第六十九条 以暴力、威胁方法阻碍产品质量监督部门或者工商行政管理部门的工作人员依法执行职务的，依法追究刑事责任；拒绝、阻碍未使用暴力、威胁方法的，由公安机关依照治安管理处罚法的规定进行处罚。

第七十条 本法规定的吊销营业执照的行政处罚由工商行政管理部门决定，本法第四十九条至第五十七条、第六十条至第六十三条规定的行政处罚由产品质量监督部门或者工商行政管理部门按照国务院规定的职权范围决定。法律、行政法规对行使行政处罚权的机关另有规定的，依照有关法律、行政法规的规定执行。

第七十一条 对依照本法规定没收的产品，依照国家有关规定进行销毁或者采取其他方式处理。

第七十二条 本法第四十九条至第五十四条、第六十二条、第六十三条所规定的货值金额以违法生产、销售产品的标价计算；没有标价的，按照同类产品的市场价格计算。

第六章　附则

第七十三条 军工产品质量监督管理办法，由国务院、中央军事委员会另行制定。

因核设施、核产品造成损害的赔偿责任，法律、行政法规另有规定的，依照其规定。

第七十四条 本法自1993年9月1日起施行。

附录 B　中华人民共和国计量法

（1985 年 9 月 6 日第六届全国人民代表大会常务委员会第十二次会议通过
1985 年 9 月 6 日中华人民共和国主席令第二十八号公布，自 1986 年 7 月 1 日起施行
2013 年 12 月 28 日第十二届全国人民代表大会常务委员会第六次会议修定，
于 2015 年 4 月 24 日第十二届全国人民代表大会常务委员会第十四次会议修定）

第一章　总则

第一条　为了加强计量监督管理，保障国家计量单位制的统一和量值的准确可靠，有利于生产、贸易和科学技术的发展，适应社会主义现代化建设的需要，维护国家、人民的利益，制定本法。

第二条　在中华人民共和国境内，建立计量基准器具、计量标准器具，进行计量检定，制造、修理、销售、使用计量器具，必须遵守本法。

第三条　国家采用国际单位制。

国际单位制计量单位和国家选定的其他计量单位，为国家法定计量单位。国家法定计量单位的名称、符号由国务院公布。

非国家法定计量单位应当废除。废除的办法由国务院制定。

第四条　国务院计量行政部门对全国计量工作实施统一监督管理。

县级以上地方人民政府计量行政部门对本行政区域内的计量工作实施监督管理。

第二章　　计量基准器具、计量标准器具和计量检定

第五条　国务院计量行政部门负责建立各种计量基准器具，作为统一全国量值的最高依据。

第六条　县级以上地方人民政府计量行政部门根据本地区的需要，建立社会公用计量标准器具，经上级人民政府计量行政部门主持考核合格后使用。

第七条　国务院有关主管部门和省、自治区、直辖市人民政府有关主管部门，根据本部门的特殊需要，可以建立本部门使用的计量标准器具，其各项最高计量标准器具经同级人民政府计量行政部门主持考核合格后使用。

第八条　企业、事业单位根据需要，可以建立本单位使用的计量标准器具，其各项最高计量标准器具经有关人民政府计量行政部门主持考核合格后使用。

第九条　县级以上人民政府计量行政部门对社会公用计量标准器具，部门和企业、事业单位使用的最高计量标准器具，以及用于贸易结算、安全防护、医疗卫生、环境监测方面的列入强制检定目录的工作计量器具，实行强制检定。未按照规定申请检定或者检定不合格

的，不得使用。实行强制检定的工作计量器具的目录和管理办法，由国务院制定。

对前款规定以外的其他计量标准器具和工作计量器具，使用单位应当自行定期检定或者送其他计量检定机构检定，县级以上人民政府计量行政部门应当进行监督检查。

第十条 计量检定必须按照国家计量检定系统表进行。国家计量检定系统表由国务院计量行政部门制定。

计量检定必须执行计量检定规程。国家计量检定规程由国务院计量行政部门制定。没有国家计量检定规程的，由国务院有关主管部门和省、自治区、直辖市人民政府计量行政部门分别制定部门计量检定规程和地方计量检定规程，并向国务院计量行政部门备案。

第十一条 计量检定工作应当按照经济合理的原则，就地就近进行。

第三章　计量器具管理

第十二条 制造、修理计量器具的企业、事业单位，必须具备与所制造、修理的计量器具相适应的设施、人员和检定仪器设备，经县级以上人民政府计量行政部门考核合格，取得《制造计量器具许可证》或者《修理计量器具许可证》。

制造、修理计量器具的企业未取得《制造计量器具许可证》或者《修理计量器具许可证》的，工商行政管理部门不予办理营业执照。

第十三条 制造计量器具的企业、事业单位生产本单位未生产过的计量器具新产品，必须经省级以上人民政府计量行政部门对其样品的计量性能考核合格，方可投入生产。

第十四条 未经国务院计量行政部门批准，不得制造、销售和进口国务院规定废除的非法定计量单位的计量器具和国务院禁止使用的其他计量器具。

第十五条 制造、修理计量器具的企业、事业单位必须对制造、修理的计量器具进行检定，保证产品计量性能合格，并对合格产品出具产品合格证。

县级以上人民政府计量行政部门应当对制造、修理的计量器具的质量进行监督检查。

第十六条 进口的计量器具，必须经省级以上人民政府计量行政部门检定合格后，方可销售。

第十七条 使用计量器具不得破坏其准确度，损害国家和消费者的利益。

第十八条 个体工商户可以制造、修理简易的计量器具。

制造、修理计量器具的个体工商户，必须经县级人民政府计量行政部门考核合格，发给《制造计量器具许可证》或者《修理计量器具许可证》后，方可向工商行政管理部门申请营业执照。

个体工商户制造、修理计量器具的范围和管理办法，由国务院计量行政部门制定。

第四章　计量监督

第十九条 县级以上人民政府计量行政部门，根据需要设置计量监督员。计量监督员管理办法，由国务院计量行政部门制定。

第二十条 县级以上人民政府计量行政部门可以根据需要设置计量检定机构，或者授权其他单位的计量检定机构，执行强制检定和其他检定、测试任务。

执行前款规定的检定、测试任务的人员，必须经考核合格。

第二十一条　处理因计量器具准确度所引起的纠纷，以国家计量基准器具或者社会公用计量标准器具检定的数据为准。

第二十二条　为社会提供公证数据的产品质量检验机构，必须经省级以上人民政府计量行政部门对其计量检定、测试的能力和可靠性考核合格。

第五章　法律责任

第二十三条　未取得《制造计量器具许可证》、《修理计量器具许可证》制造或者修理计量器具的，责令停止生产、停止营业，没收违法所得，可以并处罚款。

第二十四条　制造、销售未经考核合格的计量器具新产品的，责令停止制造、销售该种新产品，没收违法所得，可以并处罚款。

第二十五条　制造、修理、销售的计量器具不合格的，没收违法所得，可以并处罚款。

第二十六条　属于强制检定范围的计量器具，未按照规定申请检定或者检定不合格继续使用的，责令停止使用，可以并处罚款。

第二十七条　使用不合格的计量器具或者破坏计量器具准确度，给国家和消费者造成损失的，责令赔偿损失，没收计量器具和违法所得，可以并处罚款。

第二十八条　制造、销售、使用以欺骗消费者为目的的计量器具的，没收计量器具和违法所得，处以罚款；情节严重的，并对个人或者单位直接责任人员按诈骗罪或者投机倒把罪追究刑事责任。

第二十九条　违反本法规定，制造、修理、销售的计量器具不合格，造成人身伤亡或者重大财产损失的，比照《刑法》第一百八十七条的规定，对个人或者单位直接责任人员追究刑事责任。

第三十条　计量监督人员违法失职，情节严重的，依照《刑法》有关规定追究刑事责任；情节轻微的，给予行政处分。

第三十一条　本法规定的行政处罚，由县级以上地方人民政府计量行政部门决定。本法第二十七条规定的行政处罚，也可以由工商行政管理部门决定。

第三十二条　当事人对行政处罚决定不服的，可以在接到处罚通知之日起十五日内向人民法院起诉；对罚款、没收违法所得的行政处罚决定期满不起诉又不履行的，由作出行政处罚决定的机关申请人民法院强制执行。

第六章　附则

第三十三条　中国人民解放军和国防科技工业系统计量工作的监督管理办法，由国务院、中央军事委员会依据本法另行制定。

第三十四条　国务院计量行政部门根据本法制定实施细则，报国务院批准施行。

第三十五条　本法自 1986 年 7 月 1 日起施行。

附录 C 中华人民共和国标准化法

(1988 年 12 月 29 日中华人民共和国主席令第 11 号发布)

第一章 总则

第一条 为了发展社会主义商品经济，促进技术进步，改进产品质量，提高社会经济效益，维护国家和人民的利益，使标准化工作适应社会主义现代化建设和发展对外经济关系的需要。制定本法。

第二条 对下列需要统一的技术要求，应当制定标准：

（一）工业产品的品种、规格、质量、等级或者安全、卫生要求。

（二）工业产品的设计、生产、检验、包装、储存、运输、使用的方法或者生产、储存、运输过程中的安全、卫生要求。

（三）有关环境保护的各项技术要求和检验方法。

（四）建设工程的设计、施工方法和安全要求。

（五）有关工业生产、工程建设和环境保护的技术术语、符号、代号和制图方法。

重要农产品和其他需要制定标准的项目，由国务院规定。

第三条 标准化工作的任务是制定标准、组织实施标准和对标准的实施进行监督。标准化工作应当纳入国民经济和社会发展计划。

第四条 国家鼓励积极采用国际标准。

第五条 国务院标准化行政主管部门统一管理全国标准化工作。国务院有关行政主管部门分工管理本部门、本行业的标准化工作。

省、自治区、直辖市标准化行政主管部门统一管理本行政区域的标准化工作。省、自治区、直辖市政府有关行政主管部门分工管理本行政区域内本部门、本行业的标准化工作。

市、县标准化行政主管部门和有关行政主管部门，按照省、自治区、直辖市政府规定的各自的职责，管理本行政区域内的标准化工作。

第二章 标准的制定

第六条 对需要在全国范围内统一的技术要求，应当制定国家标准。国家标准由国务院标准化行政主管部门制定。对没有国家标准而又需要在全国某个行业范围内统一的技术要求，可以制定行业标准。行业标准由国务院有关行政主管部门制定，并报国务院标准化行政主管部门备案，在公布国家标准之后，该项行业标准即行废止。对没有国家标准和行政标准而又需要在省、自治区、直辖市范围内统一的工业产品的安全、卫生要求，可以制定地方标准。地方标准由省、自治区、直辖市标准化行政主管部门制定，并报国务院标准化行政主管部门和国务院有关行政主管部门备案，在公布国家标准或者行业标准之后，该项地方标准即行废止。

企业生产的产品没有国家标准和行业标准的，应当制定企业标准，作为组织生产的依据。企业的产品标准须报当地政府标准化行政主管部门和有关行政主管部门备案。已有国家标准或者行业标准的，国家鼓励企业制定严于国家标准或者行业标准的企业标准，在企业内部适用。

法律对标准的制定另有规定的，依照法律的规定执行。

第七条　国家标准、行业标准分为强制性标准和推荐性标准。保障人体健康，人身、财产安全的标准和法律、行政法规规定强制执行的标准是强制性标准，其他标准是推荐性标准。

省、自治区、直辖市标准化行政主管部门制定的工业产品的安全、卫生要求的地方标准，在本行政区域内是强制性标准。

第八条　制定标准应当有利于保障安全和人民的身体健康，保护消费者的利益，保护环境。

第九条　制定标准应当有利于合理利用国家资源，推广科学技术成果，提高经济效益，并符合使用要求，有利于产品的通用互换，做到技术上先进，经济上合理。

第十条　制定标准应当做到有关标准的协调配套。

第十一条　制定标准应当有利于促进对经济技术合作和对外贸易。

第十二条　制定标准应当发挥行业协会、科学研究机构和学术团体的作用。

制定标准的部门应当组织由专家组成的标准化技术委员会，负责标准的草拟，参加标准草案的审查工作。

第十三条　标准实施后，制定标准的部门应当根据科学技术的发展和经济建设的需要适时进行复审，以确认现行标准继续有效或者予以修订、废止。

第三章　标准的实施

第十四条　强制性标准，必须执行。不符合强制性标准的产品，禁止生产、销售和进口。推荐性标准，国家鼓励企业自愿采用。

第十五条　企业对国家标准或者行业标准的产品，可以向国务院标准化行政主管部门或者国务院标准化行政主管部门授权的部门申请产品质量认证。认证合格的，由认证部门授予认证证书，准许在产品或者其包装上使用规定的认证标志。

已经取得认证证书的产品不符合国家标准或者行业标准的，以及产品未经认证或者认证不合格的，不得使用认证标志出厂销售。

第十六条　出口产品的技术要求，依照合同的约定执行。

第十七条　企业研制新产品、改进产品、进行技术改造，应当符合标准化要求。

第十八条　县级以上政府标准化行政主管部门负责对标准的实施进行监督检查。

第十九条　县级以上政府标准化行政主管部门，可以根据需要设置检验机构，或者授权其他单位的检验机构，对产品是否符合标准进行检验。法律、行政法规对检验机构另有规定的，依照法律、行政法规的规定执行。

处理有关产品是否符合标准的争议，以前款规定的检验机构的检验数据为准。

第四章　法律责任

第二十条　生产、销售、进口不符合强制性标准的产品的，由法律、行政法规规定的行政主管部门依法处理，法律、行政法规未作规定的，由工商行政管理部门没收产品的违法所得，并处罚款；造成严重后果构成犯罪的，对直接责任人员依法追究刑事责任。

第二十一条　已经授予认证证书的产品不符合国家标准或者行业标准而使用认证标志出厂销售的，由标准化行政主管部门责令停止销售，并处罚款；情节严重的，由认证部门撤销其认证证书。

第二十二条　产品未经认证或者认证不合格而擅自使用认证标志出厂销售的，由标准化行政主管部门责令停止销售，并处罚款。

第二十三条　当事人对没收产品、没收违法所得和罚款的处罚不服的，可以在接到处罚通知之日起 15 日内，向作出处罚决定的机关的上一级机关申请复议；对复议决定不服的，可以在接到复议决定之日起 15 日内，向人民法院起诉。当事人也可以在接到处罚通知之日起 15 日内，直接向人民法院起诉。当事人逾期不申请复议或者不向人民法院起诉又不履行处罚决定的，由作出处罚决定的机关申请人民法院强制执行。

第二十四条　标准化工作的监督、检验、管理人员违法失职、徇私舞弊的，给予行政处分；构成犯罪的，依法追究刑事责任。

第五章　附则

第二十五条　本法实施条例由国务院制定。

第二十六条　本法自 1989 年 4 月 1 日起施行。

附录 D　企业标准化管理办法

(1990 年 8 月 24 日国家技术监督局令第 13 号发布)

第一章　总则

第一条　企业标准化是企业科学管理的基础。为了加强企业标准化工作，根据《中华人民共和国标准化法》和《中华人民共和国标准化法实施条例》及有关规定，制定本办法。

第二条　企业标准化工作的基本任务，是执行国家有关标准化的法律、法规，实施国家标准、行业标准和地方标准，制定和实施企业标准，并对标准的实施进行检查。

第三条　企业标准是对企业范围内需要协调、统一的技术要求、管理要求和工作要求所制定的标准。企业标准是企业组织生产、经营活动的依据。

第四条　企业的标准化工作，应当纳入企业的发展规划和计划。

第二章　企业标准的制定

第五条　企业标准由企业制定，由企业法人代表或法人代表授权的主管领导批准、发布，由企业法人代表授权的部门统一管理。

第六条　企业标准有以下几种：

（一）企业生产的产品，没有国家标准、行业标准和地方标准的，制定的企业产品标准；

（二）为提高产品质量和技术进步，制定的严于国家标准、行业标准或地方标准的企业产品标准；

（三）对国家标准、行业标准的选择或补充的标准；

（四）工艺、工装、半成品和方法标准；

（五）生产、经营活动中的管理标准和工作标准。

第七条　制定企业标准的原则：

（一）贯彻国家和地方有关的方针、政策、法律、法规，严格执行强制性国家标准、行业标准和地方标准；

（二）保证安全、卫生，充分考虑使用要求，保护消费者利益，保护环境；

（三）有利于企业技术进步，保证和提高产品质量，改善经营管理和增加社会经济效益；

（四）积极采用国际标准和国外先进标准；

（五）有利于合理利用国家资源、能源，推广科学技术成果，有利于产品的通用互换，符合使用要求，技术先进，经济合理；

（六）有利于对外经济技术合作和对外贸易；

（七）本企业内的企业标准之间应协调一致。

第八条 制定企业标准的一般程序是：编制计划、调查研究，起草标准草案、征求意见，对标准草案进行必要的验证、审查、批准、编号、发布。

第九条 审查企业标准时，根据需要，可邀请企业外有关人员参加。

第十条 审批企业标准时，一般需备有以下材料：

（一）企业标准草案（报批稿）；

（二）企业标准草案编制说明（包括对不同意见的处理情况等）；

（三）必要的验证报告。

第十一条 企业标准的编写和印刷，参照国家标准 GB/T 1.1《标准化工作导则》的规定执行。

第十二条 企业产品标准的代号、编号方法如下：企业代号可用汉语拼音字母或阿拉伯数字或两者兼用组成。

企业代号，按中央所属企业和地方企业分别由国务院有关行政主管部门和省、自治区、直辖市政府标准化行政主管部门会同同级有关行政主管部门规定。

第十三条 企业标准应定期复审，复审周期一般不超过 3 年。当有相应国家标准、行业标准和地方标准发布实施后，应及时复审，并确定其继续有效、修订或废止。

第三章　企业产品标准的备案

第十四条 企业产品标准，应在发布后 30 日内办理备案。一般按企业的隶属关系报当地政府标准化行政主管部门和有关行政主管部门备案。国务院有关行政主管部门所属企业的企业产品标准，报国务院有关行政主管部门和企业所在省、自治区、直辖市标准化行政主管部门备案。国务院有关行政主管部门和省、自治区、直辖市双重领导的企业，企业产品标准还要报省、自治区、直辖市有关行政主管部门备案。

第十五条 受理备案的部门收到备案材料后即予登记。当发现备案的企业产品标准，违反有关法律、法规和强制性标准规定时，标准化行政主管部门会同有关行政主管部门责令申报备案的企业限期改正或停止实施。企业产品标准复审后，应及时向受理备案部门报告复审结果。修订的企业产品标准，重新备案。

第十六条 报送企业产品标准备案的材料有：备案申报文、标准文本和编制说明等。具体备案办法，按省、自治区、直辖市人民政府的规定办理。

第四章　标准的实施

第十七条 国家标准、行业标准和地方标准中的强制性标准，企业必须严格执行；不符合强制性标准的产品，禁止出厂和销售。推荐性标准，企业一经采用，应严格执行；企业已备案的企业产品标准，也应严格执行。

第十八条 企业生产的产品，必须按标准组织生产，按标准进行检验。经检验符合标准的产品，由企业质量检验部门签发合格证书。企业生产执行国家标准、行业标准、地方标准或企业产品标准，应当在产品或其说明书、包装物上标注所执行标准的代号、编号、名称。

第十九条 企业研制新产品、改进产品、进行技术改造和技术引进，都必须进行标准化审查。

第二十条 企业应当接受标准化行政主管部门和有关行政主管部门，依据有关法律、法规，对企业实施标准情况进行的监督检查。

第五章 企业的标准化管理

第二十一条 企业根据生产、经营需要设置的标准化工作机构，配备的专、兼职标准化人员，负责管理企业标准化工作。其任务是：

（一）贯彻国家的标准化工作方针、政策、法律、法规，编制本企业标准化工作计划；

（二）组织制定、修订企业标准；

（三）组织实施国家标准、行业标准、地方标准和企业标准；

（四）对本企业实施标准的情况，负责监督检查；

（五）参与研制新产品、改进产品、技术改造和技术引进中的标准化工作，提出标准化要求，做好标准化审查；

（六）做好标准化效果的评价与计算，总结标准化工作经验；

（七）统一归口管理各类标准，建立档案，搜集国内外标准化情报资料；

（八）对本企业有关人员进行标准化宣传教育，对本企业有关部门的标准化工作进行指导；

（九）承担上级标准化行政主管部门和有关行政主管部门委托的标准化工作任务。

第二十二条 企业标准化人员对违反标准化法规定的行为，有权制止，并向企业负责人提出处理意见，或向上级部门报告。对不符合有关标准化法要求的技术文件，有权不予签字。

第二十三条 企业标准属科技成果，企业或上级主管部门，对取得显著经济效益的企业标准，以及对企业标准化工作作出突出成绩的单位和人员，应给予表扬或奖励；对贯彻标准不力，造成不良后果的，应给予批评教育；对违反标准规定，造成严重后果的，按有关法律、法规的规定，追究法律责任。

第六章 附则

第二十四条 本办法由国家技术监督局负责解释。

第二十五条 本办法自发布之日起实施。原国家标准总局以国标发（1981）356 号文颁发的《工业、企业标准化工作管理办法（试行）》即行废止。

附录 E　产品质量监督抽查管理办法

（中华人民共和国国家质量监督检验检疫总局令
第 133 号，自 2011 年 2 月 1 日起施行）

第一章　总则

第一条　为规范产品质量监督抽查（以下简称监督抽查）工作，根据《中华人民共和国产品质量法》等法律法规规定，制定本办法。

第二条　本办法所称监督抽查是指质量技术监督部门为监督产品质量，依法组织对在中华人民共和国境内生产、销售的产品进行有计划的随机抽样、检验，并对抽查结果公布和处理的活动。

第三条　监督抽查分为由国家质量监督检验检疫总局（以下简称国家质检总局）组织的国家监督抽查和县级以上地方质量技术监督部门组织的地方监督抽查。

第四条　监督抽查应当遵循科学、公正原则。

第五条　国家质检总局统一规划、管理全国监督抽查工作；负责组织实施国家监督抽查工作；汇总、分析并通报全国监督抽查信息。

省级质量技术监督部门统一管理、组织实施本行政区域内的地方监督抽查工作；负责汇总、分析并通报本行政区域监督抽查信息；负责本行政区域国家和地方监督抽查产品质量不合格企业的处理及其他相关工作；按要求向国家质检总局报送监督抽查信息。

第六条　监督抽查的产品主要是涉及人体健康和人身、财产安全的产品，影响国计民生的重要工业产品以及消费者、有关组织反映有质量问题的产品。

第七条　监督抽查不得向被抽查企业收取检验费用。国家监督抽查和地方监督抽查所需费用由同级财政部门安排专项经费解决。

第八条　对依法进行的监督抽查，企业予以应当配合、协助，不得以任何形式阻碍、拒绝监督抽查工作。

第九条　凡经上级部门监督抽查产品质量合格的，自抽样之日起 6 个月内，下级部门对该企业的该种产品不得重复进行监督抽查，依据有关规定为应对突发事件开展的监督抽查除外。

第十条　组织监督抽查的质量技术监督部门（以下简称组织监督抽查的部门）负责发布监督抽查信息。未经批准，任何单位和个人不得擅自发布监督抽查信息。

监督抽查信息发布办法由省级以上质量技术监督部门负责组织制定。

第二章　监督抽查的组织

第十一条　国家质检总局负责制定年度国家监督抽查计划，并通报省级质量技术监督部门。

省级质量技术监督部门负责制定本行政区域年度监督抽查计划，报国家质检总局备案。

第十二条 组织监督抽查的部门应当依据法律法规的规定，指定有关部门或者委托具有法定资质的产品质量检验机构（以下简称检验机构）承担监督抽查相关工作。

委托检验机构承担监督抽查相关工作的，组织监督抽查的部门应当与被委托的检验机构签订行政委托协议书，明确双方的权利、义务、违约责任等内容。

被委托的检验机构应当保证所承担监督抽查相关工作的科学、公正、准确，如实上报检验结果和检验结论，并对检验工作负责，不得分包检验任务，未经组织监督抽查的部门批准，不得租赁或者借用他人检测设备。

组织监督抽查的部门应当加强对抽样人员和检验机构的监督管理，制定相应的考核办法，对监督抽查实施过程及相关机构和人员开展监督检查。对存在违反本办法相关规定的检验机构，必要时可暂停其 3 年承担监督抽查任务资格，并按照第四章的有关规定处罚。

第十三条 国家质检总局依据法律法规、有关标准、国家相关规定等制定并公告发布产品质量监督抽查实施规范（以下简称实施规范），作为实施监督抽查的工作规范。

组织监督抽查的部门，可以根据监管工作需要，依据实施规范确定具体抽样检验项目和判定要求。

对尚未制定实施规范的产品，需要组织实施监督抽查时，组织监督抽查的部门应当制定实施细则。

第十四条 组织监督抽查的部门应当根据监督抽查计划，制定监督抽查方案，将监督抽查任务下达所指定的部门或者委托的检验机构。监督抽查方案应当包括以下内容：

（一）适用的实施规范或者制定的实施细则；

（二）抽查产品范围和检验项目；

（三）拟抽查企业名单或者范围。

第三章 监督抽查的实施

第一节 抽样

第十五条 抽样人员应当是承担监督抽查的部门或者检验机构的工作人员。抽样人员应当熟悉相关法律、法规、标准和有关规定，并经培训考核合格后方可从事抽样工作。

第十六条 抽样人员不得少于 2 名。抽样前，应当向被抽查企业出示组织监督抽查的部门开具的监督抽查通知书或者相关文件复印件和有效身份证件，向被抽查企业告知监督抽查性质、抽查产品范围、实施规范或者实施细则等相关信息后，再进行抽样。

抽样人员应当核实被抽查企业的营业执照信息，确定企业持照经营。对依法实施行政许可、市场准入和相关资质管理的产品，还应当核实被抽查企业的相关法定资质，确认抽查产品在企业法定资质允许范围内后，再进行抽样。

抽样人员现场发现被抽查企业存在无证无照生产等不需检验即可判定明显违法的行为，应当终止抽查，并及时将有关情况报送当地质量技术监督部门和相关部门进行处理。

抽样人员抽样时，应当公平、公正，不徇私情。

第十七条　监督抽查的样品应当由抽样人员在市场上或者企业成品仓库内待销的产品中随机抽取，不得由企业抽样。抽取的样品应当是有产品质量检验合格证明或者以其他形式表明合格的产品。

监督抽查的样品由被抽查企业无偿提供，抽取样品应当按有关规定的数量抽取，没有具体数量规定的，抽取样品不得超过检验的合理需要。

第十八条　有下列情形之一的，抽样人员不得抽样：

（一）被抽查企业无监督抽查通知书或者相关文件复印件所列产品的；

（二）有充分证据证明拟抽查的产品是不用于销售的；

（三）产品不涉及强制性标准要求，仅按双方约定的技术要求加工生产，且未执行任何标准的；

（四）有充分证据证明拟抽查的产品为企业用于出口，并且出口合同对产品质量另有规定的；

（五）产品或者标签、包装、说明书标有"试制"、"处理"或者"样品"等字样的；

（六）产品抽样基数不符合抽查方案要求的。

第十九条　有下列情形之一的，被抽查企业可以拒绝接受抽查：

（一）抽样人员少于2人的；

（二）抽样人员无法出具监督抽查通知书、相关文件复印件或者有效身份证件的；

（三）抽样人员姓名与监督抽查通知书不符的；

（四）被抽查企业和产品名称与监督抽查通知书不一致的；

（五）要求企业支付检验费或者其他任何费用的。

第二十条　抽样人员封样时，应当采取防拆封措施，以保证样品的真实性。

第二十一条　抽样人员应当使用规定的抽样文书，详细记录抽样信息。抽样文书必须由抽样人员和被抽查企业有关人员签字，并加盖被抽查企业公章。对特殊情况，双方签字确认即可。

抽样文书应当字迹工整、清楚，容易辨认，不得随意涂改，需要更改的应当由双方签字确认。

抽样文书分别留存企业和检验机构，并报送组织监督抽查的部门。国家监督抽查抽样文书同时由承担抽样工作的检验机构报送企业所在地的省级质量技术监督部门。

第二十二条　因企业转产、停产、破产等原因导致无样品可以抽取的，抽样人员应当收集有关证明材料，如实记录相关情况，并经当地质量技术监督部门确认后，及时上报组织监督抽查的部门。

第二十三条　抽取的样品需送至承担检验工作的检验机构的，应当由抽样人员负责携带或者寄送。需要企业协助寄、送样品时，所需费用纳入监督抽查经费。对于易碎品、危险化学品、有特殊贮存条件等要求的样品，抽样人员应当采取措施，保证样品运输过程中状态不发生变化。

抽取的样品需要封存在企业的，由被检企业妥善保管。企业不得擅自更换、隐匿、处理已抽查封存的样品。

第二十四条　被抽查企业无正当理由拒绝监督抽查的，抽样人员应当填写拒绝监督抽查认定表，列明企业拒绝监督抽查的情况，由当地质量技术监督部门和抽样人员共同确认，并报组织监督抽查的部门。

第二十五条　在市场抽取样品的，抽样单位应当书面通知产品包装或者铭牌上标称的生产企业，依据第十六条第二款规定确认企业和产品的相关信息。

生产企业对需要确认的样品有异议的，应当于接到通知之日起 15 日内向组织监督抽查的部门或者其委托的异议处理机构提出，并提供证明材料。逾期无书面回复的，视为无异议。

组织监督抽查的部门应当核查生产企业提出的异议。样品不是产品标称的生产企业生产的，移交销售企业所在地的相关部门依法处理。

第二节　检验

第二十六条　检验机构接收样品时应当检查、记录样品的外观、状态、封条有无破损及其他可能对检验结果或者综合判定产生影响的情况，并确认样品与抽样文书的记录是否相符，对检验和备用样品分别加贴相应标识后入库。

在不影响样品检验结果的情况下，应当尽可能将样品进行分装或者重新包装编号，以保证不会发生因其他原因导致不公正的情况。

第二十七条　检验机构应当妥善保存样品。制定并严格执行样品管理程序文件，详细记录检验过程中的样品传递情况。

第二十八条　检验过程中遇有样品失效或者其他情况致使检验无法进行的，检验机构必须如实记录即时情况，提供充分的证明材料，并将有关情况上报组织监督抽查的部门。

第二十九条　检验原始记录必须如实填写，保证真实、准确、清晰，并留存备查；不得随意涂改，更改处应当经检验人员和报告签发人共同确认。

第三十条　对需要现场检验的产品，检验机构应当制定现场检验规程，并保证对同一产品的所有现场检验遵守相同的规程。

第三十一条　除第二十八条所列情况外，检验机构应当出具抽查检验报告，检验报告应当内容真实齐全、数据准确、结论明确。

检验机构应当对其出具的检验报告的真实性、准确性负责。禁止伪造检验报告或者其数据、结果。

第三十二条　检验工作结束后，检验机构应当在规定的时间内将检验报告及有关情况报送组织监督抽查的部门。国家监督抽查同时抄送生产企业所在地的省级质量技术监督部门。

第三十三条　检验结果为合格的样品应当在检验结果异议期满后及时退还被抽查企业。检验结果为不合格的样品应当在检验结果异议期满三个月后退还被抽查企业。

样品因检验造成破坏或者损耗而无法退还的，应当向被抽查企业说明情况。被抽查企业提出样品不退还的，可以由双方协商解决。

第三节　异议复检

第三十四条　组织监督抽查的部门应当及时将检验结果和被抽查企业的法定权利书面告知被抽查企业，也可以委托检验机构告知。

在市场上抽样的，应当同时书面告知销售企业和生产企业，并通报被抽查产品生产企业所在地的质量技术监督部门。

第三十五条 被抽查企业对检验结果有异议的，可以自收到检验结果之日起 15 日内向组织监督抽查的部门或者其上级质量技术监督部门提出书面复检申请。逾期未提出异议的，视为承认检验结果。

第三十六条 质量技术监督部门应当依法处理企业提出的异议，也可以委托下一级质量技术监督部门或者指定的检验机构处理企业提出的异议。

对需要复检并具备检验条件的，处理企业异议的质量技术监督部门或者指定检验机构应当按原监督抽查方案对留存的样品或抽取的备用样品组织复检，并出具检验报告，于检验工作完成后 10 日内作出书面答复。复检结论为最终结论。

第三十七条 复检结论表明样品合格的，复检费用列入监督抽查经费。复检结论表明样品不合格的，复检费用由样品生产者承担。

第三十八条 检验机构应当将复检结果及时报送组织监督抽查的部门。国家监督抽查应当同时抄报企业所在地省级质量技术监督部门。

第四节 结果处理

第三十九条 组织监督抽查的部门应当汇总分析监督抽查结果，依法向社会发布监督抽查结果公告，向地方人民政府、上级主管部门和同级有关部门通报监督抽查情况。对无正当理由拒绝接受监督抽查的企业，予以公布。

对监督抽查发现的重大质量问题，组织监督抽查的部门应当向同级人民政府进行专题报告，同时报上级主管部门。

第四十条 负责监督抽查结果处理的质量技术监督部门（以下简称负责后处理的部门）应当向抽查不合格产品生产企业下达责令整改通知书，限期改正。

监督抽查不合格产品生产企业，除因停产、转产等原因不再继续生产的，或者因迁址、自然灾害等情况不能正常办公且能够提供有效证明的以外，必须进行整改。

企业应当自收到责令整改通知书之日起，查明不合格产品产生的原因，查清质量责任，根据不合格产品产生的原因和负责后处理的部门提出的整改要求，制定整改方案，在 30 日内完成整改工作，并向负责后处理的部门提交整改报告，提出复查申请；企业不能按期完成整改的，可以申请延期一次，并应在整改期满 5 日前申请延期，延期不得超过 30 日；确因不能正常办公而造成暂时不能进行整改的企业，应当办理停业证明，停止同类产品的生产，并在办公条件正常后，按要求进行整改、复查。企业在整改复查合格前，不得继续生产销售同一规格型号的产品。

第四十一条 监督抽查不合格产品生产企业应当自收到检验报告之日起停止生产、销售不合格产品，对库存的不合格产品及检验机构按照本办法第三十三条的规定退回的不合格样品进行全面清理；对已出厂、销售的不合格产品依法进行处理，并向负责后处理的部门书面报告有关情况。

对因标签、标志或者说明书不符合产品安全标准的产品，生产企业在采取补救措施且能保证产品安全的情况下，方可继续销售。

监督抽查的产品有严重质量问题的，依照本办法第四章的有关规定处罚。

第四十二条 负责后处理的部门接到企业复查申请后，应当在 15 日内组织符合法定资质的检验机构按照原监督抽查方案进行抽样复查。

监督抽查不合格产品生产企业整改到期无正当理由不申请复查的，负责后处理的部门应当组织进行强制复查。

复查检验费用由不合格产品生产企业承担。

第四十三条 监督抽查不合格产品生产企业有下列逾期不改正的情形的，由省级以上质量技术监督部门向社会公告：

（一）监督抽查产品质量不合格，无正当理由拒绝整改的；

（二）监督抽查产品质量不合格，在整改期满后，未提交复查申请，也未提出延期复查申请的；

（三）企业在规定期限内向负责后处理的部门提交了整改报告和复查申请，但并未落实整改措施且产品经复查仍不合格的。

第四十四条 监督抽查发现产品存在区域性、行业性质量问题，或者产品质量问题严重的，负责后处理的部门可以会同有关部门，组织召开质量分析会，督促企业整改。

第四十五条 各级质量技术监督部门应当加强对监督抽查不合格产品生产企业的跟踪检查。

第四十六条 监督抽查不合格产品及其企业的质量问题属于其他行政管理部门处理的，组织监督抽查的部门应当转交相关部门处理。

第四章 法律责任

第四十七条 企业无正当理由拒绝接受依法进行的监督抽查的，由所在地质量技术监督部门按照《中华人民共和国产品质量法》第五十六条规定处理。

第四十八条 被抽查企业违反本办法第二十三条规定，擅自更换、隐匿、处理已抽查封存的样品的，由所在地质量技术监督部门处以 3 万元以下罚款。

第四十九条 监督抽查不合格产品生产企业违反本办法第四十一条规定，收到检验报告后未立即停止生产和销售不合格产品的，由所在地质量技术监督部门按照《中华人民共和国产品质量法》第四十九条、第五十条、第五十一条、第六十条规定处理。

第五十条 监督抽查不合格产品生产企业经复查其产品仍然不合格的，由所在地质量技术监督部门责令企业在 30 日内进行停业整顿；整顿期满后经再次复查仍不合格的，通报有关部门吊销相关证照。

第五十一条 监督抽查发现产品存在严重质量问题的，由生产企业所在地质量技术监督部门按照《中华人民共和国产品质量法》第四十九条、第五十条、第五十一条、第六十条规定处理。

第五十二条 检验机构违反本办法第十二条、第三十二条和第三十八条规定，分包检验任务的，或者未经组织监督抽查部门批准，租借他人检测设备的，或者未按规定及时报送检验报告及有关情况和复检结果的，由组织监督抽查的部门责令改正；情节严重或者拒不改正的，由所在地质量技术监督部门处 3 万元以下罚款。

第五十三条 检验机构违反本办法第三十一条规定，伪造检验结果的，由所在地质量技术监督部门按照《中华人民共和国产品质量法》第五十七条规定处理。

第五十四条 组织监督抽查的部门违反本办法第九条规定，重复进行监督抽查的，由上级主管部门或者监察机关责令改正；情节严重的，对直接负责的主管人员和其他直接责任人员依法给予行政处分。

第五十五条 组织监督抽查的部门违反第十五条至二十五条规定，违规抽样的，由上级主管部门或者监察机关责令改正；情节严重或者拒不改正的，对直接负责的主管人员和其他直接责任人员依法给予行政处分。

检验机构有前款所列行为的，由组织监督抽查的部门责令改正；情节严重或者拒不改正的，由所在地质量技术监督部门处 3 万元以下罚款。

第五十六条 组织监督抽查的部门违反本办法第七条和第十七条规定，向被抽查企业收取费用或者超过规定的数量索取样品的，由上级主管部门或者监察机关按照《中华人民共和国产品质量法》第六十六条规定处理。

检验机构有前款所列行为的，由组织监督抽查的部门责令改正；情节严重或者拒不改正的，由所在地质量技术监督部门处 3 万元以下罚款；涉嫌犯罪的，移交司法机关处理。

第五十七条 参与监督抽查的产品质量监督部门及其工作人员，有下列违反法律、法规规定和有关纪律要求的情形，由组织监督抽查的部门或者上级主管部门和监察机关责令改正；情节严重或者拒不改正的，依法给予行政处分；涉嫌犯罪的，移交司法机关处理。

（一）违反第十条规定，擅自发布监督抽查信息；

（二）在开展抽样工作前事先通知被抽查企业；

（三）接受被抽查企业的馈赠；

（四）在实施监督抽查期间，与企业签订同类产品的有偿服务协议或者接受企业同种产品的委托检验；

（五）利用监督抽查结果参与有偿活动，开展产品推荐、评比活动，向被监督抽查企业发放监督抽查合格证书或牌匾；

（六）利用抽查工作之便牟取其他不正当利益。

检验机构有前款所列行为的，由组织监督抽查的部门责令改正；情节严重或者拒不改正的，由所在地质量技术监督部门处 3 万元以下罚款；涉嫌犯罪的，移交司法机关处理。

第五十八条 组织监督抽查的部门和承担监督抽查任务的检验机构，向社会推荐生产者的产品或者以监制、监销等方式参与产品生产经营活动的，按照《中华人民共和国产品质量法》第六十七条规定处理。

第五章　附则

第五十九条 《中华人民共和国食品安全法》及其实施条例对食品监督抽查另有相关规定的，从其规定。

第六十条 国家监督抽查不合格产品生产企业注册地与实际经营地不在同一省（自治区、直辖市）的，可以由企业注册地的相应省级质量技术监督部门与企业实际经营地所在省级质量技术监督部门进行协商，共同开展处理工作。有关处理结果由企业注册所在地的省级质量技术监督部门负责汇总。

地方监督抽查不合格产品生产企业注册地与实际经营地不在同一市（地、州）的，可以参照上款规定，由相应的市级质量技术监督部门负责处理工作和处理结果汇总工作。

第六十一条 组织地方监督抽查中，发现不合格产品生产企业在其他省（自治区、直辖市）的，应当由本省（自治区、直辖市）质量技术监督部门移交企业所在地同级质量技术监督部门；在本省（自治区、直辖市）内的其他市（地、州）的，应当由市级质量技术监督部门移交企业所在地同级质量技术监督部门。

第六十二条 本办法由国家质检总局负责解释。

第六十三条 本办法自 2011 年 2 月 1 日起施行。2001 年 12 月发布的《产品质量国家监督抽查管理办法》同时废止。

附录 F 产品质量仲裁检验和产品质量鉴定管理办法

（国家质量技术监督局令第 4 号，自 1999 年 4 月 1 日起施行）

第一章 总则

第一条 为了加强对产品质量仲裁检验和产品质量鉴定工作的管理，正确判定产品质量状况，处理产品质量争议，保护当事人的合法权益，根据国家法律法规及国务院赋予质量技术监督部门的职责，制定本办法。

第二条 产品质量仲裁检验和产品质量鉴定是在处理产品质量争议时判定产品质量状况的重要方式。

第三条 产品质量仲裁检验（以下简称仲裁检验）是指经省级以上产品质量技术监督部门或者其授权的部门考核合格的产品质量检验机构（以下简称质检机构），在考核部门授权其检验的产品范围内根据申请人的委托要求，对质量争议的产品进行检验，出具仲裁检验报告的过程。

第四条 产品质量鉴定（以下简称质量鉴定）是指省级以上质量技术监督部门指定的鉴定组织单位，根据申请人的委托要求，组织专家对质量争议的产品进行调查、分析、判定，出具质量鉴定报告的过程。

第五条 仲裁检验和质量鉴定工作应当坚持公正、公平、科学、求实的原则。

第六条 处理产品质量争议以按照本办法出具的仲裁检验报告和质量鉴定报告为准。

第七条 法律、行政法规对仲裁检验和质量鉴定另有规定的，从其规定。

第二章 仲裁检验

第八条 下列申请人有权提出仲裁检验申请：

（一）司法机关；

（二）仲裁机构；

（三）质量技术监督部门或者其他行政管理部门；

（四）处理产品质量纠纷的有关社会团体；

（五）产品质量争议双方当事人。

申请人可以直接向质检机构提出申请，也可以通过质量技术监督部门向质检机构提出申请。

第九条 质检机构不受理下列仲裁检验申请：

（一）申请人不符合本办法第八条规定的；

（二）没有相应的检验依据的；

（三）受科学技术水平限制，无法实施检验的；

（四）司法机关、仲裁机构已经对产品质量争议做出生效判决和决定的。

第十条　申请人申请仲裁检验应当与质检机构签订仲裁检验委托书，明确仲裁检验的委托事项，并提供仲裁检验所需要的有关资料。

仲裁检验委托书包括以下事项和内容：

（一）委托仲裁检验产品的名称、规格型号、出厂等级、生产企业名称、生产日期、生产批号；

（二）申请人的名称、地址及联系方式；

（三）委托仲裁检验的依据和检验项目；

（四）批量产品仲裁检验的抽样方式；

（五）完成仲裁检验的时间要求；

（六）仲裁检验的费用、交付方式及交付时间；

（七）违约责任；

（八）申请人和质检机构代表签章及时间；

（九）其他必要的约定。

第十一条　仲裁检验的质量判定依据：

（一）法律、法规规定或者国家强制性标准规定的质量要求；

（二）法律、法规或者国家强制性标准未作规定的，执行争议双方当事人约定的产品标准或者有关质量要求；

（三）法律、法规或者国家强制性标准未作规定，争议双方当事人也未作约定的，执行提供产品一方所明示的质量要求。

第十二条　批量产品仲裁检验的，抽样按照下列要求进行：

（一）国家强制性标准对抽样有规定的，按规定进行；

（二）国家强制性标准对抽样没有规定的，按争议双方当事人约定进行；

（三）争议双方当事人不能协商一致时，由质检机构提出抽样方案，经申请人确认后抽取样品。

第十三条　产品抽样、封样由质检机构负责的，应当由申请人通知争议双方当事人到场。争议双方当事人不到场的，应当由申请人到场或者由其提供同意抽样、封样的书面意见。

第十四条　仲裁检验的检验方法：

（一）国家强制性标准有检验方法规定的，按规定执行；

（二）国家强制性标准没有检验方法规定的，执行生产方出厂检验方法；

（三）生产方没有出厂检验方法的或者提供不出检验方法的，执行申请人征求争议双方当事人同意的检验方法或者申请人确认的质检机构提供的检验方法。

第十五条　质检机构应当在约定的时间内出具仲裁检验报告。

质检机构负责对批量产品抽样的，仲裁检验报告对该批产品有效。

第十六条　质检机构应当妥善保存样品，除损耗品外，样品应当在仲裁检验终结后返还或者按有关约定处理。

第十七条　申请人或者争议双方当事人任何一方对仲裁检验报告有异议的，应当在收到仲裁检验报告之日起十五日内向受理仲裁检验的质检机构提出，质检机构应当认真处理，并予以答复。对质检机构的答复仍有异议的，可以向国家质量技术监督局指定的质检机构申请复检，其出具的仲裁检验报告为终局结论。

第三章　质量鉴定

第十八条　下列申请人有权向省级以上质量技术监督部门提出质量鉴定申请：

（一）司法机关；

（二）仲裁机构；

（三）质量技术监督部门或者其他行政管理部门；

（四）处理产品质量纠纷的有关社会团体；

（五）产品质量争议双方当事人。

第十九条　质量技术监督部门不接受下列质量鉴定申请：

（一）申请人不符合本办法第十八条规定的；

（二）未提供产品质量要求的；

（三）产品不具备鉴定条件的；

（四）受科学技术水平限制，无法实施鉴定的；

（五）司法机关、仲裁机构已经对产品质量争议做出生效判决和决定的。

第二十条　省级以上质量技术监督部门负责指定质量鉴定组织单位承担质量鉴定工作。

质量鉴定组织单位可以是质检机构，也可以是科研机构、大专院校或者社会团体。

第二十一条　申请人应当与质量鉴定组织单位签订委托书，明确质量鉴定的委托事项，并提供质量鉴定所需要的有关资料。

质量鉴定委托书包括以下事项和内容：

（一）委托质量鉴定产品的名称、规格型号、出厂等级，生产企业名称、生产日期、生产批号；

（二）申请人的名称、地址及联系方式；

（三）委托质量鉴定的项目和要求；

（四）完成质量鉴定的时间要求；

（五）质量鉴定的费用、交付方式及交付时间；

（六）违约责任；

（七）申请人和鉴定组织单位代表签章及时间；

（八）其他必要的约定。

第二十二条　质量鉴定组织单位组织三名以上单数专家组成质量鉴定专家组，具体实施质量鉴定工作。

第二十三条　专家组的成员应当从有高级技术职称、相应的专门知识和实际经验的专业技术人员中聘任。

第二十四条　专家组的成员与产品质量争议当事人有利害关系的，应当回避。

第二十五条　专家组可以行使下列权利：

（一）要求申请人提供与质量鉴定有关的资料；

（二）通过申请人向争议双方当事人了解有关情况；

（三）勘察现场；

（四）发表质量鉴定意见。

第二十六条　专家组应当履行下列义务：

（一）正确、及时地作出质量鉴定报告；

（二）解答申请人提出的与质量鉴定报告有关的问题；

（三）遵守组织纪律和保守秘密；

（四）遵守本办法第二十四条有关回避的规定。

第二十七条　专家组负责制定质量鉴定实施方案，独立进行质量鉴定。

第二十八条　质量鉴定需要查看现场，对实物进行勘验的，申请人及争议双方当事人应当到场，积极配合并提供相应的条件。对不予配合、拒不提供必要条件，使质量鉴定无法进行的，终止质量鉴定。

第二十九条　质量鉴定需要做检验或者试验的，专家组应当选择符合条件的技术机构进行，并由其出具检验或者试验报告。

第三十条　专家组负责出具质量鉴定报告。

质量鉴定报告包括以下有关事项和内容：

（一）申请人的名称、地址和受理质量鉴定的日期；

（二）质量鉴定的目的、要求；

（三）鉴定产品情况的必要描述；

（四）现场勘验情况；

（五）质量鉴定检验、试验报告；

（六）分析说明；

（七）质量鉴定结论；

（八）鉴定专家组成员签名表；

（九）鉴定报告日期。

第三十一条　质量鉴定组织单位应当对质量鉴定报告进行审查，并对质量鉴定报告负责。

第三十二条　质量鉴定组织单位应当及时将质量鉴定报告交付申请人，并向接受申请的省级以上质量技术监督部门备案。

第三十三条　申请人或者质量争议双方当事人任何一方对质量鉴定报告有异议的，应当在收到质量鉴定报告之日起十五日内提出。质量鉴定组织单位应当及时处理。

第四章　监督管理

第三十四条　质量技术监督部门应当加强对仲裁检验和质量鉴定工作的管理和监督。对仲裁检验和质量鉴定中的违法或者不当行为有权予以纠正。

第三十五条　质检机构在其有权检验的产品范围内，应当积极承担仲裁检验和质量鉴定组织工作。没有正当理由不得拒绝。

第三十六条　质检机构、质量鉴定组织单位由于故意或者重大过失造成仲裁检验报告、质量鉴定报告与事实不符，并对当事人的合法权益造成损害的，应当承担相应的民事责任。

有关人员在仲裁检验和质量鉴定工作中玩忽职守、以权谋私、收受贿赂的，由其所在单位或者上级主管部门给予处分。构成犯罪的，依法追究刑事责任。

第五章　附则

第三十七条　仲裁检验和质量鉴定应当按照法律、法规和国家有关规定交纳费用。

第三十八条　仲裁检验和质量鉴定工作终结后，应当将有关材料归档。

第三十九条　本办法由国家质量技术监督局负责解释。

第四十条　本办法自发布之日起施行。《全国产品质量仲裁检验暂行办法》同时废止。

附录 G　中华人民共和国
工业产品生产许可证管理条例实施办法

(中华人民共和国国家质量监督检验检疫总局令
第 156 号，自 2014 年 8 月 1 日起施行)

第一章　总则

第一条　根据《中华人民共和国行政许可法》和《中华人民共和国工业产品生产许可证管理条例》(以下简称《管理条例》)等法律、行政法规，制定本办法。

第二条　国家对生产重要工业产品的企业实行生产许可证制度。

第三条　实行生产许可证制度的工业产品目录(以下简称目录)由国家质量监督检验检疫总局(以下简称质检总局)会同国务院有关部门制定，并征求消费者协会和相关产品行业协会以及社会公众的意见，报国务院批准后向社会公布。

质检总局会同国务院有关部门适时对目录进行评价、调整和逐步缩减，按前款规定征求意见后，报国务院批准后向社会公布。

第四条　在中华人民共和国境内生产、销售或者在经营活动中使用列入目录产品的，应当遵守本办法。

任何单位和个人未取得生产许可证不得生产列入目录产品。任何单位和个人不得销售或者在经营活动中使用未取得生产许可证的列入目录产品。

列入目录产品的进出口管理依照法律、行政法规和国家有关规定执行。

第五条　工业产品生产许可证管理，应当遵循科学公正、公开透明、程序合法、便民高效的原则。

第六条　质检总局负责全国工业产品生产许可证统一管理工作，对实行生产许可证制度管理的产品，统一产品目录，统一审查要求，统一证书标志，统一监督管理。

全国工业产品生产许可证办公室负责全国工业产品生产许可证管理的日常工作。

省级质量技术监督局负责本行政区域内工业产品生产许可证监督管理工作，承担部分列入目录产品的生产许可证审查发证工作。

省级工业产品生产许可证办公室负责本行政区域内工业产品生产许可证管理的日常工作。

市、县级质量技术监督局负责本行政区域内生产许可证监督检查工作。

第七条　质检总局统一确定并发布由省级质量技术监督局负责审查发证的产品目录。

第八条　质检总局根据列入目录产品的不同特性，制定并发布产品生产许可证实施细则(以下简称实施细则)，规定取得生产许可的具体要求；需要对列入目录产品生产许可的具体要求作特殊规定的，应当会同国务院有关部门制定并发布。

第九条 质检总局和省级质量技术监督局统一规划生产许可证工作的信息化建设，公布生产许可事项，方便公众查阅和企业申请办证，逐步实现网上审批。

第二章 申请与受理

第十条 企业取得生产许可证，应当符合下列条件：

（一）有与拟从事的生产活动相适应的营业执照；

（二）有与所生产产品相适应的专业技术人员；

（三）有与所生产产品相适应的生产条件和检验检疫手段；

（四）有与所生产产品相适应的技术文件和工艺文件；

（五）有健全有效的质量管理制度和责任制度；

（六）产品符合有关国家标准、行业标准以及保障人体健康和人身、财产安全的要求；

（七）符合国家产业政策的规定，不存在国家明令淘汰和禁止投资建设的落后工艺、高耗能、污染环境、浪费资源的情况。

法律、行政法规有其他规定的，还应当符合其规定。

第十一条 企业生产列入目录产品，应当向企业所在地省级质量技术监督局提出申请。

第十二条 申请材料符合实施细则要求的，省级质量技术监督局应当作出受理决定。

申请材料不符合实施细则要求的，省级质量技术监督局应当当场或者自收到申请之日起5日内一次性告知企业需要补正的全部内容。逾期不告知的，自收到申请材料之日起即为受理。

第十三条 省级质量技术监督局以及其他任何部门不得另行附加任何条件，限制企业申请取得生产许可证。

第三章 审查与决定

第十四条 对企业的审查包括对企业的实地核查和对产品的检验。

第十五条 质检总局组织审查的，省级质量技术监督局应当自受理申请之日起5日内将全部申请材料报送质检总局。

第十六条 质检总局或者省级质量技术监督局应当制定企业实地核查计划，提前5日通知企业。

质检总局组织审查的，还应当同时将企业实地核查计划书面告知企业所在地省级质量技术监督局。

第十七条 对企业进行实地核查，质检总局或者省级质量技术监督局应当指派2至4名核查人员组成审查组。审查组成员不得全部来自同一单位。

实地核查工作中，企业所在地省级质量技术监督局或者其委托的市县级质量技术监督局根据需要可以派1名观察员。

第十八条 审查组应当按照实施细则要求，对企业进行实地核查，核查时间一般为1至3天。审查组对企业实地核查结果负责，并实行组长负责制。

审查组应当自受理申请之日起30日内完成对企业的实地核查。

第十九条　质检总局或者省级质量技术监督局应当自受理申请之日起 30 日内将实地核查结论书面告知被核查企业。

质检总局组织审查的，还应当将实地核查结论书面告知企业所在地省级质量技术监督局。

第二十条　企业实地核查不合格的，不再进行产品检验，企业审查工作终止。

第二十一条　企业实地核查合格的，应当按照实施细则要求封存样品，并及时进行产品检验。审查组应当告知企业所有承担该产品生产许可证检验任务的检验机构名单及联系方式，由企业自主选择。

需要送样检验的，审查组应当告知企业自封存样品之日起 7 日内将该样品送达检验机构；需要现场检验的，由审查组通知企业自主选择的检验机构进行现场检验。审查组应当将检验所需时间告知企业。

第二十二条　检验机构应当在实施细则规定时间内完成检验工作，出具检验报告。

第二十三条　省级质量技术监督局组织审查但应当由质检总局作出是否准予生产许可决定的，省级质量技术监督局应当自受理申请之日起 30 日内将相关材料报送质检总局。

第二十四条　质检总局或者省级质量技术监督局应当自受理企业申请之日起 60 日内作出是否准予生产许可决定。作出准予生产许可决定的，质检总局或者省级质量技术监督局应当自决定之日起 10 日内颁发生产许可证证书；作出不予生产许可决定的，应当书面告知企业，并说明理由。

第二十五条　质检总局、省级质量技术监督局应当以网络、报刊等方式向社会公布获证企业名单，并通报同级发展改革、卫生和工商等部门。

第二十六条　质检总局、省级质量技术监督局应当将企业办理生产许可证的有关资料及时归档，以便公众查阅。

第四章　延续与变更

第二十七条　生产许可证有效期为 5 年。有效期届满，企业需要继续生产的，当在生产许可证期满 6 个月前向企业所在地省级质量技术监督局提出延续申请。

质检总局、省级质量技术监督局应当依照本办法规定的程序对企业进行审查。符合条件的，准予延续，但生产许可证编号不变。

第二十八条　在生产许可证有效期内，因国家有关法律法规、产品标准及技术要求发生改变而修订实施细则的，质检总局、省级质量技术监督局可以根据需要组织必要的实地核查和产品检验。

第二十九条　在生产许可证有效期内，企业生产条件、检验手段、生产技术或者工艺发生变化（包括生产地址迁移、生产线新建或者重大技术改造）的，企业应当自变化事项发生后 1 个月内向企业所在地省级质量技术监督局提出申请。质检总局、省级质量技术监督局应当按照本办法规定的程序重新组织实地核查和产品检验。

第三十条　1 个月内向企业所在地省级质量技术监督局提出变更申请。变更后的生产许可证有效期不变。在生产许可证有效期内，企业名称、住所或者生产地址名称发生变化而企业生产条件、检验手段、生产技术或者工艺未发生变化的，企业应当自变化事项发生后 1 个月内向企业所在地省级质量技术监督局提出变更申请。变更后的生产许可证有效期不变。

第三十一条 企业应当妥善保管生产许可证证书。生产许可证证书遗失或者毁损的，应当向企业所在地省级质量技术监督局提出补领生产许可证申请。质检总局、省级质量技术监督局应当予以补发。

第五章 终止与退出

第三十二条 有下列情形之一的，质检总局或者省级质量技术监督局应当作出终止办理生产许可的决定：

（一）企业无正当理由拖延、拒绝或者不配合审查的；

（二）企业撤回生产许可申请的；

（三）企业依法终止的；

（四）依法需要缴纳费用，但企业未在规定期限内缴纳的；

（五）企业申请生产的产品列入国家淘汰或者禁止生产产品目录的；

（六）依法应当终止办理生产许可的其他情形。

第三十三条 有下列情形之一的，质检总局或者省级质量技术监督局可以作出撤回已生效生产许可的决定：

（一）生产许可依据的法律、法规、规章修改或者废止的；

（二）准予生产许可所依据的客观情况发生重大变化的；

（三）依法可以撤回生产许可的其他情形。

撤回生产许可给企业造成财产损失的，质检总局或者省级质量技术监督局应当按照国家有关规定给予补偿。

第三十四条 有下列情形之一的，质检总局或者省级质量技术监督局应当作出撤销生产许可的决定：

（一）企业以欺骗、贿赂等不正当手段取得生产许可的；

（二）依法应当撤销生产许可的其他情形。

有下列情形之一的，质检总局或者省级质量技术监督局可以作出撤销生产许可的决定：

（一）滥用职权、玩忽职守作出准予生产许可决定的；

（二）超越法定职权作出准予生产许可决定的；

（三）违反法定程序作出准予生产许可决定的；

（四）对不具备申请资格或者不符合法定条件的企业准予生产许可的；

（五）依法可以撤销生产许可的其他情形。

质检总局根据利害关系人的请求或者依据职权，可以撤销省级质量技术监督局作出的生产许可决定。

依照本条第一款、第二款规定撤销生产许可，可能对公共利益造成重大损害的，不予撤销。

第三十五条 有下列情形之一的，质检总局或者省级质量技术监督局应当依法办理生产许可注销手续：

（一）生产许可有效期届满未延续的；

（二）企业依法终止的；

（三）生产许可被依法撤回、撤销，或者生产许可证被依法吊销的；

（四）因不可抗力导致生产许可事项无法实施的；

（五）企业不再从事列入目录产品的生产活动的；

（六）企业申请注销的；

（七）被许可生产的产品列入国家淘汰或者禁止生产产品目录的；

（八）依法应当注销生产许可的其他情形。

第六章　证书与标志

第三十六条　生产许可证证书分为正本和副本，具有同等法律效力。

第三十七条　生产许可证证书应当载明企业名称、住所、生产地址、产品名称、证书编号、发证日期、有效期。

第三十八条　生产许可证标志由"企业产品生产许可"汉语拼音 QiyechanpinShengchan xuke 的缩写"QS"和"生产许可"中文字样组成。标志主色调为蓝色，字母"Q"与"生产许可"四个中文字样为蓝色，字母"S"为白色。

生产许可证标志由企业自行印（贴）。可以按照规定放大或者缩小。

第三十九条　生产许可证编号采用大写汉语拼音"XK"加十位阿拉伯数字编码组成：XK××-×××-×××××。

其中，"XK"代表许可，前两位（××）代表行业编号，中间三位（×××）代表产品编号，后五位（×××××）代表企业生产许可证编号。

省级质量技术监督局颁发的生产许可证证书，可以在编号前加上相应省级行政区域简称。

第四十条　企业应当在产品或者其包装、说明书上标注生产许可证标志和编号。根据产品特点难以标注的裸装产品，可以不予标注。

采取委托方式加工生产列入目录产品的，企业应当在产品或者其包装、说明书上标注委托企业的名称、住所，以及被委托企业的名称、住所、生产许可证标志和编号。委托企业具有其委托加工的产品生产许可证的，还应当标注委托企业的生产许可证标志和编号。

第四十一条　取得生产许可证的企业应当自准予生产许可之日起 6 个月内完成在其产品或者包装、说明书上标注生产许可证标志和编号。

第四十二条　任何单位和个人不得伪造、变造生产许可证证书、生产许可证标志和编号。

任何单位和个人不得冒用他人的生产许可证证书、生产许可证标志和编号。

取得生产许可证的企业不得出租、出借或者以其他形式转让生产许可证证书、生产许可证标志和编号。

第七章　监督检查

第四十三条　质检总局和县级以上地方质量技术监督局依照《管理条例》和本办法对生产列入目录产品的企业、核查人员、检验机构及其检验人员进行监督检查。

第四十四条　根据举报或者已经取得的违法嫌疑证据，县级以上地方质量技术监督局对涉嫌违法行为进行查处并可以行使下列职权：

（一）向有关生产、销售或者在经营活动中使用列入目录产品的企业和检验机构的法定代表人、主要负责人和其他有关人员调查、了解与涉嫌违法活动有关的情况；

（二）查阅、复制有关生产、销售或者在经营活动中使用列入目录产品的企业和检验机构的有关合同、发票、账簿以及其他有关资料；

（三）对有证据表明属于违反《管理条例》生产、销售或者在经营活动中使用的列入目录产品予以查封或者扣押。

第四十五条　企业可以自受理申请之日起试生产申请取证产品。

企业试生产的产品应当经出厂检验合格，并在产品或者其包装、说明书上标明"试制品"后，方可销售。

质检总局或者省级质量技术监督局作出终止办理生产许可决定或者不予生产许可决定的，企业从即日起不得继续试生产该产品。

第四十六条　取得生产许可的企业应当保证产品质量稳定合格，并持续保持取得生产许可的规定条件。

第四十七条　采用委托加工方式生产列入目录产品的，被委托企业应当取得与委托加工产品相应的生产许可。

第四十八条　自取得生产许可之日起，企业应当按年度向省级质量技术监督局或者其委托的市县级质量技术监督局提交自查报告。获证未满一年的企业，可以于下一年度提交自查报告。

企业自查报告应当包括以下内容：

（一）取得生产许可规定条件的保持情况；

（二）企业名称、住所、生产地址等变化情况；

（三）企业生产状况及产品变化情况；

（四）生产许可证证书、生产许可证标志和编号使用情况；

（五）行政机关对产品质量的监督检查情况；

（六）企业应当说明的其他情况。

第八章　法律责任

第四十九条　违反本办法第三十条规定，企业未在规定期限内提出变更申请的，责令改正，处 2 万元以下罚款；构成有关法律、行政法规规定的违法行为的，按照有关法律、行政法规的规定实施行政处罚。

第五十条　违反本办法第四十条规定，企业未按照规定要求进行标注的，责令改正，处 3 万元以下罚款；构成有关法律、行政法规规定的违法行为的，按照有关法律、行政法规的规定实施行政处罚。

第五十一条　违反本办法第四十二条第二款规定，企业冒用他人的生产许可证证书、生产许可证标志和编号的，责令改正，处 3 万元以下罚款。

第五十二条　违反本办法第四十五条第二款规定，企业试生产的产品未经出厂检验合格或者未在产品或者包装、说明书标明"试制品"即销售的，责令改正，处 3 万元以下罚款。

第五十三条　违反本办法第四十六条规定，取得生产许可的企业未能持续保持取得生产许可的规定条件的，责令改正，处 1 万元以上 3 万元以下罚款。

第五十四条　违反本办法第四十七条规定，企业委托未取得与委托加工产品相应的生产许可的企业生产列入目录产品的，责令改正，处 3 万元以下罚款。

第五十五条　违反本办法第四十八条规定，企业未向省级质量技术监督局或者其委托的市县级质量技术监督局提交自查报告的，责令改正，处 1 万元以下罚款。

第九章　附则

第五十六条　个体工商户生产、销售或者在经营活动中使用列入目录产品的，依照本办法规定执行。

第五十七条　生产许可实地核查及核查人员、发证检验及检验机构的管理，以及生产许可证证书格式，由质检总局另行规定。

第五十八条　本办法规定的期限以工作日计算，不含法定节假日。

第五十九条　本办法由质检总局负责解释。

第六十条　本办法自 2014 年 8 月 1 日起施行。质检总局 2005 年 9 月 15 日发布的《中华人民共和国工业产品生产许可证管理条例实施办法》、2006 年 12 月 31 日发布的《工业产品生产许可证注销程序管理规定》以及 2010 年 4 月 21 日发布的《国家质量监督检验检疫总局关于修改〈中华人民共和国工业产品生产许可证管理条例实施办法〉的决定》同时废止。

附录 H　水泥产品生产许可证实施细则（节选）

（2016 年 9 月 30 日公布，2016 年 10 月 30 日起实施）

第一章　总则

第一条　为了做好水泥产品生产许可证审查工作，依据《中华人民共和国工业产品生产许可证管理条例》、《中华人民共和国工业产品生产许可证管理条例实施办法》、《工业产品生产许可证实施通则》（以下简称通则）等规定，制定本工业产品生产许可证实施细则（以下简称细则）。

第二条　本细则适用于水泥产品生产许可的申请和受理、实地核查、产品抽样与检验、审定与发证等工作，应与通则一并使用。

第三条　水泥产品由国家质量监督检验检疫总局发证。

第二章　发证产品及标准

第四条　水泥是指一种细磨材料，与水混合形成塑性浆体后，能在空气中水化硬化，并能在水中继续硬化保持强度和体积稳定性的无机水硬性胶凝材料。

水泥按其用途及性能分为：通用水泥和特种水泥。通用水泥是指一般土木建筑工程通常采用的水泥；特种水泥是指具有特殊性能或用途的水泥。

硅酸盐水泥熟料：以钙质和硅质材料为主要原料，按适当比例配制成生料，煅烧至部分熔融，并经冷却所得以硅酸钙为主要矿物组成的产物。

本实施细则规定的水泥产品划分为 3 个产品单元，26 个产品品种。水泥产品单元划分见表 1。

表 1　水泥产品单元及产品品种

序号	产品单元	产品品种	备注
1	通用水泥	通用硅酸盐水泥 32.5、32.5R、42.5、42.5R、52.5、52.5R、62.5、62.5R	高的强度等级覆盖低的强度等级。水泥产品生产许可证证书注明的水泥强度等级，是指批准该企业所生产的水泥最高强度等级； 企业获得本单元某强度等级通用水泥生产许可证，允许生产本单元同（及以下）强度等级的水泥产品
		砌筑水泥 12.5、22.5	
		钢渣硅酸盐水泥 32.5、42.5	
		镁渣硅酸盐水泥 32.5、32.5R、42.5、42.5R、52.5、52.5R	
		石灰石硅酸盐水泥 32.5、32.5R、42.5、42.5R	
		磷渣硅酸盐水泥 32.5、32.5R、42.5、42.5R、52.5、52.5R	
		钢渣砌筑水泥 17.5、22.5、27.5	

续表

序号	产品单元	产品品种	备注
2	硅酸盐水泥熟料	硅酸盐水泥熟料	硅酸盐水泥熟料不作为产品对外销售的，不需取得本单元生产许可证
3	特种水泥	中热硅酸盐水泥、低热硅酸盐水泥、低热矿渣硅酸盐水泥	生产特种水泥的企业应按照特种水泥单元产品品种（每个产品标准为一个品种，下同）分别申请；企业获得本单元产品的特种水泥生产许可证，允许生产该产品标准中所有特种水泥
		铝酸盐水泥	
		抗硫酸盐硅酸盐水泥	
		白色硅酸盐水泥	
		低热微膨胀水泥	
		油井水泥	
		道路硅酸盐水泥	
		硫铝酸盐水泥	
		钢渣道路水泥	
		海工硅酸盐水泥	
		核电工程用硅酸盐水泥	
		明矾石膨胀水泥	
		自应力铁铝酸盐水泥	
		彩色硅酸盐水泥	
		低热钢渣硅酸盐水泥	
		硫铝酸钙改性硅酸盐水泥	
		复合硫铝酸盐水泥	
		快凝快硬硫铝酸盐水泥	

　　本实施细则中生产通用水泥的水泥企业按生产工艺划分为水泥厂、熟料厂、粉磨站和配制厂四种类型。水泥厂指包括原料处理、生料粉磨、熟料煅烧、水泥粉磨、水泥均化及配制、水泥包装及散装生产工序的企业；熟料厂指包括原料处理、生料粉磨、熟料煅烧生产工序的企业；粉磨站指包括水泥粉磨、水泥均化及配制、水泥包装及散装生产工序的企业；配制厂指包括水泥均化及配制、水泥包装及散装生产工序的企业。

　　本实施细则中生产特种水泥的企业，必须具备完整的熟料和粉磨生产线。

　　本实施细则在实施过程中，产品的国家标准、行业标准和国家产业政策一经修订，企业应当及时执行，本实施细则将根据国家标准和行业标准的变化、国家产业政策的调整，动态修订。

　　第五条　本细则的发证产品应执行的产品标准见表2，各产品对应相关标准见附件1。

表 2　水泥产品执行标准

序号	产品单元	标准号	标准名称
1	通用水泥	GB 175—2007	通用硅酸盐水泥
2		GB/T 3183—2003	砌筑水泥
3		GB 13590—2006	钢渣硅酸盐水泥
4		GB/T 23933—2009	镁渣硅酸盐水泥
5		JC/T 600—2010	石灰石硅酸盐水泥
6		JC/T 740—2006	磷渣硅酸盐水泥
7		JC/T 1090—2008	钢渣砌筑水泥

序号	产品单元	标准号	标准名称
8	硅酸盐水泥熟料	GB/T 21372—2008	硅酸盐水泥熟料
9		GB 200—2003	中热硅酸盐水泥、低热硅酸盐水泥、低热矿渣硅酸盐水泥
10		GB/T 201—2015	铝酸盐水泥
11		GB 748—2005	抗硫酸盐硅酸盐水泥
12		GB/T 2015—2005	白色硅酸盐水泥
13		GB 2938—2008	低热微膨胀水泥
14		GB/T 10238—2015	油井水泥
15		GB 13693—2005	道路硅酸盐水泥
16		GB 20472—2006	硫铝酸盐水泥
17	特种水泥	GB 25029—2010	钢渣道路水泥
18		GB/T 31289—2014	海工硅酸盐水泥
19		GB/T 31545—2015	核电工程用硅酸盐水泥
20		JC/T 311—2004	明矾石膨胀水泥
21		JC/T 437—2010	自应力铁铝酸盐水泥
22		JC/T 870—2012	彩色硅酸盐水泥
23		JC/T 1082—2008	低热钢渣硅酸盐水泥
24		JC/T 1099—2009	硫铝酸钙改性硅酸盐水泥
25		JC/T 2152—2012	复合硫铝酸盐水泥
26		JC/T 2282—2014	快凝快硬硫铝酸盐水泥

注：标准一经修订，企业应当自标准实施之日起按新标准组织生产，生产许可证企业实地核查和产品检验应当按照新标准要求进行。

第五章　产品检验

第十六条　证书延续企业提供同单元产品6个月内（自检验报告签发日期起）省级及以上产品质量监督抽查合格检验报告的，可免于该单元许可证产品检验。

企业延续符合免实地核查要求、在获证通用水泥单元内由较低强度等级申请生产较高强度等级的，均不进行实地核查只进行产品检验，符合条件的，换发生产许可证证书。企业应在申请受理之日起7日内，按本细则第十七条要求自行抽封样品，填写抽样单（表5），自主选择有资质的生产许可证检验机构（以下简称发证检验机构，企业可在国家质量监督检验检疫总局或省级工业产品生产许可证主管部门网上查询）送样，同时将抽样单和检验委托合同寄送水泥产品审查部。企业对所抽送样品的及时性、真实性、准确性负责。

第十七条　抽样规则

（一）抽样范围：通用水泥单元抽取本单元任一品种企业申请强度等级的水泥样品一个；硅酸盐水泥熟料单元抽取企业申请的熟料样品一个；特种水泥单元抽取本单元企业申请品种（每个产品标准为一个品种）任一等级的水泥样品一个。

（二）抽样基数：通用水泥和硅酸盐水泥熟料抽样的样本母体基数不少于 100 吨，特种水泥抽样的样本母体基数不少于 20 吨。

（三）抽样方法：实地核查合格的企业，审查组按检验数量样品一览表的规定（表 4），在企业自检合格的产品中实施抽样，并填写抽样单（表 5）。

企业应在封存样品之日起 7 日内，将样品和抽样单一并送达发证检验机构，检验机构不得将检验任务分包、转包。

表 4　检验样品数量一览表

序号	产品单元	抽检样品种类	抽样基数	样品数量	抽样方法及要求
1	通用水泥	本单元任一品种企业申请强度等级的水泥样品一个	不少于 100 吨	不少于 6 kg	GB/T 12573—2008 水泥取样方法
2	硅酸盐水泥熟料	硅酸盐水泥熟料	不少于 100 吨	不少于 15kg	硅酸盐水泥熟料抽样应有代表性，可连续取，亦在 20 个以上不同部位取等量样品，总量至少 60kg。将样品混匀，用四分法缩分至 30 kg 为止。缩分后的样品一分为二
3	特种水泥	本单元企业申请品种（每个产品标准为一个品种）任一等级的水泥样品一个	不少于 20 吨	不少于 6 kg	GB/T 12573—2008 水泥取样方法

表 5　水泥产品生产许可证抽样单　　　　　　编号：

企业情况	申请单位（或生产单位）名称（盖章）				
	生产地址			邮政编码	
	联系人		电话	传　真	
样品情况	产品单元				
	产品名称			执行标准	
	强度等级			抽样基数	
	抽样数量			抽样日期	
	生产日期			抽样地点	
	出厂编号			封样情况	
	混合材品种及比例				
抽样人员（签字）			企业人员（签字）		
抽样方式	□审查组抽样　　　□企业抽样				
备注					
说明					

注：1. 水泥产品生产许可证检验样品无论是审查组抽样还是企业抽样，均应填写此抽样单。

　　2. 执行标准为本细则要求该产品执行的标准。

　　3. 抽样为通用水泥的，"产品名称"栏应注明具体的产品，如："普通硅酸盐水泥"或"矿渣硅酸盐水泥"。

第十八条 水泥产品生产许可证发证检验项目、依据标准见表6。

表6 水泥产品生产许可证检验项目、依据标准

序号	品种	检验项目	检验依据标准及条款	检验方法依据标准
一	通用水泥			
1	通用硅酸盐水泥	不溶物	GB 175—2007 中 7.1、表 2	GB/T 176—2008
		烧失量	GB 175—2007 中 7.1、表 2	GB/T 176—2008
		三氧化硫	GB 175—2007 中 7.1、表 2	GB/T 176—2008
		氧化镁	GB 175—2007 中 7.1、表 2	GB/T 176—2008
		氯离子	GB 175—2007 中 7.1、表 2	GB/T 176—2008
		凝结时间	GB 175—2007 中 7.3.1	GB/T 1346—2011
		安定性	GB 175—2007 中 7.3.2	GB/T 1346—2011
		强度	GB 175—2007 中 7.3.3、表 3	GB/T 17671—1999
2	砌筑水泥	三氧化硫	GB/T 3183—2003 中 7.1	GB/T 176—2008
		细度	GB/T 3183—2003 中 7.2	GB/T 1345—2005
		凝结时间	GB/T 3183—2003 中 7.3	GB/T 1346—2011
		安定性	GB/T 3183—2003 中 7.4	GB/T 1346—2011
		保水率	GB/T 3183—2003 中 7.5	GB/T 3183—2003
		强度	GB/T 3183—2003 中 7.6	GB/T 2419—2005 GB/T 17671—1999
3	钢渣硅酸盐水泥	三氧化硫	GB 13590—2006 中 6.1	GB/T 176—2008
		比表面积	GB 13590—2006 中 6.2	GB/T 8074—2008
		凝结时间	GB 13590—2006 中 6.3	GB/T 1346—2011
		安定性	GB 13590—2006 中 6.4	GB/T 1346—2011
		强度	GB 13590—2006 中 6.5	GB/T 17671—1999
4	镁渣硅酸盐水泥	三氧化硫	GB/T 23933—2009 中 7.1	GB/T 176—2008
		氧化镁	GB/T 23933—2009 中 7.1	GB/T 176—2008
		氯离子	GB/T 23933—2009 中 7.1	GB/T 176—2008
		凝结时间	GB/T 23933—2009 中 7.3.1	GB/T 1346—2011
		压蒸安定性	GB/T 23933—2009 中 7.3.2	GB/T 750—1992
		强度	GB/T 23933—2009 中 7.3.3	GB/T 2419—2005 GB/T 17671—1999
5	石灰石硅酸盐水泥	氧化镁	JC/T 600—2010 中 6.1	GB/T 176—2008
		三氧化硫	JC/T 600—2010 中 6.2	GB/T 176—2008
		氯离子	JC/T 600—2010 中 6.3	GB/T 176—2008
		比表面积	JC/T 600—2010 中 6.4	GB/T 8074—2008
		凝结时间	JC/T 600—2010 中 6.5	GB/T 1346—2011
		安定性	JC/T 600—2010 中 6.6	GB/T 1346—2011 GB/T 750—1992
		强度	JC/T 600—2010 中 6.7	GB/T 17671—1999

续表

序号	品种	检验项目	检验依据标准及条款	检验方法依据标准
6	磷渣硅酸盐水泥	氧化镁	JC/T 740—2006 中 6.1.1	GB/T 176—2008
		三氧化硫	JC/T 740—2006 中 6.1.2	GB/T 176—2008
		氯离子	JC/T 740—2006 中 6.1.3	GB/T 176—2008
		细度	JC/T 740—2006 中 6.2.1	GB/T 1345—2005
		凝结时间	JC/T 740—2006 中 6.2.2	GB/T 1346—2011
		安定性	JC/T 740—2006 中 6.2.3	GB/T 1346—2011
		强度	JC/T 740—2006 中 6.2.4	GB/T 17671—1999
7	钢渣砌筑水泥	三氧化硫	JC/T 1090—2008 中 6.1	GB/T 176—2008
		比表面积	JC/T 1090—2008 中 6.2	GB/T 8074—2008
		凝结时间	JC/T 1090—2008 中 6.3	GB/T 1346—2011
		安定性	JC/T 1090—2008 中 6.4	GB/T 1346—2011 GB/T 750—1992
		保水率	JC/T 1090—2008 中 6.5	GB/T 3183—2003
		强度	JC/T 1090—2008 中 6.6	GB/T 17671—1999
二	硅酸盐水泥熟料			
1	硅酸盐水泥熟料	游离氧化钙	GB/T 21372—2008 中 4.1、表 1	GB/T 176—2008
		氧化镁	GB/T 21372—2008 中 4.1、表 1	GB/T 176—2008
		烧失量	GB/T 21372—2008 中 4.1、表 1	GB/T 176—2008
		不溶物	GB/T 21372—2008 中 4.1、表 1	GB/T 176—2008
		三氧化硫	GB/T 21372—2008 中 4.1、表 1	GB/T 176—2008
		硅酸三钙＋硅酸二钙	GB/T 21372—2008 中 4.1、表 1	GB/T 176—2008
		氧化钙/二氧化硅质量比	GB/T 21372—2008 中 4.1、表 1	GB/T 176—2008
		凝结时间	GB/T 21372—2008 中 4.2.1	GB/T 1346—2011
		安定性	GB/T 21372—2008 中 4.2.2	GB/T 1346—2011
		抗压强度	GB/T 21372—2008 中 4.2.3	GB/T 17671—1999
		其他要求	GB/T 21372—2008 中 4.3	GB/T 21372—2008 中 5.3
三	特种水泥			
1	中热硅酸盐水泥、低热硅酸盐水泥、低热矿渣硅酸盐水泥	氧化镁	GB 200—2003 中 6.1	GB/T 176—2008
		碱含量	GB 200—2003 中 6.2	GB/T 176—2008
		三氧化硫	GB 200—2003 中 6.3	GB/T 176—2008
		烧失量	GB 200—2003 中 6.4	GB/T 176—2008
		比表面积	GB 200—2003 中 6.5	GB/T 8074—2008
		凝结时间	GB 200—2003 中 6.6	GB/T 1346—2011
		安定性	GB 200—2003 中 6.7	GB/T 1346—2011
		强度	GB 200—2003 中 6.8	GB/T 17671—1999
		水化热	GB 200—2003 中 6.9	GB/T 12959—2008
		低热水泥 28d 水化热	GB 200—2003 中 6.10	GB/T 12959—2008

续表

序号	品种	检验项目	检验依据标准及条款	检验方法依据标准
2	铝酸盐水泥	Al_2O_3 含量	GB/T 201—2015 中 6.1、表 1	GB/T 205—2008
		SiO_2 含量	GB/T 201—2015 中 6.1、表 1	GB/T 205—2008
		Fe_2O_3 含量	GB/T 201—2015 中 6.1、表 1	GB/T 205—2008
		碱含量	GB/T 201—2015 中 6.1、表 1	GB/T 205—2008
		S（全硫）含量	GB/T 201—2015 中 6.1、表 1	GB/T 205—2008
		Cl^- 含量	GB/T 201—2015 中 6.1、表 1	GB/T 176—2008
		细度	GB/T 201—2015 中 6.2.1	GB/T 8074—2008 GB/T 1345—2005
		水泥胶砂凝结时间	GB/T 201—2015 中 6.2.2	GB/T 201—2015 附录 A
		强度	GB/T 201—2015 中 6.2.3	GB/T 17671—1999
3	抗硫酸盐硅酸盐水泥	硅酸三钙	GB 748—2005 中 7.1、表 1	GB/T 176—2008
		铝酸三钙	GB 748—2005 中 7.1、表 1	GB/T 176—2008
		烧失量	GB 748—2005 中 7.2	GB/T 176—2008
		氧化镁	GB 748—2005 中 7.3	GB/T 176—2008
		三氧化硫	GB 748—2005 中 7.4	GB/T 176—2008
		不溶物	GB 748—2005 中 7.5	GB/T 176—2008
		比表面积	GB 748—2005 中 7.6	GB/T 8074—2008
		凝结时间	GB 748—2005 中 7.7	GB/T 1346—2011
		安定性	GB 748—2005 中 7.8	GB/T 1346—2011
		强度	GB 748—2005 中 7.9	GB/T 17671—1999
4	白色硅酸盐水泥	三氧化硫	GB/T 2015—2005 中 6.1	GB/T 176—2008
		细度	GB/T 2015—2005 中 6.2	GB/T 1345—2005
		凝结时间	GB/T 2015—2005 中 6.3	GB/T 1346—2011
		安定性	GB/T 2015—2005 中 6.4	GB/T 1346—2011 GB/T 750—1992
		白度	GB/T 2015—2005 中 6.5	GB/T 2015—2005
		强度	GB/T 2015—2005 中 6.6	GB/T 17671—1999
5	低热微膨胀水泥	三氧化硫	GB 2938—2008 中 6.1	GB/T 176—2008
		比表面积	GB 2938—2008 中 6.2	GB/T 8074—2008
		凝结时间	GB 2938—2008 中 6.3	GB/T 1346—2011
		安定性	GB 2938—2008 中 6.4	GB/T 1346—2011
		强度	GB 2938—2008 中 6.5	GB/T 17671—1999
		水化热	GB 2938—2008 中 6.6	GB/T 12959—2008
		线膨胀率	GB 2938—2008 中 6.7	JC/T 313—2009
		氯离子	GB 2938—2008 中 6.8	GB/T 176—2008

续表

序号	品种	检验项目	检验依据标准及条款	检验方法依据标准
6	油井水泥	氧化镁	GB/T 10238—2015 中 4.1.2、表1	GB/T 176—2008
		三氧化硫	GB/T 10238—2015 中 4.1.2、表1	GB/T 176—2008
		烧失量	GB/T 10238—2015 中 4.1.2、表1	GB/T 176—2008
		不溶物	GB/T 10238—2015 中 4.1.2、表1	GB/T 176—2008
		铝酸三钙	GB/T 10238—2015 中 4.1.2、表1	GB/T 176—2008
		硅酸三钙	GB/T 10238—2015 中 4.1.2、表1	GB/T 176—2008
		总碱量	GB/T 10238—2015 中 4.1.2、表1	GB/T 176—2008
		铝铁酸四钙＋二倍铝酸三钙	GB/T 10238—2015 中 4.1.2、表1	GB/T 176—2008
		拌合水	GB/T 10238—2015 中 4.1.3、表2	GB/T 10238—2015
		细度	GB/T 10238—2015 中 4.1.3、表2	GB/T 8074—2008
		游离液含量	GB/T 10238—2015 中 4.1.3、表2	GB/T 10238—2015
		抗压强度试验(8h养护)	GB/T 10238—2015 中 4.1.3、表2	GB/T 10238—2015
		抗压强度试验(24h养护)	GB/T 10238—2015 中 4.1.3、表2	GB/T 10238—2015
		稠化时间试验	GB/T 10238—2015 中 4.1.3、表2	GB/T 10238—2015
7	道路硅酸盐水泥	氧化镁	GB 13693—2005 中 6.1	GB/T 176—2008
		三氧化硫	GB 13693—2005 中 6.2	GB/T 176—2008
		烧失量	GB 13693—2005 中 6.3	GB/T 176—2008
		比表面积	GB 13693—2005 中 6.4	GB/T 8074—2008
		凝结时间	GB 13693—2005 中 6.5	GB/T 1346—2011
		安定性	GB 13693—2005 中 6.6	GB/T 1346—2011
		强度	GB 13693—2005 中 6.9	GB/T 17671—1999
		碱含量	GB 13693—2005 中 6.10	GB/T 176—2008
8	硫铝酸盐水泥	比表面积	GB 20472—2006 中 6.1	JC/T 453—2004
		凝结时间	GB 20472—2006 中 6.1	JC/T 453—2004
		碱度 pH 值	GB 20472—2006 中 6.1	GB 20472—2006
		28d 自由膨胀率	GB 20472—2006 中 6.1	JC/T 313—2009 JC/T 453—2004
		自由膨胀率	GB 20472—2006 中 6.1	JC/T 313—2009 JC/T 453—2004
		碱含量	GB 20472—2006 中 6.1	GB/T 205—2008
		28d 自应力增进率	GB 20472—2006 中 6.1	JC/T 453—2004
		强度	GB 20472—2006 中 6.2	GB/T 17671—1999 JC/T 453—2004
		自应力值	GB 20472—2006 中 6.3	JC/T 453—2004

序号	品种	检验项目	检验依据标准及条款	检验方法依据标准
9	钢渣道路水泥	三氧化硫	GB 25029—2010 中 6.1	GB/T 176—2008
		凝结时间	GB 25029—2010 中 6.2	GB/T 1346—2011
		安定性	GB 25029—2010 中 6.3	GB/T 1346—2011
		干缩率	GB 25029—2010 中 6.4	JC/T 603—2004
		耐磨性	GB 25029—2010 中 6.5	JC/T 421—2004
		强度	GB 25029—2010 中 6.6	GB/T 17671—1999
		比表面积	GB 25029—2010 中 6.7	GB/T 8074—2008
		氯离子含量	GB 25029—2010 中 6.8	GB/T 176—2008
10	海工硅酸盐水泥	烧失量	GB/T 31289—2014 中 6.1.1	GB/T 176—2008
		三氧化硫	GB/T 31289—2014 中 6.1.2	GB/T 176—2008
		氯离子	GB/T 31289—2014 中 6.1.3	GB/T 176—2008
		凝结时间	GB/T 31289—2014 中 6.2.1	GB/T 1346—2011
		安定性	GB/T 31289—2014 中 6.2.2	GB/T 1346—2011
		细度	GB/T 31289—2014 中 6.2.3	GB/T 1345—2005
		强度	GB/T 31289—2014 中 6.2.4	GB/T 17671—1999
		抗氯离子渗透性	GB/T 31289—2014 中 6.2.5	JC/T 1086—2008
11	核电工程用硅酸盐水泥	氧化镁	GB/T 31545—2015 中 6.1	GB/T 176—2008
		不溶物	GB/T 31545—2015 中 6.2	GB/T 176—2008
		三氧化硫	GB/T 31545—2015 中 6.3	GB/T 176—2008
		烧失量	GB/T 31545—2015 中 6.4	GB/T 176—2008
		氯离子	GB/T 31545—2015 中 6.5	GB/T 176—2008
		碱含量	GB/T 31545—2015 中 6.6	GB/T 176—2008
		比表面积	GB/T 31545—2015 中 6.7	GB/T 8074—2008
		凝结时间	GB/T 31545—2015 中 6.8	GB/T 1346—2011
		安定性	GB/T 31545—2015 中 6.9	GB/T 1346—2011
		强度	GB/T 31545—2015 中 6.10	GB/T 17671—1999
		水化热	GB/T 31545—2015 中 6.11	GB/T 12959—2008
12	明矾石膨胀水泥	三氧化硫	JC/T 311—2004 中 7.1	JC/T 312—2009
		比表面积	JC/T 311—2004 中 7.2	GB/T 8074—2008
		凝结时间	JC/T 311—2004 中 7.3	GB/T 1346—2011
		强度	JC/T 311—2004 中 7.4	GB/T 17671—1999
		限制膨胀率	JC/T 311—2004 中 7.5	JC/T 311—2004 附录 A
		不透水性	JC/T 311—2004 中 7.6	JC/T 311—2004 附录 B
		碱含量	JC/T 311—2004 中 7.7	GB/T 176—2008

续表

序号	品种	检验项目	检验依据标准及条款	检验方法依据标准
13	自应力铁铝酸盐水泥	比表面积	JC/T 437—2010 中 6.1	JC/T 453—2004
		凝结时间	JC/T 437—2010 中 6.1	JC/T 453—2004
		自由膨胀率	JC/T 437—2010 中 6.1	JC/T 453—2004
		抗压强度	JC/T 437—2010 中 6.1	JC/T 453—2004
		28d 自应力增进率	JC/T 437—2010 中 6.1	JC/T 453—2004
		自应力值	JC/T 437—2010 中 6.2	JC/T 453—2004
		碱含量	JC/T 437—2010 中 6.3	GB/T 205—2008
14	彩色硅酸盐水泥	三氧化硫	JC/T 870—2012 中 6.1	GB/T 176—2008（碘量法）
		细度	JC/T 870—2012 中 6.2	GB/T 1345—2005
		凝结时间	JC/T 870—2012 中 6.3	GB/T 1346—2011
		安定性	JC/T 870—2012 中 6.4	GB/T 1346—2011
		强度	JC/T 870—2012 中 6.5	GB/T 17671—1999
		色差	JC/T 870—2012 中 6.6	GB/T 11942—1989
15	低热钢渣硅酸盐水泥	三氧化硫	JC/T 1082—2008 中 6.1	GB/T 176—2008
		比表面积	JC/T 1082—2008 中 6.2	GB/T 8074—2008
		凝结时间	JC/T 1082—2008 中 6.3	GB/T 1346—2011
		安定性	JC/T 1082—2008 中 6.4	GB/T 1346—2011 GB/T 750—1992
		碱	JC/T 1082—2008 中 6.5	GB/T 176—2008
		强度	JC/T 1082—2008 中 6.6	GB/T 17671—1999
		水化热	JC/T 1082—2008 中 6.7	GB/T 12959—2008
16	硫铝酸钙改性硅酸盐水泥	三氧化硫	JC/T 1099—2009 中 6.1	GB/T 176—2008
		氧化镁	JC/T 1099—2009 中 6.1	GB/T 176—2008
		氯离子	JC/T 1099—2009 中 6.1	JC/T 420—2006
		凝结时间	JC/T 1099—2009 中 6.3	GB/T 1346—2011
		安定性	JC/T 1099—2009 中 6.4	GB/T 1346—2011 GB/T 750—1992
		强度	JC/T 1099—2009 中 6.5	GB/T 17671—1999
		线膨胀率	JC/T 1099—2009 中 6.6	JC/T 313—2009
17	复合硫铝酸盐水泥	凝结时间	JC/T 2152—2012 中 6.1	GB/T 1346—2001
		强度	JC/T 2152—2012 中 6.2	GB/T 17671—1999
		细度	JC/T 2152—2012 中 6.3	GB/T 1345—2005
		碱度	JC/T 2152—2012 中 6.4	GB 20472—2006 附录 B
		28d 自由膨胀率	JC/T 2152—2012 中 6.5	GB 20472—2006
		钢筋锈蚀	JC/T 2152—2012 中 6.6	GB 8076—2008 附录 C

续表

序号	品种	检验项目	检验依据标准及条款	检验方法依据标准
18	快凝快硬硫铝酸盐水泥	比表面积	JC/T 2282—2014 中 6.1	GB/T 8074—2008
		凝结时间	JC/T 2282—2014 中 6.2	GB/T 1346—2011
		自由膨胀率	JC/T 2282—2014 中 6.3	JC/T 313—2009
		强度	JC/T 2282—2014 中 6.4	GB/T 17671—1999

第十九条 水泥产品许可证检验综合判定原则：经检验，检验项目全项次合格，判定产品检验合格。否则，判定产品检验不合格。

第二十条 发证检验机构应当在收到企业样品之日起 30 个工作日内完成检验工作，并出具检验报告（格式见附件 6）一式四份（企业、发证检验机构、水泥产品审查部、全国工业产品生产许可证审查中心各一份）。

附件 1

水泥产品的相关标准

序号	产品单元	标准号	标准名称
1	通用水泥	GB/T 176—2008	水泥化学分析方法
2		GB/T 203—2008	用于水泥中的粒化高炉矿渣
3		GB/T 208—2014	水泥密度测定方法
4		GB/T 750—1992	水泥压蒸安定性试验方法
5		GB/T 1345—2005	水泥细度检验方法　筛析法
6		GB/T 1346—2011	水泥标准稠度用水量、凝结时间、安定性试验方法
7		GB/T 1596—2005	用于水泥和混凝土中的粉煤灰
8		GB/T 1871.1—1995	磷矿石和磷精矿中五氧化二磷含量的测定 磷钼酸喹啉重量法和容量法
9		GB/T 2419—2005	水泥胶砂流动度测定方法
10		GB/T 2847—2005	用于水泥中的火山灰质混合材料
11		GB/T 4131—2014	水泥的命名、定义和术语
12		GB/T 5483—2008	天然石膏
13		GB/T 6566—2010	建筑材料放射性核素限量
14		GB/T 6645—2008	用于水泥中的粒化电炉磷渣
15		GB/T 8074—2008	水泥比表面积测定方法　勃氏法
16		GB 9774—2010	水泥包装袋
17		GB/T 12573—2008	水泥取样方法
18		GB/T 12957—2005	用于水泥混合材的工业废渣活性试验方法
18		GB/T 12960—2007	水泥组分的定量测定
20		GB 16780—2012	水泥单位产品能源消耗限额

序号	产品单元	标准号	标准名称
21	通用水泥	GB/T 17671—1999	水泥胶砂强度检验方法（ISO法）
22		GB/T 18046—2008	用于水泥和混凝土中的粒化高炉矿渣粉
23		GB/T 21371—2008	用于水泥中的工业副产石膏
24		GB/T 21372—2008	硅酸盐水泥熟料
25		GB/T 26748—2011	水泥助磨剂
26		GB/T 31893—2015	水泥中水溶性铬（VI）的限量及测定方法
27		JC/T 418—2009	用于水泥中的粒化高炉钛矿渣
28		JC/T 454—1992（1996）	用于水泥中粒化增钙液态渣
29		JC/T 742—2009	掺入水泥中的回转窑窑灰
30		YB/T 022—2008	用于水泥中的钢渣
31		YB/T 140—2009	钢渣化学分析方法
1	硅酸盐水泥熟料	GB 175—2007	通用硅酸盐水泥
2		GB/T 176—2008	水泥化学分析方法
3		GB/T 750—1992	水泥压蒸安定性试验方法
4		GB/T 1345—2005	水泥细度检验方法 筛析法
5		GB/T 1346—2011	水泥标准稠度用水量、凝结时间、安定性试验方法
6		GB/T 8074—2008	水泥比表面积测定方法 勃氏法
7		GB/T 17671—1999	水泥胶砂强度检验方法（ISO法）
1	特种水泥： 1. 中热硅酸盐水泥、低热硅酸盐水泥、低热矿渣硅酸盐水泥	GB/T 176—2008	水泥化学分析方法
2		GB/T 203—2008	用于水泥中的粒化高炉矿渣
3		GB/T 750—1992	水泥压蒸安定性试验方法
4		GB/T 1346—2011	水泥标准稠度用水量、凝结时间、安定性试验方法
5		GB/T 1596—2005	用于水泥和混凝土中的粉煤灰
6		GB/T 12959—2008	水泥水化热测定方法
7		GB/T 5483—2008	天然石膏
8		GB/T 6645—2008	用于水泥中的粒化电炉磷渣
9		GB/T 8074—2008	水泥比表面积测定方法 勃氏法
10		GB 9774—2010	水泥包装袋
11		GB/T 12573—2008	水泥取样方法
12		GB/T 17671—1999	水泥胶砂强度检验方法（ISO法）
13		GB/T 26748—2011	水泥助磨剂
1	特种水泥： 2. 铝酸盐水泥	GB/T 176—2008	水泥化学分析方法
2		GB/T 205—2008	铝酸盐水泥化学分析方法
3		GB/T 1345—2005	水泥细度检验方法 筛析法
4		GB/T 1346—2011	水泥标准稠度用水量、凝结时间、安定性试验方法
5		GB/T 2419—2005	水泥胶砂流动度测定方法

序号	产品单元	标准号	标准名称
6	特种水泥： 2. 铝酸盐水泥	GB/T 7322—2007	耐火材料耐火度试验方法
7		GB/T 8074—2008	水泥比表面积测定方法　勃氏法
8		GB 9774—2010	水泥包装袋
9		GB/T 12573—2008	水泥取样方法
10		GB/T 17671—1999	水泥胶砂强度检验方法（ISO法）
11		GB/T 21114—2007	耐火材料 X 射线荧光光谱化学分析——熔铸玻璃片法
12		YS/T 89—2011	煅烧 α-型氧化铝
13		JC/T 681—2005	行星式水泥胶砂搅拌机
14		JC/T 727—2005	水泥净浆标准稠度与凝结时间测定仪
1	特种水泥： 3. 抗硫酸盐硅酸盐水泥	GB/T 176—2008	水泥化学分析方法
2		GB/T 749—2008	水泥抗硫酸盐侵蚀试验方法
3		GB/T 750—1992	水泥压蒸安定性试验方法
4		GB/T 1346—2011	水泥标准稠度用水量、凝结时间、安定性试验方法
5		GB/T 5483—2008	天然石膏
6		GB/T 8074—2008	水泥比表面积测定方法　勃氏法
7		GB 9774—2010	水泥包装袋
8		GB/T 12573—2008	水泥取样方法
9		GB/T 17671—1999	水泥胶砂强度检验方法（ISO法）
10		GB/T 26748—2011	水泥助磨剂
1	特种水泥： 4. 白色硅酸盐水泥	GB/T 176—2008	水泥化学分析方法
2		GB/T 750—1992	水泥压蒸安定性试验方法
3		GB/T 1345—2005	水泥细度检验方法　筛析法
4		GB/T 1346—2011	水泥标准稠度用水量、凝结时间、安定性试验方法
5		GB/T 5483—2008	天然石膏
6		GB/T 5950—2008	建筑材料与非金属矿产品白度测量方法
7		GB 8170—2008	数值修约规则与极限数值的表示和判定
8		GB 9774—2010	水泥包装袋
9		GB/T 12573—2008	水泥取样方法
10		GB/T 17671—1999	水泥胶砂强度检验方法（ISO法）
11		GB/T 26748—2011	水泥助磨剂
12		JC/T 742—2009	掺入水泥中的回转窑窑灰
1	特种水泥： 5. 低热微膨胀水泥	GB/T 176—2008	水泥化学分析方法
2		GB/T 203—2008	用于水泥中的粒化高炉矿渣
3		GB/T 1346—2011	水泥标准稠度用水量、凝结时间、安定性试验方法
4		GB/T 5483—2008	天然石膏

序号	产品单元	标准号	标准名称
5	特种水泥： 5.低热微膨胀水泥	GB/T 8074—2008	水泥比表面积测定方法　勃氏法
6		GB 9774—2010	水泥包装袋
7		GB/T 12573—2008	水泥取样方法
8		GB/T 12959—2008	水泥水化热测定方法
9		GB/T 17671—1999	水泥胶砂强度检验方法（ISO法）
10		GB/T 26748—2011	水泥助磨剂
11		JC/T 313—2009	膨胀水泥膨胀率试验方法
1	特种水泥： 6.油井水泥	GB/T 176—2008	水泥化学分析方法
2		GB/T 5483—2008	天然石膏
3		GB/T 8074—2008	水泥比表面积测定方法　勃氏法
4		GB/T 12573—2008	水泥取样方法
5		GB/T 26748—2011	水泥助磨剂
6		JC/T 2000—2009	油井水泥物理性能检测仪器
1	特种水泥： 7.道路硅酸盐水泥	GB/T 176—2008	水泥化学分析方法
2		GB/T 203—2008	用于水泥中的粒化高炉矿渣
3		GB/T 1346—2011	水泥标准稠度用水量、凝结时间、安定性试验方法
4		GB/T 1596—2005	用于水泥和混凝土中的粉煤灰
5		GB/T 5483—2008	天然石膏
6		GB/T 6645—2008	用于水泥中的粒化电炉磷渣
7		GB/T 8074—2008	水泥比表面积测定方法　勃氏法
8		GB 9774—2010	水泥包装袋
9		GB/T 12573—2008	水泥取样方法
10		GB/T 17671—1999	水泥胶砂强度检验方法（ISO法）
11		GB/T 26748—2011	水泥助磨剂
12		JC/T 421—2004	水泥胶砂耐磨性试验方法
13		JC/T 603—2004	水泥胶砂干缩试验方法
14		YB/T 022—2008	用于水泥中的钢渣
1	特种水泥： 8.硫铝酸盐水泥	GB/T 205—2008	铝酸盐水泥化学分析方法
2		GB/T 1346—2011	水泥标准稠度用水量、凝结时间、安定性试验方法
3		GB/T 2419—2005	水泥胶砂流动度测定方法
4		GB/T 5483—2008	天然石膏
5		GB 9774—2010	水泥包装袋
6		GB/T 12573—2008	水泥取样方法
7		GB/T 17671—1999	水泥胶砂强度检验方法（ISO法）
8		JC/T 313—2009	膨胀水泥膨胀率检验方法
9		JC/T 453—2004	自应力水泥物理检验方法
10		JC/T 681—2005	行星式水泥胶砂搅拌机

序号	产品单元	标准号	标准名称
1		GB/T 176—2008	水泥化学分析方法
2		GB/T 203—2008	用于水泥中的粒化高炉矿渣
3		GB/T 750—1992	水泥压蒸安定性试验方法
4		GB/T 1346—2011	水泥标准稠度用水量、凝结时间、安定性试验方法
5		GB/T 5483—2008	天然石膏
6		GB/T 8074—2008	水泥比表面积测定方法　勃氏法
7		GB 9774—2010	水泥包装袋
8		GB/T 12573—2008	水泥取样方法
9	特种水泥：	GB/T 12960—2007	水泥组分的定量测定
10	9. 钢渣道路水泥	GB 13693—2005	道路硅酸盐水泥
11		GB/T 17671—1999	水泥胶砂强度检验方法（ISO法）
12		GB/T 18046—2008	用于水泥和混凝土中的粒化高炉矿渣粉
13		GB/T 20491—2006	用于水泥和混凝土中的钢渣粉
14		GB/T 21371—2008	用于水泥中的工业副产石膏
15		GB/T 26748—2011	水泥助磨剂
16		JC/T 421—2004	水泥胶砂耐磨性试验方法
17		JC/T 603—2004	水泥胶砂干缩试验方法
18		YB/T 022—2008	用于水泥中的钢渣
1		GB/T 176—2008	水泥化学分析方法
2		GB/T 749—2008	水泥抗硫酸盐侵蚀试验方法
3		GB/T 1345—2005	水泥细度检验方法　筛析法
4		GB/T 1346—2011	水泥标准稠度用水量、凝结时间、安定性试验方法
5		GB/T 1596—2005	用于水泥和混凝土中的粉煤灰
6		GB/T 5483—2008	天然石膏
7	特种水泥：	GB 9774—2010	水泥包装袋
8	10. 海工硅酸盐水泥	GB/T 12573—2008	水泥取样方法
9		GB/T 12960—2007	水泥组分的定量测定
10		GB/T 17671—1999	水泥胶砂强度检验方法（ISO法）
11		GB/T 18046—2008	用于水泥和混凝土中的粒化高炉矿渣粉
12		GB/T 18736—2002	高强高性能混凝土用矿物外加剂
13		GB/T 21372—2008	硅酸盐水泥熟料
14		JC/T 1086—2008	水泥氯离子扩散系数检验方法
1		GB/T 176—2008	水泥化学分析方法
2	特种水泥：	GB/T 1346—2011	水泥标准稠度用水量、凝结时间、安定性试验方法
3	11. 核电工程用硅酸盐水泥	GB/T 5483—2008	天然石膏
4		GB/T 8074—2008	水泥比表面积测定方法　勃氏法

序号	产品单元	标准号	标准名称
5	特种水泥： 11. 核电工程用硅酸盐水泥	GB 9774—2010	水泥包装袋
6		GB/T 12573—2008	水泥取样方法
7		GB/T 12959—2008	水泥水化热测定方法
8		GB/T 17671—1999	水泥胶砂强度检验方法（ISO法）
9		GB/T 26748—2011	水泥助磨剂
10		JC/T 603—2004	水泥胶砂干缩试验方法
1	特种水泥： 12. 明矾石膨胀水泥	GB/T 176—2008	水泥化学分析方法
2		GB/T 203—2008	用于水泥中的粒化高炉矿渣
3		GB/T 1346—2011	水泥标准稠度用水量、凝结时间、安定性试验方法
4		GB/T 1596—2005	用于水泥和混凝土中的粉煤灰
5		GB 4357—2009	冷拉碳素弹簧钢丝
6		GB/T 5483—2008	天然石膏
7		GB/T 8074—2008	水泥比表面积测定方法 勃氏法
8		GB 9774—2010	水泥包装袋
9		GB/T 12573—2008	水泥取样方法
10		GB/T 17671—1999	水泥胶砂强度检验方法（ISO法）
11		GB/T 21372—2008	硅酸盐水泥熟料
12		GB/T 26748—2011	水泥助磨剂
13		JC/T 312—2009	明矾石膨胀水泥化学分析方法
1	特种水泥： 13. 自应力铁铝酸盐水泥	GB/T 205—2008	铝酸盐水泥化学分析方法
2		GB/T 5483—2008	天然石膏
3		GB 9774—2010	水泥包装袋
4		GB/T 12573—2008	水泥取样方法
5		JC/T 453—2004	自应力水泥物理检验方法
1	特种水泥： 14. 彩色硅酸盐水泥	GB 175—2007	通用硅酸盐水泥
2		GB/T 176—2008	水泥化学分析方法
3		GB/T 1345—2005	水泥细度检验方法 筛析法
4		GB/T 1346—2011	水泥标准稠度用水量、凝结时间、安定性试验方法
5		GB/T 1865—2009	色漆和清漆 人工气候老化和人工辐射曝露 滤过的氙弧辐射
6		GB/T 2015—2005	白色硅酸盐水泥
7		GB/T 5483—2008	天然石膏
8		GB 9774—2010	水泥包装袋
9		GB/T 11942—1989	彩色建筑材料色度测量方法
10		GB/T 12573—2008	水泥取样方法
11		GB/T 17671—1999	水泥胶砂强度检验方法（ISO法）
12		GB/T 21371—2008	用于水泥中的工业副产石膏
13		GB/T 26748—2011	水泥助磨剂

序号	产品单元	标准号	标准名称
1		GB/T 176—2008	水泥化学分析方法
2		GB/T 203—2008	用于水泥中的粒化高炉矿渣
3		GB/T 750—1992	水泥压蒸安定性试验方法
4		GB/T 1346—2011	水泥标准稠度用水量、凝结时间、安定性试验方法
5		GB/T 5483—2008	天然石膏
6		GB/T 8074—2008	水泥比表面积测定方法　勃氏法
7	特种水泥：	GB 9774—2010	水泥包装袋
8	15. 低热钢渣硅酸盐	GB/T 12573—2008	水泥取样方法
9	水泥	GB/T 12959—2008	水泥水化热测定方法
10		GB/T 12960—2007	水泥组分的定量测定
11		GB/T 17671—1999	水泥胶砂强度检验方法（ISO法）
12		GB/T 21372—2008	硅酸盐水泥熟料
13		GB/T 26748—2011	水泥助磨剂
14		YB/T 022—2008	用于水泥中的钢渣
15		YB/T 140—2009	钢渣化学分析方法
1		GB/T 176—2008	水泥化学分析方法
2		GB/T 203—2008	用于水泥中的粒化高炉矿渣
3		GB/T 750—1992	水泥压蒸安定性试验方法
4		GB/T 1345—2005	水泥细度检验方法　筛析法
5		GB/T 1346—2011	水泥标准稠度用水量、凝结时间、安定性试验方法
6		GB/T 1596—2005	用于水泥和混凝土中的粉煤灰
7	特种水泥：	GB/T 2847—2005	用于水泥中的火山灰质混合材料
8	16. 硫铝酸钙改性硅酸	GB/T 5483—2008	天然石膏
9	盐水泥	GB 9774—2010	水泥包装袋
10		GB/T 12573—2008	水泥取样方法
11		GB/T 12960—2007	水泥组分的定量测定
12		GB/T 17671—1999	水泥胶砂强度检验方法（ISO法）
13		GB/T 18046—2008	用于水泥和混凝土中的粒化高炉矿渣粉
14		GB/T 26748—2011	水泥助磨剂
15		JC/T 313—2009	膨胀水泥膨胀率检验方法
1		GB/T 203—2008	用于水泥中的粒化高炉矿渣
2		GB/T 1345—2005	水泥细度检验方法　筛析法
3	特种水泥：	GB/T 1346—2011	水泥标准稠度用水量、凝结时间、安定性试验方法
4	17. 复合硫铝酸盐水泥	GB/T 1596—2005	用于水泥和混凝土中的粉煤灰
5		GB/T 2419—2005	水泥胶砂流动度测定方法
6		GB/T 2847—2005	用于水泥中的火山灰质混合材料

序号	产品单元	标准号	标准名称
7	特种水泥： 17. 复合硫铝酸盐水泥	GB/T 5483—2008	天然石膏
8		GB/T 5762—2012	建材用石灰石、生石灰和熟石灰化学分析方法
9		GB/T 8076—2008	混凝土外加剂
10		GB 9774—2010	水泥包装袋
11		GB/T 12573—2008	水泥取样方法
12		GB/T 17671—1999	水泥胶砂强度检验方法（ISO法）
13		GB/T 18046—2008	用于水泥和混凝土中的粒化高炉矿渣粉
14		GB 20472—2006	硫铝酸盐水泥
1	特种水泥： 18. 快凝快硬硫铝酸盐水泥	GB/T 176—2008	水泥化学分析方法
2		GB/T 1346—2011	水泥标准稠度用水量、凝结时间、安定性试验方法
3		GB/T 2419—2005	水泥胶砂流动度测定方法
4		GB/T 5483—2008	天然石膏
5		GB/T 8074—2008	水泥比表面积测定方法　勃氏法
6		GB 9774—2010	水泥包装袋
7		GB/T 12573—2008	水泥取样方法
8		GB/T 17671—1999	水泥胶砂强度检验方法（ISO法）
9		GB 20472—2006	硫铝酸盐水泥
10		GB/T 21371—2008	用于水泥中的工业副产石膏
11		JC/T 313—2009	膨胀水泥膨胀率检验方法

注：标准一经修订，企业应当自标准实施之日起按新标准组织生产，生产许可证企业实地核查和产品检验应当按照新标准要求进行。

附件 6

（CMA 章）、（CNAS 章）、（CAL 章）

检验报告

报告编号：

发证名称＿＿＿＿＿＿＿＿＿＿＿＿＿＿＿＿＿＿＿＿＿＿

产品单位＿＿＿＿＿＿＿＿＿＿＿＿＿＿＿＿＿＿＿＿＿＿

产品名称、规格型号＿＿＿＿＿＿＿＿＿＿＿＿＿＿＿＿

受检单位＿＿（按抽样单上企业名称填写）＿＿＿＿＿＿

检验类别＿＿生产许可证检验＿＿＿＿＿＿＿＿＿＿＿＿＿

报告日期＿＿（以签发日期为准）＿＿＿＿＿＿＿＿＿＿

检验机构名称

×××检验机构
检验报告

报告编号：××　　　　　　　　　　　　　　　　　　　　共×页　第×页

产品名称	（按《产品抽样单》填写）	产品品种 规格型号	（按《产品抽样单》填写）
受检单位名称	（按《产品抽样单》填写）		
受检单位 生产地址	（按《产品抽样单》填写）		
样品数量	（按《产品抽样单》填写）	产品批号/ 生产日期	（按《产品抽样单》填写）
送样人员	（按《产品抽样单》填写）	样品等级	（按《产品抽样单》填写）
到样日期	收到样品的日期	检验日期	
样品描述	（对收到的样品基本情况作简单表述，如：样品的形状、完好程度、附件配件等）		
检验依据	××产品生产许可证实施细则规定的产品检验依据		
检验结论	（按照××产品生产许可证实施细则对××产品进行检验，检验结果均符合/××项目不符合规定的（××规格××等级）要求，判定该样品为合格/不合格） 　　　　　　　　　　　　检验单位（公章或检验报告专用章） 　　　　　　　　　　　　签发日期：　　年　月　日		
备注			

批准：　　　　　　　　　　　审核：　　　　　　　　　　主检：

281

附件 7

过程质量控制指标要求

序号	类别	物料	控制项目	指　标	合格率	检验频次	取样方式	备注
1	进厂原材料	钙质原料	CaO、MgO					每月统计1次
			粒度	自定	≥80%	自定	瞬时	
			水分					
		硅铝质原料	SiO₂、Al₂O₃					
		铁质原料	Fe₂O₃					
		混合材料	物理化学性能	符合相应产品标准规定	100%	1次/（年·品种）	瞬时或综合	
			放射性					
			水分	根据设备要求自定		1次/批		
		原煤	水分	自定	≥80%	1次/批	瞬时	
			工业分析					
			全硫	≤2.5%				
			发热量	自定				
		石膏	粒度	≤30 mm		自定或1次/批		
			SO₃	自定				
			结晶水					
2	入磨物料	钙质原料	CaO					每月统计1次
			粒度	自定	≥80%	自定	瞬时	
			水分					
		硅铝质原料	SiO₂、Al₂O₃					
		铁质原料	Fe₂O₃					
		混合材料	品种和掺量	符合相应产品标准规定	100%	1次/月	瞬时或综合	
			水分	根据设备要求自定				
		原煤	水分	自定	≥80%	1次/批	瞬时	
			工业分析					
			发热量					
		熟料	粒度	≤30mm	80%	自定		
			MgOᵃ	≤5.0%	100%	1次/24h		
		石膏	粒度	≤30mm	≥80%	自定		
			SO₃	自定		1次/月		

序号	类别	物料	控制项目	指 标	合格率	检验频次	取样方式	备注
3	出磨生料	生料	CaO（T_{CaCO_3}）	控制值±0.3%（±0.5%）	≥70%	分磨1次/1h	瞬时或连续	每月统计1次
			Fe_2O_3	控制值±0.2%	≥80%	分磨1次/2h		
			KH 或 LSF	控制值±0.02（KH）控制值±2（LSF）	≥70%	分磨1次/h～1次/24h		
			n(SM)、p(IM)	控制值±0.10	≥85%			
			80 μm 筛余	控制值±2.0%	≥80%	分磨1次/1h～1次/2h		
			0.2mm 筛余	≤2.0%		分磨1次/24h		
			水分	≤1.0%		1次/周		
4	入窑生料	生料	CaO（T_{CaCO_3}）	控制值±0.3%（±0.5%）	≥80%	分窑1次/h	瞬时或连续	每季度统计1次
			分解率	控制值±3%	≥90%	分窑1次/周		—
			KH 或 LSF	控制值±0.02（KH）控制值±2（LSF）	≥90%	分磨1次/4h～1次/24h	瞬时	每季度统计1次
			n(SM)、p(IM)	控制值±0.10	≥95%	分窑1次/24h		
			全分析	根据设备、工艺要求决定	—	—	连续	
5	入窑煤粉	煤粉	水分	自定（褐煤和高挥发分煤水分不宜过低）	≥90%	1次/4h	瞬时或连续	每月统计1次
			80 μm 筛余	根据设备要求、煤质自定	≥85%	1次/2h～1次/4h		
			工业分析（灰分和挥发分）	相邻两次灰分±2.0%	≥85%	1次/24h		
			煤灰化学成分	自定		1次/堆		
6	出窑熟料	熟料	立升重	控制值±75g/L	≥85%	分窑1次/8h	瞬时	
			f-CaO	≤1.5%	≥85%	自定	瞬时或综合	—
				≤3.0%		1次/2h		白水泥
				≤1.0%		1次/2h		中热水泥
				≤1.2%		1次/2h		低热水泥
			全分析	自定	—	分窑1次/24h	瞬时或综合	
			KH	控制值±0.02	≥80%	分窑1次/8h～1次/24h	综合样	每月统计1次
			n(SM)、p(IM)	控制值±0.1	≥85%			
			全套物理检验	其中28d抗压强度≥50MPa	—	分窑1次/24h		

续表

序号	类别	物料	控制项目	指 标		合格率	检验频次	取样方式	备注
7	出磨水泥	水泥	45 μm 筛余	控制值±3.0%		≥85%	分磨1次/2h	瞬时或连续	45μm 筛余、80μm 筛余、比表面积可以任选一种。每月统计一次
			80 μm 筛余	控制值±1.5%			分磨1次/2h		
			比表面积	控制值±15 m²/kg			分磨1次/2h		
			混合材料掺量	控制值±2.0%		100%	分磨1次/8h		
			MgO[b]	≤5.0%			分磨1次/24h	连续	
			SO₃	控制值±0.2%		≥75%	分磨1次/4h	瞬时或连续	
			Cl⁻	<0.06%		100%	分磨1次/24h	瞬时或连续	
			全套物理检验	符合产品标准规定，其中28d抗压富裕强度按本表序号8"出厂水泥"规定		100%	分磨1次/24h	连续	
8	出厂水泥	水泥	物理性能	符合产品标准规定		100%	分品种和强度等级1次/编号	综合样	—
				28d抗压富裕强度	≥2.0MPa	100%	分品种和强度等级1次/编号	综合样	通用硅酸盐水泥
					≥1.0MPa				白色硅酸盐水泥
					≥1.0MPa				中热硅酸盐水泥
					≥1.0MPa				低热矿渣硅酸盐水泥
					≥2.5MPa				道路硅酸盐水泥
					≥2.5MPa				钢渣水泥
				28d抗压强度控制值	目标值±3s^c 目标值≥水泥标准规定值+富裕强度值+3s^c		分品种和强度等级1次/编号		每季度统计一次
				28d抗压强度月（或一统计期）平均变异系数	C_{V1}^d≤4.5%（强度等级32.5） C_{V1}^d≤3.5%（强度等级42.5） C_{V1}^d≤3.0%（强度等级52.5及以上）	100%		综合样	每季度统计一次
				均匀性试验的28d抗压强度变异系数	C_{V2}^d≤3.0%	100%	分品种和强度等级1次/季度		

续表

序号	类别	物料	控制项目	指　标	合格率	检验频次	取样方式	备注
8	出厂水泥	水泥	化学性能	符合相应标准规定	100%	分品种和强度等级 1 次/季度	综合样	每月统计一次
			混合材料掺量	控制值±2.0%		分品种和强度等级 1 次/编号	综合样	每月统计一次
			水泥包装袋品质	符合 GB 9774 规定		分品种 1 次/批	随机	每季度统计一次
			袋装水泥袋重	每袋净含量≥49.5kg，随机抽取 20 袋总质量（含包装袋）≥1000kg		每班每台包装机至少抽查 20 袋		

a. 入磨物料中熟料的 MgO 含量>5.0%时，经压蒸安定性检验合格，可以放宽到 6.0%。

b. 出磨水泥中的 MgO 含量>5.0%时，经压蒸安定性检验合格，可以放宽到 6.0%。

c. $s = \sqrt{\dfrac{\Sigma(R_i - \overline{R})^2}{n-1}}$

式中：s——月（或一统计期）平均 28d 抗压强度标准偏差；

　　　R_i——试样 28d 抗压强度值（MPa）；

　　　$\overline{R}$——全月（或全统计期）样品 28d 抗压强度平均值（MPa）；

　　　n——样品数，n 不小于 20，当小于 20 时与下月合并计算。

d. $C_{Vi} = \dfrac{s}{\overline{R}} \times 100\%,\ i = 1,2$

式中：C_{V1}——28d 抗压强度月（或一统计期）平均变异系数（%）；

　　　C_{V2}——均匀性试验的 28d 抗压强度变异系数（%）；

　　　s——月（或一统计期）平均 28d 抗压强度标准偏差；

　　　$\overline{R}$——全月（或全统计期）样品 28d 抗压强度平均值（MPa）。

注：1. 当检验结果的合格率低于规定值时，应该增加检验频次，直到合格率符合要求。

　　2. 表中允许误差均为绝对值。

　　3. 日产 2000t 以上（含）的新型干法水泥生产企业，可根据本企业生产工艺状况和检测设备自动化程度，参照本表格制定相应的质量控制项目及内控指标。

附录 I GB/T 12573—2008 水泥取样方法

1 范围

本标准规定了出厂水泥取样方法的术语和定义、取样工具、取样部位、取样步骤、取样量和样品制备与试验等。

本标准适用于出厂水泥的取样。

2 规范性引用文件

下列文件中的条款通过本标准的引用而成为本标准的条款。凡是注日期的引用文件，其随后所有的修改单（不包括勘误的内容）或修订版均不适用于本标准，然而，鼓励根据本标准达成协议的各方研究是否可使用这些文件的最新版本。凡是不注日期的引用文件，其最新版本适用于本标准。

GB 175 通用硅酸盐水泥

GB/T 4131 水泥的命名、定义和术语

3 术语和定义

GB 175 和 GB/T 4131 确立的以及下列术语和定义适用于本标准。

3.1 手工取样 manual sampling：用手工取样器采集水泥样品。

3.2 自动取样 automatic sampling：使用自动取样器采集水泥样品。

3.3 检查批 lot：为实施抽样检查而汇集起来的一批同一条件下生产的单位产品。

3.4 编号 lot number：代表检查批的代号。

3.5 单样 unit sample：由一个部位取出的适量的水泥样品。

3.6 混合样 composite sample：从一个编号内不同部位取得的全部单样，经充分混匀后得到的样品。

3.7 试验样 laboratory sample：从混合样中取出，用于出厂水泥质量检验的一份称为试验样。

3.8 封存样 retained sample：从混合样中取出，用于复验仲裁的一份称为封存样。

3.9 分割样 division sample：在一个编号内按每 1/10 编号取得的单样，用于匀质性试验的样品。

3.10 通用水泥 common cement：用于一般土木建筑工程的水泥。

4 取样工具

4.1 手工取样器

手工取样器可自行设计制作，常见手工取样器参见附录 A。

4.2 自动取样器

自动取样器可自行设计制作，参见附录 A。

5 取样部位

取样应在有代表性的部位进行，并且不应在污染严重的环境中取样。一般在以下部位

取样：

    a）水泥输送管路中；

    b）袋装水泥堆场；

    c）散装水泥卸料处或水泥运输机具上。

6 取样步骤

6.1 手工取样

6.1.1 散装水泥

当所取水泥深度不超过 2m 时，每一个编号内采用散装水泥取样器随机取样。通过转动取样器内管控制开关，在适当位置插入水泥一定深度，关闭后小心抽出，将所取样品放入符合 9.1 要求的容器中。每次抽取的单样量应尽量一致。

6.1.2 袋装水泥

每一个编号内随机抽取不少于 20 袋水泥，采用袋装水泥取样器取样，将取样器沿对角线方向插入水泥包装袋中，用大拇指按住气孔，小心抽出取样管，将所取样品放入符合 9.1 要求的容器中。每次抽取的单样量应尽量一致。

6.2 自动取样

采用自动取样器取样。该装置一般安装在尽量接近于水泥包装机或散装容器的管路中，从流动的水泥流中取出样品，将所取样品放入符合 9.1 要求的容器中。

7 取样量

7.1 混合样的取样量应符合相关水泥标准要求。

7.2 分割样的取样量应符合下列规定：

    a. 袋装水泥：每 1/10 编号从一袋中取至少 6 kg；

    b. 散装水泥：每 1/10 编号在 5 min 内取至少 6 kg。

8 样品制备与试验

8.1 混合样

每一编号所取水泥单样通过 0.9 mm 方孔筛后充分混匀，一次或多次将样品缩分到相关标准要求的定量，均分为试验样和封存样。试验样按相关标准要求进行试验，封存样按第 9 章要求贮存以备仲裁。样品不得混入杂物和结块。

8.2 分割样

每一编号所取 10 个分割样应分别通过 0.9 mm 方孔筛，不得混杂，并按附录 B 的要求进行 28 d 抗压强度匀质性试验。样品不得混入杂物和结块。

9 包装与贮存

9.1 样品取得后应贮存在密闭的容器中，封存样要加封条。容器应洁净、干燥、防潮、密闭、不易破损并且不影响水泥性能。

9.2 存放封存样的容器应至少在一处加盖清晰、不易擦掉的标有编号、取样时间和取样人的密封印，如只有一处标志应在容器外壁上。

9.3 封存样应密封贮存于干燥、通风的环境中。

10 取样单

样品取得后，应由负责取样人填写取样单，应至少包括以下内容：

    a）水泥编号；

  b）水泥品种；

  c）强度等级；

  d）取样日期；

  e）取样地点；

  f）取样人。

附录 A

（资料性附录）

水泥取样器

A.1 手工取样器

A.1.1 散装水泥取样器

散装水泥取样器示意图见图 A.1。

A.1.2 袋装水泥取样器

袋装水泥取样器示意图见图 A.2。

A.2 自动取样器

自动取样器主要适用于水泥成品及原料的自动连续取样，也适用于其他粉状物料的自动连续取样。示意图见图 A.3。

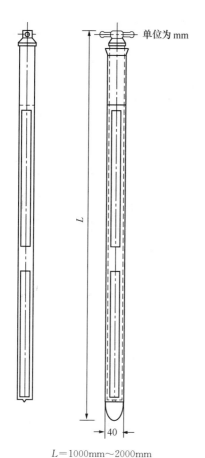

$L=1000\text{mm}\sim2000\text{mm}$

图 A.1 散装水泥取样器

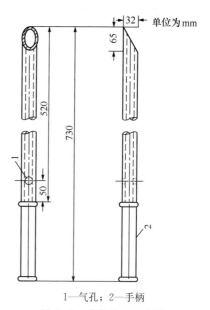

1—气孔；2—手柄

图 A.2 袋装水泥取样器

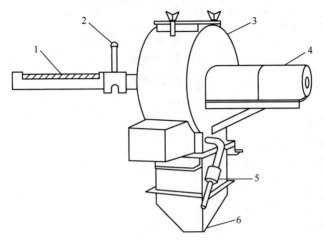

1—入料处；2—调节手柄；3—混料筒；4—电机；5—配重锤；6—出料口

图 A.3　自动取样器

附录 B

（规范性附录）

28d 抗压强度匀质性试验

B.1 试验目的

评定单一编号水泥 28d 抗压强度均匀性。

B.2 要求

B.2.1 分割样试验每季度进行一次，可任选一个品种、强度等级。

B.2.2 分割样取得后应立即进行试验，全部样品必须在一周内试验完毕。

B.2.3 单一编号水泥 28d 抗压强度变异系数大于 3.0% 时，应增加试验频次为每季度进行两次；如变异系数仍大于 3.0% 时，则增加试验频次为每月进行一次。

B.2.4 增加试验频次直至单一编号水泥 28d 抗压强度变异系数不大于 3.0% 时，方可恢复为每季度一次。

B.2.5 增加试验频次时，一般应用同品种、同强度等级的水泥。

B.3 变异系数的计算

B.3.1 分割样平均值 $\overline{X}$ 按公式（B.1）计算：

$$\overline{X} = \frac{1}{10} \sum_{i=1}^{10} X_i \tag{B.1}$$

式中：$\overline{X}$——分割样抗压强度值，单位为兆帕（MPa）。

B.3.2 分割样标准差 s 按公式（B.2）计算：

$$s = \sqrt{\frac{\sum_{i=1}^{10} (X_i - \overline{X})^2}{10 - 1}} \tag{B.2}$$

B.3.3 分割样变异系数 C_V 按公式（B.3）计算：

$$C_V = \frac{s}{\overline{X}} \times 100 \tag{B.3}$$

附录J JC/T 452—2009 通用水泥质量等级

1 范围

本标准规定了通用水泥质量等级的评定原则和划分、水泥实物质量等级的技术要求和水泥质量等级评定。

本标准适用于符合GB 175《通用硅酸盐水泥》规定的各品种水泥和采用本标准的其他品种水泥的产品质量等级评定和质量认证。

2 规范性引用文件

下列文件中的条款通过本标准的引用而成为本标准的条款。凡是注日期的引用文件，其随后所有的修改单（不包括勘误的内容）或修订版均不适用于本标准，然而，鼓励根据本标准达成协议的各方研究是否可使用这些文件的最新版本。凡是不注日期的引用文件，其最新版本适用于本标准。

GB 175 通用硅酸盐水泥

3 质量等级的评定原则

3.1 评定水泥质量等级的依据是产品标准和实物质量。

3.2 为使产品质量水平达到相应的等级要求，企业应具有生产相应等级产品的质量保证能力。

4 质量等级的划分

4.1 优等品

水泥产品标准必须达到国际先进水平，且水泥实物质量水平与国外同类产品相比达到近5年内的先进水平。

4.2 一等品

水泥产品标准必须达到国际一般水平，且水泥实物质量水平达到国际同类产品的一般水平。

4.3 合格品

按我国现行水泥产品标准组织生产，水泥实物质量水平必须达到现行产品标准的要求。

5 质量等级的技术要求

5.1 水泥实物质量在符合相应标准的技术要求基础上，进行实物质量水平的分等。

5.2 通用水泥的实物质量水平根据3d抗压强度、28 d抗压强度、终凝时间、氯离子含量进行分等。

5.3 通用水泥的实物质量应符合表1的要求。

6 水泥质量等级评定

6.1 水泥企业可按本标准实物质量等级的要求，以出厂水泥试验结果确定相应的产品等级。结果符合表1中相应等级所有指标要求的判为相应等级品。任一项不符合要求的降为下一等级品。

6.2　当水泥企业确定产品等级为优等品、一级品或合格品，并在包装袋上印有相应质量等级时，质量管理部门（即第三方机构）应按企业确定的等级进行考核、监督。不合格者不得在产品包装或其他形式上标识。

6.3　水泥产品实物质量水平的验证由省级或省级以上国家认可的水泥质量检验机构负责进行。

6.4　水泥产品的质量管理、认证、统计、监督按有关规定进行。

表 1　通用水泥的实物质量

项目		质量等级				
		优等品		一等品		合格品
		硅酸盐水泥 普通硅酸盐水泥	矿渣硅酸盐水泥 火山灰质硅酸盐水泥 粉煤灰硅酸盐水泥 复合硅酸盐水泥	硅酸盐水泥 普通硅酸盐水泥	矿渣硅酸盐水泥 火山灰质硅酸盐水泥 粉煤灰硅酸盐水泥 复合硅酸盐水泥	硅酸盐水泥 普通硅酸盐水泥 矿渣硅酸盐水泥 火山灰质硅酸盐水泥 粉煤灰硅酸盐水泥 复合硅酸盐水泥
抗压强度	3d ≥	24.0MPa	22.0MPa	20.0MPa	17.0MPa	符合通用水泥各品种的技术要求
	28d ≥	48.0MPa	48.0MPa	46.0MPa	38.0MPa	
	28d ≤	$1.1\overline{R}^*$	$1.1\overline{R}^*$	$1.1\overline{R}^*$	$1.1\overline{R}^*$	
终凝时间/min ≤		300	330	360	420	
氯离子含量/% ≤		0.06				

　*　同品种同强度等级水泥 28 d 抗压强度上月平均值，至少以 20 个编号平均，不足 20 个编号时，可两个月或三个月合并计算。对于 62.5（含 62.5）以上水泥，28 d 抗压强度不大于 $1.1\overline{R}$ 的要求不作规定。

附录 K 水泥物理性能检验方法及设备标准

标准代号	标准名称
GB 175—2007	通用硅酸盐水泥
GB/T 208—2014	水泥密度测定方法
GB 253—2008	煤油
GB/T 749—2008	水泥抗硫酸盐侵蚀试验方法
GB/T 750—1992	水泥压蒸安定性试验方法
GB/T 1345—2005	水泥细度检验方法 筛析法
GB/T 1346—2011	水泥标准稠度用水量、凝结时间、安定性检验方法
GB/T 1914—2007	化学分析滤纸
GB/T 2419—2005	水泥胶砂流动度测定方法
GB/T 3183—2003	砌筑水泥
GB/T 4131—2014	水泥的命名、定义和术语
GB/T 5329—2003	试验筛与筛分试验 术语
GB/T 5483—2008	石然石膏
GB/T 6003.1—2012	试验筛 技术要求和检验 第1部分：金属丝编织网试验筛
GB/T 6003.2—2012	试验筛 技术要求和检验 第2部分：金属穿孔板试验筛
GB/T 6005—2008	试验筛 金属丝编织网、穿孔板和电成型薄板 筛孔的基本尺寸
GB/T 6682—2008	分析实验室用水规格和试验方法
GB/T 8074—2008	水泥比表面积测定方法 勃氏法
GB/T 10238—2015	油井水泥
GB/T 12573—2008	水泥取样方法
GB/T 12959—2008	水泥水化热测定方法
GB/T 17671—1999	水泥胶砂强度检验方法（ISO法）
GB/T 19077—2016	粒度分析 激光衍射法
JC/T 313—2009	膨胀水泥膨胀率试验方法
JC/T 421—2004	水泥胶砂耐磨性试验方法
JC/T 453—2004	自应力水泥物理检验方法
JC/T 601—2009	水泥胶砂含气量测定方法
JC/T 603—2004	水泥胶砂干缩试验方法
JC/T 681—2005	行星式水泥胶砂搅拌机
JC/T 682—2005	水泥胶砂试体成型振实台

续表

标准代号	标准名称
JC/T 683—2005	40mm×40mm 水泥抗压夹具
JC/T 721—2006	水泥颗粒级配测定方法　激光法
JC/T 723—2005	水泥胶砂振动台
JC/T 724—2005	水泥胶砂电动抗折试验机
JC/T 726—2005	水泥胶砂试模
JC/T 727—2005	水泥净浆标准稠度与凝结时间测定仪
JC/T 728—2005	水泥标准筛和筛析仪
JC/T 729—2005	水泥净浆搅拌机
JC/T 738—2004	水泥强度快速检验方法
JC/T 954—2005	水泥安定性试验用雷氏夹
JC/T 955—2005	水泥安定性试验用沸煮箱
JC/T 956—2014	勃氏透气仪
JC/T 958—2005	水泥胶砂流动度测定仪（跳桌）
JC/T 959—2005	水泥胶砂试体养护箱
JC/T 962—2005	雷氏夹膨胀测定仪
JC/T 1086—2008	水泥氯离子扩散系数检验方法
JC/T 2000—2009	油井水泥物理性能检测仪器

附录 L 水泥物理性能检验设备技术要求与检定（校准）周期

序号	仪器名称	技术要求及精度	检定（校准）周期
1	行星式水泥胶砂搅拌机	间隙范围：叶片与锅底、锅壁的工作间隙（3±1）mm 搅拌叶片的转速：低速档：自转（140±5）r/min，公转（62±5）r/min；高档速：自转（285±10）r/min，公转（125±10）r/min	12个月
2	水泥胶砂试体成型振实台	振实台的振幅：（15.0±0.3）mm 振动频率：60次/（60±2）s 台盘（包括臂杆、模套和卡具）的总质量：（13.75±0.25）kg 台盘中心到臂杆轴中心的距离：（800±1）mm	12个月
3	水泥胶砂振动台	振动频率：（46.7Hz～50Hz）（2 800～3 000次/分） 振幅范围：（0.75±0.02）mm（台面中心放上空试模与漏斗时的全波振幅）	12个月
4	水泥电动抗折试验机	示值相对误差不超过±1% 示值相对变动度不超过1%，灵敏度≥2%	12个月
5	40mm×40mm水泥抗压夹具	上、下压板宽度：（40±0.1）mm；长度：大于40mm；厚度：大于10mm 上、下压板的平面度为：0.01mm 上、下压板表面粗糙度：Ra 0.1μm～0.8μm 上、下压板自由距离大于45mm 定位销高度不高于下压板表面5mm；间距41mm～55mm	6个月
6	水泥净浆搅拌机	间隙范围：搅拌叶与锅壁、锅底间隙（2±1）mm 搅拌叶负载公转：（62±5）r/min（慢速） （125±10）r/min（快速） 搅拌叶负载自转：（140±10）r/min（慢速） （285±20）r/min（快速）	12个月
7	净浆标准稠度与凝结时间测定仪	滑动杆与试杆、滑动杆与试锥、滑动杆与试针总质量均为（300±1）g。 试杆、试锥、试针的同轴度公差＜1.0mm 试针直径为φ（1.13±0.05）mm，针头呈平头	12个月
8	水泥安定性试验用沸煮箱	沸煮箱绝缘电阻≥2MΩ 两根电热管总功率为3600W～4400W，小功率电热管功率为900W～1100W 温控时间：自动升温至沸腾（30±5）min，恒沸（180±5）min 手动：应具有在任意情况下使大功率电热管开、闭功能	12个月
9	水泥安定性试验用雷氏夹	雷氏夹弹性值：△d＝d_2-d_1＝（17.5±2.5）mm 卸荷后针尖的距离能恢复至挂砝码前的状态	3～6个月
10	雷氏夹膨胀测定仪	膨胀值标尺，弹性值标尺刻度相对误差＜±2%，标尺最小刻度为0.5mm	12个月

续表

序号	仪器名称	技术要求及精度	检定（校准）周期
11	常压稠化仪	温度控制精度：±2.0℃，转速（150±15）r/min	12个月
12	增压稠化仪	温度控制精度：±2℃，转速（150±15）r/min，压力±1.7MPa	12个月
13	高压养护釜	温度控制精度：±2℃，压力（20.7±3.45）MPa	12个月
14	常压养护箱	可控制温度：（60±2.0）℃，（38±2.0）℃，（27±2.0）℃	12个月
15	恒速搅拌器	低速（4000±200）r/min 高速（12000±500）r/min	12个月
16	水泥胶砂流动度测定仪（跳桌）	圆盘跳动落距：（10.0±0.2）mm 跳动部分总质量为：（4.35±0.15）kg 采用流动度标准样检定跳桌，其误差应在允许范围内	12个月
17	透气法比表面积仪	测定误差：±2%（与国家标准样品对比）	12个月
18	耐磨试验机	负荷300N（易损件自检）	12个月
19	负压筛析仪	负压值在4000Pa～6000Pa，喷嘴转速（30±2）r/min，时间控制：±2s	12个月
20	压蒸釜（压力表）	压力（2.0±0.05）MPa	6个月
21	水泥氯离子扩散系数测定仪	测试电流0mA～300mA，精确至±1mA，测试电压±1V	12个月
22	秒表	精度0.1s	12个月
23	游标卡尺	量程200mm，分度值0.02mm	12个月
24	全自动压力试验机	示值相对误差≤±1.0%，示值重复性：1.0% 示值回零≤±0.1%，示值的相对分辨率≤0.5% 加荷速率：（2400±200）N/s	12个月
25	分析天平	分度值：1mg，最大称量200g	12个月
26	天平	分度值：1g，最大称量2000g	12个月
27	天平	分度值：0.1g，最大称量2000g	12个月
28	天平	分度值：0.01g，最大称量200g	12个月
29	高温炉（热电偶）	使用温度400℃～1300℃，热电偶精度±10℃	12个月
30	电热鼓风干燥箱（温度计）	最高温度300℃，温度计精度±1℃	12个月
31	比长仪	百分表分度值±0.01mm；千分表分度值0.001mm	12个月
32	水泥试体自动控温养护箱	温度、湿度均匀，温度：（20±1）℃，相对湿度≥90%	12个月
33	干缩养护箱	温度（20±3）℃，相对湿度（50±4）%	12个月
34	湿热养护箱	温度控制精度：±2℃	12个月
35	养护水槽	满足标准规定的养护要求，温度（20±1）℃，温度均匀	温度指示装置检定
36	水化热测定仪	控制温度：（20±0.1）℃；配备两套热量计，温度计量程14℃～20℃，分度值：0.01℃ 或配备贝克曼温度计，最大示差5℃～6℃，分度值：0.01℃	12个月

续表

序号	仪器名称	技术要求及精度	检定（校准）周期
37	水化热恒温水槽	控制温度：（20±0.1）℃；配备两套以上热量计，温度计量程：0～50℃，分度值：0.1℃	12个月
38	李氏瓶	刻度部分分度值0.1mL，容量误差不大于0.05mL	12个月
39	量水器	满足使用需求	12个月
40	水泥胶砂试模	模腔宽度：（40±0.2）mm 模腔高度：（40.1±0.1）mm 试模质量：（6.25±0.25）kg	12个月
41	下料漏斗	白铁皮厚度：0.5mm 下料口宽度：4mm～5mm 漏斗质量：2.0kg～2.5kg	自校
42	试验筛	用标准样品标定，修正系数C应在0.80～1.20范围内	使用100次后重新标定
43	小型抗折机试验机	加荷速度0.78N/s，示值0.01N	自定
44	三联试模	25mm×25mm×280mm	12个月
45	耐磨试模	150mm×150mm×30mm	12个月
46	自应力水泥试模	40mm×40mm×160mm（两端带孔）	12个月
47	三联试模	10mm×10mm×60mm	12个月
48	三联试模	100mm×100mm×50mm	12个月
49	限制钢丝骨架	钢丝直径5mm	使用不超过5次
50	限制钢丝骨架	钢丝直径4mm	使用不超过5次
51	样品粉碎机	满足使用需求	维护或保养
52	化验室统一试验小磨	500mm×500mm，48r/min，球配正确	维护或保养
53	混料机	满足使用需求	维护或保养
54	振动筛分机	满足使用需求	维护或保养
55	磁力搅拌器	满足使用需求	维护或保养
56	蒸馏水器或纯水器	满足使用需求	维护或保养

注：1. 表中1～19为水泥检验专用仪器设备，由行业专业机构检定或校准。

2. 表中20～39为通用（或含有）通用计量器具，由法定计量检定机构检定或校准。

3. 表中40～50为自校仪器设备，由企业自校。

4. 表中51～56为附属检验设备、设施，由企业维护或保养。

附录 M 水泥标准样品/标准物质

序号	级 别	编 号	标准样品/标准物质名称
1	国家标准样品	GSB 08—1110	X 射线荧光分析用水泥生料系列标准样品（11 种）
2	国家标准样品	GSB 08—1337	中国 ISO 标准砂
3	国家标准样品	GSB 08—1345	水泥用石灰石成分分析标准样品
4	国家标准样品	GSB 08—1346	水泥用铁矿石成分分析标准样品
5	国家标准样品	GSB 08—1347	水泥用黏土成分分析标准样品
6	国家标准样品	GSB 08—1348	水泥用萤石成分分析标准样品
7	国家标准样品	GSB 08—1349	无烟煤成分分析标准样品
8	国家标准样品	GSB 08—1350	烟煤成分分析标准样品
9	国家标准样品	GSB 08—1351	水泥用矾土（铝矾土）成分分析标准样品
10	国家标准样品	GSB 08—1352	水泥用石膏成分分析标准样品
11	国家标准样品	GSB 08—1353	水泥生料成分分析标准样品
12	国家标准样品	GSB 08—1355	水泥熟料成分分析标准样品
13	国家标准样品	GSB 08—1356	普通硅酸盐水泥成分分析标准样品
14	国家标准样品	GSB 08—1357	硅酸盐水泥成分分析标准样品
15	国家标准样品	GSB 08—1495	中热硅酸盐水泥成分分析标准样品
16	国家标准样品	GSB 08—1509	中国 ISO 比对标准砂
17	国家标准样品	GSB 08—1529	矿渣硅酸盐水泥成分分析标准样品
18	国家标准样品	GSB 08—1530	火山灰质硅酸盐水泥成分分析标准样品
19	国家标准样品	GSB 08—1531	粉煤灰硅酸盐水泥成分分析标准样品
20	国家标准样品	GSB 08—1533	铝酸盐水泥成分分析标准样品
21	国家标准样品	GSB 08—1534	水泥用矿渣成分分析标准样品
22	国家标准样品	GSB 08—1535	水泥用火山灰质混合材（煤矸石）成分分析标准样品
23	国家标准样品	GSB 08—1536	水泥用粉煤灰成分分析标准样品
24	国家标准样品	GSB 08—1537	复合硅酸盐水泥成分分析标准样品
25	国家标准样品	GSB 08—1952	粉煤灰砌块产品放射性标准样品
26	国家标准样品	GSB 08—1953	石材放射性标准样品
27	国家标准样品	GSB 08—1954	陶瓷产品放射性标准样品
28	国家标准样品	GSB 08—2044	普通水泥混合材料含量标准样品
29	国家标准样品	GSB 08—2045	矿渣水泥混合材料含量标准样品
30	国家标准样品	GSB 08—2046	水泥生料氯离子含量成分分析标准样品
31	国家标准样品	GSB 08—2047	水泥氯离子含量成分分析标准样品
32	国家标准样品	GSB 08—2048	硫铝酸盐水泥熟料成分分析标准样品

序号	级别	编号	标准样品/标准物质名称
33	国家标准样品	GSB 08—2049	硫铝酸盐水泥生料成分分析标准样品
34	国家标准样品	GSB 08—2056	粉煤灰细度标准样品
35	国家标准样品	GSB 08—2145	水泥熟料游离氧化钙标准样品
36	国家标准样品	GSB 08—2184	水泥细度用萤石粉标准样品（$80\mu m$ 筛余和比表面积）
37	国家标准样品	GSB 08—2185	水泥细度用萤石粉标准样品（$45\mu m$ 筛余和比表面积）
38	国家标准样品	GSB 08—2538	水泥混凝土氯离子成分分析标准样品
39	国家标准样品	GSB 08—2539	粉煤灰游离氧化钙标准样品
40	国家标准样品	GSB 08—2984	混凝土外加剂氯离子和碱含量成分分析标准样品
41	国家标准样品	GSB 08—2985	X 射线荧光分析用水泥系列标准样品（11 种）
42	国家标准样品	GSB 08—2986	铁尾矿成分分析标准样品
43	国家标准样品	GSB 08—2987	水泥用砂岩成分分析标准样品 $[w(SiO_2)>70\%]$
44	国家标准样品	GSB 08—2988	水泥中水溶性铬（Ⅵ）含量标准样品
45	国家标准样品	GSB 08—2989	水泥用砂成分分析标准样品 $[w(SiO_2)>90\%]$
46	国家标准样品	GSB 08—2990	水泥生料细度标准样品（$80\mu m$ 和 0.2mm 筛余量）
47	国家标准样品	GSB 08—2991	脱硫石膏成分分析标准样品
48	国家标准样品	GSB 08—2992	建筑涂料涂层耐沾污性试验用灰标准样品
49	国家标准样品	GSB 08—3197	水泥用炉渣成分分析标准样品
50	国家标准样品	GSB 08—3198	水泥氯离子含量成分分析标准样品 $[w(Cl)>0.03\%]$
51	国家标准样品	GSB 08—3199	水泥生料细度标准样品（$80\mu m$ 和 0.2mm 筛余量）（$80\mu m$ 筛余量大于 15%）
52	国家标准样品	GSB 08—3200	磷石膏成分分析标准样品
53	国家标准样品	GSB 08—3201	粒化电炉磷渣成分分析标准样品
54	国家标准样品	GSB 08—3202	硅灰成分分析标准样品
55	国家标准样品	GSB 08—3203	生石灰成分分析标准样品 $[w(有效氧化钙)>70\%]$
56	国家标准样品	GSB 08—3204	生石灰成分分析标准样品 $[w(有效氧化钙)>80\%]$
57	国家标准样品	GSB 14—1511	水泥细度和比表面积标准样品
58	一级标准物质	GBW03201c	硅酸盐水泥国家标准物质
59	一级标准物质	GBW 03203b	水泥生料成分分析标准物质
60	一级标准物质	GBW 03204b	水泥熟料成分分析标准物质
61	一级标准物质	GBW 03205b	普通硅酸盐水泥成分分析标准物质
62	一级标准物质	GBW03206a	火山灰质硅酸盐水泥成分分析标准物质
63	一级标准物质	GBW03207a	矿渣硅酸盐水泥成分分析标准物质
64	一级标准物质	GBW03208a	粉煤灰硅酸盐水泥成分分析标准物质
65	一级标准物质	GBW 03115	软质黏土成分分析标准物质
66	一级标准物质	GBW 03116	钾长石成分分析标准物质
67	一级标准物质	GBW 03117	钠钙硅玻璃成分分析标准物质

续表

序号	级别	编号	标准样品/标准物质名称
68	一级标准物质	GBW 03132	硼硅酸盐玻璃成分分析标准物质
69	一级标准物质	GBW 03133	矾土成分分析标准物质
70	一级标准物质	GBW 03134	钠长石成分分析标准物质
71	质量控制样品	JBW 01—1—1	水泥胶砂流动度标准样品

参 考 文 献

[1] GB/T 1.1—2009. 标准化工作导则 第 1 部分：标准的结构和编写[S].

[2] GB/T 6379.6—2009. 测量方法与结果的准确度(正确度与精密度) 第 6 部分：准确度值的实际应用[S].

[3] GB/T 8170—2008. 数值修约规则与极限数值的表示和判定[S].

[4] 胡宏泰，朱祖培，陆纯煊. 水泥的制造和应用[M]. 山东：山东科学技术出版社，1994.

[5] 颜碧兰，江丽珍，肖忠明等. 水泥性能及其检验[M]. 北京：化学工业出版社，2010.

[6] 中国建筑材料检验认证中心，国家水泥质量监督检验中心. 水泥实验室工作手册[M]. 北京：中国建材工业出版社，2009.

[7] 中国建材检验认证集团股份有限公司. 水泥化验室手册[M]. 中国建材工业出版社，2012.

[8] 张铁桓. 分析化学中的量和单位(第二版)[M]. 北京：中国标准出版社，2002.

[9] 蔡铭生. 法定计量单位使用手册[M]. 北京：中国计量出版社，1988.

[10] 王毓芳，郝凤. ISO 9000 常用统计方法[M]. 北京：中国计量出版社，2002.

[11] 王永逯，陆吉祥. 材料试验和质量分析的数学方法[M]. 北京：中国铁道出版社，1990.

[12] 杨鑫，刘文长. 质量控制过程中的统计技术[M]. 北京：化学工业出版社，2014.